国防科技图书出版基金

电磁环境效应工程

Electromagnetic Environmental Effects Engineering

汤仕平　张勇　万海军　成伟兰　施佳林　著

国防工业出版社

·北京·

图书在版编目(CIP)数据

电磁环境效应工程/汤仕平等著. —北京:国防
工业出版社,2017. 10
　ISBN 978-7-118-11459-1

　Ⅰ.①电… Ⅱ.①汤… Ⅲ.①电磁环境—环境效应—
研究 Ⅳ.①X21

　中国版本图书馆 CIP 数据核字(2018)第 054969 号

※

国防工业出版社出版发行
(北京市海淀区紫竹院南路23号 邮政编码100048)
三河市腾飞印务有限公司印刷
新华书店经售
*
开本 710×1000 1/16 印张 22 字数 420 千字
2017 年 10 月第 1 版第 1 次印刷 印数 1—3000 册 定价 99.00 元

(本书如有印装错误,我社负责调换)

国防书店:(010)88540777 发行邮购:(010)88540776
发行传真:(010)88540755 发行业务:(010)88540717

致 读 者

本书由中央军委装备发展部**国防科技图书出版基金**资助出版。

为了促进国防科技和武器装备发展，加强社会主义物质文明和精神文明建设，培养优秀科技人才，确保国防科技优秀图书的出版，原国防科工委于 1988 年初决定每年拨出专款，设立国防科技图书出版基金，成立评审委员会，扶持、审定出版国防科技优秀图书。这是一项具有深远意义的创举。

国防科技图书出版基金资助的对象是：

1. 在国防科学技术领域中，学术水平高，内容有创见，在学科上居领先地位的基础科学理论图书；在工程技术理论方面有突破的应用科学专著。

2. 学术思想新颖，内容具体、实用，对国防科技和武器装备发展具有较大推动作用的专著；密切结合国防现代化和武器装备现代化需要的高新技术内容的专著。

3. 有重要发展前景和有重大开拓使用价值，密切结合国防现代化和武器装备现代化需要的新工艺、新材料内容的专著。

4. 填补目前我国科技领域空白并具有军事应用前景的薄弱学科和边缘学科的科技图书。

国防科技图书出版基金评审委员会在中央军委装备发展部的领导下开展工作，负责掌握出版基金的使用方向，评审受理的图书选题，决定资助的图书选题和资助金额，以及决定中断或取消资助等。经评审给予资助的图书，由中央军委装备发展部国防工业出版社出版发行。

国防科技和武器装备发展已经取得了举世瞩目的成就。国防科技图书承担着记载和弘扬这些成就，积累和传播科技知识的使命。开展好评审工作，使有限的基金发挥出巨大的效能，需要不断摸索、认真总结和及时改进，更需要国防科技和武器装备建设战线广大科技工作者、专家、教授、以及社会各界朋友的热情支持。

让我们携起手来，为祖国昌盛、科技腾飞、出版繁荣而共同奋斗！

国防科技图书出版基金

评审委员会

序

　　对电磁环境效应的控制是武器装备研制和使用中的关键技术之一,也是当前装备建设与发展中急需解决的一大难题。随着信息化装备的迅速发展,装备面临的电磁环境日趋复杂,电磁干扰、电磁易损性等问题愈发凸显,作为装备重要性能指标的电磁兼容性研究已扩展到电磁环境效应研究。

　　本书是作者及其研究团队多年来从事电磁环境效应研究及大量工程实践经验的结晶。本书紧密结合装备实际,从全寿命期的角度系统地论述了电磁环境效应工程。书中通过深入分析电磁环境效应内涵、电磁环境特性、电磁环境对装备的影响和电磁环境效应特点,阐述了装备电磁环境效应工程管理、控制技术和方法,重点论述了电磁脉冲和射频电磁场防护的基本原理和方法,构建了电磁环境效应工程技术体系。结合舰船平台电磁兼容性工程实践,围绕论证、试验评估和使用,全面地分析了装备电磁环境效应工作内容,给出了电磁环境效应论证、试验验证、评估、使用维护方法。针对大型武器平台论证、评估和研制的需要,论述了复杂系统电磁环境效应建模仿真方法,将指标和标准要求相结合,系统地分析了装备电磁环境效应标准和体系构建方法。本书注重理论与实践相结合,采用仿真、实测等多种方式验证了理论、技术和方法的科学性及有效性,建立的电磁环境效应标准体系、指标体系、试验评估方法体系,具有较强的创新性,对推动装备电磁环境效应技术领域的研究和工程实践具有重要的指导意义和工程应用价值。

　　本书从大型系统论证、研制、试验、评估和全寿命期使用角度阐述了电磁环境效应,内容涉及面广,论述具体全面,系统性和实用性强,学术思想新颖,是一部系统论述电磁环境效应及工程应用的专著。

　　本书对从事电磁环境效应、电磁兼容及防护工作的科研、工程技术和管理人员具有指导意义和参考价值,对我国电磁环境效应学科领域的研究和发展将起到重要的推动作用。

刘尚合

注:刘尚合　中国工程院院士。

Ⅴ

前　言

　　电子信息技术广泛应用,装备信息化程度越来越高,同时电磁脉冲、高功率微波等新技术不断发展,使得装备面临的电磁环境日趋复杂,电磁干扰、电磁损伤等问题愈发凸显。随着信息技术的发展和对电磁环境认识的不断深入,作为装备重要性能指标的电磁兼容性的内涵已扩展到电磁环境效应。电磁环境效应研究电磁环境对人员、设备、系统和平台的工作能力的影响,包括电磁兼容性,电磁干扰,电磁易损性,电磁脉冲,静电放电,电子防护,电磁辐射对人员、军械和易挥发物质(如燃油)的危害等,包括所有电磁环境来源,如射频系统、超宽带装置、高功率微波系统、雷电和静电等产生的电磁效应。关于电磁环境效应的研究是伴随着解决装备实际使用中出现的问题而不断推进的,从射频干扰到电磁干扰,从电磁兼容到电磁环境效应,可以看出其发展都是实际应用和技术进步的结果,已逐渐形成一个开放的技术体系。

　　近年来,电磁环境效应及相关技术得到了极大的关注,越来越多的技术人员开展了电磁环境效应理论和方法的研究。但对于舰船、飞机等大型复杂系统,集多种设备于一体,涉及射频电磁场、电磁脉冲场、电磁安全性等多种效应,电磁环境效应是其研制和使用中急需解决的难题。究竟要考虑哪些电磁环境因素,电磁环境效应工作如何开展、如何考核评估、如何使用维护,是必须回答却又难以解决的问题。究其原因主要是缺乏科学的电磁环境效应控制方法、论证方法和指标,缺乏系统级电磁环境效应试验与评估方法和手段,缺少电磁环境和系统级电磁防护设计标准。

　　实践证明,在装备研制之后,在使用中出现电磁环境效应问题再来解决,不仅花费大量经费,还得不到最佳效果。电磁环境效应工作应贯穿于装备寿命期全过程。电磁环境效应工程就是系统地应用各种科学技术、管理措施和工程实践,控制电磁环境对装备效能影响或提高装备适应复杂电磁环境能力的系统工程。

　　本书总结了作者及其研究团队多年来从事装备电磁兼容和电磁环境效应的研究成果及大量的工程实践经验,结合仿真建模和多型装备实测数据的分析,并吸收了国内外电磁环境效应相关领域的先进经验和成果。全书共计10章。以大型复杂系统为对象,采用系统工程方法,围绕论证、评估和使用,结合工程实际,理论和实践相结合,从全寿命期角度系统地阐述了电磁环境效应工程理论和技术,论述了电磁环境效应控制方法、论证方法、标准体系、指标体系、试验评估方法和仿真模型。

第1章介绍了电磁环境效应概念的发展演变,给出了电磁环境效应的基本概念、内涵和研究内容,分析了装备电磁环境效应特点、相关术语和概念之间的相互关系,概括了国内外研究进展及发展趋势。

第2章针对装备特点,详细分析了装备面临的电磁环境及其特性,给出了电磁环境的量化描述,阐述了电磁环境对装备的影响,为深入开展电磁环境效应研究提供理论基础。

第3章结合装备研制程序,论述了装备全寿命期电磁环境效应工程管理工作内容、工作流程和方法,给出了电磁环境效应文件类型和基本内容。

第4章分析了电磁环境效应标准体系和标准基本情况,论述了工程标准体系构建方法、工程应用中标准适用性、选用与剪裁,为开展工程电磁环境效应工作提供技术依据。

第5章重点阐述了电磁环境效应建模仿真流程、方法、模型、重点参数仿真和示例,给出了验证结果;结合复杂系统论证、评估需要,分析了仿真实验环境和数据库建设要求。

第6章主要介绍了电磁环境、电磁干扰控制的方法;根据电磁防护的实际,重点论述了电磁脉冲和射频电磁场防护的基本原理和方法,为开展电磁环境效应设计提供指导。

第7章阐述了装备电磁环境效应论证目标、内容、方法,重点论述电磁环境效应指标论证、多方案评估与优选、关键技术和风险论证,提出了电磁环境效应指标体系和量化指标要求,并结合应用给出了示例。

第8章介绍了电磁环境效应试验验证类型、内容、试验设备和设施,阐述了试验技术体系的基本组成,重点论述了缩尺模型验证原理和方法、系统级电磁环境效应试验方法和设备级电磁兼容性测量方法。

第9章结合工程研制阶段叙述了电磁环境效应评估内容和层次划分,阐述了基于标准规范、技术指标、效能以及管理控制对效能影响的评估指标、评估模型和评估方法,给出了综合评估方法和应用示例。

第10章分析了装备使用阶段电磁兼容性变化情况,提出了电磁兼容性维修的概念,阐述了使用和维修中保持和改进电磁兼容性的技术和途径,介绍了电磁兼容性使用管理和定期监测方法。

电磁环境效应是一个正在不断发展的新的综合性学科领域,涉及技术领域多、范围广,目前还缺少系统介绍电磁环境效应,尤其是从大系统研制和使用角度论述电磁环境效应论证、评估和试验的专著,希望本书对装备论证、研制和使用维护等单位和部门从事电磁环境效应、电磁兼容及电磁防护相关领域工作的科研、工程技术和管理人员有所帮助。

全书主要由汤仕平撰写并统稿;张勇撰写了第7章、第8章部分内容,万海军撰写了第3章、第5章、第6章部分内容,成伟兰撰写了第9章、第10章部分内容,施佳林撰写了第5章部分内容。在本书写作的过程中得到了李建轩、金祖升、赵炳秋、何纯全、吴文力等同事的大力帮助,得到了多位专家的关心和指导,并对书稿提出了宝贵的意见,国防工业出版社也为本书的出版做了大量细致的工作,在此一并表示衷心的感谢。本书的研究工作得到了各级机关以及有关单位和专家的大力支持和帮助,在此深表谢意。

承蒙刘尚合院士、朱英富院士的推荐,感谢国防科技图书出版基金的资助。

限于作者的水平和经验有限,难免存在错误和不足之处,恳请广大读者批评指正。

著者

目　　录

Contents

第 1 章　电磁环境效应概论

电磁环境效应是一个正在不断发展的新的综合性学科领域,也是一门工程性极强的应用技术。随着信息技术的发展和对电磁环境认识的不断深入,作为装备重要性能指标的电磁兼容性内涵已扩展到电磁环境效应。

本章从电磁环境效应基本概念入手,介绍了电磁环境效应概念的发展演变和内涵,分析了装备电磁环境效应特点、当前比较关注的相关术语和概念之间的相互关系,概括了电磁环境效应国内外研究进展及发展趋势。

1.1　电磁环境效应概念及内涵

1.1.1　电磁环境效应概念的提出及发展

1. 国外电磁环境效应概念的提出及发展

国外对于电磁环境效应(Electromagnetic Environmental Effects,E3)的研究可以追溯到 19 世纪末。第一次世界大战前,无线电通信首次在军事上应用就产生了干扰问题。因此,在电磁环境效应研究初期,主要解决的就是无线电干扰。20 世纪 30 年代,美国、苏联等发达国家开始寻找克服噪声干扰的方法,开始用术语"射频干扰"(Radio Frequency Interference,RFI)来描述不希望的电磁发射现象。第二次世界大战期间,大量电子设备和新技术装备投入使用,射频干扰问题更显复杂化。面对现实,1945 年 6 月,美国颁布了第一个陆军-海军联合的射频干扰标准 JAN-I-225《射频干扰测量》。1957 年 10 月射频工程师协会(现电气与电子工程师协会(IEEE))成立了射频干扰专业学会。美国国防部电磁辐射危害工作组于 1958 年 9 月召开会议,开始制定射频辐射危害标准。第二次世界大战后,电子学加速发展,在这段时间,研究了射频干扰和抑制的诸多方面。正如文献所表述的,20 世纪 50 年代可以称作"弄清射频干扰现象"的时代。

20 世纪 60 年代,对电磁干扰扩大了研究范围并加深了了解。20 世纪 60 年代中期,已经沿用了大约 30 年的名词"射频干扰"逐渐为更全面更准确的名词"电磁干扰"(Electromagnetic Interference,EMI)所代替。1960 年 7 月,美国国防部发布指令 DoDD 3222.3《国防部电磁兼容性大纲》,明确使用了电磁兼容性

(Electromagnetic Compatibility,EMC)这一术语。1961 年国防部建立了电磁兼容性分析中心,负责计算机数学模拟应用和为评估电磁环境、研究提高系统电磁兼容性方法以及抑制电磁干扰而进行的数据处理分析。1964 年,*IEEE Transaction* 的 RFI分册改名为 EMC 分册。为控制电子设备电磁发射和敏感度,1967 年美国国防部组织制定了 MIL-STD-461 系列电磁兼容性标准,从而进入了使用 461 标准的时代。MIL-STD-461 系列标准包括 MIL-STD-461《设备电磁干扰特性要求》、MIL-STD-462《电磁干扰特性测量》、MIL-STD-463《电磁干扰技术定义和单位制》。

MIL-STD-461 是最基础的军用电磁兼容性标准。MIL-STD-461 在世界范围得到广泛应用,已被许多国家作为其制定 EMI 标准的基础,成为电磁兼容研究领域标准化历史上的一个重要标志。MIL-STD-461 标准从第一次发布至今已经走过了近 50 年的历程,先后共颁布了 8 个版本,平均 6 年多改版一次,其演变过程见表 1-1。MIL-STD-462 作为方法标准共发布了 2 个版本,MIL-STD-461E 版本发布以后,MIL-STD-462 被废止,要求和方法标准合二为一。MIL-STD-463 标准于1966 年 6 月正式发布,20 世纪 90 年代后被废止,技术定义参照 ANSI C63.14—1998《电磁兼容性、电磁脉冲和静电放电技术词典》。

表 1-1　MIL-STD-461 标准的历次发布版本

标准代号及版本	标准名称	发布日期
MIL-STD-461	设备电磁干扰特性要求	1967-07-31
MIL-STD-461A	设备电磁干扰特性要求	1968-08-01
MIL-STD-461B	控制电磁干扰的电磁发射和敏感度要求	1980-04-01
MIL-STD-461C	控制电磁干扰的电磁发射和敏感度要求	1986-08-01
MIL-STD-461D	电磁干扰发射和敏感度控制要求	1993-01-11
MIL-STD-461E	设备和分系统电磁干扰特性控制要求	1999-08-20
MIL-STD-461F	设备和分系统电磁干扰特性控制要求	2007-12-10
MIL-STD-461G	设备和分系统电磁干扰特性控制要求	2015-12-11

20 世纪六七十年代,由电磁脉冲引起的电磁干扰问题逐渐引起关注,美军各军兵种相继制定电磁脉冲防护标准和手册,建造了大型电磁脉冲试验设施。欧洲发达国家也兴起了对电磁脉冲技术的研究。

20 世纪 80 年代以后,美军对电磁干扰这一领域已非常熟悉,对常见的和预期的电磁干扰问题的挑战已有 80 多年的经验,对测量和解决电磁干扰问题的方法运用灵活,对电磁兼容管理已有明确的政策。80 年代,引人注目地涌现了以计算机模拟技术为辅助工具、提高装备电磁兼容能力的浪潮,美国、苏联、德国、法国等工业发达国家相继开发出专业化电磁兼容性预测软件。20 世纪 90 年代,随着电磁脉冲武器的研制逐步进入实用化,电磁防御策略和电磁防护技术进一步引起极大的关注。为适应现代战争的需要,改善和控制电磁环境效应,美国国防部组建了联合频谱中心(JSC)。美军在总结以往战争经验的基础上不断加深对电磁兼容及防护技术的研究,并逐步拓展到武器装备电磁环境效应研究。

电磁环境效应术语的出现大约是在 20 世纪 70 年代末。1977 年的美国国防报告 AD-A060314《电磁环境效应总结报告》(Electromagnetic Environment Effects Summary Report),明确提出了电磁环境效应问题,指出当前普遍采用的 EMC 术语实际上包含了电磁效应的许多方面,再用其作为描述这些电磁领域的专门术语在概念上已不够清晰,而采用电磁环境效应可以包括所有电磁学科,并采用了缩略语 E3。1978 年的美国国防报告 AD-A098322《电磁环境效应的现役保障计划》(In-service Support Plan for Electromagnetic Environment Effects)中,将电磁环境效应定义为:在共存的作战系统中,与电磁辐射体和接受体有关的总体现象。对于舰队的作战目的来说,它包括电磁兼容性、电磁脉冲、电磁易损性和电磁安全性。

从标准发展的角度来看,电磁环境效应的概念源于系统电磁兼容性,实际上是从系统级角度提出的。美军最早的系统级电磁兼容性标准出现在 1950 年,颁布了 MIL-E-6051《系统电磁兼容性要求》,从此美军武器装备研制有了顶层的电磁兼容性要求标准,在历史上起到了非常重要的作用,先后经过了 3 次改版,1967 年颁布了 D 版本,至 1997 年作废,使用了 47 年。

美军第一个系统级电磁环境效应要求标准出现在 1992 年,颁布了 MIL-STD-1818《系统电磁环境效应要求》。1997 年 3 月 18 日,美军颁布了 MIL-STD-464《系统电磁环境效应要求》,并通告 MIL-STD-1818 和 MIL-E-6051 作废。MIL-STD-464 标准是真正意义上统一和规范了电磁环境效应所涉及的内容和要求,应该说它是电磁环境效应研究领域标准化历史上的一个重要的里程碑。随后这一标准也经历了 3 次修订,2010 年 12 月 1 日颁布了其最新版本 C 版本 MIL-STD-464C《系统电磁环境效应要求》。美军系统级电磁环境效应标准演变过程见表 1-2。

表 1-2　美军系统级电磁环境效应标准的发展过程

标准代号	标准名称	更改版次	发布日期
MIL-E-6051	系统电磁兼容性要求	原版	1950 年 3 月 28 日
		A 版	1953 年 1 月 23 日
		B 版	1959 年 1 月 23 日
		C 版	1960 年 6 月 17 日
		D 版	1967 年 9 月 7 日
MIL-STD-1818	系统电磁环境效应要求	原版	1992 年 5 月 8 日
		A 版	1993 年 10 月 4 日

（续）

标准代号	标准名称	更改版次	发布日期
MIL-STD-464	系统电磁环境效应要求	原版	1997 年 3 月 18 日
MIL-STD-464A	系统电磁环境效应要求	A 版	2002 年 12 月 19 日
MIL-STD-464B	系统电磁环境效应要求	B 版	2010 年 10 月 1 日
MIL-STD-464C	《系统电磁环境效应要求	C 版	2010 年 12 月 1 日

自 1997 年颁布 MIL-STD-464 以后,电磁环境效应的概念逐渐趋于统一,2004年 DoDD 3222.3 也更名为《国防部电磁环境效应大纲》。到今天,电磁环境效应概念和内涵还在不断发展变化,主要增加了产生电磁环境效应的对象。其简要演变过程见图 1-1。

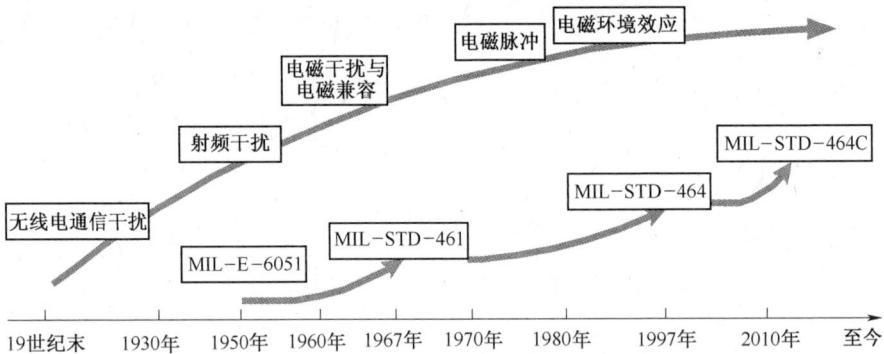

图 1-1 电磁环境效应的演变过程

2. 我国电磁环境效应概念的提出及发展

我国开展电磁环境效应的研究始于 20 世纪 70 年代,源于解决电磁干扰和电磁兼容问题。

1985 年颁布了 GJB 72—1985《电磁干扰和电磁兼容性名词术语》,首次对电磁干扰、电磁兼容性等给出了定义。2002 年颁布的 GJB 72A—2002《电磁干扰和电磁兼容性术语》,正式给出了电磁环境效应定义。20 世纪 80 年代,在装备研制中逐步开展了电磁兼容性设计、仿真预测工作。20 世纪 90 年代,相继制定了电磁脉冲、雷电、静电等防护标准。21 世纪初,加大了对电磁防护技术的关注和研究力度。

1986 年颁布了 GJB 151—1986《军用设备和分系统电磁发射和敏感度要求》、GJB 152—1986《军用设备和分系统电磁发射和敏感度测量》,这套标准也就是我们通常所说的 151 系列标准,成为我国电磁兼容标准化历史上的一个重要标志。

随后,这一系列标准几经修订,1997年颁布了A版本,2013年颁布了GJB 151B—2013《军用设备和分系统电磁发射和敏感度要求与测量》。

1992年颁布了第一个系统级电磁兼容性标准GJB 1389—1992《系统电磁兼容性要求》。2005年颁布了GJB 1389A—2005《系统电磁兼容性要求》,名称虽然仍为《系统电磁兼容性要求》,但明确引入电磁环境效应的概念,指标要求和主要技术内容涵盖了当时电磁环境效应领域的全部技术内容,实质上就是电磁环境效应。2016年颁布了GJB 8848—2016《系统电磁环境效应试验方法》,首次以电磁环境效应命名,统一了电磁环境效应的概念和内容。

自1986年颁布实施GJB 151、GJB 152以来,电磁环境效应领域的标准得到了贯彻实施,尤其是GJB 151、GJB 152和GJB 1389等标准,起到了主导和牵引作用。也正是从标准颁布实施开始,我国对电磁环境效应愈发关注,也掀起了电磁环境效应研究的热潮。

1.1.2 电磁环境效应的定义

MIL-STD-464C以及美国国家标准ANSI C63.14—2014《包含电磁环境效应(E3)的电磁兼容性词典》中对电磁环境效应给出如下定义:电磁环境效应是电磁环境对军事力量、设备、系统和平台的运行能力的影响。它涵盖与以下学科有关的电磁效应:电磁兼容性、电磁干扰、电磁易损性、电磁脉冲、电子防护、静电放电、电磁辐射对人员、军械和易挥发物质的危害,E3包括射频系统、超宽带装置、高功率微波系统、雷电和沉积静电(P-static)等所有电磁环境来源所产生的电磁效应。与MIL-STD-464A中的定义相比,包含了电子防护,增加了与静电放电、超宽带装置、高功率微波系统有关的电磁效应。

GJB 72A和GJB 1389A把电磁环境效应定义为:电磁环境对电气电子系统、设备、装置的运行能力的影响。它涵盖所有的电磁学科,包括电磁兼容性、电磁干扰、电磁易损性、电磁脉冲、电子对抗、电磁辐射对武器装备和易挥发物质的危害以及雷电和沉积静电(P-static)等自然效应。GJB 8848把电磁环境效应定义为:电磁环境对人员、设备、系统和平台的工作能力的影响,包括电磁兼容性,电磁干扰,电磁敏感性,电磁脉冲,静电放电,电子防护,电磁辐射对人员、军械和易挥发物质(如燃油)的危害。电磁环境效应包括所有电磁环境来源,如射频系统、超宽带装置、高功率微波系统、雷电和静电等产生的效应。

综合上述定义,电磁环境效应可以概括为电磁环境对人员、设备、系统和平台的工作能力的影响。电磁环境效应所涉及的电磁环境既包括射频系统、超宽带装置、高功率微波系统、电磁脉冲等人为电磁环境,也包括雷电和静电等自然电磁环境。从学科的角度,电磁环境效应涉及电磁兼容性、电磁干扰、电磁易损性、电磁脉冲、电子防护、静电放电、电磁辐射危害等。图1-2是装备面临的电磁环境及其效应示意图。

（a）电磁环境效应涉及的范围（多平台之间）

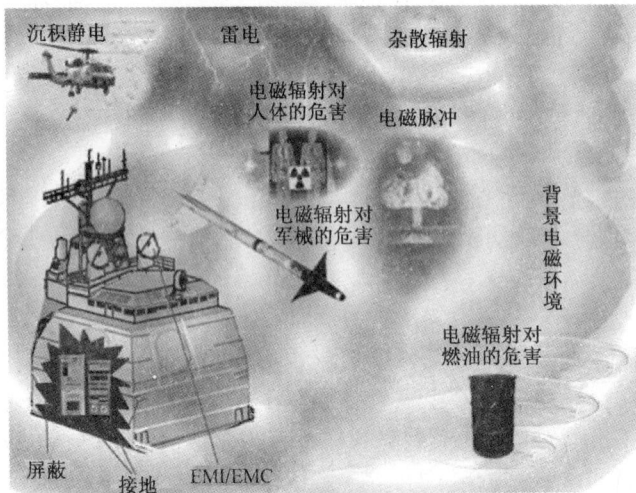

（b）电磁环境效应涉及的范围（系统或平台）

图1-2 装备面临的电磁环境及其效应示意图

1.1.3 电磁环境效应涉及的术语和范围

1. 电磁环境

电磁环境（Electromagnetic Environment，EME）是指存在于某场所的所有电磁现象的总和。电磁环境通常与时间有关，对它的描述可能需要用统计的方法。在美国军用手册 MIL-HDBK-237D《采办过程中的电磁环境效应和频谱可支持性指南》和国防部指令 DoDD 3222.3《国防部电磁环境效应大纲》中,对电磁环境又给出了如下定义:军队、系统或平台在预期的使用环境中,执行规定的使命任务时,可能遇到的辐射或传导的电磁能量在不同频率范围内强度和时间的分布,也就是设备、分系统、系统或平台在寿命周期,暴露于任何区域(地面、空中、空间、海上)执行其预期任务时遇到的人为和自然电磁能量的总和。在定义 EME 时,针对的是某一特定时间和地点。设备特性(如发射机功率电平、使用频率和接收机敏感度)、使用因素(如平台、系统和部队间的距离)和频率协调都对电磁环境有所影响。此外,瞬态发射和其相关的上升和下降时间(如电磁脉冲、雷电和沉积静电)也会影响电磁环境。

2. 电磁兼容性

ANSI C63.14—1998 和 GJB 72A 等标准中将电磁兼容性(Electromagnetic Compatibility,EMC)定义为,电磁兼容性是指设备、分系统、系统在共同的电磁环境中能一起执行各自功能的共存状态。一方面,设备、分系统、系统在预定的电磁环境中运行时,可按规定的安全裕度实现设计的工作性能,且不因电磁干扰而受损或产生不可接受的降级;另一方面,设备、分系统、系统在预定的电磁环境中正常地工作且不会给环境(或其他设备)带来不可接受的电磁干扰。上述定义是从实现的结果来描述的。实际上,从产品的性能角度来说,电磁兼容性是指设备、分系统、系统在其预期的使用电磁环境中工作时,不会因电磁发射或响应而造成同一位置的其他系统性能降级或其自身性能降级的能力(如 MIL-HDBK-237D)。显然,由于存在 EMI 而使 EMC 下降是关注的重点。

3. 电磁干扰

电磁干扰(Electromagnetic Interference,EMI)是指任何可能中断、阻碍,甚至降低、限制无线电通信或其他电气电子设备性能的电磁能量。电磁干扰可能是有意的,也可能是无意的;可能以辐射的形式出现,也可能以传导的形式出现。电磁干扰是设备或系统的特性(包括电磁发射和电磁敏感度),也可以认为是产品的固有属性。要保证设备或系统的电磁兼容性,必须控制设备和分系统的 EMI 特性。

4. 电磁易损性

电磁易损性(Electromagnetic Vulnerability,EMV)指的是设备和分系统、系统在电磁干扰影响下性能降级或不能完成规定任务的特性。而电磁敏感性是指设备、器件或系统因电磁干扰可能导致工作性能降级的特性。因此,电磁易损性可能导致系统严重故障,甚至毁损,不能完成预期任务,是电磁敏感性的一类特殊问题。实际上,电磁易损性是指系统承受可能遇到的使用电磁环境,也就是真实的电磁环境的能力。它与单个设备或分系统的电磁敏感度不同的是,通常所说的电磁敏感度测试是施加一个标准场,其场强值是依据标准对系统指标要求的分解确定的。进行 EMV 试验验证或分析,就是要确定实验室观测到的电磁敏感度对实际使用性能的影响。

5. 电磁脉冲

核爆炸或雷电放电时都能产生电磁脉冲(Electromagnetic Pulse,EMP)。电磁环境效应中所指的 EMP 是核爆炸的非电离电磁辐射,而且主要是由大气外层的核爆炸产生的高空电磁脉冲(High Altitude Electromagnetic Pulse,HEMP)。该电磁场可与电力、电子系统耦合产生破坏性的电压和电流浪涌。

6. 高功率微波

高功率微波(High Power Microwave,HPM)是由可产生高功率或高能量密度的微波源(武器)产生的强电磁辐射,HPM 源的工作频率通常在 100MHz~300GHz 之间,脉冲峰值功率在 100MW 以上(一般大于 1GW)或平均功率大于 1MW。它是射频电磁场,也是一种高功率电磁环境。

7. 电磁辐射危害

电磁辐射危害(Electromagnetic Radiation Hazard,EMRADHAZ)是指当人员、设备、军械或燃料暴露于强电磁辐射环境时,电磁能量导致的打火、挥发性易燃品燃烧、有害的人体生物效应、电爆装置的误触发、安全关键电路的故障或局部降级等种种危险。包括电磁辐射对人体的危害(HERP)、电磁辐射对军械的危害(HERO)和电磁辐射对燃油的危害(HERF)。

8. 雷电

雷电是大气中一种剧烈的放电现象,发生在大气层的云层之间或云层与地面之间。雷电放电产生的电磁场可能耦合至电气电子设备,从而产生破坏性的电流和电压浪涌。雷电效应可分成直接效应和间接效应。

9. 沉积静电

沉积静电(Precipitation static,P-static)是流动的气体、液体或微粒等在空中运动载体(如飞机、空中飞行器等)的结构或部件上产生的静电荷累积。这种静电累积引起高电压,如果在一定条件下产生放电,可能对电子设备(如接收机)产生干扰,对人员形成冲击危害。

10. 静电放电

静电放电(Electrostatic Discharge,ESD)是指不同静电电位的物体靠近或直接接触时产生的电荷转移。两物体之间静电场超出其间空气或其他介质的介电强度时就会产生 ESD。ESD 是一个复杂的事件,涉及放电点的电荷局部转移、相关物体间电磁近场耦合、接受放电的物体中的感应电流和充电物体的辐射电磁能量以及放电电弧。所有这些现象都可能引起故障,在某些情况下还会损坏电子设备。

ESD也可能危害燃料、军械,出现对人员的电击危害。

11. 电子防护

电子防护(Electronic Protection,EP)是电子战(Electronic Warfare,EW)的一个组成部分,指的是为保护己方人员、设施、设备,防止因敌我双方电磁频谱的使用而削弱、压制或摧毁友方战斗能力所采取的措施。电子防护主要包括电磁加固、发射控制和频谱管理。JP 1-02《国防部军事和相关术语词典》对这些术语进行了定义。电磁加固指的是为保护人员、设施、设备免除意外电磁能量影响而采取的滤波、衰减、接地、搭接、屏蔽等措施。发射控制(Emission Control,EMCON)指的是有选择、有控制地使用电磁、声学或其他类型的辐射器,在优化指挥和控制能力的同时降低发射,以确保作战安全的能力(包括不被敌方传感器侦测、避免友方系统间的互扰、阻止敌方干扰以实施军事欺骗计划)。关于频谱管理的定义将在1.3节介绍。

1.1.4 电磁环境效应要求

1. 电磁环境效应与其要求的关系

系统电磁环境效应要求与电磁环境效应息息相关,它们之间的关系如图1-3所示。可以看出:对于研究的对象——装备系统,电磁环境作用于系统产生电磁效应而影响系统的正常工作;通过提出合理的电磁环境效应要求,使作用于系统的电磁环境效应得到控制,从而实现系统正常运行;同时,通过E3控制,改善了外部电磁环境及其对我方其他系统的影响,减少了信息泄漏和被敌方探测的概率。

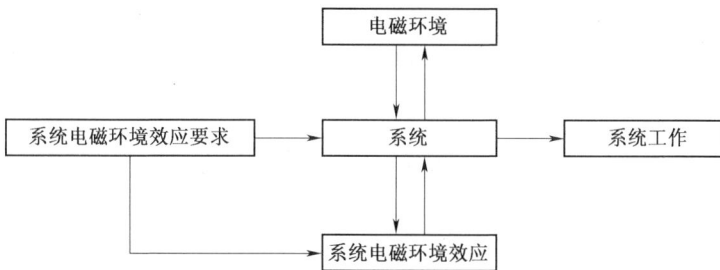

图1-3 电磁环境效应与要求之间的关系

2. 电磁环境效应要求的组成要素

根据MIL-STD-464C标准,系统电磁环境效应要求包括总要求和具体要素。MIL-STD-464C总则中规定:系统内所有分系统和设备之间应是电磁兼容的,系统与系统外部的电磁环境也应兼容。这是对装备提出的电磁环境效应总要求。实际上可以将总要求看成是装备的战术指标要求,该战术指标要求需要一系列的技术指标来表征,而 15 个要素就是具体的技术指标,其组成见图 1-4。

从环境和控制的角度可以将要素分为两大类:一类是系统应适应的电磁环境要求,包括系统所处的外部射频电磁环境、高功率微波、电磁脉冲、雷电、静电等电磁环境,系统在上述电磁环境中或承受上述电磁环境后,应满足工作性能要求;另一类是电磁环境效应控制要求,包括安全裕度、系统内电磁兼容性、分系统和设备电磁干扰、电磁辐射危害、电搭接、外部接地、全寿命期电磁环境效应加固、防信息泄漏、系统辐射发射和电磁频谱可支持性。

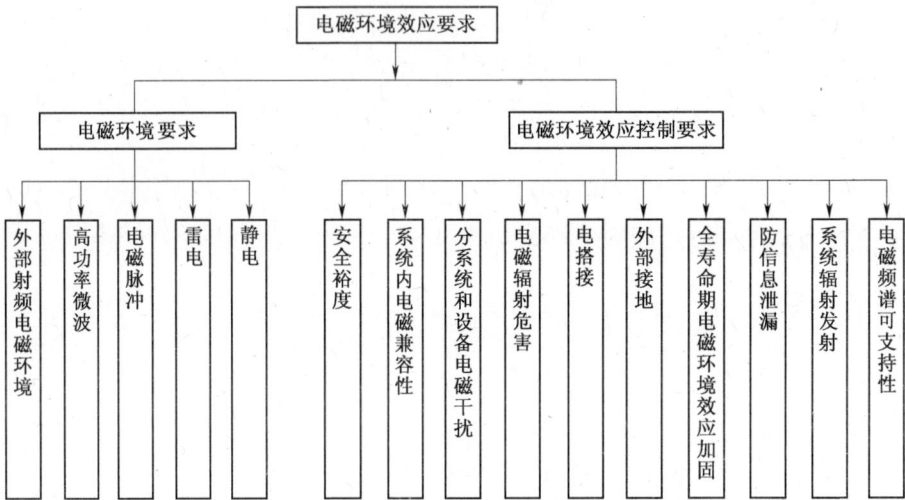

图 1-4 系统电磁环境效应要求的要素组成

对装备 E3 要求也可以从不同角度划分:①从控制层次来说,包括设备和分系统电磁干扰控制要求、系统内电磁兼容性要求、系统间电磁兼容性要求;②从电磁安全性角度,包括安全裕度要求、电磁辐射危害控制要求、防信息泄漏要求、发射控制要求;③从电磁防护角度,包括对强射频电磁环境、高功率微波、电磁脉冲、雷电、静电防护要求;④从控制措施来说,包括全寿命期电磁环境效应加固、电磁频谱可支持性、搭接和外部接地控制要求。

防信息泄漏在 E3 要求中以 TEMPEST[①]出现,指保密信息处理设备不应产生泄密发射(Compromising Emanations,CEM),也就是控制保密信息处理设备产生的、承载保密信息的无意发射信号。如果这些信号被截获和分析,将会泄漏该设备处理的保密信息。设备 EMI 发射控制要求和防信息泄漏要求是紧密相关的。良好的 EMC 设计可以明显降低,但并不能完全消除电磁信息泄漏的风险。被截获后能够复现出有用信息的信号称为红信号,而被截获后不能够复现出有用信息的信

① TEMPEST 指调查和研究泄密发射的短语。

10

号称为黑信号。红黑概念是 TEMPEST 技术中的一个重要概念。TEMPEST 技术的重要内容之一就是红、黑信号的鉴别及分离。

在 E3 要求中，发射控制（EMCON）是指有选择性地控制所发射信号的电磁能量，使敌方对该信号的探测可行性及对已获取信息的利用程度减至最小，也就是控制系统在任何方向上的电磁发射不应超过规定值。"无意的"电磁发射可能由天线辐射的乱真信号，如本振，或由诸如微处理器产生的，通过平台电缆传输的电磁干扰发射等。对于海军舰船来说，采用 EMCON 的最严格的状态是无线电静默。

从设计的不确定性和安全考虑，系统必须具备一定的安全裕度。安全裕度是指敏感度门限与环境中的实际干扰信号电平之间的相对数值，用分贝表示时，为分贝值之差。从兼容性角度考虑，安全裕度越大越好，但太大时，易造成设备或系统过设计，电磁兼容性设计费用显著增加。必须选择适当的安全裕度，使费效比综合平衡，达到最佳设计目的。工程中，通过对设备、分系统 EMI 特性进行分类，根据系统工作性能的要求、系统硬件的不一致性以及验证系统设计时有关的不确定因素，按分类确定安全裕度。如 GJB 1389A 中规定了系统安全裕度要求：①对于安全或者完成任务有关键性影响的功能，系统应具有至少 6dB 的安全裕度；②对于需要确保系统安全的电起爆装置，其最大不发火激励（MNFS）应具有至少 16.5dB 的安全裕度，对于其他电起爆装置的 MNFS 应具有 6dB 的安全裕度。

要实现电磁环境效应要求，E3 综合方法可以分成以下几项主要工作：①确定系统要面对的外部威胁环境，也就是要求的第一类；②确定在外部环境作用期间，系统中电气电子设备工作时需要实现的功能，以保护执行任务的所有基本功能不受外部环境的威胁；③对每一个安装的设备，确定由外部电磁效应引起的内部环境，也就是外部威胁环境在设备接口处产生的电磁环境电平；④系统及设备防护设计，系统特性要根据控制内部环境（包括安全裕度考虑）的需要来设计，系统 E3 设计必须在系统全寿命期是可行的；⑤检验保护的充分性，必须检查系统和设备的 E3 保护设计是否满足要求。

3. 装备全寿命期电磁环境效应要求

武器平台由若干系统组成，系统由若干设备组成，而设备又由各种元器件组成，交付使用后又可能多平台协同执行任务，应根据装备寿命期使用特点和条件，提出电磁环境效应要求，并针对不同组成单元进行要求的分解。图 1-5 给出了装备全寿命期关心的 E3 问题。

1.1.5 电磁环境效应主要研究内容

电磁环境效应与电子信息技术的发展息息相关，与工程和装备发展应用息息相关。电磁环境效应涉及电子信息、电气、电磁、计算机、自动化、仪器仪表、器件和

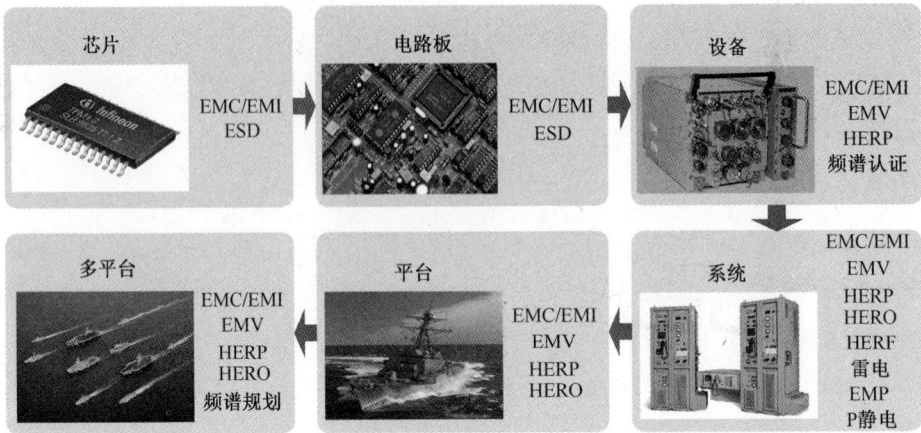

图 1-5 装备全寿命期关心的 E3 问题

材料等技术领域,涉及各种类型的装备,由于这些技术的进步带动了电磁环境效应相关技术的快速发展,其内涵还在不断扩展,正如美国标准中电磁环境效应定义给出的"它包括了所有电磁学科"。从工程应用的角度考虑,其研究内容涉及电磁环境特性及其作用机理、电磁环境效应控制与设计、电磁防护、电磁环境效应试验与评估、电磁环境效应预测与仿真、电磁环境效应标准、电磁频谱管理等。

1. 电磁环境特性及其作用机理研究

电磁环境是研究电磁环境效应问题的根本点和出发点。对电磁环境的准确预知,才能实现装备研制中提出的关键性技术指标的科学性、合理性;弄清电磁环境及其作用机理,才能实现对电磁环境效应的有效控制。当前,复杂系统的电磁环境特性问题是研究的重点,包括电磁环境的分类、电磁环境的表征、电磁环境量值获取方法、能量耦合机理和作用方式等。

2. 电磁环境效应控制与设计研究

电磁环境效应控制与设计是装备具有良好的电磁兼容性和电磁防护能力的基础。通常从电磁干扰源抑制、减小耦合能量、提高抗干扰能力等几个方面开展研究,包括电磁环境控制、电磁干扰抑制、电磁工程一体化设计、电磁干扰新材料、新工艺研究以及全寿命期电磁环境效应控制方法研究等。

3. 电磁防护研究

由于强辐射场的危害和电磁脉冲威胁大,各国大力加强电磁防护技术的研究。国际电工委员会(IEC)的 TC77 成立 SC77 专门研究电磁脉冲这一问题。电磁防护研究重点主要是强电磁场防护,包括:电磁脉冲等强电磁场对复杂系统作用机理和效应研究,复杂系统强电磁场综合防护设计和验证技术研究,电磁辐射对人体、军械、燃油危害等电磁安全性研究,新型电磁防护材料、器件技术等。

12

4. 电磁环境效应试验与评估研究

电磁环境效应试验与评估是解决电磁环境效应的必要手段,主要研究试验设备、试验与评估方法、试验场地、数据处理方法。复杂系统电磁环境效应试验与评估包含3个层面的内容:设备和分系统电磁干扰试验;系统级电磁环境效应试验评估;电磁环境的模拟等。

5. 电磁环境效应预测与仿真研究

仿真预测技术是电磁环境效应研究的重要支撑技术。主要研究电磁发射源、接收器、耦合能量计算模型,频域和时域快速电磁计算方法,复杂结构电磁环境仿真方法,复杂系统电磁仿真软件或平台研发,等。

6. 电磁环境效应标准研究

标准是研究电磁环境效应的重要基础,也是其研究成果的重要表现形式。其研究内容主要包括复杂系统电磁环境效应标准体系、电磁环境标准、控制与设计方法标准、试验与评估方法标准、防护标准、管理标准等。

7. 电磁频谱管理研究

有效地运用电磁频谱,控制电磁环境效应,夺取并保持电磁优势,是打赢现代高技术战争的重要前提和至关重要的因素。与 E3 相关的电磁频谱管理研究重点是频谱兼容性问题,包括电波传播模型、电磁干扰分析与预测、电磁兼容性分析技术、无线电监测技术、复杂系统的电磁频谱配置技术等。

1.1.6 电磁环境效应概念和发展的认识

1. 电磁环境效应的研究是伴随着解决装备实际使用中出现的问题而不断推进的,并已统一规范到电磁环境效应范畴

从最初的射频干扰到电磁干扰,从电磁兼容到电磁环境效应,可以清楚地看出其发展都是实际应用和技术进步的结果,也就是需求牵引的结果。美军目前已统一使用电磁环境效应这一概念,各种资料和文献都比较一致,也得到了各方的普遍认可。

2. 电磁环境效应已逐渐形成一个完整开放的技术体系,其内涵随着研究的深入还在不断丰富和扩展

从最初只包括电磁兼容性、电磁干扰、电磁脉冲、电磁易损性和电磁安全性,后来又增加电子防护、雷电、静电,MIL-STD-464C 中又增加了高功率微波。随着认知的不断深入,今后还将不断完善。但其核心一直是围绕电磁环境展开的,研究目的是确定合理的电磁环境要求,采用多种电磁环境效应控制技术,保证系统和平台不受电磁环境的影响,实现系统和平台的正常运行。

3. 电磁环境效应的概念从系统级角度提出,主要是从作战能力和军事行动角度来全面考虑战场电磁环境的影响

电磁环境效应不仅仅局限于具体的系统、设备、平台,而是从整个军队作战能力的全局来衡量电磁环境的影响。军事行动中人员、武器、军用器材等密不可分,现代战争电磁环境复杂多变、武器装备复杂多样,E3 这一概念更多关注武器损伤效应、人员等电磁安全性。因此,从作战能力和军事行动角度来考虑电磁环境的影响问题,采用电磁环境效应已成为必然趋势。

1.2　装备电磁环境效应特点

1.2.1　复杂性

电磁环境效应包括了各种电磁环境因素,涵盖了装备与电磁环境的所有关联关系,范围覆盖装备论证、设计、生产、试验、使用等寿命期各阶段,内容涉及各系统或平台,具有研究的要素多、装备类型多、影响因素多、控制难度大等突出特点。

1. 装备的复杂性

电磁环境效应涉及海上、空天、地面等各种装备,研究的对象涵盖了所有装备类型。现代武器装备日趋复杂、多样,特别是对于舰船等大型复杂系统,集舰船、飞机、武器、电子电气设备于一体,多平台、多系统之间电磁适配性要求高,其电磁环境效应的复杂程度高。随着装备向综合化、隐身化、无人化的方向发展,大量新技术应用的同时也带来了新的挑战,如射频综合化带来电磁耦合新问题、隐身性与电磁防护性能综合问题等,对电磁兼容及防护能力提出了新的要求。

一体化联合作战是体系与体系、系统与系统之间的整体对抗,在有限的战场区域内,各种电子系统越来越多,装备之间的交链关系越来越复杂,协调难度越来越大。如不能有效控制电磁环境效应,将导致装备出现严重的自扰互扰,无法形成一体化作战能力。

2. 环境的复杂性

现代战争在"陆、海、空、天、电、网"等多维战场空间展开,电磁环境已成为战场环境的重要构成要素。装备面临的电磁环境既有自然的又有人为的,既有外部的又有内部的,既有有意的又有无意的,同时还受到环境条件的影响,地面、舰船、飞机、导弹等装备在其寿命期内处于海洋、大气、太空等环境,会经受高温、高湿、高寒等极端环境条件,其电磁环境效应具有新的特征。例如,腐蚀问题带来装备电搭接性能的下降,随着使用时间的延续,其装备电磁环境效应控制和加固措施的效能降低。腐蚀控制是系统在寿命期维持电磁兼容性的一个重要项目。这也是在装备使用阶段要进行电磁兼容性维护保障的重要原因。

恶劣的海上环境,使舰船上复杂的金属结构发生物理的变化,在舰船上引起噪声互调的大多数非线性效应主要发生在遭受到海洋环境影响的金属连接点。由船体这些连接点产生互调的物理现象常被称为"锈蚀螺栓效应"。对于船体产生的互调干扰，与船上使用的高频发射机数量、发射机的输出功率和船体结构材料及工艺等因素直接相关，可引起舰船接收机性能降低，尤其对通信的影响可能是十分严重的。

对于空间系统来说还存在二次电子倍增效应。二次电子倍增是一个仅在高真空环境中发生的射频效应。在高真空环境中，射频场加速自由电子造成其与产生次级电子的表面碰撞。如果信号的频率使得射频场改变与次级电子产生相呼应的极性，那么这些次级电子被加速造成更多的电子导致较多的放电并可能使设备损坏。二次电子倍增效应是频率和功率方面的一种谐振现象。次级电子的发射随着电子能量的增加会减少。功率(如雷达脉冲)的迅速增加可能会降低二次电子倍增概率。射频发射设备不因二次电子倍增效应的作用而性能降级是必要的，二次电子倍增效应不产生与接收机互相干扰的寄生信号是必需的。

3. 效应的复杂性

电磁环境作用于装备，其作用机理复杂，形成的效应多种多样。作用方式复杂，电磁能量可通过辐射方式、传导方式、辐射与传导的复合方式作用于装备，不同作用方式对应的作用机理和防护手段又有所不同；耦合途径复杂，既可通过天线等"前门"耦合进入装备，也可通过导线、孔洞、缝隙等"后门"耦合进入装备；影响结果复杂，电磁能量可能造成设备或系统性能下降、误动作、短暂故障、永久故障等多种失效形式，同时电磁辐射能量对人体、军械和燃油构成危害，过量的电磁辐射影响人体健康、造成电引爆武器意外点火或失效、燃油蒸气由于电磁辐射能量诱导的电弧而意外点燃。

1.2.2 多样性

随着装备所承担的任务不断扩展，装备性能要求的不断提高，装载的电子设备的种类、数量增加，天线数量越来越多，发射源功率增大，接收机灵敏度提高，使得装备电磁信号密度高、强度大，电磁干扰问题突出，满足装备电磁环境效应要求不断面临新的挑战。

1. 多种干扰源和干扰信号类型

从装备面临的电磁环境来源可以看出，干扰源和干扰信号的样式多种多样。根据干扰源工作方式可以分为连续波、脉冲波，根据干扰源频谱分布可以将干扰信号分为宽带、窄带，根据作用时间可以将干扰分成连续的、间歇的、或者是瞬变的；从信号类型来说还有数字、模拟之分，信号幅度来说有强、弱之分。

发生电磁干扰的过程可以用 3 个要素来描述，即干扰源、耦合途径和接收器。由干扰源产生的电磁干扰，通过传导或辐射的方式传播电磁干扰，耦合到接收器。如图 1-6 所示。

15

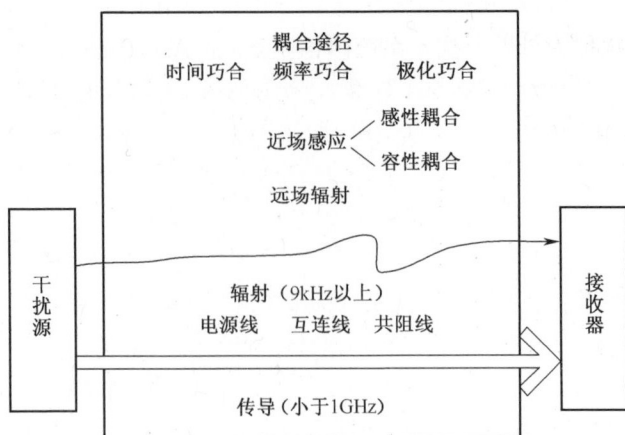

图 1-6　电磁干扰三要素示意图

干扰源可分为自然干扰源和人为干扰源。自然干扰源包括雷电、静电、太阳黑子爆炸和活动产生的噪声以及银河系的宇宙噪声。雷电的强度很大,即使远离雷电区,其干扰场强仍相当可观。邻近的雷电干扰属脉冲型。人为干扰源是产生电磁干扰能量的电子、电气和机电等设备,其中一部分是专门用来发射电磁能量的设备,另一部分是设备在完成自身功能的同时附带产生电磁能量的发射。以舰船为例,其人为干扰源主要包括:

（1）舰船发射机系统。发射机系统除产生有用信号外,同时形成大量的寄生频率分量,包括发射机非线性引起的谐波分量、非线性电路中产生的交调和互调信号、发射机电路自激而产生的寄生振荡信号、射频带宽以外产生的邻道干扰信号、传输线路产生的宽带噪声信号、波导管或同轴电缆泄漏的信号等。

（2）舰船机电和电气设备。电动机和发电机产生的宽带噪声干扰;断路器、开关和继电器产生的宽带脉冲干扰;照明设备产生的辐射干扰;整流器、变压器、供电电源等产生的传导干扰。

（3）船体产生的互调干扰。也就是"锈蚀螺栓效应"。

（4）多路径反射的电磁干扰。舰船发射机辐射的电磁能量,在舰船复杂的金属结构上反射引起的电磁干扰。

（5）岸基或其他舰船的发射机系统,如广播、电视、通信、导航、雷达、遥控遥测等产生的干扰。

这些干扰源产生的信号幅度差别也很大,尤其是发射机系统产生很高的辐射场强。从相关标准给出的典型电磁环境数据可以看出:舰船外部的场强值可能高达 200V/m,在发射天线主波束照射下的峰值场强甚至可能高达 27460V/m,舰船舱内的场强也可能达到 50V/m。

16

从耦合途径上可以将电磁干扰分为传导干扰和辐射干扰。沿电源线或信号线传输的电磁干扰称为传导干扰。系统内各设备之间或电子设备内各单元电路之间存在各种连线,如电源线、信号互连线及公用地线等,这样就有可能使一个设备(或单元电路)的电磁能量沿着这类导线传输到毗连设备和单元电路,造成干扰。辐射干扰是指通过空间传播的电磁干扰。干扰源的周围空间可划分近场区或感应场区、远场区或辐射场区。在感应场区有电容耦合和电感耦合两种形式,在远场区通过空间辐射作用于接收器。

受到干扰(或者说对电磁干扰敏感)的设备称为接收器,通常包括:对信号进行接收、放大、交换、传输、处理、储存、显示的电子设备(如接收机、放大器、计算机);灵敏或低工作电压(电流)的电气装置;控制系统和武器系统中的敏感、低电平设备;等等。敏感设备受到电磁干扰,其性能降低或故障的效应取决于设备的敏感特性,如接收信号的幅度、频率、响应时间等。例如,有些敏感设备是接收宽带信号类型、有些敏感设备对峰值能量的响应时间很快等。

对于复杂系统来说,干扰源类型多,相互连接的电缆多,易受干扰的接收器多,形成电磁干扰的成因具有多样性,可能是多种耦合途径造成的,也可能是多个干扰源作用的结果。例如,电气、电子和机电设备在启动、工作、切换时向电网传输频谱相当宽的电磁干扰,而这些干扰信号通过邻近敷设的电缆感应到敏感设备的电路,可能使敏感设备受到干扰。这也正是电磁环境效应验证中将系统内电磁干扰试验作为一个重要内容的原因。

2. 有限空间多天线共址带来的电磁干扰问题

装备在有限的空间布置大量收发天线。典型飞机的尺寸几十米,装载的天线几十副。典型的海军护卫舰或驱逐舰舰长 120~160m,宽 15~20m,几乎所有的发射/接收天线均安装在舰舯区域(40~50m),布置的各式天线达几十种,如图 1-7 所

图 1-7 典型舰船的天线布置

示。随着功能的扩展,天线数量不断增加。20世纪80年代到90年代,美国海军同类舰船天线数量增加了近1倍,其中航空母舰天线数量由75副左右增加到近150副。天线空间布置困难,大量天线竞争有限的空间和覆盖面,导致电磁环境复杂,带来了天线间兼容性问题。在提高传感器和武器覆盖范围的同时还要降低舰船电磁干扰,对上层建筑的集成化设计提出了更高的要求。

3. 多设备密集布置带来的电磁干扰问题

典型舰船、飞机装载的设备多达几百台,涉及通信、情报、预警、武器控制、导航、气象、电子对抗等,在有限空间密集布置,平台内部设备间距离近,致使空间传输耦合相当严重,容易在两个或多个电缆间、设备间、系统间传递电磁干扰能量,形成相互间的辐射干扰。系统内部通过公共的电源线、信号线、控制线,在各设备之间形成传导性耦合。对于潜艇来说,由于艇内声纳设备等工作在低频,通过接地环路造成的电磁干扰最为关注,因此相关标准对低频传导发射和敏感度提出了要求。

4. 复杂结构带来的电磁干扰问题

装备的结构复杂,舰船上层建筑有许多金属构件,如桅杆、扶梯、栏杆索具、起货机、吊艇架、武器发射架、各种通信和雷达天线等,这些物体以复杂的形状和尺寸排列起来,以各种可能的方式阻挡、截获、传导、发射、散射、绕射和再辐射电磁能,存在多路径反射的电磁干扰。

虽然装备的几何尺寸有限,但由于涉及的电子设备的频谱分布很宽,整体电尺寸大。如飞机整机的几何线度几十米,对于微波段的工作频率而言,飞机整体电尺寸将达上千波长以上。对于舰船来说,整体电尺寸就更大。研究装备的电磁环境效应问题,通常需要求解电大尺寸问题,难度加大。

1.2.3 对抗性

电磁学的应用与发展,大大提高了装备通信、导航、武器控制和作战指挥能力,同时由于不断增加的用频需求挤占有限的频谱资源、收发设备共存等矛盾也带来了电磁干扰,相互之间逐渐形成对抗。

1. 有限的电磁频谱资源与装备需求之间的矛盾

电磁频谱是各种电磁辐射占用频率及其在各种频率上能量分布的定量表示。任何电磁波的应用都要占用一定的频谱,相同频率的电磁波会相互干扰,功率小的将被功率大的所压制。

电磁频谱已经成为一种重要的战略资源。用频设备所利用的频谱几乎占据了整个电磁频谱,包括从极长波、甚长波、长波、中波、短波、米波、微波、毫米波到红外和紫外的几乎所有电磁频谱。

电磁频谱资源是有限的,而装备上用频设备的使用必须占用频谱资源,也就无法避免不同设备工作在同一个频段,因此装备研制中必须对频谱资源进行合理规划,在使用过程中需要进行频谱利用的管理。

装备尤其是大型系统,装载雷达、通信、导航、电子对抗等用频设备,工作频段基本覆盖了从其低频至40GHz的范围。低频的有超长波通信、声纳信号等,高频的有雷达、卫星通信信号等。各种发射设备在工作时辐射出的电磁波,除其工作频率外,还含有其工作频率的谐波成分和工作频带外的杂散成分,占用了大量频谱。装备使用功能多样化,大量用频设备造成频谱重叠十分严重。海湾战争中,临时性的多国部队作战行动中,对频率分配、互相协调等问题往往由于行动匆忙而被忽视,舰队卫星通信多次与航空母舰及其舰载机之间的通信相互干扰。

一体化联合作战,涉及舰船、飞机、导弹、卫星、地面等装备,多种装备同时交叉使用,用频装备密集,易产生干扰,要求做到实时使用时的频谱兼容,对电磁频谱提出了很高的实时管控要求。

2. 大功率发射设备和高灵敏度接收设备共存带来的矛盾

装备上通信发射机输出功率有的可达千瓦级,雷达发射机的输出峰值功率更是可达兆瓦级,通过天线辐射在平台外部形成高场强的电磁环境。随着装备作用距离提高,导致发射源功率增加,信号强度增大,同时由于接收机灵敏度也越来越高,大量电磁收发设备共址或共存于同一平台,造成了电子设备易干扰和易被干扰。在英阿马岛之战中,英国驱逐舰"谢菲尔德"号被一枚"飞鱼"导弹击沉,当时该舰舰长正在同英国本土进行无线电通信联络,为了避免雷达干扰他的作战电话,下令关闭了该舰雷达,恰恰在这时,阿根廷战机发射的"飞鱼"导弹不知不觉地降临了。究其原因就是电子系统间电磁干扰(EMI)问题。

1.2.4 易损性

从电磁防护的角度来说,主要是指高强度电磁场的防护。IEC 61000-2-13《高功率电磁(HPEM)环境 辐射和传导》标准中将 HPEM 环境界定为峰值电场达到100V/m(相应的平面波自由空间功率密度 26.5W/m^2)以上的电磁辐射,如图1-8所示。作为比较,图中也给出了通常的 EMI 环境。随着信息技术的发展,各种新技术装备不断涌现,装备面临的电磁环境呈现出宽频带、高场强、高功率等特点,且电磁脉冲还具有快上升沿特点。这种高强度电磁场主要包括由各种雷达、通信、电子战等大功率辐射源产生的强射频场,由高空核爆、高功率微波武器等产生的电磁脉冲和高功率微波,还包括以瞬时大电流放电为主要特征的雷电等自然电磁现象。

高功率电磁环境作用对象包括设备、军械、燃油和人员。这种电磁环境其特征虽然表现出高强度，而实际上其影响还可能带来损伤的结果，由电磁易损性（EMV）的概念也可以看出。对于强射频电磁环境来说，尤为关注电磁辐射危害问题，涉及电磁安全性。电磁环境效应标准中对电磁辐射危害提出了要求，要保护人员免受电磁辐射影响、防止燃油意外点燃、防止军械出现意外点火或失效。1967年7月29日，美国航空母舰"福莱斯特"号在对越作战中，由于执行任务的飞机受到大功率雷达电磁辐射，使外挂在机翼下的电引爆57mm火箭发生爆炸，造成134名舰员丧生，27架飞机损毁的重大事故。

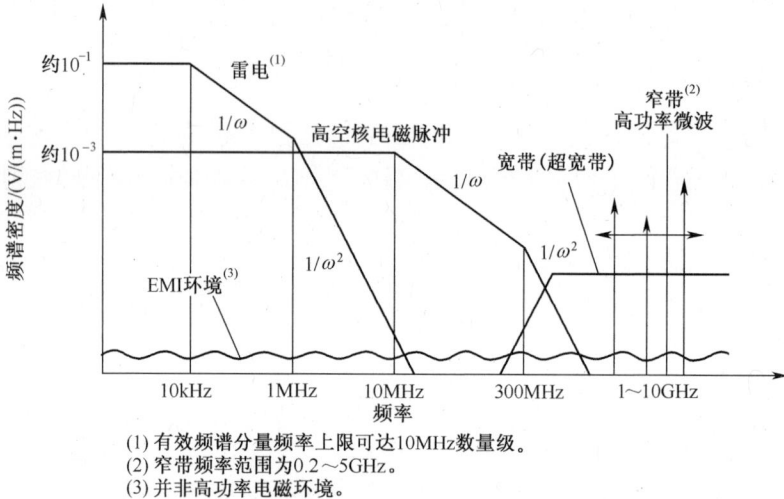

(1) 有效频谱分量频率上限可达10MHz数量级。
(2) 窄带频率范围为0.2～5GHz。
(3) 并非高功率电磁环境。

图1-8 高功率电磁环境

高技术条件下战争，遭受电磁脉冲、高功率微波武器打击成为现实可能，信息化装备尤其是作战指挥系统面临瘫痪的危险，电磁防护问题迫在眉睫。强电磁脉冲具有作用范围广、幅值高、频带宽、脉冲前沿陡等特点，对电子信息装备危害极大。据报道，海湾战争期间，美国使用了由"战斧"式巡航导弹携带的电磁炸弹，用于攻击伊拉克的电子系统和指挥控制系统。科索沃战争中，美国使用了尚在试验的微波武器进行轰炸，使南联盟部分地区的通信设施瘫痪了3h多。

高强度电磁场的易损性与通常电磁干扰相比，具有以下突出特点：①失效结果更严重，除引起装备性能下降外，可能直接烧毁电子器件、计算机芯片和集成电路，或者微波热效应烧毁目标集体结构，或者产生永久故障或毁损等多种失效形式；②被测信号具有数万伏每米的高场强、长波到毫米波的频段范围、纳秒级的上升沿、数千安培的大电流等特性，模拟测试的技术难度大、要求高；③除采取常规的接地、滤波、屏蔽等防护措施外，还需要采用终端防护装置、快上升沿脉冲防护器件等新的技术。

1.3 与相关概念的关系辨析

近年来,电磁环境及其对武器装备的影响受到普遍关注,也出现了较多的概念和一些新的提法,包括电磁兼容及电磁防护、电磁环境效应、复杂电磁环境、战场电磁环境、电磁环境适应性、复杂电磁环境适应性、电磁频谱管理、频谱可支持性等。有关术语和概念在1.1节和相关标准中已给出定义,本节主要结合概念的提出和发展演变过程,从相关概念或提法的内涵出发与电磁环境效应进行对比分析。

1.3.1 电磁兼容性

从电磁兼容性的定义可以看出,电磁兼容性与电磁干扰密切相关,控制电磁干扰是为实现电磁兼容,电磁干扰是从现象来描述的,电磁兼容性是从结果或关系来描述的,属于同一个技术问题的两种不同表述形式。正因于此,EMI、EMC这两个概念几乎是同时推出的。电磁兼容性的研究通常是围绕构成电磁干扰的三要素进行的,其研究内容包括:电磁干扰产生的机理、电磁干扰源的发射特性以及如何抑制电磁干扰源的发射;电磁干扰以何种方式通过什么途径耦合(或传输)以及如何切断电磁干扰的传输途径;敏感设备对电磁干扰产生何种响应以及如何提高敏感设备的抗干扰能力。

系统电磁环境效应总要求实际上包含2个方面:一是系统内的EMC要求,即装备(或称系统)内的所有分系统和设备在预期工作的范围内应是互相电磁兼容的;二是系统与外部环境的兼容,即装备能够适应实际作战使用时预期的外部电磁环境,能够在实际的战场电磁环境中生存并发挥应有的功能。也可以根据系统与外部关联关系将上述要求分解为3个方面,即系统内自兼容、系统之间兼容以及系统与外部电磁环境兼容。从上述要求可以看出电磁环境效应控制的实质就是实现电磁兼容。

在1.1节介绍的概念发展中指出,随着电磁效应问题的不断出现,EMC术语已不能包含电磁学科的全部内容,而提出了电磁环境效应术语。因此电磁环境效应是在电磁兼容性的基础上拓展的一个技术领域。从概念的提出到现在,电磁环境效应不仅包含了"电磁兼容性"的全部技术内容,而且增加了电磁武器(超宽带装置、高功率微波系统)等新电磁现象,增加了电子防护和电磁易损性等技术内容。电磁环境效应涵盖了武器装备与电磁环境的所有关联关系,包含了电磁干扰和电磁兼容性。但从概念的内涵和外延来说,E3要求中所包含的EMC有一定的专指性,描述的是设备、分系统、系统无干扰工作的能力。

1.3.2　电磁防护

由于强电磁辐射环境可能对装备尤其是信息化装备造成电磁干扰,甚至电磁毁伤,直接影响着装备使用效能的发挥和生存能力。因此,装备强电磁场防护成为急需解决的现实问题,引起人们的极大关注,电磁防护也就被突出出来。

国内外相关标准对电磁防护尚无准确定义,从关注的重点来看可以认为:电磁防护是指为了消除电磁环境效应(或电磁危害源)对电爆装置、燃油及人员的影响甚至伤害而采取的对策,也包括使电子设备、分系统、系统具备抗电磁干扰或电磁毁伤能力的技术措施。电磁防护的环境类型主要包括强射频辐射、电磁脉冲、高功率微波、雷电等。考虑到静电放电作为一种危害源,具有频带宽、脉冲电流峰值大、发生频次高等特点,对指挥、控制、通信、计算机以及情报、监视和侦察(C^4ISR)系统等电子装备和数字化仪表及各种飞行器的危害程度,在某些情况下甚至可以与核电磁脉冲、雷电电磁脉冲相提并论,因此通常也将此环境归入防护类型。

从电磁兼容性的内涵来看,其目的是提高系统在预定电磁环境中的生存能力与运行水平,在早期电磁兼容研究内容中也包含有电磁防护的内容。电磁环境效应术语提出后,明确涵盖射频、电磁脉冲、高功率微波、雷电、静电等所有这些辐射源产生的电磁现象,因此电磁环境效应包括电磁防护。20 世纪 60 年代,美军在电磁兼容性研究中就出现了电磁辐射危害、电磁脉冲,也提出了防护要求,但未专门提出电磁防护的概念和定义。

1.3.3　复杂电磁环境与战场电磁环境

相关标准中给出的复杂电磁环境定义为:在一定的空域、时域、频域和功率域上,多种电磁信号同时存在,对用频装备运用和作战行动产生一定影响的电磁环境。战场电磁环境定义为:一定的战场空间内对作战有影响的电磁环境。

简单地说,电磁环境与作战环境有关,与使命任务有关,与传播方式有关(辐射或传导),与电磁信号频率、强度和时间分布有关。

战场电磁环境的构成因素有自然因素和人为因素。人为因素包括有意电磁干扰、无意电磁骚扰,包含军用和民用电磁辐射、我方和敌方电磁辐射。战场电磁环境在时域、频域、能域和空域分布呈现出随机动态的特征。由于战场电磁环境受参战装备的分布状态、工作频率、辐射功率(场强)、辐射方式、所处地理环境、气象条件等多种因素的影响,所以战场电磁环境是复杂的,通常称为复杂电磁环境。可以说复杂电磁环境是一个相对的概念。

从上述定义看,复杂电磁环境、战场电磁环境的内涵并无本质不同,电磁环境包括了复杂电磁环境和战场电磁环境。无论是复杂电磁环境,还是战场电磁环境,反映的都是一种客观存在，没有反映对武器装备的影响。而电磁环境效应既反映了电磁环境的客观存在，也反映了电磁环境对武器装备的影响。

1.3.4 电磁环境适应性与复杂电磁环境适应性

迄今为止，国内外相关标准对电磁环境适应性、复杂电磁环境适应性尚无准确定义，但从当前工作中对相关概念的理解和把握来看，可以认为二者内涵基本相同。参照环境适应性的定义，可以将二者定义为：装备在其寿命期内可能遇到的电磁环境作用下实现其所有预定功能和(或)不被破坏的能力。

电磁环境效应影响装备的电磁环境适应能力。控制电磁环境效应的目的，就是为了提高装备的电磁环境适应能力。从这个角度看，电磁环境效应和电磁环境适应性的研究重点和研究目的是一致的。

从电磁环境效应的定义和复杂电磁环境适应性考核的目的来看，两者均包含了对敌、我、友三方的电磁环境适应能力。而电磁环境效应更关注电子防护和电子战带外干扰，复杂电磁环境适应性考核重点关注电子战环境，尤其是敌方有针对性地施加的大功率干扰。

1.3.5 电磁频谱管理与频谱可支持性

频谱管理(Spectrum Management,SM)是通过使用、工程设计和行政管理程序，进行电磁频谱联合运用的规划、协调和管理，以使电子系统在预期的电磁环境中工作时，既不产生也不遭受难以接受的电磁干扰。频谱管理的要素包括：频率分配、频率指配、设备频谱认证(Equipment Spectrum Certification,ESC)和频谱可支持性(Spectrum Supportability,SS)。频率分配主要是为用频设备指定频率带宽。频率指配主要是授权用频设备或系统在规定的条件和约束下使用某一频率。设备频谱认证是对某一用频设备或系统的技术特性与国家频谱管理政策、划分、规章和技术标准符合性进行评审后，国家权威机构对其符合相关要求的充分性的声明。设备频谱认证也称作"频谱认证"。频谱可支持性是军用系统在使用电磁环境中维持有效互操作所需频率和带宽的可用性保证。对设备或系统是否具有频谱可支持性所进行的评定至少包括获得设备频谱认证(ESC)、系统工作所需频率的可用性保证、主权国家的批准和电磁兼容性考虑。

频谱可支持性实质是确保"频谱可用，频率好用"。其中：频谱认证、频率可用性保证、主权国家频率批准环节可以保障"频谱可用"；EMC考虑，特别是在频谱可支持性风险评估中，是通过电磁环境效应分析等程序确定用频设备或系统间兼容工作的频率和距离保护间隔，确保"频率好用"。

实际上，武器装备采办过程中的频谱管理是通过频谱可支持性实现的。这一点从标准 MIL-HDBK-237C《采办过程中的电磁环境效应和频谱认证指南》到 MIL-HDBK-237D《采办过程中的电磁环境效应和频谱可支持性指南》的变化也可以看出。因此,在 MIL-STD-464 中采用的是频谱兼容性管理,而在 MIL-STD-464C 中采用的是频谱可支持性。频谱兼容性是指用频系统在所处的电磁环境中工作时,不因从射频通路耦合的电磁干扰而发生性能降级,不会对环境产生电磁干扰。从这个意义上,频谱兼容性只关心由于前门耦合和发射机有意发射的影响。可以说,频谱可支持性是频谱兼容性的拓展。

从上述概念可以看出,电磁环境效应和频谱可支持性之间有密切联系,有实质的共同特征,即:①目的一致,都是控制电磁干扰,实现电磁兼容;②与电磁环境直接相关,电磁环境是频率分配和电磁兼容性分析的输入参数,用频装备特性、使用条件和频率协调都对电磁环境产生影响;③均包含设备频谱认证,与确保用频设备的 EMC,防止 EMI 有关;④频谱管理是实现电磁兼容性的重要手段,频谱可支持性是电磁环境效应的重要内容。电磁环境效应与频谱可支持性的关系如图 1-9 所示,两者在实现用频装备电磁兼容性、控制电磁干扰、设备频谱认证方面是重叠的。为此,美军在装备采办过程中将电磁环境效应(E3)和频谱可支持性(SS)结合起来进行控制,将其工作纳入到整个项目进行评定和审查。

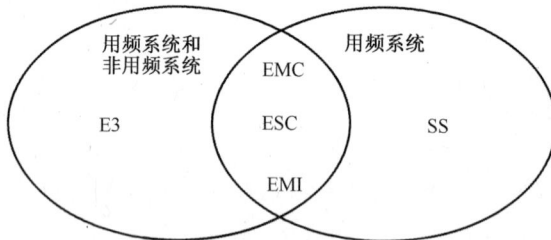

图 1-9　电磁环境效应(E3)和频谱可支持性(SS)的关系示意图

电磁环境效应和频谱可支持性作为保证装备互操作性的基础,对装备在预期电磁环境中最大限度地发挥作战效能至关重要。因此,必须提出合理的电磁环境效应要求,以确保装备系统内、系统间以及在相应的外部电磁环境中具有需要的兼容性水平,并考虑在此环境中人员、军械和燃油的安全。同时在研制用频设备或系统时,应在研制过程的早期就考虑频谱可支持性要求以及电磁环境效应控制,并在整个寿命周期持续开展此项工作,采取各项措施以使用频设备具备频谱可支持性并使所有设备、系统和平台(用频和非用频)的电磁环境效应控制到最低。

从上述各组概念的内涵分析可以看出:随着装备技术的发展和电磁环境认知的不断深入,作为装备重要性能指标的电磁兼容性,其内涵已扩展到电磁环境效应;电磁环境效应涵盖了各种电磁环境因素对装备的影响;从不同角度和研究重点提出的电磁兼容及电磁防护、复杂电磁环境适应性等,其研究重点和研究目的与电磁环境效应是一致的。电磁环境效应包含电磁兼容性和电磁防护。从工程研制和应用角度,电磁兼容及电磁防护更加强调装备达到的性能和能力,突出了当前的关切。

当前复杂电磁环境问题也是一个比较关注的热点问题,关心的不是复杂电磁环境本身的定义,而重点是复杂电磁环境适应性,是研究在复杂电磁环境下装备适应能力的问题。复杂电磁环境问题主要是从电子战角度提出的,主要考虑的是用频装备相关的电磁环境,也就是有意电磁干扰对装备的影响,属于电子战的范畴。此概念也在不断延伸,目前已涉及几乎所有电磁环境。单纯从字面理解,复杂电磁环境是电磁环境的一种形式,复杂是相对的,主要在程度上的区分。实际上,复杂电磁环境反映的是一种关切,由于电磁环境的多样性,影响的严重性,解决问题的难度大,将其归结为复杂电磁环境问题。

电磁环境效应所包含的频谱可支持性(或频谱兼容性)是指用频装备的电磁兼容性和设备频谱认证,也属于电磁频谱管理范畴;而我方有用电磁信号频点、占用带宽、发射功率、发射时间进行协调控制属于电磁频谱管理的技术范畴。电磁环境效应中所包含的电子防护(如发射控制等),也属于电子战范畴;而敌方有意的辐射对我方设备或系统通带内的干扰属于电子战的范畴。

综上所述,从技术发展的角度,本书取名为《电磁环境效应工程》。从研究的历史和研究的重点考虑,目前工程中还习惯于将这部分工作称为电磁兼容,因此在本书内容的具体表述中,不完全拘泥于它们之间的严格区分。

1.4 国内外研究进展及发展趋势

随着战场电磁环境越来越复杂以及各种电子设备和系统对于电磁频谱的依赖性和电磁环境的适应性要求不断提高,电磁环境效应所涉及的范围不断扩宽。欧美等发达国家在电磁环境效应基础性技术、工程应用、试验评估以及标准建设等方面,进行了全面的研究和探索,建造了大规模的电磁环境效应试验设施,对设备、系统、平台开展电磁环境效应试验,不断改进和提高其武器装备适应复杂电磁环境的能力。当前,各国在电磁环境效应领域加紧开展研究,在电磁干扰控制、电磁环境效应试验评估、仿真预测、电磁脉冲防护、电磁频谱管理等方面取得了较为突出的进展。

1.4.1 国外研究进展

1. 设计与控制技术

欧美等军事强国重视电磁环境效应设计与全寿命期控制,将装备电磁环境效应设计作为装备总体设计的重要内容，成立专门机构实施电磁环境效应工作的管理，充分利用设计分析手段、设计规范和手册，加强新技术开发，有效支撑装备的设计和验证。美军还将电磁环境效应保障列入装备维护保障计划。

近年来，美国重视战时电磁环境对武器装备的影响以及联合作战中的电磁干扰问题，通过发布指令和指南加强电磁环境效应工作，将"电磁兼容性设计"思想拓展到"电磁环境效应设计"。注重电磁频谱顶层规划，加强电磁频谱的有效利用，将频谱管理和电磁环境效应有机融合。

当前，电磁环境效应设计新方法和新材料不断涌现，提高了电磁干扰控制能力。创新平台电磁干扰控制设计理念，将射频系统、电磁兼容、隐身功能集合在一起，一体化综合设计。美、英等国在新一代舰艇、飞机研制中采用射频集成技术，综合解决电磁问题，并大量采用大规模分析工具进行设计预测。通过上层建筑集成设计，解决多种电子设备、武器、传感器的优化布置问题。

新型防护材料和装置为电磁干扰控制提供了硬件解决方案。以坡莫合金、镍系导电涂料、采用银包覆导电填料的粉体复合材料等为代表的传统屏蔽材料技术已逐步达到新水平，向着轻质化、复合化和纳米化发展。碳纳米管等纳米复合材料开始应用，提高了屏蔽性能。碳纳米管导线技术是一种新出现的电磁干扰控制技术。与铜导线相比，碳纳米管线重量轻，并能防雷电、抗干扰。

2. 试验与评估技术

电磁环境效应试验与评估技术逐步成熟，美国、英国、北约等相继制定了 E3 试验与评估标准。世界范围内建造了多家 EMC 实验室。美军对此开展了长期的研究和实践，陆续建成近 20 个电磁环境效应综合试验场，可针对装甲车辆、飞机、舰艇、导弹等从设备、单机到系统的电磁环境效应试验，具备完备的体系化试验能力。例如，位于美国马里兰州的海军航空兵作战中心具备完成 MIL-STD-464A 所有要求的试验设施，主要从事 E3 研究、开发、试验和评估工作。

电磁环境效应试验与评估工作越来越受到重视，关键武器系统 E3 试验与评估有效推进，以确保装备在复杂电磁环境下作战能力。E3 试验与评估已贯穿于设备和系统设计、分析和干扰诊断等各个环节。对瞬态、脉冲类电磁干扰信号测试以及现场电磁兼容性测量等方面的研究，也取得了进展，如实时频谱仪、快速时域测量系统以及虚拟暗室系统等。

系统级试验评估技术和能力仍在不断提升，试验手段日趋系统完备。在发展全电平电磁辐照测试方法和设施的同时，国外陆续研发电磁混响室、等效替代等试验技术。测试场地标准逐步完善，测试方法更加精确。混响室、天线校准场地、横电磁波室以及 30MHz 以下辐射测量场地等测试场的标准和技术取得了长足进展。

3. 电磁防护技术

由于雷电、核爆电磁脉冲的巨大破坏性效应,加速了电磁脉冲及其防护技术的研究。世界各国尤其是美国、俄罗斯等军事强国十分重视武器装备电磁防护加固技术研究,投入了大量的人力和物力,研制了多种形式的电磁脉冲、高功率微波实验装置,制定了防护标准。2002 年国际电工委员会出版的技术报告 IEC 61000-4-32《高空电磁脉冲(HEMP)模拟器概要》,介绍了 14 个国家的 42 个电磁脉冲模拟器。2009 年出版的 IEC/TR 61000-4-35《高功率电磁(HPEM)模拟器概要》,介绍了德国、乌克兰的宽带和超宽带模拟器和捷克、瑞典、英国、法国、德国的窄带 HPM 模拟器。新型电磁武器逐步走向实用,推动电磁脉冲以及高功率微波防护技术不断取得突破。有关国家将电磁脉冲威胁上升到国家战略层面,开展关键军事设施和武器装备电磁防护能力评估和手段建设。

2004 年 *IEEE EMC Transaction* 出版了"有意电磁干扰"(IEMI)专刊,该专刊中介绍了德国、英国、瑞典和美国科学家在 EMP 效应方面的研究进展。近年来,电磁防护技术取得了一系列新进展,电磁脉冲测试、防护评估方法、传播特性等基础理论研究不断深入。电磁防护新材料、新器件不断涌现,例如自适应防护技术、抗电磁脉冲的光集成电路技术、频率选择表面、手性吸波材料等。演化硬件和电磁仿生技术成为电磁脉冲防护技术新的研究热点。

电磁辐射尤其是高强度射频辐射场对人员、军械和燃油的危害在武器系统中有其独特性。美国国防部尤其是海军在 20 世纪 60 年代开始就进行了全面的研究,目前已形成一系列标准规范、设计准则、作业规程等。近年来,国际上在电磁辐射对人体影响方面研究获得较大进展,人体电磁辐照防护标准不断完善。

4. 仿真预测技术

20 世纪 80 年代后期,已研制开发了多种电磁设计工具,用于分析处理总体设计中的电磁干扰问题。90 年代,着重于电磁工程设计中计算机图形技术、三维显像技术和电磁计算方法研究。

当前,随着研究的不断突破,电磁环境效应仿真新模型不断涌现,提高了仿真预测的精确性。系统级电磁兼容性数值计算方法取得新进展。针对复杂电子系统的电磁兼容性进行分析、设计和优化的方法层出不穷,可更有效地应对多层次电磁兼容性问题。

电磁兼容性预测分析软件不断推陈出新。美国、意大利、西班牙、俄罗斯、德国、英国、法国等工业发达国家已经形成较为先进的电磁兼容预测和分析技术,有配套的数字仿真和优化设计软件。国外较为成熟的电磁仿真软件和程序有系统内 EMC 分析程序(IEMCAP)、系统间 EMC 分析程序(SEMCAP)、舰船 EMC 分析程序(SEMCA)、共址分析模型(COSAM)、电磁设计平台(Ship-EDF)、电磁工程环境

（EMENG）、天线-天线耦合分析程序（AAPG）、复杂系统分析的 EMC 通用模型（GEMACS）、ANSYS、FEKO、CST 工作室等。而且还在不断推出新的版本，增加功能，改进算法，优化流程，提高算法集成的速度和效率。

5. 标准

国外电磁环境效应军用标准主要包括美国军标、北约标准、欧洲如英国军标等，其中美国军用标准影响广泛。美国电磁环境效应标准化文件较为系统完整，涉及军用标准、军用规范、军用手册、指令指示、图样、技术手册和出版物等。其中核心标准为系统级的 MIL-STD-464《系统电磁环境效应要求》（2010 年颁布 C 版）、设备级的 MIL-STD-461《设备和分系统电磁干扰特性控制要求》（2015 年颁布 G 版）等。

北约（NATO）代表性的电磁环境效应标准主要有 AECTP-250 系列《电和电磁环境条件》（2014 年发布 C 版），AECTP-500 系列《电磁环境效应试验与验证》（2016 年发布 E 版）。英国军标主要有 DEF STAN 59-411 系列《电磁兼容性》，2007 年发布。

涉及电磁环境效应的国际民用标准主要有 IEC 61000 系列、CISPR 系列。这一类标准还在不断补充完善。如 IEC 61000-4-25《设备与系统的高空电磁脉冲防护措施测试方法》于 2012 年 5 月进行了修订，增加了对衰减振荡波抗扰度测试和高功率瞬时参数测量方法。值得关注的是，IEC 标准虽然称为电磁兼容，但有相当数量标准涉及高功率电磁环境；欧洲标准化委员会（CEN）专门成立了专家组（EG7），主要针对电磁环境，提出 E3 标准的选用、实施建议。

1.4.2　国内研究进展

我国经过 30 多年的努力，在电磁环境效应设计与控制技术方面开展了大量研究，通过型号工程的实践，具备了航空、航天、舰船等平台的总体论证、设计能力，形成了自顶向下系统级电磁兼容性量化设计方法，研发了电磁干扰抑制装置和电磁屏蔽材料，并在传导干扰抑制方面取得了突破性进展。

在开展电磁兼容工程实践的同时，开展了电磁兼容试验研究及设施建设，具备设备级电磁兼容试验能力和系统级电磁环境效应试验能力。近年来，在系统级电磁环境效应试验与评估技术方面取得了很大进展，形成了系统级试验方法标准。

我国在静电及雷电防护方面研究较早，积累了丰富的研究经验。在电磁脉冲防护研究方面，近年来开展了器件、电路和典型电子设备的电磁脉冲、超宽带和高功率微波传播与耦合仿真以及效应试验和研究，开展了复杂系统电磁环境效应防护研究，研制电磁防护新材料、新器件。

国内多家单位在电磁环境效应理论、机理等方面开展了不同程度的基础性研究工作,取得了一大批研究成果,电磁兼容性仿真软件的研发近年来进展很大。

我国电磁兼容性军用标准已逐渐扩展到电磁环境效应,标准体系基本形成。电磁环境效应标准建设不断推进,近年来获得很大进展。其中主要标准为 GJB 1389A—2005《系统电磁兼容性要求》、GJB 8848—2016《系统电磁环境效应试验方法》和 GJB 151B—2013《军用设备和分系统电磁发射和敏感度要求与测量》等。

1.4.3 发展趋势

随着电子信息技术在军事上的广泛应用,信息化装备的快速发展,新体制大功率辐射源不断出现,电磁脉冲武器进入实用化,装备面临的电磁环境日趋复杂,电磁干扰、电磁损伤等问题愈发凸显,电磁环境效应研究的需求更加迫切。电磁环境效应正越来越受到关注和重视,深入研究电磁环境效应理论和技术,具有重要的军事应用价值和现实意义。

在电磁环境效应设计和控制方面,更加注重从单设备、单任务而转向全系统、全寿命,不断优化改进,电磁工程一体化设计是一个重要发展方向,设计和控制方法向精确化、智能化方向发展,在电磁干扰控制新方法、新材料、新工艺上继续获得突破。

系统级电磁环境效应试验与评估技术仍是发展的重点,系统级电磁环境效应模拟、安全裕量、电磁场对人员、武器、燃油的危害效应和电磁脉冲效应试验等方面尤为关注。新型测量仪表和仪器设备逐渐向高速自动化、集成化、便携式方向发展。

电磁防护技术是武器装备适应战场电磁环境最为重要的技术发展方向之一。未来围绕电磁脉冲防护,发展先进的基于器件的电磁防护技术、基于多功能材料的电磁防护技术等,并不断发展新概念综合电磁防护技术。

电磁频谱资源管理向全域管理、动态管理、网络化管理、智能化管理方向发展,战场电磁频谱资源运用与装备资源调度贯穿于战争全过程已成为该领域一个重要技术发展趋势。

仿真预测技术是一种积极主动地电磁环境效应控制的设计方法,是电磁环境效应技术发展的重要方向。随着计算机技术、电磁计算方法的发展,大型复杂系统的电磁仿真技术将得到快速发展,其仿真速度、精度等瓶颈问题将有望取得更大突破。

电磁环境效应标准在以下几个方面值得关注:一是针对新体制辐射源、电磁脉冲、高功率微波源等,电磁环境类标准不断丰富和细化;二是针对脉冲波以及多种电磁场共同作用等情况,试验与评估方法标准还将不断完善,以趋更加科学合理;三是随着电磁防护手段的突破,电磁防护类标准将推陈出新;四是突出电磁环境效应控制和电磁频谱保障,管理类标准将更加注重顶层规划和管理;五是军用标准与民用标准的融合呈现深度发展的趋势。

第2章　装备电磁环境及其效应

电磁环境是装备电磁环境效应研究的基础。舰船、飞机等大型武器平台呈现出大系统、一体化、多功能集成化等特点,电磁发射源多,电子设备种类多,收发并存,同时具有复杂的外形与细微结构、金属与多种介质材料,使用条件下面临电磁背景噪声和威胁环境,电磁环境及其作用机理是复杂多样的。本章以装备面临的电磁环境为对象,详细分析了装备电磁环境分类、特性以及电磁环境对装备的影响,给出了电磁环境的量化描述。

2.1　电磁环境分类及特点

2.1.1　电磁环境分类

第1章给出了电磁环境的定义。根据电磁环境对装备的影响程度,实际上装备面临的电磁环境由自身、友方及敌方的地面、海上、水下、空中大量电磁信号共同构成,包含核电磁脉冲、高功率微波武器和静电放电、沉积静电、雷电等产生的电磁辐射,甚至还受到大气、海洋等环境的影响。本节按照装备电磁环境效应总要求,从作用区域(系统内部、外部)以及来源(自然、人为)对电磁环境进行分类。结合干扰源的类型,装备面临的电磁环境分类见表2-1。

表2-1　电磁环境分类

电磁环境		系统内部	系统外部
自然			雷电
			沉积静电
			空中补给和加油过程静电
人为	有意	系统射频天线辐射	电子战
			电磁脉冲
			高功率微波
			其他平台射频发射

电磁环境		系统内部	系统外部
人为	无意	平台设备辐射发射	其他平台射频发射带外或杂散辐射
		平台设备传导发射	外部电源（接口）传导发射
		电源线瞬态	
		直流和低频磁场	
		人体静电	

鉴于对装备的作用和影响程度,装备外部远距离的低功率电磁辐射、宇宙辐射和太阳辐射以及地球磁场通常较少考虑。

电磁环境装备从交付使用到完成任务终止的全寿命期不同阶段以及不同状态下的各种活动,可能暴露的电磁环境不同,也可根据寿命周期对电磁环境进行分类。如 MIL-STD-464C 标准中按照军械状态,即运输/储存、组装/分解、加载/卸载、准备装载、装载在平台上、发射后的瞬间(Immediate post-launch),给出了军械应满足的电磁环境要求。

当研究具体装备面临的或具体场所存在的电磁环境时,其往往是由附近作用比较明显的电磁辐射源所决定,如舰船电磁环境、飞机电磁环境、战场电磁环境等。对于在海上航行的舰船和空中飞行的飞机来说,其可能面临的电磁环境包括雷电、系统内电磁干扰、系统间电磁干扰、高空核电磁脉冲、高功率微波,同时还有海上舰船或空中飞机、导弹武器以及民用无线电发射装置等产生的电磁辐射。

从使用角度来看,由于系统或平台直接暴露于辐射电磁场,电磁辐射影响得到更多关注。实际上,装备面临的电磁环境既有辐射环境还有传导干扰环境,如大功率瞬态设备的使用,传导的瞬态干扰对共电网设备造成影响,甚至通过辐射耦合影响接收机正常工作。同时外部电磁辐射也可以耦合形成传导干扰环境。图 2-1 所示为电磁能量耦合途径示意图。平台外部电磁环境和平台自身射频天线辐射环境可通过天线耦合进入设备或者穿透到平台内部通过设备壳体或电缆耦合进入设备。其他设备的辐射发射、传导发射通过电缆耦合进入设备。

2.1.2 电磁环境特点

从分析可以看出,装备面临的电磁环境可归纳为以下几个特点:

1. 电磁波在空域上纵横交错

电磁环境空域特征的典型表现是电磁信号在空间的分布是立体多向、纵横交错的。有来自陆上、海上、空中各种辐射源,各种用频装备(设备)根据不同的任务部署和运用,因而电磁信号在空域上的分布也是不均匀的。

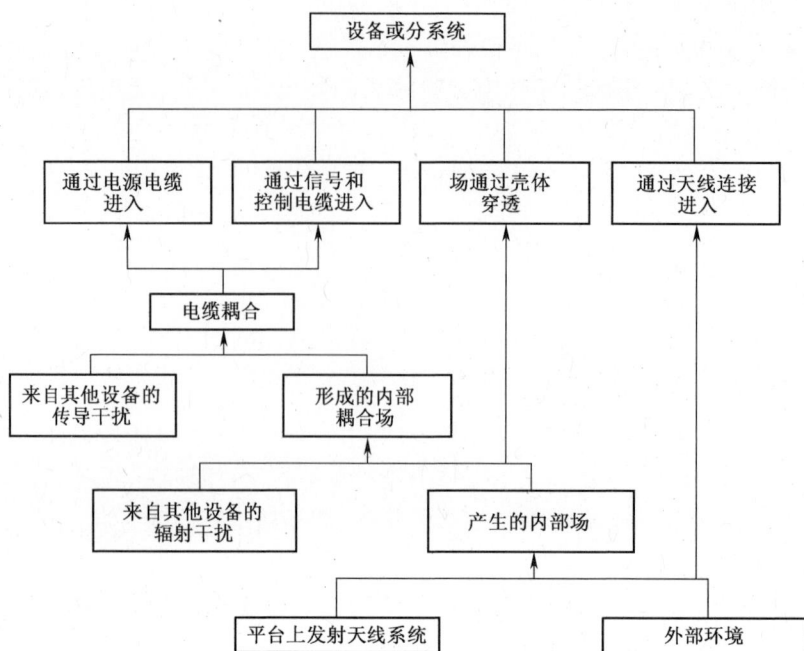

图 2-1 电磁能量耦合途径示意图

2. 电磁辐射在时域上动态变化

电磁环境时域特征的典型表现是动态变化,随机性强。电磁信号形式越来越复杂,在不同时段分布不同,具有动态可变性,时而持续连贯、时而集中突发,电磁环境动态变化范围大。

3. 电磁信号在频域上密集交叠

电磁环境频域特征的典型表现是频域拥挤、相互重叠。电磁频谱是有限资源,在有限的频域范围内同时使用众多的电子设备,电磁辐射信号必然呈现出重叠的现象。

4. 电磁辐射强度在能域上强弱起伏

电磁环境能域特征的典型表现是功率强弱起伏、能量流密集却分布不均。电磁环境中电磁能量密度的大小直接决定着对区域内电子装备的影响程度。

2.2 电磁环境及其特性

2.2.1 射频电磁环境

1. 组成

射频电磁环境是装备面临的主要电磁环境,也是在装备研制和使用中进行电磁环境控制所要考虑的主要方面。

从表 2-1 可以看出,射频电磁环境包括系统外部平台的射频发射、系统内部的射频天线发射以及平台设备的辐射发射等。系统内部各种电子电气设备在工作时,都可以产生电磁发射,但通常量值比较小,一般在伏每米以下量级,在设备 EMI 控制中对辐射发射进行限制主要考虑是保护高灵敏度的接收机。

通常所讨论的射频电磁环境主要由通信发射机、导航、雷达、电子战等大功率发射设备在工作时产生,具有覆盖频带宽、场强幅值高等特点,包括来自于平台(如编队飞行的飞机、带有护卫舰编队航行的舰船和彼此相邻的地面指挥系统)以及外部发射机的电磁环境。对于大多数系统来说,来自平台的射频分系统产生的电磁环境是系统面临的主要电磁环境。从产生电磁环境的概率和系统暴露的概率来看,这些射频分系统起着关键的作用。但随着外部发射机的功率电平增加,外部发射机也影响了整个系统的电磁环境。现代系统的复杂性是使用了特殊的结构材料如复合材料,与传统金属材料相比,对电磁环境的屏蔽和电子电路的保护会有较大的差距,使得射频电磁环境更容易影响系统。对于飞机来说,可能面临的射频电磁环境包括机场环境、空对空环境、舰对空环境以及地面环境等。

美军水面舰船,如尼米兹级航空母舰、提康德罗加级巡洋舰,搭载有大量的大功率通信、雷达发射机和电子战发射机等强射频源,其典型发射源如图 2-2 所示。

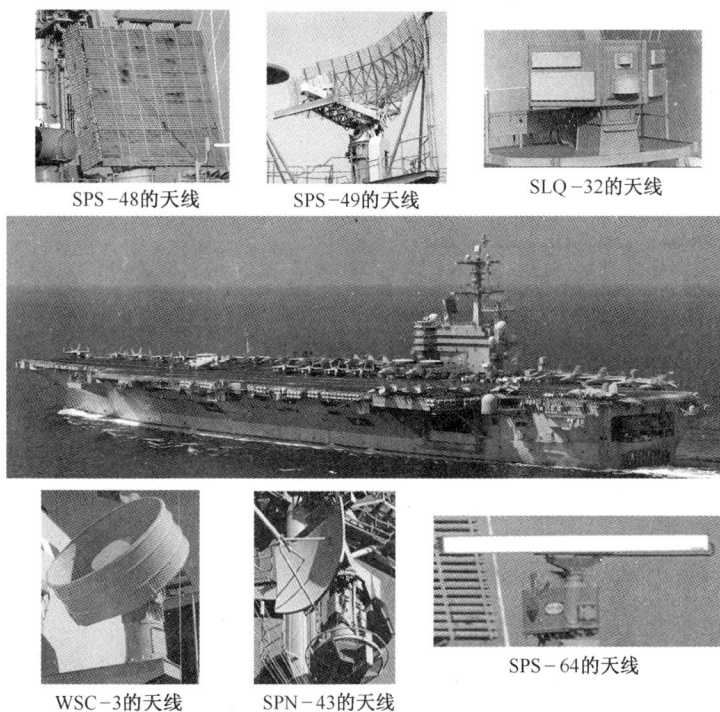

SPS-48的天线　　SPS-49的天线　　SLQ-32的天线

WSC-3的天线　　SPN-43的天线　　SPS-64的天线

图 2-2　美军水面舰船装备的典型发射源

尼米兹级航空母舰上装备的大功率发射源主要有远程三坐标对空搜索雷达SPS-48E、远距离对空搜索雷达 SPS-49、空中交通管制雷达 SPN-43、导航雷达SPS-64、视距卫星通信终端 WSC-3、电子战系统 SLQ-32 等,其射频源频率和峰值功率关系如图 2-3(a)所示。

　　提康德罗加级巡洋舰装备的强射频装备主要有多功能有源相控阵雷达 SPY-1、火控系统照射雷达 SPG-62、二维海面搜索雷达 SPQ-9、海面搜索和导航雷达SPS-55、"塔康"(战术空中导航系统)、敌我识别系统 UPX-29、电子战系统 SLQ-32 等,其射频源频率和峰值功率关系如图 2-3(b)所示。

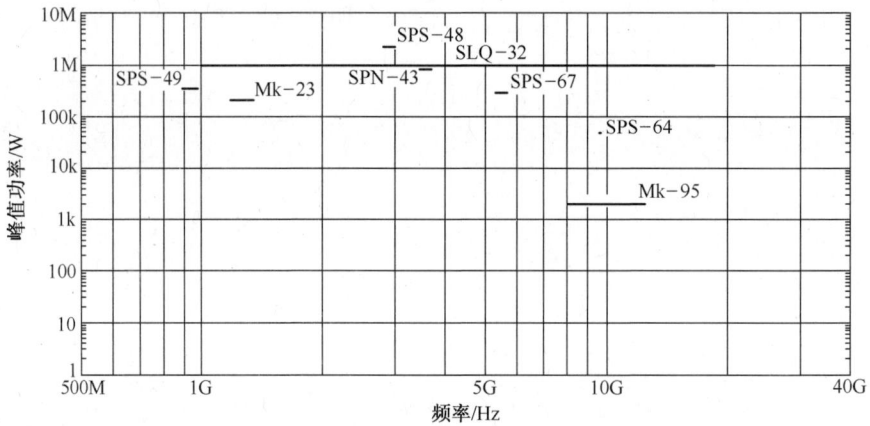

(a)尼米兹级航空母舰

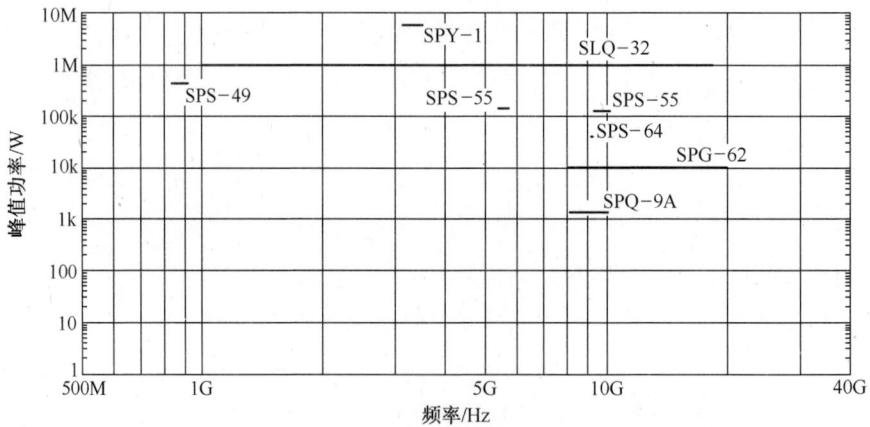

(b)提康德罗加级巡洋舰

图 2-3　美军主要水面舰船的射频源频率和峰值功率关系图

　　可以看出,水面舰船的强射频源装备涉及各种功能的雷达、电子对抗和通信设备,根据上述射频源频率和峰值功率关系图,电子对抗设备、雷达设备的功率较大,其量值在千瓦级以上,甚至高达 6MW。电子对抗设备与雷达的频率范围重叠,而且功率普遍大于雷达设备。

2. 表征

射频电磁环境通常以场强值与频率的对应关系给出,分为峰值和平均值两类,单位为 V/m。峰值场强基于发射机的最大允许功率和天线最大增益减去系统损耗(若损耗未知则估为 3dB)。平均值场强基于平均输出功率,平均输出功率是发射机的最大峰值输出功率与最大占空比的乘积。占空比是脉冲宽度与脉冲重复频率的乘积。平均值场强只适用于脉冲信号系统。非脉冲信号的平均功率与峰值功率是相同的。影响发射机产生电磁环境的特性,包括功率电平、调制、频率、带宽、天线增益(主瓣和旁瓣)和天线扫描等。

MIL-STD-464 中给出的射频电磁环境数据,频率覆盖 10kHz ~ 45GHz,通常都在几十伏每米以上,最大峰值场强可高达 27460V/m。包括舰船甲板上工作的系统外部电磁环境、在舰船上发射机主波束下工作的系统外部电磁环境、空间和运载系统的外部电磁环境、地面系统的外部电磁环境、陆军旋翼飞机的外部电磁环境、固定翼飞机(不含舰载)的外部电磁环境。系统暴露于多个规定的电磁环境时,应采用适用的电磁环境最坏情况的组合。

下面结合 MIL-STD-464 分析环境限值的划分和来源。MIL-STD-464 中的电磁环境数据来自于测量值和计算值。测量的是每个频带内最大电磁环境值,来自调查报告、系统证书和专门的试验。关于计算,MIL-HDBK-235-1C 中给出了圆口径和矩形口径天线近场计算方法。测量值的使用要优先于计算值。MIL-STD-464 中的环境限值表频段划分非常清晰,频段划分与发射机的工作频段有很好的对应关系。标准中限值是通过得到功率密度,再转化为以均方根值表示的场强。

MIL-STD-464C 与 MIL-STD-464A 相比,发生了一些变化:①射频电磁环境的组成有所变化;②频率范围,从 45GHz 扩展到 50GHz;③装备的变化而造成环境限值有所变化。

以舰船为例,两个标准版本中舰船飞行甲板上的电磁环境的峰值场强见图 2-4。从图中可以看出在各个频率范围内电磁环境数据的变化,如在 10kHz ~ 2MHz 频段上,464C 版本中无发射要求;在 2MHz ~ 30MHz 频段,由原来的 100V/m 增加到 164V/m;在 1 ~ 2GHz 频段,由原来的 550V/m 减小到 212V/m。以上这些电磁环境数据的变化与美国航空母舰上所使用的设备的变化之间有密不可分的关系。例如在 2 ~ 30MHz 频段,航空母舰上增加了海上联合战术无线电系统(发射功率大约为 5kW),使得该频段上的电磁辐射电平可能超过 464A 版本规定的 100V/m 的限值,所以在 464C 版本中把该频段的环境电平限值上调为 164V/m。在 1 ~ 2GHz 频段,由于航空母舰新增的双波段雷达代替了原先在此频段上工作的 AN/SPS-49 型二维对空搜索雷达和 MK-23 型目标捕获雷达,使得 464C 中在该频段的电磁环境峰值由 464A 中的 550V/m 下调到 212V/m。

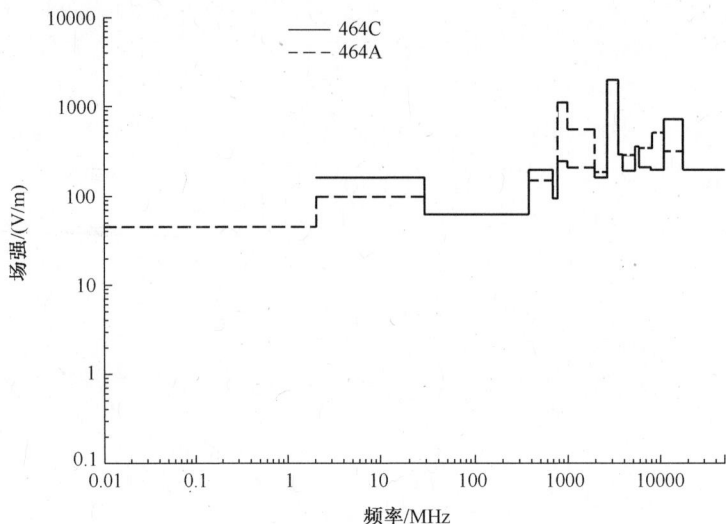

图 2-4　美国军标 464A 和 464C 中舰船飞行甲板上外部电磁环境比较(峰值)

对应于舰船在发射机主波束下的电磁环境,在 MIL-STD-464A 中规定的是距离各种舰载发射机主波束 50 英尺①处的场强,在 MIL-STD-464C 中没有给出特定的距离值,而要根据实际的发射机的特征来确定。464A 和 464C 中舰船主波束下电磁环境如图 2-5 所示。

从上述分析可以看出,通过理论计算、数值模拟技术和历史数据,能够确定来自发射机的电磁环境。因此可以认为计算是确定环境场限值的重要方法。相关文献给出了一种估算的方法,由于具体装备结构复杂,可采用建模仿真与实装测试验证,提高计算结果精度,具体方法见第 5 章。标准中给出的电磁环境数值是大量统计结果中的最大值,可以作为装备研制使用的参考,但针对具体装备,应根据使命任务和装备特点进行具体分析。因此,在 GJB 1389A 中规定"外部射频电磁环境优先采用经订购方同意的实测或预测分析数据,当无相应数据时可采用标准中数据"。

对于舰船内部射频电磁环境,是指各种发射源在甲板下产生的电场,如舰载发射机通过甲板上和甲板下天线形成的、便携式移动通信设备产生的电场等。对于水面舰船,通常为 10~50V/m;对于潜艇通常为 5~10V/m。辐射电磁场在舱室内

———————————
①　1 英尺 = 0.3048 米。

36

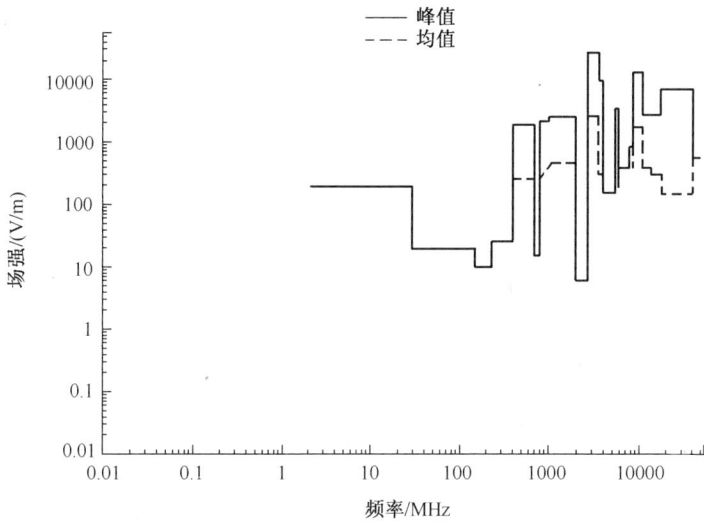

（a）MIL-STD-464A

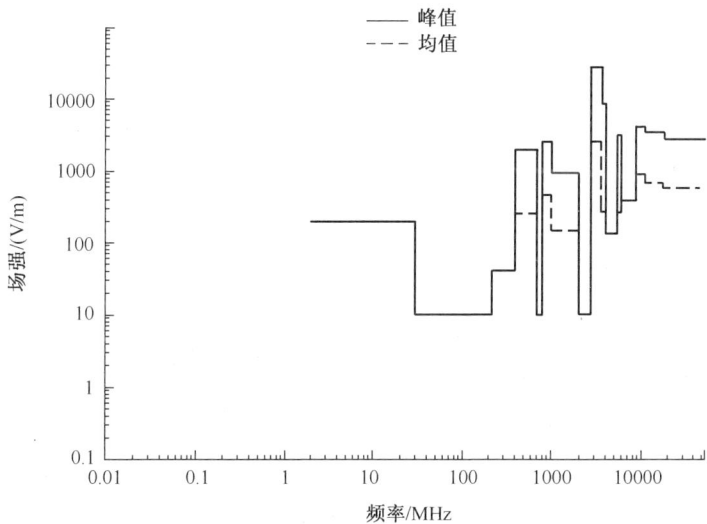

（b）MIL-STD-464C

图 2-5　在舰船发射机主波束下工作的外部电磁环境

被壁面反射,舱室内的场分布类似混响场。随着射频识别(RFID)设备、对讲机、无线局域网(WLAN)等无线装置在舰船甲板下的应用急剧增加,这些发射机的辐射导致电磁环境电平增大,对关键敏感设备构成干扰。因此,需要对甲板下单台发射机的最大辐射功率以及多部发射机组成的总辐射功率进行控制。

3. 特性

1）发射源特点分析

装备发射源具有如下的特点：①发射源种类多、信号及调制方式类型多，通信一般为连续信号，雷达一般为脉冲信号。②发射源频谱占用宽，从几千赫至几十吉赫；大多数雷达的工作频率是微波频率，它在整个无线电频谱中占据了甚高频、特高频、超高频和极高频4个频段。无线电通信频段划分为极长波、超长波、长波、中波、短波、超短波等。③雷达系统发射峰值功率大，占空比小。④雷达脉冲信号输出功率具有高峰值、低平均值的特点。

通信系统传输信号一般通过调制传输的方式。常见的调制方式有连续波调制和脉冲调制；连续波调制分为线性调制、非线性调制和数字调制，脉冲调制分为脉冲模拟调制和脉冲数字调制。

装备使用的雷达有多种类型，不同体制的雷达有不同的信号形式。按照调制方法，雷达信号波形可分为规则信号和随机信号；规则信号又可分为普通脉冲信号、普通连续波信号、脉冲调频信号、脉冲编码信号和脉冲串信号，随机信号包括连续噪声和采样噪声。

2）脉冲调制辐射场的频谱特性

当前常用的雷达大多是脉冲雷达，雷达信号的重复间隔是脉冲周期在重复前所需的时间，它等于脉冲重复频率或脉冲重复速率、每秒发送的脉冲数量的倒数。雷达脉冲信号功率作为信号的一个重要指标，通常用峰值功率来衡量脉冲中的最大瞬时功率电平。雷达脉冲信号脉宽是一种重要的雷达信号属性。脉冲越宽，幅度一定的脉冲中包含的能量越大。发射的脉冲能量越大，雷达的接收范围能力越大。

对于理想的 N 个相参矩形脉冲串调制辐射场，其时域波形如图 2-6 所示，其时域表达式为

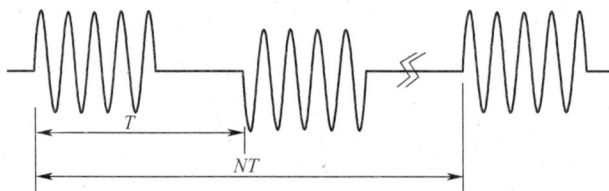

图 2-6　相参脉冲调制辐射场的时域波形示意图

$$E(t) = \sum_{n=0}^{N} A\mathrm{rect}\left[(t - nT)/\tau\right]\mathrm{e}^{\mathrm{j}2\pi f_c t} \tag{2-1}$$

式中:t 为时间(s);n 为脉冲串序号;E 为电场强度(V/m);A 为电场幅值(V/m);τ 为脉冲宽度(s);f_c 为信号的载频(Hz);$\mathrm{rect}(t/\tau) = \begin{cases} 1 & -\left(\dfrac{\tau}{2} \leqslant t \leqslant \dfrac{\tau}{2}\right) \\ 0 & (\text{其他}) \end{cases}$;$N$ 为脉冲串个数;T 为脉冲重复周期(s)。

由于场强通常以有效值表示,对于图 2-6 所示脉冲调制辐射场,其峰值场强 E_p 为

$$E_p = A/\sqrt{2} \tag{2-2}$$

一个脉冲周期内的平均值场强 E_m 为

$$E_m = \frac{A}{\sqrt{2}}\sqrt{\frac{\tau}{T}} \tag{2-3}$$

在雷达天线扫描周期内,不同时刻的平均值场强随着天线扫描角度的变化而变化,整个雷达扫描周期内的平均值场强 E_a 为

$$E_a = \sqrt{\int_0^{T_a} E_m^2 \mathrm{d}t / T_a} \tag{2-4}$$

式中:T_a 为雷达天线的扫描周期(s)。

式(2-1)的傅里叶变换为

$$
\begin{aligned}
\mathscr{F}(\mathrm{j}\omega) = \frac{A\tau N}{2} &\left\{ \frac{\sin\left[(\omega - \omega_c)\dfrac{NT}{2}\right]}{(\omega - \omega_c)\dfrac{NT}{2}} \right. \\
&+ \sum_{n=1}^{\infty} \frac{\sin\left(n\omega_0 \dfrac{\tau}{2}\right)}{n\omega_0 \dfrac{\tau}{2}} \left[\frac{\sin\left[(\omega - \omega_c + n\omega_0)\dfrac{NT}{2}\right]}{(\omega - \omega_c + n\omega_0)\dfrac{NT}{2}} \right. \\
&+ \left. \left. \frac{\sin\left[(\omega - \omega_c - n\omega_0)\dfrac{NT}{2}\right]}{(\omega - \omega_c - n\omega_0)\dfrac{NT}{2}} \right] \right\}
\end{aligned} \tag{2-5}
$$

式中:ω_0 为脉冲重复角频率(rad/s),$\omega_0 = 2\pi/T$;ω_c 为载波信号的角频率(rad/s),$\omega_c = 2\pi f_c$。

脉冲调制场的幅度谱如图 2-7 所示。

由图 2-7 可知,对于有限时宽的脉冲调制辐射场,所有谱线出现在高于和低于载频 f_c 的对称位置,其间隔等于 f_0,幅度谱的包络是对应脉冲宽度 τ 的 $\sin x/x$ 形状,信号带宽为 $2/\tau$。每根谱线都有 $\sin x/x$ 形状,零点出现在高于和低于该谱线中

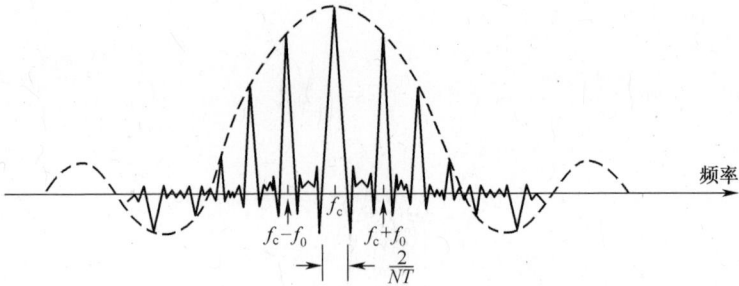

图 2-7　相参脉冲调制辐射场的幅度谱示意图

心频率的 $1/(NT)$ 处。脉冲重复率和脉冲宽度影响其频谱特性。窄脉宽的频谱要比宽脉冲宽。脉冲重复率高的谱线的间隔要大于低脉冲重复率信号。当脉冲重复率变低,零分量频率不变,谱线间距减小,谱线变密,谱线振幅减小,变化缓慢。当脉冲宽度增大时,谱线间距相等,零分量频率减小,有效谱带内谐波分量减少,谱线振幅较大,减小变化急速。

3) 单发射源电磁场特性分析

(1) 场分布。根据距辐射源天线的距离,任意天线辐射的空间区域通常可分为近场区和远场区。口径天线的近场和远场也分别称为菲涅耳区和夫琅和费区。在平台上,平台内部发射源辐射的电磁场通常都处于近场区。

在天线的近场区,电场和磁场通常取决于辐射源。杆状天线及电子设备内部的一些高电压、小电流元器件等场源,可视作等效的电偶极子场源;低电压、大电流元器件及电感线圈等场源,可视作等效的磁偶极子场源。实际天线可近似为许多偶极子的组合,天线所产生的电磁场是这些偶极子所产生的电磁场的合成。

对于图 2-8 所示电偶极子模型,Δl 为电偶极子的长度,电偶极子经传输线接于发射源,如图 2-8(a)所示;将电偶极子中心置于直角坐标原点,如图 2-8(b)所示。

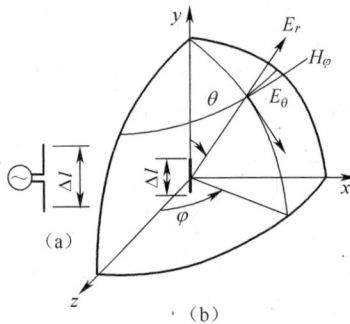

图 2-8　电偶极子辐射源

40

在 $r \ll \lambda/(2\pi)$ 的近场区,电偶极子产生的场分量为

$$
\begin{cases}
H_r = 0 \\
H_\theta = 0 \\
H_\varphi \approx \dfrac{I_m \Delta l}{4\pi r^2} \sin\theta \cos\omega t \\
E_r \approx \dfrac{I_m \Delta l}{2\pi\omega\varepsilon r^3} \cos\theta \sin\omega t \\
E_\theta \approx \dfrac{I_m \Delta l}{4\pi\omega\varepsilon r^3} \sin\theta \sin\omega t \\
E_\varphi = 0
\end{cases}
\tag{2-6}
$$

式中:E_r,E_θ,E_φ 为不同方向的电场分量(V/m);H_r,H_θ,H_φ 为不同方向的磁场分量(A/m);$I_m \Delta l$ 为电偶极子的电矩(A·m);r 为从坐标中心到观察点的距离(m);ω 为信号的角频率(rad/s);ε 为媒质的介电常数(F/m)。

在 $r \gg \lambda/(2\pi)$ 的远场区,电偶极子产生的场分量为

$$
\begin{cases}
E_\theta \approx \dfrac{-k^2 I_m \Delta l}{4\pi\omega\varepsilon r} \sin\theta \sin(\omega t - kr) \\
H_\varphi \approx \dfrac{-k I_m \Delta l}{4\pi r} \sin\theta \sin(\omega t - kr)
\end{cases}
\tag{2-7}
$$

式中:k 为波数(rad/m)。

直径远小于波长的小环天线可作磁偶极子处理。对于图 2-9 所示磁偶极子模型,该磁偶极子由假想的一对相距极小的正、负磁荷($+q_m$,$-q_m$)组成,如图 2-9(a)所示;将通电的小圆环中心置于直角坐标原点,圆环位于 x-z 平面,如图 2-9(b)所示。

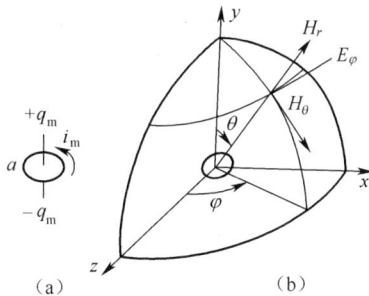

图 2-9　磁偶极子辐射源

设小圆环半径为 a,流过的电流为 $i_m = I_m \sin\omega t$,在 $r \ll \lambda/(2\pi)$ 的近场区,磁偶

极子产生的场分量为

$$
\begin{cases}
E_\varphi \approx \dfrac{-I_m a^2 k^2}{4\varepsilon\omega r^2}\sin\theta\sin\omega t \\[3mm]
H_r \approx \dfrac{I_m a^2}{2r^3}\cos\theta\cos\omega t \\[3mm]
H_\theta \approx \dfrac{I_m \Delta l}{4r^3}\sin\theta\cos\omega t
\end{cases}
\tag{2-8}
$$

在 $r \gg \lambda/(2\pi)$ 的远场区,磁偶极子产生的场分量为

$$
\begin{cases}
H_r \approx 0 \\[3mm]
H_\theta \approx \dfrac{-I_m a^2 k^2}{4r}\sin\theta\cos(\omega t - kr) \\[3mm]
E_\varphi \approx \dfrac{-I_m a^2 k^3}{4\varepsilon\omega r}\sin\theta\cos(\omega t - kr)
\end{cases}
\tag{2-9}
$$

由式(2-6)和式(2-8)可知,电偶极子近场区的电场强度按 $1/r^3$ 规律减小,磁场强度按 $1/r^2$ 的规律减小,波阻抗远大于 377Ω;磁偶极子近场区的磁场强度按 $1/r^3$ 规律减小,电场强度按 $1/r^2$ 规律减小,波阻抗远小于 377Ω。在近场区,电磁场的分布很复杂,场强不仅取决于场源性质,而且还取决于周围环境条件,甚至感应体的存在也会扰乱原先的电磁场分布;无论电偶极子还是磁偶极子源,波阻抗不仅和场源特性有关,还与观测点离开辐射源的距离有关;随着距天线距离的增加,电磁场趋向于远场区的特性。在远场区,无论电偶极子还是磁偶极子源,电磁场的电场强度和磁场强度均按 $1/r$ 的规律减小,波阻抗为一常数,对于自由空间约为 377Ω,且与场源的特性和距离无关。

对于舰船来说,用于通信的舰用天线的种类较多,由于鞭天线是目前舰用天线中最为广泛的一种,具有典型性,因而下面以鞭状天线为例进行场特性分析。鞭状天线通常适用于 2~30MHz 频段,常用的长度为 6m 或 10m 的鞭天线。鞭天线实际上是单极天线,其在自由空间的方向图在极坐标 φ 方向上都是一样的,其辐射是均匀的。由于舰船结构的存在,当鞭天线安装在舰船上时,它的方向图发生很大的改变。随着频率的升高,方向图变得更加复杂,即舰船结构对较高频率比对较低频率的影响要大一些。当用高斯脉冲作为鞭状天线的辐射源进行时域仿真分析时,发现随着观察点距离源的距离越远,其电场值下降越快;观察点的波形与源的波形大致相同,但受舰面复杂结构的影响,其波形会有微小的振荡。

根据仿真结果,舰载雷达天线在自己周围形成强的电磁场;在有明显反射的地方其场强明显加强;对于方向性强的天线,其主要能量集中在天线主波束,在副瓣中能量较弱;在甲板面上,在相对强的波束所照射区域形成强的电磁场。由于舰船

结构对电磁场反射、绕射等作用,在有明显遮挡结构的地方,对天线的方向图影响较大,其场的变化也较大。雷达天线在自己附近形成强的近场,随着离开天线的距离增大,电磁场迅速衰减,在远场区形成相对稳定的场。

（2）远场和近场的功率密度。在远场区域,口径天线和线天线功率密度可以使用式（2-10）来计算。所有的功率密度电平使用发射机的最大输出功率和主波束方向上的天线增益来计算:

$$S = \frac{P_T G}{4\pi d^2} \qquad (2-10)$$

式中:S 为平均或峰值功率密度（W/m^2）;P_T 为发射机输出功率的平均值或峰值（W）;G 为天线增益;d 为离开天线的距离（m）。

在远场区域,可采用式（2-11）将功率密度转换为电场强度,即

$$E = \sqrt{S \times Z_0} \qquad (2-11)$$

式中:E 为电场强度（V/m）;Z_0 为自由空间的波阻抗（120π 或约 377）（Ω）。

在近场区域,天线源沿传播轴方向的功率密度可采用数值计算和缩比模型试验等方法获得。由于在近场区域,自由空间的波阻抗不是常数,近场功率密度可按式（2-12）进行计算,即采用远场功率密度式（2-10）加入近场天线修正系数 NCF 进行修正,有

$$S = \frac{P_T G}{4\pi d^2} \times NCF \qquad (2-12)$$

在实际测量中,可能存在测量辐射源的近区场时,用于测量的接收天线也处于近场区域,因此,必须使用测量天线的修正系数。采用式（2-14）由接收天线的接收功率获得功率密度:

$$P_R = SA_R = \frac{P_T G_T G_R \lambda^2}{(4\pi d)^2} NCF_T \cdot NCF_R \qquad (2-13)$$

$$S = \frac{P_R}{A_R} = \frac{4\pi P_R}{NCF_R G_R \lambda^2} \qquad (2-14)$$

式中:P_R 为接收天线接收功率的平均值或峰值（W）;G_T 为源天线增益;G_R 为接收天线增益;λ 为接收信号波长（m）;NCF_T 为源天线近场修正系数;NCF_R 为接收天线近场修正系数;A_R 为接收天线的有效面积。

上述近场修正系数的选取和计算可参考有关文献（如文献[19]）。

（3）特性。综上所述,舰船单发射源电磁场具有以下特性:①单发射源在舰船上形成的近场以电场为主,电场强度与距天线距离的三次方成反比,磁场强度与距天线距离的平方成反比,波阻抗远大于 377Ω。②发射源辐射电磁场幅值变化范围大,在舰船周围形成的电磁场从几伏每米至几千伏每米。③受舰船结构的影响,发

射天线的方向图会发生畸变,形成的电磁场出现变化,呈振荡分布。④脉冲波雷达系统的脉冲序列频谱具有离散性、谐波性和收敛性,即谱线沿频率轴离散分布,谱线仅在基波的倍频等频率点上出现,各谱线等距分布,相邻谱线的距离等于基波频率,周期信号没有基波频率整数倍以外的频率分量。频谱包络服从抽样 Sa 函数($\sin x/x$)。⑤发射源频谱包含工作频率、工作频率的谐波成分及工作频带外的杂散成分,但辐射能量主要集中于基波,且雷达系统的辐射能量主要集中于主波束。⑥在近场区,功率密度的计算必须考虑天线的近场修正因子。

4) 多发射源电磁场特性分析

假设在舰船上有 N 个发射源同时工作,它们在舰船甲板面上的空间产生的电磁场分别为 $\boldsymbol{E}_i$、$\boldsymbol{H}_i$,其中 $i = 1, 2, \cdots, N$。对于舰船甲板上的空间某一点 r,该处的电磁场为各个发射源产生的矢量电磁场的叠加,即为 $\boldsymbol{E}_{\mathrm{tot}}(\boldsymbol{r}) = \sum\limits_{i=1}^{N} \boldsymbol{E}_i(\boldsymbol{r})$、$\boldsymbol{H}_{\mathrm{tot}}(\boldsymbol{r}) = \sum\limits_{i=1}^{N} \boldsymbol{H}_i(\boldsymbol{r})$。在舰船甲板面上,由于舰上建筑物的反射、绕射效应,其场分布是不均匀的。

舰船上多个辐射源同时发射时,由于它们的发射源频率和频段范围各不相同,因此,在空间点 r 处的频谱应是各个发射源正在工作的频谱的叠加。多发射源工作时,舰船甲板上电磁环境中能量的分布与空间电场和磁场有很大的关系。在空间中某点的电场和磁场已知的情况下,根据电磁场理论,舰船空间某点处的功率密度为

$$P(\boldsymbol{r}, t) = \int_S \boldsymbol{E}(\boldsymbol{r}, t) \times \boldsymbol{H}(\boldsymbol{r}, t) \cdot \mathrm{d}\boldsymbol{S} \qquad (2-15)$$

由于空间中不同点的电场和磁场是不一样且不断变化的,因此能量的分布也很不均匀。

根据上述分析,可以得到舰船多发射源电磁场具有以下特性:①多发射源在舰船上形成的电磁场是单发射源在舰面上形成的场的矢量叠加,在空间上场的分布比单发射源更为复杂;②多发射源形成的频谱范围宽,工作频段基本覆盖了从 10kHz 至 45GHz 的范围;③空间点的功率与该点电场、磁场密切相关,能量分布随空间电磁场的不断变化而变化。

2.2.2 电磁脉冲

1. 形成

电磁脉冲指高空核爆产生的电磁脉冲,即高空电磁脉冲(HEMP),是一种瞬变电磁现象。电磁脉冲由核武器或非核电磁脉冲武器等产生。

高空电磁脉冲强度大,覆盖区域广。传统的百万吨当量级的核武器在高空爆

炸时,其作用范围可以覆盖上千千米。目前,随着核技术的发展,有关发达国家研制的小型增强伽玛射线核武器,增强了其电磁脉冲效应。

高空核爆在地面附近自由空间产生的电场波形如图 2-10 所示,由 3 部分组成:早期 HEMP(E_1 部分)、中期 HEMP(E_2 部分)和晚期 HEMP(E_3 部分)。早期 HEMP 由瞬发 γ 射线产生、中期 HEMP 由散射 γ 射线和高能中子与空气分子的非弹性碰撞产生,晚期 HEMP 由核爆等离子体物理效应产生,也称作磁流体(MHD)HEMP。

有关标准中给出的默认的电磁脉冲环境为早期 HEMP。高空核爆产生瞬发 γ 射线在向下传播的过程中,与 $40 \sim 20$km 高度的大气层分子相互作用产生运动电子,运动电子在地磁场的作用下产生康普顿电流,这个电流激励出大约持续 1μs 的电场,该电场称为早期 HEMP,即 E_1 部分。

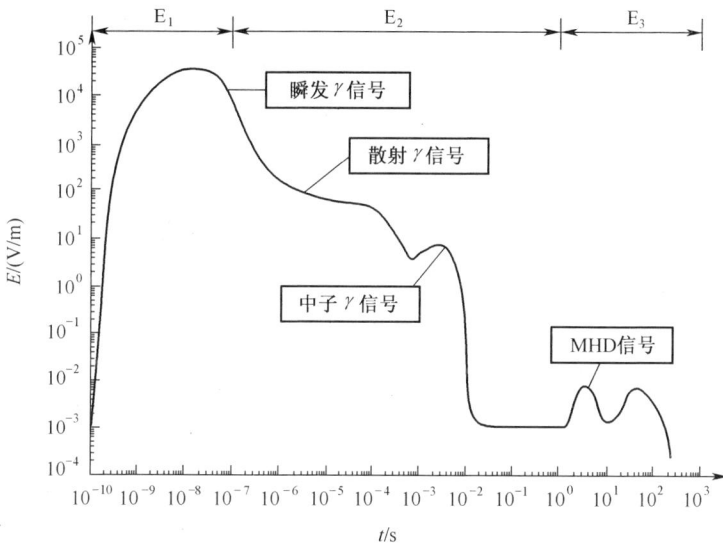

图 2-10　HEMP 电场波形(E_1、E_2 和 E_3)

2. 表述形式

描述早期 HEMP 波形的 3 个特征参量是峰值场强、上升时间($10\% \sim 90\%$)和半峰值脉冲宽度。早期 HEMP 波形表述有多种标准,较有影响的标准有美国国防部制定的一系列军用标准和手册、Bell 实验室标准和国际电工委员会制定的 HEMP 标准等。

一般早期 HEMP 波形可以总结为双指数解析函数表达形式,即

$$E(t) = E_0 k(e^{-\alpha t} - e^{-\beta t}) \tag{2-16}$$

式中:$E(t)$ 为早期 HEMP 电场(kV/m);t 为时间(s);E_0 为峰值场强(kV/m);k 为

归一化系数;α、β 表征脉冲上升、下降沿的参数。

美军标 MIL-STD-461C 的标准波形采用了美国贝尔实验室提出的参数:$\alpha = 4 \times 10^6 s^{-1}$,$\beta = 4.76 \times 10^8 s^{-1}$,$k = 1.05$,$E_0 = 50 kV/m$,时域波形如图 2-11 所示。脉冲上升时间 $t_r \approx 5ns$,脉冲宽度 $t_d \approx 30ns$,下降时间 $t_f \approx 550ns$。

MIL-STD-461D 将其参数规定改为:波形前沿不大于 10ns,后沿不小于 75ns,如图 2-12 所示。显然,相对 461C 给出的严格定义的波形,461D 仅规定了脉冲的峰值时间、衰落时间和峰值场强,波形标准限定条件没有以前严格。在模拟器参数确定、考核试验级别等方面标准不统一,给效应数据的比对带来难度。

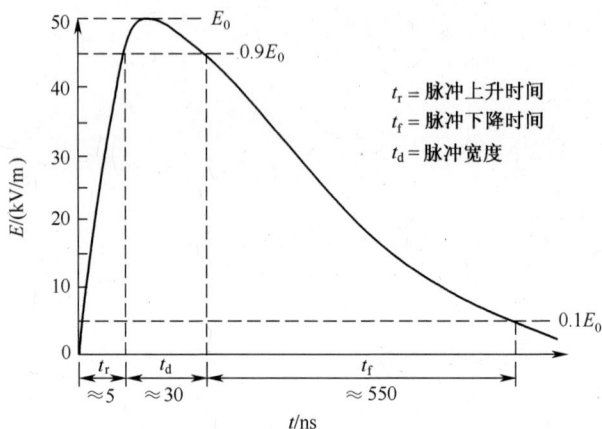

图 2-11　MIL-STD-461C 中 HEMP 时域波形

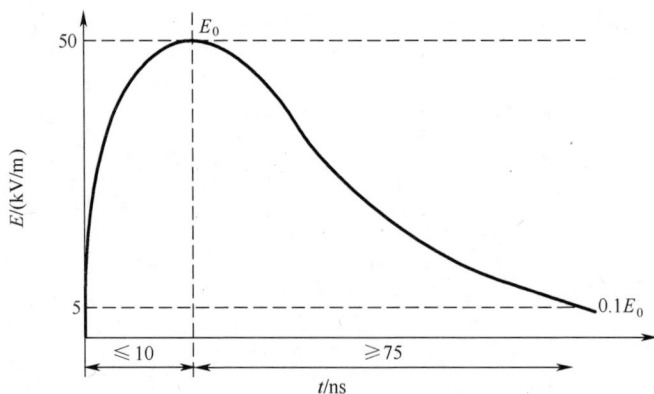

图 2-12　MIL-STD-461D 中 HEMP 时域波形

MIL-STD-461E 和后续版本以及 MIL-STD-464 各个版本中均采用 IEC 61000-2-9 中定义的早期 HEMP 波形,其波形参数为:$E_0 = 50 kV/m$,$\alpha = 4.0 \times 10^7 s^{-1}$,$\beta = $

$6.0 \times 10^8 \mathrm{s}^{-1}$，$k = 1.3$。时域波形如图 2-13 所示，时域波形的规定：脉冲上升时间为 $1.8 \sim 2.8 \mathrm{ns}$，脉冲宽度为 $(23 \pm 5) \mathrm{ns}$。

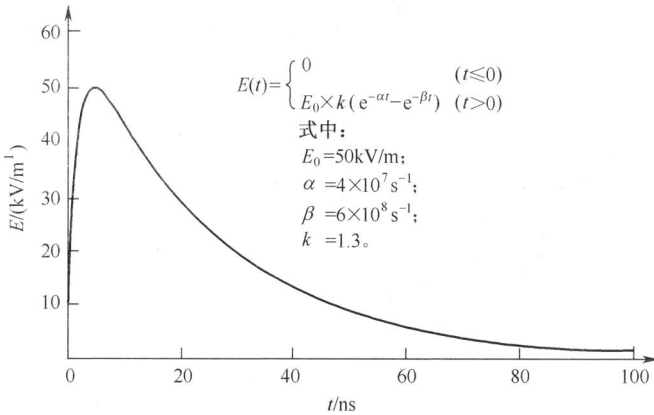

图 2-13　自由空间 HEMP 波形

2.2.3　高功率微波

1. 形成及分类

高功率微波（HPM）是由可产生高功率或高能量密度辐射电磁场的微波源（武器）产生的一种射频环境，其工作频率通常为 $100\mathrm{MHz} \sim 300\mathrm{GHz}$，脉冲峰值功率在 100 MW 以上。HPM 源可以以单脉冲、重复脉冲、复杂调制脉冲或连续波（CW）等多种形式发射电磁波。高功率微波源在使用方式上有移动式和固定式，可以装载于舰船、飞机、车辆等武器平台或大型地面设施。

按照 IEC 61000-2-13 标准的定义，高功率微波属于高功率电磁环境（图 1-8）。IEC 61000-2-13 标准中提出了依据带比（bandratio，br）对高功率电磁环境进行分类。带比定义为频谱的中心频率 3dB 带宽所对应的最高频率 f_h 与最低频率 f_l 之比，即 br = (f_h / f_l)。另外，也可采用百分比带宽（percent bandwidth，pbw）对高功率电磁环境分类，pbw 定义为

$$\mathrm{pbw} = 200 \left(\frac{f_h - f_l}{f_h + f_l} \right) (\%) = 200 \left(\frac{\mathrm{br} - 1}{\mathrm{br} + 1} \right) (\%) \qquad (2-17)$$

为了准确描述电磁脉冲的频谱密度分布，特别是具有较复杂谱密度分布的电磁脉冲特性，IEC 61000-2-13 标准建议上述定义中的最高频率和最低频率分别为包含总能量 90% 的最小谱宽所对应的频率上下限。对于具有较大直流分量的谱（如核爆电磁脉冲 NEMP 环境的早期部分），则只需计算 f_h，而规定当谱存在较多的直流成分时的最低频率 f_l 取为 1Hz。

依据带比，高功率电磁环境细分为窄带、中宽带、极宽带和超宽带 4 类，见

表2-2。

表 2-2　基于带宽对 HPEM 的分类

频　带　类　型	百分比带宽/pbw	带　比（br）
亚宽带或窄带（hypoband or narrowband）	≤1%	br≤1.01
中宽带（mesoband）	1 %＜pbw≤100%	1.01＜br≤3
极宽带（sub-hyperband）	100%＜pbw≤163.64%	3＜br≤10
超宽带（hyperband）	163.64%＜pbw≤200%	br＞10

该标准同时也定义超宽带（ultrawideband, UWB）为百分比带宽 pbw＞25 %的信号。

MIL-STD-464C 标准中依据百分比带宽将 HPM 源分为窄带和宽带。百分比带宽小于 1 %的为窄带 HPM 源,百分比带宽大于 1 %的为宽带 HPM 源。而宽带 HPM 源包括超宽带（UWB）。

2. 波形特征及环境值

典型的窄带高功率电磁环境信号的带比 Br≤1.01,脉冲持续时间从纳秒到微秒数量级。一个微波频率为 1GHz、脉宽 20ns 的窄带高功率电磁环境的归一化电场时域波形和频谱密度如图 2-14 所示。从图 2-14 可知,该信号几乎是单一频率。窄带高功率电磁信号包括正弦信号的脉冲调制,还可能具有频率捷变的窄带信号。窄带高功率电磁信号通常具有很高的功率和能量,且电磁能量集中在很窄的频带内,在单一频率上的场强很容易达到每米数千伏。如果信号频率与电子系统的工作频率或谐振频率相一致,可对电子系统造成永久性的损坏。

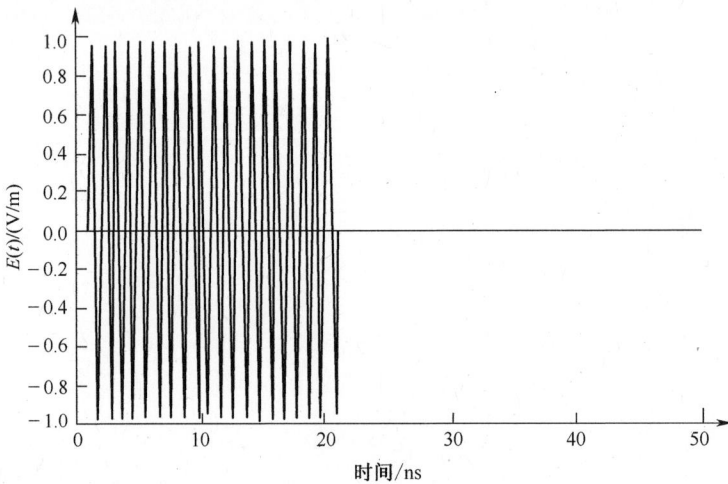

（a）电场波形

48

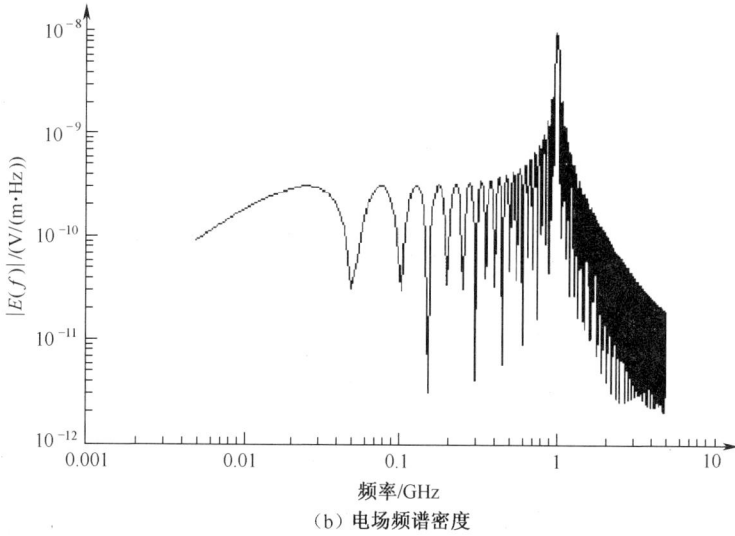

（b）电场频谱密度

图 2-14　窄带高功率电磁环境信号的归一化电场时域波形和频谱密度示例

　　一个 1GHz 的单一脉冲的归一化电场时域波形及其频谱密度如图 2-15 所示，其频谱分布的中心频率约为 840MHz，带宽约 900MHz。对于宽带高功率电磁环境，由于脉冲能量分布在较宽的频谱范围内，可能同时激励起电子系统的多个谐振模式，因此更容易对电子系统的性能造成影响。

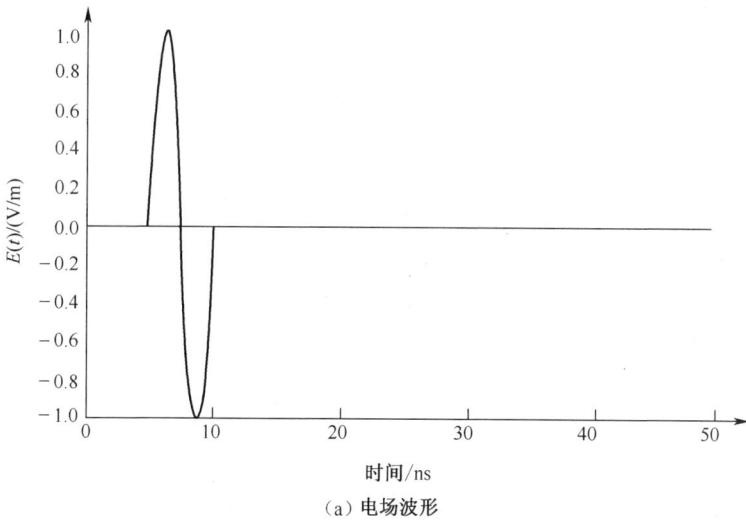

（a）电场波形

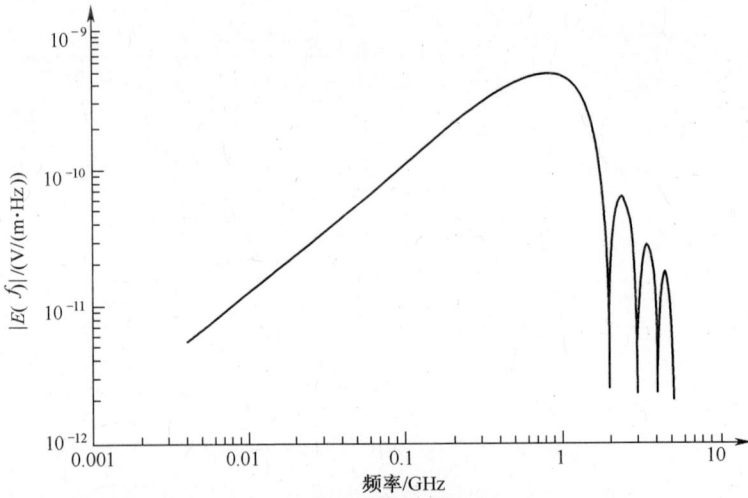

（b）电场频谱密度

图 2-15　宽带高功率电磁环境信号的归一化电场时域波形及其频谱密度示例

由于 HPM 电磁环境与 HPM 源系统的特性、空间环境、使用方式等相关，MIL-STD-464C 中给出的是多种情况统计分析的窄带 HPM 和宽带 HPM 辐射源产生的电磁环境值，见表 2-3 和表 2-4。对于窄带 HPM，给出的是距离 HPM 源 1km 处的场强；对于宽带 HPM，给出的是距离 HPM 源 100m 处的场强谱密度。对于具体的应用需要进行具体分析。

表 2-3　窄带 HPM 外部电磁环境

频率范围/MHz	电场强度/(kV/m@1km)
2000～2700	18.0
3600～4000	22.0
4000～5400	35.0
8500～11000	69.0
14000～18000	12.0
28000～40000	7.5

表 2-4　宽带 HPM 外部电磁环境

频率范围/MHz	宽带场强谱密度/(mV/(m·MHz)@100m)
30～150	33000
150～225	7000
225～400	7000

50

频率范围/MHz	宽带场强谱密度/（mV/（m·MHz）@100m）
400~700	1330
700~790	1140
790~1000	1050
1000~2000	840
2000~2700	240
2700~3000	80

2.2.4 雷电

1. 形成

雷电是放电路径长度以数千米计的瞬时大电流放电。当大气中某些部分（如雷雨云）的电荷及相应的电场强度大到足以将空气击穿时，即产生雷电。

在一次雷击闪电的短暂时间内，通常会发生几次放电。图2-16所示为一次雷击的一系列过程。其初始放电通路在50μs之内建立，形成首次回击。首次回击之后会有约1kA的中等强度的过渡电流，其持续时间为几毫秒。后续回击的时间间隔典型值为50~60ms。后续回击期间可能出现约100A的持续电流，该电流持续几毫秒或至下一个后续回击开始为止。

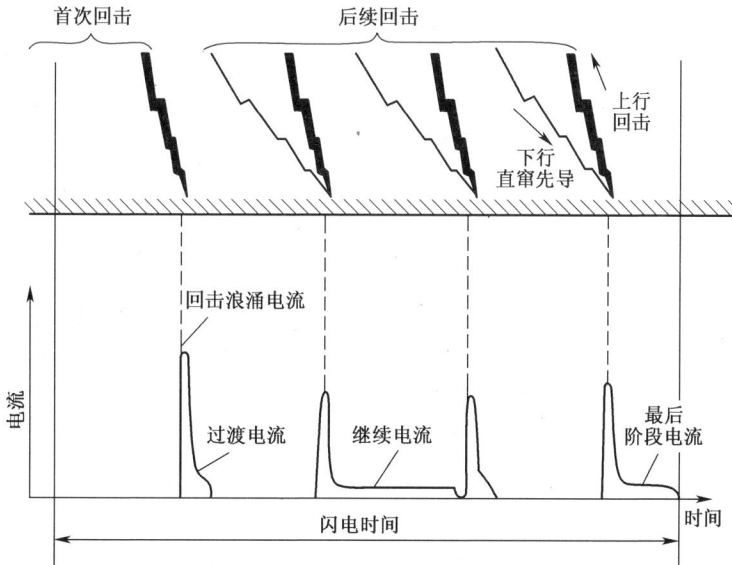

图 2-16 一次对地闪电时间内发生的电流放电及其过程示意图

2. 波形特征

对于直击雷,与雷电效应有关的雷电环境包括电压波形和电流波形。尽管直接和间接效应环境指的是同一种现象,但由于其用途不同而采用不同的波形参数。对于电流波形,与直接效应有关的参数是电流峰值、作用积分和持续时间;与间接效应有关的参数是波形上升速率、下降速率和电流峰值,除持续电流部分外,电流波形采用双指数的表达式。对于邻近雷击,与间接效应有关的参数是电场和磁场变化率。MIL-STD-464C 标准规定了雷电环境参数。图 2-17 描述直接效应环境,图 2-18 描述间接效应环境,表 2-5 所列为雷电电流波形参数,表 2-6 描述邻近雷电冲击的数据。在表 2-5 中,对于不同的电流分量,间接效应环境通过规定双指数波形的参数来定义(分量 C 除外,它是矩形脉冲),其中 i 是电流(A),t 是时间(s)。图 2-18 所示为雷电活动特性的一个模型,它包括一系列在一段时间上间

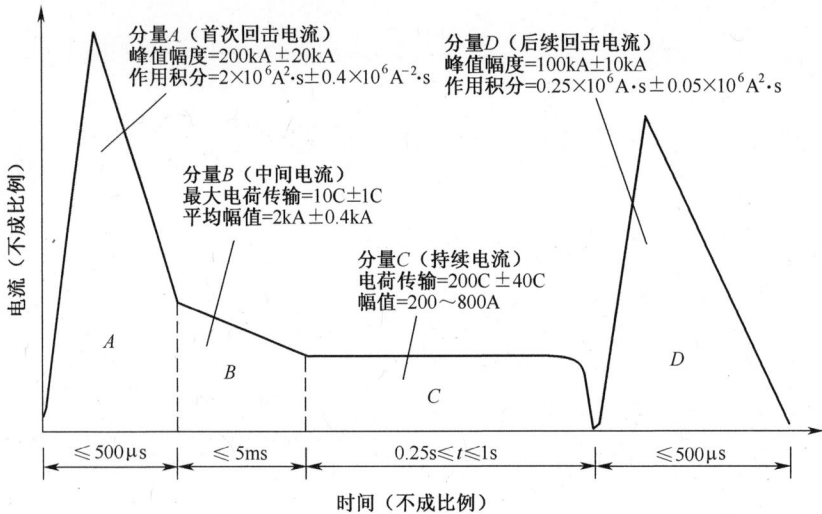

（a）电流波形

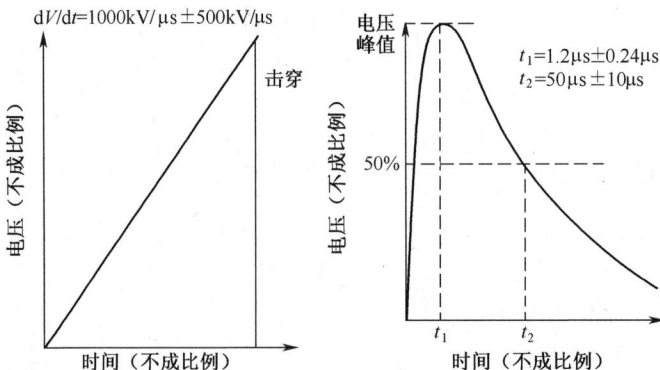

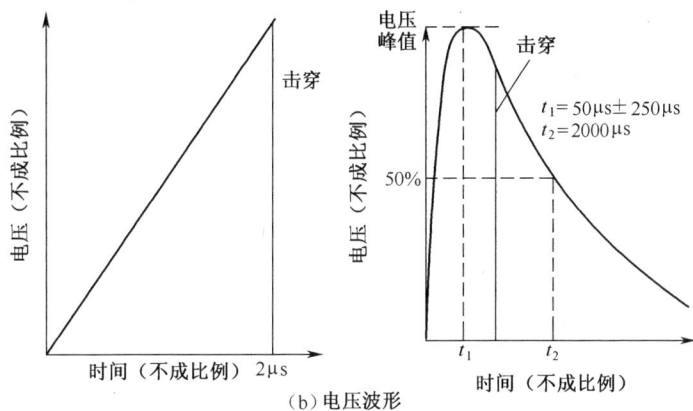

（b）电压波形

图 2-17　雷电直接效应环境

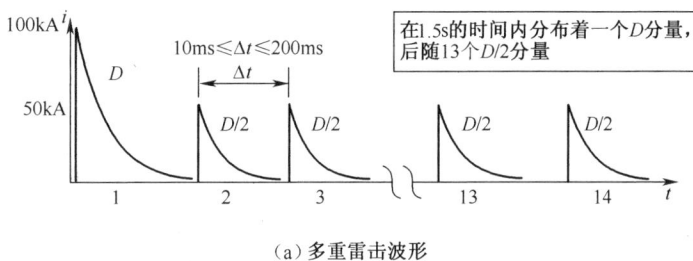

（a）多重雷击波形

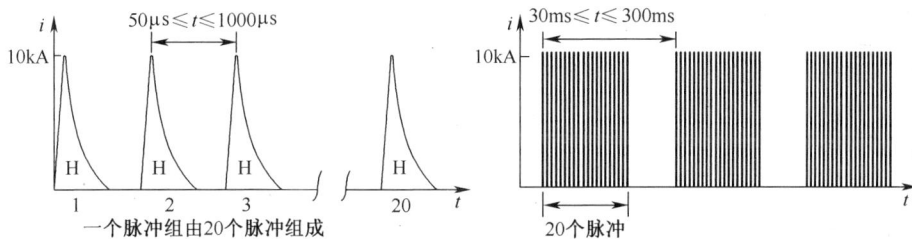

（b）多重脉冲组波形

图 2-18　雷电间接效应环境

隔开的重要的电流冲击(多重雷击)和许多时间间隔更小且在一段时间上聚成脉冲组的更小的单个电流冲击(多重脉冲组)。雷电直接效应和间接效应环境数据均来自于美国汽车工程师协会(SAE)标准 ARP 5412《飞机雷电环境和相关试验波形》。

表 2-5　雷电电流波形参数

电流分量	说明	$i(t) = I_0(e^{-\alpha t} - e^{-\beta t})$		
		I_0/A	α/s^{-1}	β/s^{-1}
A	首次回击雷击	218810	11354	647265
A_h	过渡区域首次回击电流	164903	16065	858888
B	中间电流	11300	700	2000
C	持续电流	0.5s 时 400	不适用	不适用
D	后续回击电流	109405	22708	1294530
$D/2$	多重雷击	54703	22708	1294530
H	多重脉冲组	10572	187191	19105100

表 2-6　来自邻近雷击(云对地)的电磁场

10m 处的磁场变化率	$2.2 \times 10^9 A/(m \cdot s)$
10m 处的电场变化率	$6.8 \times 10^{11} V/(m \cdot s)$

表 2-6 中的邻近雷击电磁环境,来自云地闪的垂直线电荷模型。根据安培定律,对公式两边进行时间求导,有

$$\frac{dH(t)}{dt} = \frac{di(t)}{dt}/2\pi r \qquad (2-18)$$

式中:H 为磁场;I 为雷电流;r 为距离雷电通道的距离。

已知雷击电流分量 A 的最大变化率为 $1.4 \times 10^{11} A/m$,因此可以通过式(2-18),计算出表 2-6 中的 10m 处的磁场变化率为 $2.2 \times 10^9 A/(m \cdot s)$。

2.2.5　静电

1. 形成

装备可能遭遇到的静电充电过程主要有以下几种:第一种是由于两种不同材料相互摩擦或者重复接触后分离而发生的电荷转移,就会出现摩擦带电的情况,这可以导致人体带电或者车辆、飞机结构上带电;第二种是沉积静电,由于灰尘、雨、雪和冰附着在运动的飞行器(如飞机、航天器)结构上形成静电荷积累;第三种是系统中任何液体或气体(如油、冷却液和空气)的流动可能造成电荷积累。而这些静电带来的主要问题是静电充电电压和静电放电期间释放的能量对人员、燃油蒸气、军械和电子设备构成了潜在的危害。静电放电有时可以形成强电场和瞬时大电流,并产生强烈的电磁辐射而形成电磁脉冲。

2. 试验环境

1）人体静电

设备或装置对人体静电的敏感性取决于静电放电（ESD）脉冲的极性、幅度和形状。人体静电放电的危害等级与人员的操作速率、着装、鞋子、地板和环境温度、湿度有关。根据安全要求不同，分别给出军械和非军械（电子电气设备接口或军械控制设备）静电放电环境或等级，如表 2-7 所列。该环境用来试验和评估 ESD 对军械或设备的影响。

对于军械分系统或安全性关键设备，其静电放电的电压等级为 25kV。通常采用 500pF 的电容充电到 25kV，通过 500Ω 的电阻、电感不大于 5μH 的电路向军械分系统放电，来模拟这样的 ESD 环境。

对于电子电气分系统，IEC 61000-4-2 标准规定的试验等级见表 2-8，静电放电分接触放电和空气放电，分别规定了 4 个等级，而空气放电的 4 个等级为 2kV、4kV、8kV、15kV。MIL-STD-464C 标准采用了最严酷等级，其静电放电等级定义为 8kV 的接触放电或 15kV 的空气放电。通常采用 150pF 的电容充电到 8kV 或 15kV，通过 330Ω 的电阻和电感不大于 5μH 的电路向设备放电，来模拟这样的 ESD 环境。

表 2-7 人体静电放电试验环境和等级

应　用	电压/kV	电容/pF	电阻/Ω	电感/μH
军械分系统	25	500	500	≤5
电子电气分系统	8（接触放电）	150	330	≤5
	15（空气放电）	150	330	≤5

用来模拟人体静电放电特性的模型见 IEC 61000-4-2 标准。ESD 电流的典型波形及电流上升时间 t_r、首个放电电流峰值 I_p、30ns 时的放电电流值 I_{30} 和 60ns 时的放电电流值 I_{60} 等 4 个基本指标见表 2-8。I_p 的允许偏差是 ±15%，t_r 的允许偏差是 ±25%，I_{30} 和 I_{60} 的允许偏差是 ±30%。t_r 是从首个峰值电流的 10% 上升到 90% 的时间。I_{30} 和 I_{60} 的时间从电流上升到首个峰值电流的 10% 起开始计算。典型放电电流波形见图 2-19。

表 2-8 接触放电电流波形参数

等级	试验电压/kV	首个电流峰值 I_p/A	上升时间 t_r/ns	I_{30}/A	I_{60}/A
1	2	7.5	0.8	4	2
2	4	15	0.8	8	4
3	6	22.5	0.8	12	6
4	8	30	0.8	16	8

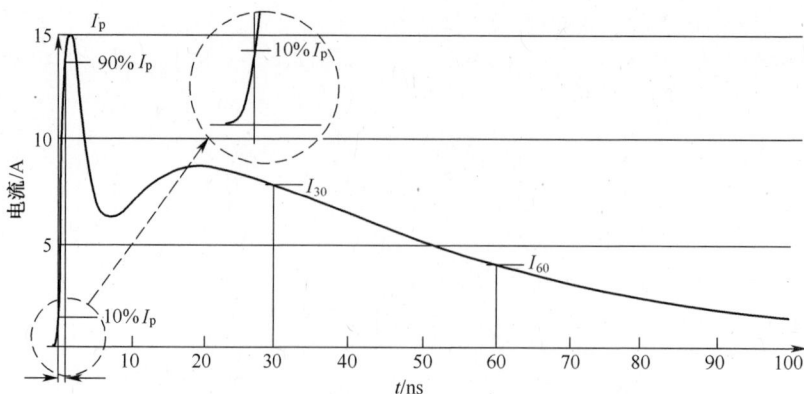

图 2-19 4kV 放电电压对应的接触放电电流波形

2）垂直起吊和空中加油

对于垂直起吊和空中加油作业系统,最大预期的静电放电等级是 300kV。通常采用 1000pF 的电容充电到 300kV,通过电阻不大于 1Ω、最大电感不大于 20μH 的放电电路向系统放电,来模拟这样的 ESD 环境。该环境适用于飞机垂直起吊包装军械和可能采用空中补给的飞机外挂裸露军械。试验中采用的 1000pF 电容代表直升机或飞机的电容值。对于垂直起吊来说,该环境适用于起吊的直升机和被起吊的系统;对于空中加油,该环境适用于在加油期间保持功能的设备和分系统。

3）沉积静电

沉积静电积累的过程是一个充电的过程。充电总电流取决于与天气条件、飞机前表面面积和飞机的速度有关的充电电流密度。充电总电流为

$$I_t = I_c \times S_a \times V \qquad (2-19)$$

式中:I_t 为充电总电流（μA）;I_c 为充电电流密度（μA/m²）（最大取 400μA/m²）;S_a 为迎风表面积（m²）;V 为归一化到节的飞机速度。

沉积静电的充电电流密度 I_c 与飞机所遇云层相关。对于卷云,I_c 为 50~100μA/m²,层积云,I_c 为 100~200μA/m²,对于雪,I_c 为 300μA/m²。很少的场合能达到 400μA/m²。

MIL-STD-464C 标准中规定,为了防止沉积静电对系统上接有天线的接收机的干扰,系统应具有防护 326μA/m² 累积电荷电流密度的能力,防止其造成结构材料、保护层的击穿和电击危害。

2.2.6 磁场

1. 形成

对于武器系统来说,磁场主要考虑两类:一类是直流磁场;一类为低频磁场。

直流磁场环境主要考虑对象是舰船。钢铁建造的舰船受到地球磁场的作用被磁化,形成了舰船磁场,为了防止水中磁性武器攻击,舰船应进行消磁。舰船磁场由固定磁性磁场和感应磁性磁场两部分组成。通常采用临时线圈消磁法(磁性处理)消除舰船固定磁性磁场,采用固定绕组消磁法(消磁绕组)补偿舰船感应磁性磁场。由于消磁系统和磁性处理的使用,消磁过程中消磁电缆中通过很大的直流电流,产生高静磁场。同时,舰船电力电缆、发电机、电动机、焊接电路、配电板和大功率控制设备、变压器等设备也会产生杂散磁场。这就意味着对于舰船(包括水面舰船和潜艇)存在有直流磁场影响的突出问题。直流磁场可能对磁场敏感的设备或系统造成干扰,诸如带阴极射线管的显示器图像和颜色失真,敏感音频电路、敏感磁存储介质出现问题。一般认为直流磁场对地面车辆和飞机影响不明显,且历史上也未出现问题,因此对其没有提出明确要求。

　　低频磁场主要是由平台上大电流电源电缆和设备产生的。设备的磁场辐射源包括 CRT 偏转线圈、变压器和开关电源等,来自设备壳体和电缆磁场发射的典型的泄漏点是电缆屏蔽端。低频磁场比较明显的是电源的基波、谐波、开关频率直至大约 100kHz 频率。尤其是大电流的电源线可能在电源电缆附近产生相当大的磁场。低频磁场可能影响在此区域安装的设备,如工作在此频率范围内的调谐接收机、低频传感器、飞行控制系统等。因此,对于舰船、陆军飞机、海军反潜飞机和海军地面设备等提出了低频磁场要求。

　　由于舰船上消磁系统以及大功率供电设备和电源电缆的存在,同时磁场敏感设备和低频探测、接收设备多,因此舰船对磁场更为关注。

2. 表征

1)直流磁场

　　直流(DC)磁场以磁场强度表示,单位通常选用 A/m。一个重要参数是磁场幅度,舰船上的测量表明,在正常工作时根据位置和时间的不同,直流磁场在 40～640A/m 之间变化,在消磁期间为 1600A/m。另一个重要参数是磁场变化率,磁场变化会在附近电路产生感应,电路中产生的电压与磁场的变化率成正比。当消磁电流发生变化时,磁场变化率可高达 1600A/(m·s)。

　　(1)磁场强度。关于直流磁场的磁场强度,美国军标、英国军标和北约标准表述形式相同,但具体值存在差异。

　　在舰船进行磁性处理时,磁场强度可高达 1600A/m,它的最大变化率为 1600A/(m·s),磁场强度方向为任意方向。该磁场为短时作用磁场,每次作用时间不大于 5min。

　　在舰船消磁绕组工作时(不进行磁性处理),通常设备的布置位置距消磁绕组

1m 以上,磁场强度最高达 400A/m,它的最大变化率为 400A/(m·s),磁场强度方向为任意方向。该磁场在舰船航行期间长期存在。

（2）磁场分布。直流磁场沿全舰的分布是不均匀的,正常使用情况下取决于距消磁电缆的距离。在对舰船进行磁性处理时,沿全舰敷设的临时线圈产生的直流脉冲磁场会在全舰出现。在消磁绕组通过的从基线到主甲板之间的 75% 舱室里,也会出现分布不均匀的磁场。下列情况会影响直流磁场的分布:

由于同一区段消磁绕组在不同位置产生的磁场是不均匀的,距消磁绕组越近,磁场越大,靠近消磁绕组 0.3m 范围内,磁场强度可能会达到 1600A/m。

消磁绕组周围的铁磁性物质会受到消磁绕组产生的磁场的磁化,而这些铁磁性物质的磁化磁场又会影响到直流磁场的分布,在舰上大型铁磁性物质所在区域会出现直流磁场明显增强的情况。

舰上有些电动机、发电机或其他大功率电气设备的附近,存在着这些设备产生的杂散磁场。

舰船磁场的测量用来确定哪些区域的场小于 400A/m,或者对特定的安装位置提出剪裁要求。如要求在 1600A/m 磁场下工作可能需要采取局部屏蔽措施。

2) 低频磁场

低频磁场以磁场强度表示,单位通常选用 dBpT,是以 25Hz~100kHz 的幅频曲线描述。在没有特殊规定的情况下,低频磁场环境可参考设备 EMI 控制要求标准中 RS101 的曲线。

RS101 海军极限是基于对变压器和电缆等配电装置的磁场辐射测量和海军平台的磁场环境要求建立起来的。从 25Hz 到 2kHz 的 RS101 海军极限来自磁场辐射最强的电力变压器(约 170dBpT)和使用的电缆类型,并考虑到设备电源线谐波容量和预期的最大使用功率。2kHz 以上则是基于对海军平台磁场环境的测量建立的。

RS101 的极限是根据 5mV 电压(与频率无关)被感应到一个 12.7cm 直径的环上所得到的值而建立的。因为磁感应与频率成正比,并且限值以 20dB/10 倍频程下降,所以在给定环路面积上感应电压不变。按法拉第定律（$V = - \mathrm{d}\phi/\mathrm{d}t$）,穿过环路面积的磁场以感应电压形式表现。对于垂直于环路面积的均匀磁场,法拉第定律的感应电压表达式简化为 $V = - 2\pi f B A$,其中:f 为频率,B 为磁通量密度,A 为环路面积。

2.2.7　传导干扰环境

2.2.1 节~2.2.6 节给出的是直接暴露于装备外部的电磁环境,实际上这些外部电磁环境也可通过耦合对装备内部安装的设备和分系统形成传导干扰环境,同时平台内部设备由于共电网也产生传导干扰环境。典型的传导干扰环境有以下几种:

1. 电源线尖峰瞬变

感性负载开关、断路器或继电器跳动以及负载对配电系统的反馈等引起的瞬变。这种瞬变信号在舰船平台上普遍存在,也可能在其他平台上出现,可能造成对共电网设备的传导干扰。舰船平台上测得的瞬态持续时间(宽度)主要在 $1\sim10\mu s$ 范围,无论是 115V 还是 440V 的配电系统 90% 以上瞬态的峰值电压都在 $50\sim500V$ 之间。CS106(电源线尖峰信号传导敏感度)试验项目采用如图 2-20 所示的电压波形模拟此类干扰。对于舰船平台,要求的限值通过对电源电压瞬态所引发问题和平台瞬态实际测试结果综合分析得出。

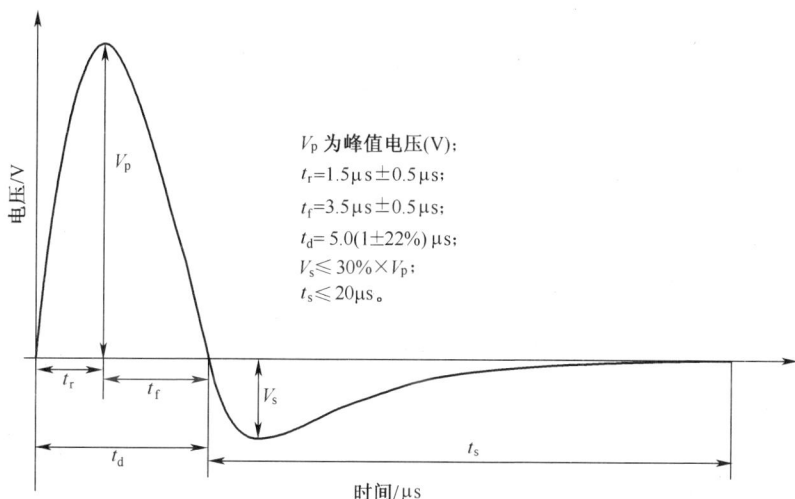

V_p 为峰值电压(V);
$t_r=1.5\mu s\pm0.5\mu s$;
$t_f=3.5\mu s\pm0.5\mu s$;
$t_d=5.0(1\pm22\%)\mu s$;
$V_s\leqslant30\%\times V_p$;
$t_s\leqslant20\mu s$。

图 2-20 CS106 波形

2. 脉冲激励

对于雷电、电磁脉冲等外部瞬态环境激励或在平台电气开关动作时产生的瞬态:一方面具有快速上升沿和下降沿的特征;另一方面由于线缆自身谐振或平台上其他设备谐振,在平台内线缆上普遍出现阻尼正弦电压和电流波形。CS115(电缆束注入脉冲激励传导敏感度)采用如图 2-21 所示波形考核设备对具有快速上升沿和下降沿的瞬态的影响。2ns 上升时间与开关动作时所产生的波形的上升时间相一致,30ns 脉宽将单个脉冲中的能量标准化。5A 幅度(100Ω 回路阻抗校准夹具两端电压为 500V)覆盖了瞬态环境中在飞机、空间、地面设备上所观测到的大多数感应电平,30Hz 的脉冲重复频率可以确保施加脉冲的数量足够,提高测试结果的可信度。

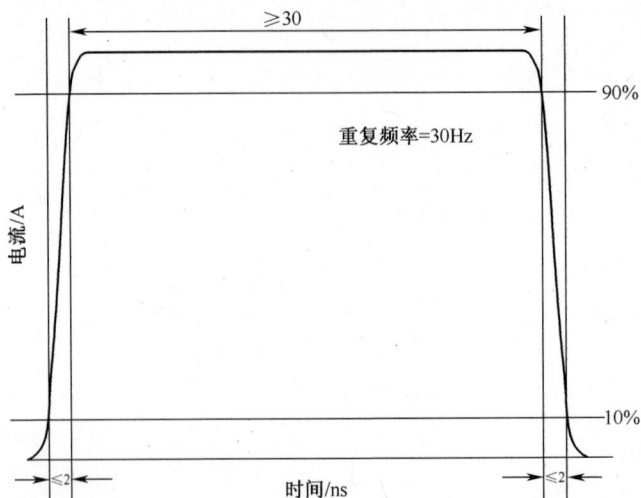

图 2-21 CS115 波形

3. 阻尼正弦瞬态

电缆和电源线阻尼正弦瞬态传导敏感度（CS116）采用如图 2-22 所示波形,模拟平台内线缆上普遍出现的阻尼正弦信号。阻尼正弦波形包含很宽的频率覆盖范围。通过对平台中各种可能的阻尼正弦频率抽样,规定至少应在 0.01MHz、0.1MHz、1MHz、10MHz、30MHz 和 100MHz 频点上进行测试,如果还有其他已知的可能对安装设备造成影响的频率,例如平台谐振频率,则在这些频率上也要进行测试。

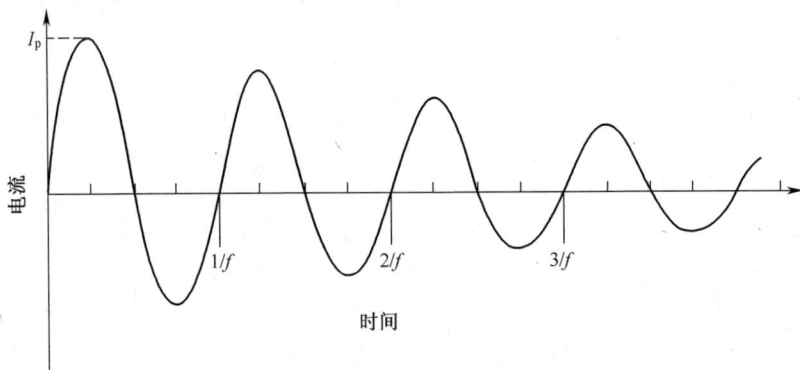

图 2-22 CS116 典型的阻尼正弦波

图 2-22 中, I_p 为第 1 周期峰值电流,按标准要求的限值确定。电流的归一化波形表达式为

60

$$e^{-(\pi ft)/Q}\sin(2\pi ft) \qquad (2-20)$$

式中:f 为频率(Hz);t 为时间(s);Q 为阻尼因子(15±5)。

阻尼因子为

$$Q = \frac{\pi(N-1)}{\ln(I_p/I_N)} \qquad (2-21)$$

其中:Q 为阻尼因子;N 为周期数(例如:$N=2,3,4,\cdots$);I_p 为第 1 周期峰值电流;I_N 为衰减到 50% 左右时的峰值电流。

2.3 电磁环境对装备的影响

2.3.1 电磁环境对装备影响的表现形式

复杂多变的电磁环境,不仅会危及电子装备、电爆装置和人员的安全,而且将直接影响到信息系统战术技术性能的发挥,严重影响战场生存能力和战斗力。电磁环境对装备可能造成的影响主要体现如下:

(1)影响电引爆武器、燃油安全;

(2)危害人员身体健康;

(3)损坏电子设备;

(4)降低设备和武器性能;

(5)限制部分系统和设备的同时使用等。

一方面,电磁环境效应是电磁环境对武器装备、电气电子设备、人员、电发火装置和燃油等安全性和可靠性产生的作用与危害。例如,大功率干扰机的使用能够使己方用频设备受到干扰,电磁脉冲武器攻击能够使战场局部的电子系统瘫痪,雷击能够对电气电子设备造成干扰和破坏,在大功率雷达附近的加油作业可能导致燃油点火事故等。

另一方面,电磁环境效应是电磁环境对于军队作战能力的影响。例如,定向能武器攻击可能导致作战对手 C⁴ISR 系统的瘫痪,从而使得作战进程发生决定性的转变,甚至影响到战争的结局。又如,高空核爆电磁脉冲由于其巨大的破坏能力,能够使数千千米范围内的电气电子系统瘫痪。从军事应用角度来讲,由于电磁环境效应对于军事行动影响的广泛性,它不仅涉及武器装备的发展战略,还对军事理论研究、联合作战的战法研究、指挥控制方式研究、军事行动的决策,以及部队的作战、训练和装备保障等各方面都带来影响。

对于舰船来说,电磁环境导致舰船系统性能降低的典型示例有:①假目标。高频发射机天线辐射能量耦合到电缆或雷达天线接收的多路反射能量,在雷达显示屏上出现虚假目标。②虚警。舰船推进系统的自动控制设备,由于受到高频发射机天线辐射能量耦合到电缆并进入甲板下或甲板下机电设备产生的电磁干扰引起停机。③假指向。由附近桅杆结构反射的能量经设备电缆感应的高频信号,在导航系统的信标机中产生导航指示信息。④通信失真。由船壳锈蚀螺栓效应产生的互调干扰,或由高频天线耦合到超高频接收设备上能量引起的通信高误码率和音频噪声。⑤显示器失真。导航雷达天线辐射的能量耦合到对空监视雷达天线,或由高频传输线耦合到雷达电缆上引起的雷达荧光屏上出现黑白栅条线或图形消失。⑥辐射方向图失真。高频、甚高频和超高频通信及旋转的定向系统,如雷达、电子战、导航及卫星通信等,辐射场受到遮挡导致在受遮挡方向上作用距离和覆盖范围上的损失。⑦辐射危害。由舰船甲板上高功率集中发射的射频能量形成的,电磁场对暴露其中的人员、燃油和军械的危害电平。

对于飞机来说,电磁干扰、高强度电磁环境不仅对设备或系统的功能产生影响,更重要的是影响飞行安全,对飞机安全和人员安全构成威胁,有可能直接导致机毁人亡的后果。因此,在飞机研制中,电磁环境效应工作和安全性设计工作紧密相关。也正是对飞行安全性的高度关切,民用飞机对高强度辐射场(HIRF)提出了防护要求,随着飞机航电系统性能提高、复合材料的大量使用以及射频发射机功率和数量的增加,HIRF 防护问题更为突出。而这种问题和外部射频电磁环境的电磁易损性是相同类型的问题。

根据对电子系统的影响和破坏程度,可以将雷电、高空电磁脉冲、高功率微波等电磁脉冲对电子系统的效应分为干扰、翻转/扰乱、降级、损坏 4 个级别。干扰属于瞬时现象,是指当电磁脉冲作用时存在,而脉冲过后极短时间内就消失的一种效应。翻转/扰乱是指电磁脉冲使电子设备或电子系统工作失常、工作混乱、工作中断,并且在电磁脉冲过后没有人为干预情况下,设备或系统不能自动恢复正常工作的一种效应。降级是指电磁脉冲使电子系统的关键器件性能下降或使非关键器件损坏,从而导致整个电子系统性能下降的一种效应。损坏是指电磁脉冲造成电子系统的烧毁或致命损坏,从而使电子系统完全不能完成自身功能。

2.3.2　射频电磁辐射危害

1. 电磁辐射对军械危害分析

电磁辐射对军械的危害(HERO)主要是由于电磁能量作用于电点火系统引起军械的意外点火或者性能降低。电磁辐射对军械的危害可分为两种情况:第一种情况是电磁辐射对电爆装置(有关标准定义为电起爆装置(EID))的直接作用;第二种情况是电磁辐射作用于电点火电路从而影响到电爆装置或引起其他电气故障。而电爆装置是军械的敏感部件,军械受电磁辐射的影响最终也可归结为安装在军械内部的电爆装置受电磁辐射的影响。

1）电磁辐射对电爆装置的危害

电爆装置也称电火工品，是利用电能激发的火工品，较为常用的是热桥丝型，热桥丝型电爆装置的脚线为金属线，用来连接发火控制线路等。

电爆装置约有90%是桥丝型。桥丝型电爆装置是在两电极之间用钨或者其他贵重金属丝形成一个桥，桥丝通常具有几欧至十几欧的直流电阻，其表面涂有一层引爆药(常用氮化铅)，靠近引爆药的是猛炸药(常用太安或黑索今)。当一定大小的电流通过桥丝时，根据焦耳定律，会在桥丝上产生热能，桥丝温度升高，热量传给药剂(引爆药)，当温度上升到一定程度，引爆药剂发生化学反应。引爆药化学反应释放的热量使药剂继续升温，加速反应，直至发火点燃猛炸药，至此桥丝完成了起爆的整个过程。

从电磁学观点看，导体在变化的射频场中，会在两端形成电势差，产生感应电流。电爆装置发火线是接收电磁场中射频能量的天线，它对电爆装置的射频安全性影响较大。由于电爆装置及其激励电路一般不可能完全处于绝对屏蔽状态下，当电爆装置处于外界强电磁环境中时，其脚线起到天线的作用，并从中接收电磁能量。对双脚线电爆装置而言，开路的电爆装置脚线起偶极天线的作用，短路的电爆装置脚线起环形天线的作用。当电爆装置的桥丝暴露在电磁场环境中，桥丝上产生的感应电流通过时，引起桥丝发热，从而导致桥丝温度升高。电磁辐射强度越大，产生的感应电流就越大，桥丝产生的温度越高。当辐射时间足够长、累积的热量足够大，就会引燃火药，致使电引爆装置发生爆炸。即使感应电流强度不至于使桥丝发热引爆，但当桥丝温度达到一定温度后，可能使桥丝周围引爆药性能发生变化，致使引爆药失效，此后即使在正常激励作用下，已分解的引爆药将会妨碍起爆，导致瞎火。

射频场源也会影响电引爆装置使其迟发火。在变化的射频场中，当感应电流瞬时方向与施加电流方向不一致时，发火部件上的电能量降低，发火所需的能量积聚时间必然增长，这就可能造成迟发火。

2）电磁辐射对电点火电路的危害

安装在军械中的电爆装置受到电磁辐射环境影响的因素要复杂一些：电爆装置在电磁环境中除了可能表现上述响应外，由于军械电气部分电磁兼容性设计的原因也可能使电磁辐射通过各种途径影响电点火电路从而引起电爆装置的意外点火或者性能降低。另一方面，军械金属结构的屏蔽作用又可能大大减小电爆装置直接面临的电磁辐射环境电平。因此，安装在军械内部的电爆装置与单独的电爆装置在电磁环境中的表现是不同的，由于军械的种类繁多，不同种类、型号的军械结构和内部电路差异较大，简单的仿真难以模拟出安装在军械内的电爆装置在电磁辐射环境下的表现。

研究表明,在连续电磁辐射作用下,频率在1000MHz以下时电发火弹药的发火能量随频率的升高而增加。在1000MHz以上电磁辐射作用下,电点火具桥丝温升是逐步积累的。电点火具桥丝的热积累是指,当桥丝上受到一连串电磁脉冲作用时,在下一个电脉冲到来前,前一个电脉冲作用到桥丝上所产生的热量未被散尽。一连串的重复电脉冲就有可能使桥丝温度不断升高,直到引起电点火具发火。当干扰能量较小时,由于热积累的作用,药剂将会发生慢分解,有可能引起电点火具的性能改变,使火工品敏感度升高,起爆能量降低,从而使电点火具更容易被下一次作用引爆,或者造成电点火具失效瞎火。

可以看出,电点火电路中的电磁辐射问题和一般设备在本质上没有什么不同,只是其敏感现象表现为军械的意外点火或者性能降低,其解决方案一般也是屏蔽、滤波、优化布线和线路设计等。

2. 电磁辐射对燃油危害分析

发生电磁辐射引燃燃油的情况,必须同时满足以下3个条件:

(1)对于给定的环境温度,燃油蒸气与空气混合物的比率必须恰当;

(2)必须有足够能量的电弧或火花以产生恰当的点火温度;

(3)电弧间隙必须有足够的长度和热量,足以引起火焰。

从电磁辐射引燃燃油的本质来看,这3个条件可反映出电磁辐射引燃燃油的要素。第一个条件是对燃油蒸气与空气混合物关于燃烧极限的限定;第二个条件是对燃油蒸气必须达到闪点以上的限定;需要说明的是,闪点温度与环境温度有区别,即使环境温度达不到闪点温度,但由于点火源的因素可能使燃油蒸气与空气混合物的温度超过闪点,从而引起燃烧;第三个条件是对点火能量的限定。

电磁辐射对燃油危害,其本质是由于大功率电磁场辐射,使得金属间隙发生火花打火,形成电弧放电。在一定的温度、压力及浓度条件下,可能点燃燃油与空气形成的混合气体,使得燃油发生燃烧或爆炸。与一般燃油燃烧的区别在于,点火源是电磁辐射引起的放电火花,燃油燃烧的其他条件并无区别。

一般的燃油操作程序是将燃油从一个容器转移到另一个容器的过程。这包括给飞行器、车辆、抽水泵或便携式容器中的设备添加燃油;将燃油从固定设施输送到油罐车;将燃油从油泵输送到便携式容器。

根据燃油操作程序,上述操作过程中可能会发生金属与金属的接触以及断开接触,考虑到舰船、飞机等电磁环境的特点,在有大功率电磁波照射的情况下,有可能产生足够长度的电弧火花。

在加注油区域,燃油蒸气与空气的混合物有可能处在燃烧极限以内。燃油作业期间,如果发射天线的主瓣照射到加注油区域,可能产生足够长的电弧火花。在存在起到点火因素的电弧火花,又有处于燃烧极限以内的燃油蒸气与空气混合物的情况下,即有可能发生燃油蒸气起火或爆炸。

由于影响电磁辐射点燃燃油的3个因素必须同时满足,研究以及实验表明,燃油蒸气能被电磁辐射产生的电弧火花点燃,但采取相应的防护措施后,发生电磁辐射点燃燃油事件的概率较小。

目前,经过试验已经建立了相应的标准来确定电弧和火花引燃燃油所需的能量。相关的试验结论是舰船辐射天线产生的辐射场强度足以达到感应出电弧和火花引燃所需的能量。虽然这种方式引起点燃的可能性由于需要多个条件同时满足而很小,但是实际舰船上的例子表明,不能以可能性小而忽视潜在危险的存在。

3. 电磁辐射对人体危害分析

有关研究表明,长期暴露在过量的电磁辐射环境下,人体健康会受到不良影响,严重的过度暴露甚至可能造成失明、昏迷等。

1)中短波电磁场辐射的危害

人体暴露在高强度的中短波电磁场,经过一定时间,会有不良反应。主要表现是引起人体中枢神经的机能障碍和以交感神经疲乏紧张为主的植物神经紧张失调。但这些现象并不是绝对的,人体的差异,性别、年龄的不同,中短波电磁场对其肌体的影响程度也不同。

2)微波电磁场辐射的危害

微波辐射作用于人体后,一部分被反射,一部分被吸收,被吸收的微波辐射能量使组织内的分子和电介质的偶极子产生振动。媒质的摩擦把动能变成热能,从而引起温升。微波辐射的功率、频率、波形、环境温度以及被照射部位的敏感程度和深度都有一定的影响。

长时间的微波辐射可破坏脑组织细胞,造成植物神经功能紊乱。主要反映在心血管系统,如心动过缓、血压下降或心动过速、高血压等。

微波还可引起眼睛损伤。眼睛是人体对微波辐射比较敏感和易受伤的器官。在大强度、长时间作用下会造成晶状体混浊,严重的可能会导致白内障。更强的照射会使角膜、虹膜及晶状体同时受到伤害,以致造成视力完全丧失。

长时间的微波辐射还会影响人体血液,可引起血液内红细胞减少、血清蛋白增加、白细胞下降或增高,变化不稳定,血凝时间缩短等症状。

微波辐射还具有累积效应。一般一次低功率照射之后会受到某些不明显的伤害,经过几天之后就可以恢复。如果在恢复之前受到第二次照射,伤害就将累积,这样多次累积之后就会形成较明显的伤害。只有低功率照射受损肌体才能恢复;

受照射的功率很大,时间又长,损害将是永久性的。

3) 电磁场辐射对人体危害的影响因素

电磁波与生物体相互作用,可以为生物体物质所吸收,但并不是所有情况下,都会被电磁辐射所伤害。电磁辐射对人体伤害的程度与以下因素有关:

(1) 电磁场强度和电磁辐射频率。人体周围电磁场强度越高,人体吸收能量越多,伤害就越重。电磁场频率越高,其肌体的热效应就越明显,对人体的伤害越严重。在相同平均值场强下,脉冲波对人体的伤害比连续波严重,因此,脉冲波照射的限值比连续波要严格。

(2) 电磁波进入肌体的深度。电磁波进入肌体越多,对人的伤害就越大,电磁波进入肌体的深度与很多因素有关,如电磁波的波段,电流形式,电磁波进入人体的角度(入射角),组织含水量与组织类别,组织的介电常数与电导率等。

(3) 照射时间。电磁场对人体的伤害具有累积效应,人体接受辐射的时间越长,间隔时间越短,伤害就越严重。因此,一般人体受电磁辐射防护的限值都是由单位重量中吸收的最大电磁辐射平均功率来确定,在制定防护措施时也要考虑电磁辐射的时间因素,如辐射源是否间断性工作、天线转动的速度、角度等。

(4) 周围环境温度。周围环境温度过高时,不利于人体散发由电磁能转化的热能,使肌体内温度升高,电磁场伤害加重。

(5) 个体差异。电磁场对人体的伤害程度,随个体的不同而不同。一般来讲,在相同的情况下,女性较男性严重,儿童较成人严重,瘦者较胖者严重,这可能与人体的含水量有关。

2.3.3 雷电效应

雷电效应分为直接效应和间接效应。直接效应指由于闪电通道和电流直接附着对系统或电子电气设备造成的所有物理损坏,包括击穿、撕裂、弯曲、烧蚀、汽化和硬件的爆炸,还包括在相关布线、管道和其他导电部件上的直接注入电压。如果系统直接被雷电击中,上升时间快、峰值高的雷击电流,可能产生严重的直接效应。雷击电流在放电通路上对物体所引起的损坏程度是与该物体所传导的功率密切相关的,非常高的峰值电流(大于 40kA)和电荷量大于 200C 的强烈放电,可在实心金属板上熔穿或烧成一些孔洞。另一方面,当绝缘或半绝缘的材料遭受雷击时,可能会发生爆炸而造成严重损坏。例如,不管是干枯的还是活着的树木,在许多情况下其树皮会开裂或剥落,并且这种损坏可能延伸到地下树根。对于未加保护的其他木质结构物体,例如旗杆、电灯杆、电线杆和电话杆之类,可能会发生相应的损坏。砖墙、混凝土、大理石或其他砖石材料往往在放电电流通过之处被炸碎或断裂松动。巨大的雷电在数微秒时间内入地,使地电位迅速提高,可能造成"反击"事故,危害人身和设备的安全。

间接效应指雷电放电时由于电磁场耦合产生的电磁瞬态,造成电子电气设备的故障或损坏。直击雷的雷电流、邻近雷击、云层之间频繁放电产生的强大电磁波,通过孔洞或线缆耦合在电子电气分系统上会产生极高的脉冲电压,进而造成电子电气设备的故障或损坏。

在某些情况下,直接效应和间接效应可以发生在同一个部件上。例如,雷电闪击一个天线,对天线造成物理损坏,同时还将危害电压送入带有天线的发射机或接收机。建筑物、发射架、飞机、天线罩等应考虑直击雷的影响,一般电子设备主要考虑雷电的间接效应的影响。

2.3.4　静电电荷效应

在静电电荷累积和静电放电过程中产生的电压和释放的能量对人员、燃油、军械和电子电气设备具有潜在危害。

人体带静电在操作或维修作业过程中,与设备或结构接触时发生放电,影响设备正常工作,如损坏微电路、分立半导体器件、集成电路等,还可能影响燃油和电引爆武器安全。

在垂直起吊作业过程中,累积电荷可能造成吊钩和被吊物之间或被吊物和地面之间出现电弧,进而影响垂直起吊系统的安全和正常工作,造成其他任务设备的性能降级甚至永久损坏。在空中加油作业过程中,加油机和受油机之间的电位差可能导致在两个飞行器连接过程中出现电弧,进而影响加油系统附近设备和分系统的正常工作,并具有点燃燃油的潜在危害。燃油在油罐内的晃动和在管道中的流动都能形成电荷积累,由于火花可能引发点燃燃油的危害。

飞行器静电放电能够产生宽带电磁辐射干扰,飞行器由于沉积静电过程中的电荷积累具有很高的电压,产生宽带辐射干扰,可能降低带有天线的接收机性能,尤其是低频接收机,甚至还可能击穿绝缘涂层,并对人员造成电击危害。

静电放电过程中的放电电压和放电能量可能引爆 EID(如飞机外挂发射、逃离系统、火箭发动机和导弹的点火装置),造成军械的意外点火或发射。

静电放电(ESD)对电子设备的作用机理主要有以下几种:

(1)通过直接传导损伤或干扰敏感元件;

(2)直接放电时金属屏蔽体上流动的电流通过孔缝泄露在内部产生电磁干扰;

(3)间接放电通过辐射耦合干扰敏感电路;

(4)ESD 电流通过输入输出屏蔽电缆耦合到内部电路中干扰电路等。

静电放电对电子设备的主要耦合途径如图 2-23 所示。对电子设备的影响分为以下几类：

（1）功能或性能暂时降低或丧失，但能自行恢复；

（2）功能或性能暂时降低或丧失，但要求操作人员干预或系统复位；

（3）设备（元件）或软件的损坏或数据的丢失而造成不能自行恢复至正常状态的功能降低或丧失。

```
                                          ┌─ 阻抗连续且接地 ──→ ESD电流入大地,不干扰设备电路
                                          │                    低频能量入地
                                  ┌─ 机壳 ┼─ 阻抗不连续且接地 ─→ 高频可能通过孔缝泄漏干扰设备内部
                                  │       │                    机壳上有高电压,很容易在机壳和
                                  │       ├─ 阻抗连续未接地 ──→ 设备内部电路之间形成二次放电
                        ┌─ 直接放电┤       └─ 阻抗不连续未接地 ─→ 击穿电路、孔缝泄漏
                        │         │
                        │         │          ┌─ 屏蔽接机壳
                        │         └─ 屏蔽电缆 ┤                  ┌─ 滤波靠近机壳
          静电放电 ─────┤                    └─ 屏蔽未接机壳 ──┤
                        │                                        └─ 滤波远离机壳
                        └─ 间接放电 ──────────── 辐射耦合
```

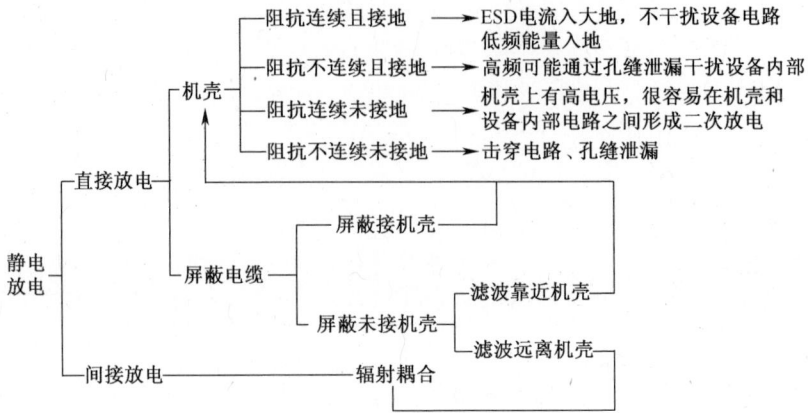

图 2-23　静电放电的主要耦合途径

2.3.5　电磁脉冲效应

高空电磁脉冲对系统的作用和影响可分为长线效应和局部效应。长线效应是指在很长的电源线、通信电缆或其他导体（如管道）上感应出电流和电压。这些效应可能传得很远，并沿导体引入设备。局部效应是指直接在设备的屏蔽体、结构、导线或设备外壳上感应出电压和电流。

HEMP 的早期成分，覆盖中频、高频、甚高频和一些特高频波段的信号，具有辐射范围广、强度大、频谱宽等特点，可以通过天线、孔缝、线缆等的强耦合作用耦合到本地天线、建筑物中的设备和耦合到导线，对各种电子设备和系统造成暂时和永久损伤，具有强大的破坏效应。

入射到封闭屏蔽体上的高空电磁脉冲场会感应出表面电流，并在其外表引起电荷位移。进而由屏蔽体的孔缝窜入，与其内部的导线或其他导体相互作用，如图 2-24 所示。与表面电荷密度（$q = \varepsilon_0 E_n$）相关的外部法向电场 E_n，能在内部电缆上感应电荷，如图 2-24（a）所示。与表面电流密度相同幅值的外部切向磁场 H_t，能穿过孔缝与内部电路发生作用，如图 2-24（b）所示。由于电场感应电流正比于 dE_n/dt，磁场感应电压正比于 dH_t/dt。所以，孔缝耦合主要发生在高空电磁脉冲感应瞬间的快速变化部分，或是高频部分。

散射伽马 HEMP（E2a）容易与长导线、垂直天线塔和具有拖曳天线的飞机耦

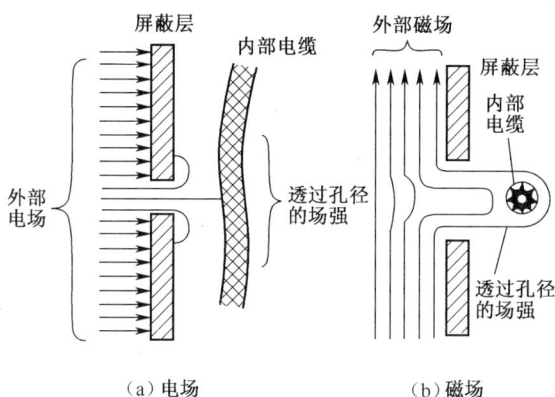

（a）电场　　　　　　　　（b）磁场

图 2-24　电磁场由小孔穿入

合。中子非弹性伽马 HEMP(E2b)容易与长的架空和埋地导线及伸展开的潜艇 VLF 和 LF 天线耦合,主要频率与难以滤波的 AC 电源和音频频率相重叠。

磁流体(MHD)HEMP(E3)容易与电源线和包括海底电缆在内的长途通信电缆耦合。其低频分量(sub Hertz)难以屏蔽和隔离。磁暴试验和以前地上进行的核试验表明,民用电源线和陆地线路极有可能被破坏。

2.3.6　高功率微波效应

电子系统的 HPM 耦合传输方式与电磁脉冲相同。按照进入口的特性,HPM 与系统的耦合可以分为两大类:前门耦合和后门耦合。前门通道指 HPM 能量经有意设置的进入口到达敏感单元,其进入口包括天线及其他传感器。对于前门耦合,如果 HPM 进入能量的频率在受害系统或子系统的通带之内,则称为带内耦合,否则称为带外耦合。HPM 对系统进入口的耦合用有效面积来衡量,电磁能量在传播通道中的耦合情况用传输损耗表达。后门耦合指的是 HPM 经非有意设置而留下的进入口进入系统,后门进入口可能是窗口,如门、窗、通气孔以及结构上的缝隙、沟槽等,也可能是进入系统的各种贯穿导体,如电源线、信号线、控制线、接地线,甚至是非电气通路的贯穿导体,如水管以及保护或建筑用管道等。

就其物理机制来讲,HPM 的作用机理主要有以下 3 种:

（1）电效应:它是指金属表面或金属导线上在高功率微波中产生感应电流或电压并由此对电子元器件产生的效应,如造成电路器件状态翻转、器件性能下降和半导体器件的击穿等。

（2）热效应:它是指介质内部在高功率微波下热能的聚集,加热导致温升而引起的效应,该效应可以烧毁器件和导致半导体的结出现热二次击穿等。

（3）生物效应：它是指高功率微波与生物体相互作用的效应。高功率微波与生物体的效应非常复杂，热效应是其中一种。一般情况下它是吸收微波功率的结果，生物吸收的微波功率转化成热能，热能聚集转化成温升。但由于生物体对微波功率吸收的非均匀性和生物体内部热平衡过程的复杂性，对生物特别是人体，其高功率微波效应是复杂的。

第3章 电磁环境效应工程管理

舰船、飞机等大型复杂系统,集多种设备于一体,涉及射频电磁场、电磁脉冲场、电磁安全性等多种电磁环境效应,究竟要考虑哪些因素,电磁环境效应工作从何处入手、如何开展是普遍关注的问题。在装备研制完成后,在使用中解决电磁环境效应问题,不但要花费大量经费与时间,并且还得不到最佳效果。工程管理和技术人员越来越清楚地认识到装备所具有的电磁环境效应控制水平不仅靠设计、制造获得,而且要通过科学、系统地管理才能实现。在工程研制初期就及时开展电磁环境效应工作,制定并严格实施工程管理文件,明确装备各阶段的电磁环境效应工作内容,在全寿命期各阶段采取有效措施,将电磁环境效应工作贯穿于装备研制和使用的全过程、全寿命期,在满足预定任务要求的同时满足所希望的电磁环境效应要求。

本章分析了装备电磁环境效应工程管理的主要内容,提出了装备全寿命期电磁环境效应工程管理要求,介绍了电磁环境效应管理控制方法和文件。

3.1 工程管理的主要内容

电磁环境效应工程管理就是从系统的观点出发,通过制定和实施科学的计划,有组织地控制和监督电磁环境效应活动的开展,以最佳的效费比实现装备的电磁环境效应要求。实施装备电磁环境效应工程管理是装备研制的复杂性、电磁环境效应工作的复杂性以及工程管理技术发展的必然要求,也是采用系统工程方法解决装备电磁环境效应问题的重要途径。装备越复杂,涉及部门越多,其电磁环境效应工作任务就越重,对管理的需求就越迫切,而管理的难度也就越大。

3.1.1 涉及的主要因素

根据第2章的分析可知,影响舰船、飞机等装备电磁环境效应控制水平的因素很多,如图3-1所示。电磁环境主要贡献者有自然发射体、人为发射体(包括友方和敌方)、平台自身噪声,电磁环境的主要接受者包括设备、燃油、军械、人员。电磁环境效应的管理控制首先应确定电磁环境贡献者和接受者,以电磁环境效应相关标准化文件为依据,确定电磁环境界面要求,采用适合的工程项目管理方法开展管理工作,采用试验、分析和模拟手段解决电磁环境效应问题,并将上述内容制定为电磁环境效应工程管理文件,规范管理工作。

电磁环境效应工程管理的依据主要包括相关标准、规范、手册、安装要求及其他标准化文件。电磁环境效应界面要求包括电磁环境、电源特性、频率管理、使用方案等。工程项目管理方法包括制定电磁环境效应管理大纲、成立咨询小组、应用和剪裁标准规范、技术状态控制和管理、频率管理、制定培训大纲、跟踪和解决问题、信息反馈等方面。试验、分析和模拟手段包括实验室保障能力、仿真和试验验证资源、数据库等。工程管理文件包括电磁环境效应管理大纲、控制计划、试验大纲、试验计划、试验报告、培训计划、使用报告等。

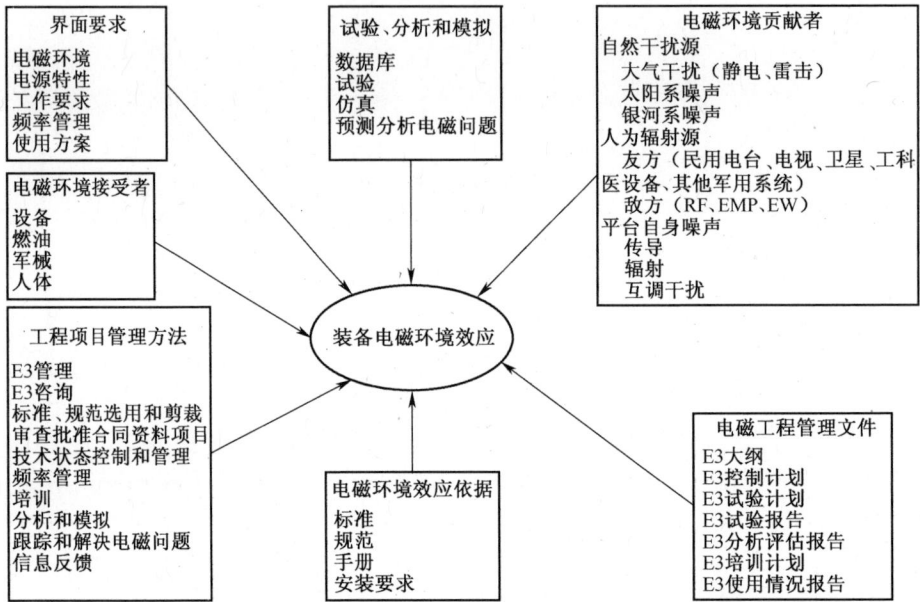

图 3-1 装备电磁环境效应控制应关注的主要因素

3.1.2 主要工作内容

电磁环境效应工程管理是通过具体工作来体现的。综合分析影响装备电磁环境效应控制的因素,通常工程管理的主要工作内容包括以下几个方面:

(1)制定电磁环境效应大纲和控制计划并组织实施,明确各阶段电磁环境效应工作和进度;

(2)建立电磁环境效应工程管理和协调网络,确定工作程序,落实职责和权限;

72

（3）选用和剪裁相关标准和规范,确定合理的电磁环境效应要求;

（4）运用电磁环境效应预测与分析技术,降低工程决策风险;

（5）确定电磁环境效应控制措施及实施方法,将电磁环境效应设计纳入系统和设备的功能设计中;

（6）组织阶段节点电磁环境效应技术审查工作;

（7）组织电磁环境效应试验与评估;

（8）保证电磁环境效应工作具有合理的经费;

（9）组织实施电磁环境效应培训;

（10）实施电磁环境效应使用管理,保证持续的电磁环境效应技术状态控制。

3.2　工程管理流程

装备电磁环境效应工程管理同科研、生产的管理体制密切相关,其基本思路是在工程项目的总体进程中,正确、及时地综合电磁环境效应工作,使之成为工程决策中所要认真考虑的内容,作为工程决策的依据。因此,需要将电磁环境效应工作融入工程研制过程,结合 E3 工作的特点,制定装备电磁环境效应工程管理要求。根据 E3 涉及的影响因素,以下介绍工作流程和具体工作内容,并重点介绍标准化工作和试验验证工作内容。

3.2.1　工作流程

在装备的研制和使用中,美军通过电磁兼容性和电磁环境效应管理工作的探索和实践,已经取得了较好的经验,并形成了标准化文件,集中体现在 MIL-HDBK-237。从 1973 年颁布的 MIL-HDBK-237《平台、系统和设备电磁兼容性管理指南》到 2005 年颁布的 MIL-HDBK-237D《采办过程中电磁环境效应和频谱可支持性指南》,从武器装备全寿命期角度统筹考虑,将电磁兼容性或电磁环境效应纳入到装备(包括设备、分系统和系统)的工程研制、生产、检验验收和使用管理的全过程,并明确了相关职责,基本上反映了美军在电磁环境效应管理、控制方面所采取的主要做法。从中也可以看出,由电磁兼容性管理拓展到电磁环境效应管理,并且还将电磁环境效应和频谱可支持性结合。

装备电磁环境效应工程管理与寿命期阶段划分密切相关,参考相关标准和文献,电磁环境效应工程管理应贯穿于论证、方案、工程研制、鉴定(定型)阶段,以及生产和使用等阶段,其一般工作流程如图 3-2 所示。对于不同的工程项目,其工作流程会有所差异。可根据具体项目的特点,适当调整其工作内容。具体工程的习惯称谓"总体"或"平台",在本书中可认为是系统。

分析装备预期电磁环境

提出装备电磁环境效应初步要求

多方案分析

找出潜在电磁环境效应问题　　电磁环境效应风险识别

电磁环境效应管理要求

制定电磁环境效应大纲　　制定电磁环境效应控制计划

电磁环境效应验证试验　　标准选用与剪裁　　频谱管理要求与频率分配

电磁环境效应指标分解

装备电磁环境效应设计

装备使用

电磁环境效应工艺原则要求　　装备频率使用管理文件　　电磁环境效应控制

电磁环境效应验收试验报告　　装备使用及专项试验报告

对使用人员培训　　装备总体、设备和分系统电磁环境效应或电磁兼容性试验

装备电磁环境效应鉴定(定型)

装备总体电磁环境效应性能评估

实施电磁环境效应使用管理　　电磁环境效应维护保障和修理　　定期开展电磁环境效应试验和复查

电磁环境效应信息记录和反馈

论证阶段　　方案阶段　　鉴定(定型)阶段　　工程研制阶段　　生产和使用阶段

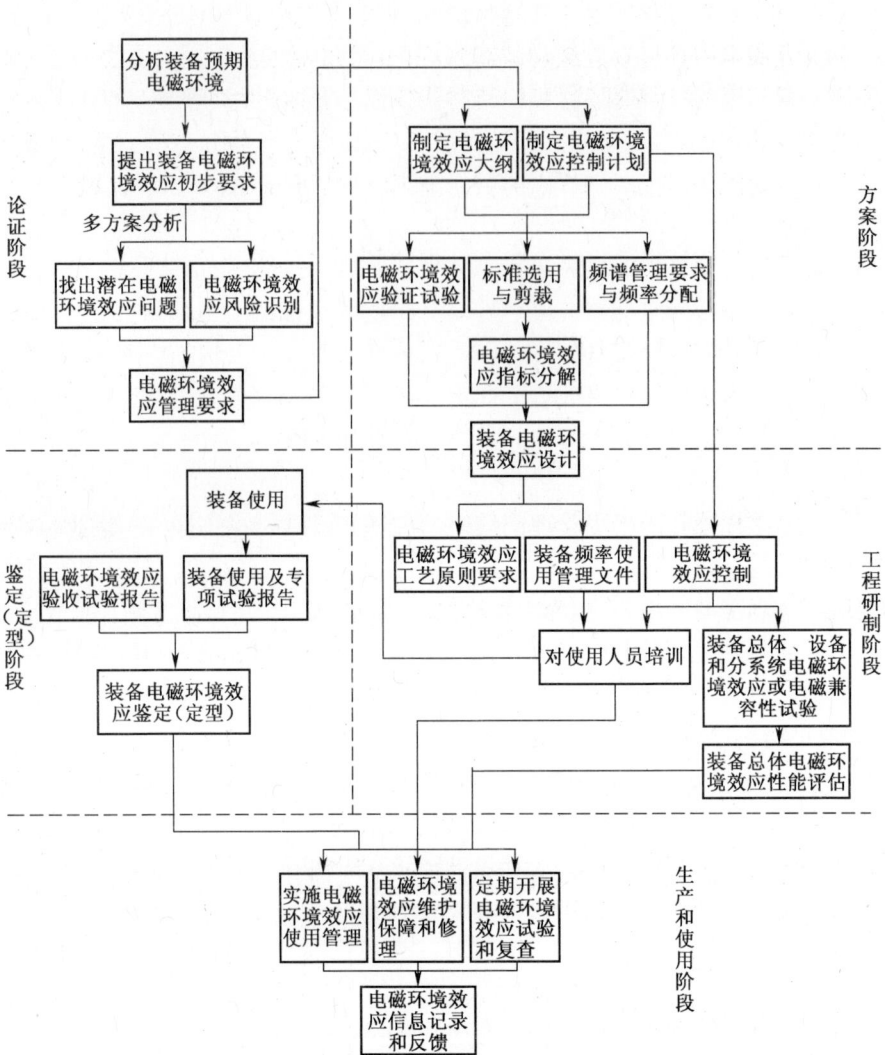

图 3-2　装备全寿命期电磁环境效应工程管理流程

1. 论证阶段

论证阶段的电磁环境效应工作主要包括:

(1) 分析装备预期的电磁环境,并根据全寿命期电磁环境可能存在的变化进行实时更新。

(2) 明确装备在全寿命期要考虑的电磁环境效应问题,提出装备电磁环境效应初步要求,主要包括电磁兼容性、电磁干扰、频谱兼容性、电磁防护等。

(3) 分析可供选用方案的电磁环境效应。采用仿真预测、试验验证等多种方

法对不同方案的电磁环境效应进行分析,找出潜在的电磁环境效应问题。

(4)开展电磁环境效应风险识别,分析可供选用方案中应解决的电磁环境效应关键技术问题、费用和风险,评估其对装备任务完成能力的影响。

此阶段的 E3 工作是装备全寿命期电磁环境效应工作的基础,关注的重点包括分析确定电磁环境、提出 E3 总体要求、分析评估可供选用方案及其风险等。

2. 方案阶段

方案阶段的电磁环境效应工作主要包括:

(1)成立电磁环境效应工作小组。其组成一般包括电磁环境效应工程管理、设计、制造、试验等相关人员。

(2)制定电磁环境效应大纲。E3 大纲通常规定电磁环境效应工作内容、电磁环境效应风险评估要求、质量保证计划、电磁环境效应问题解决方法和控制计划等。

(3)制定电磁环境效应控制计划。在控制计划中选取特定的里程碑,作为进度检查节点。细化所有电磁环境效应任务和相关设计,提出验证要求,制定试验计划。

(4)选用和剪裁适用的标准。对所有可用的标准和规范进行分析,选择适用的标准和规范,对其中各个要求进行评价,确定其适用性。可以针对具体装备的使用,对单个要求进行剪裁,以确保装备使用需求和研制费用之间达到最佳平衡。

(5)电磁环境效应指标分解。根据装备特点进行电磁环境效应指标要求分解,提出系统、设备和分系统电磁环境效应技术要求。

(6)确定频谱要求,提交频率分配申请。根据协调用频情况最终确定频谱需求,完成并呈交申请文件。

(7)在功能设计的同时进行电磁环境效应设计。开展装备总体天线布置设计、防电磁干扰设计、电磁辐射危害防护设计等。

(8)对装备进行电磁环境效应验证试验,改进设计方案。开展必要的仿真预测、模型试验,利用电磁环境效应仿真和试验数据,研究确定天线最佳布置方案、各分系统和设备方案。

此阶段的工作是装备全寿命期电磁环境效应工作的关键,通常关注的重点是组织成立电磁环境效应工作小组、制定工程电磁环境效应大纲和控制计划、确定电磁环境效应技术要求、开展 E3 设计和审查等。

3. 工程研制阶段

工程研制阶段的电磁环境效应工作主要包括:

(1)实施电磁环境效应控制计划。按节点进行进度检查,识别装备研制中的电磁环境效应风险,提出控制措施。

（2）完善电磁环境效应设计方案。完成装备总体天线布置设计、防电磁干扰设计、电磁辐射危害防护等设计。

（3）对设备和分系统进行电磁兼容性考核试验。验证设备和分系统电磁干扰控制指标是否符合合同和标准规定的技术要求，对不符合要求的进行改进。

（4）对所有设备和分系统电磁兼容性试验结果进行评估。对超差申请进行评审，分析其对装备整体电磁环境效应适应能力的影响。

（5）进行生产工艺环节的电磁环境效应控制，编制电磁环境效应工艺原则要求，使其在装备生产和建造过程中得到落实。

（6）编制装备频率使用管理文件。提出频谱管理方案和使用计划，解决装备使用中的频谱冲突。

（7）开展装备总体电磁环境效应试验。制定装备总体电磁环境效应试验大纲和试验计划，完成试验，并根据试验结果综合分析装备电磁环境适应能力。

（8）完成装备电磁环境效应培训。交付使用时提交装备电磁环境效应详细使用说明书，编写电磁环境效应培训教材、提出电磁环境效应培训计划，对使用、维护人员进行电磁环境效应培训，使之了解、掌握保持装备电磁环境效应适应能力的方法，正确使用、维护装备电磁环境效应适应性能。

此阶段的 E3 工作关注的重点包括实施电磁环境效应控制和设计方案、设备和分系统电磁兼容性试验、总体电磁环境效应试验验证和评估等。在此阶段若存在设计方案更改，需要分析更改对于电磁环境效应的影响。

4. 鉴定（定型）阶段

鉴定（定型）阶段的电磁环境效应工作主要包括：

（1）完成电磁环境效应鉴定（定型）试验。编制电磁环境效应鉴定（定型）试验大纲、试验册、试验计划；按要求完成电磁环境效应试验，编制试验报告。

（2）开展电磁环境效应鉴定（定型）评估。根据设计定型试验报告和试验总结，结合研制各阶段电磁环境效应文件，对装备总体电磁环境效应是否满足研制要求进行评估，编制电磁环境效应评估报告。

5. 生产和使用阶段

生产和使用阶段的电磁环境效应工作主要包括：

（1）严格按照电磁环境效应工艺文件要求进行生产，并进行专门的电磁环境效应验收试验。

（2）实施电磁环境效应使用管理。建立电磁环境效应维护、使用、管理档案。可建立使用阶段电磁环境效应数据库。

（3）开展装备使用阶段电磁环境效应维护保障和修理，对于装备使用中出现的电磁环境效应问题，提出解决措施和方案，确保使用过程中电磁环境效应能满足技术要求。在修理过程中根据相关技术标准和规定开展电磁环境效应修理。

（4）为掌握使用阶段的电磁环境效应技术状态，结合规定的修理周期，定期开展电磁环境效应试验和复查，将测试结果进行对比分析，确定电磁环境效应技术状态，提出使用维护措施建议。在装备进行加改装时也应开展电磁环境效应试验与评估。

（5）对使用中的电磁环境效应信息进行记录和及时上报，并反馈给论证、设计部门。

3.2.2 标准化工作

标准是开展电磁环境效应工作和实现电磁环境效应控制的依据，电磁环境效应标准化工作的主要内容包括标准分析、标准的选用与剪裁、建立工程标准或体系、标准的贯彻实施等，具体各阶段的要求如下：

1. 论证阶段

论证阶段的电磁环境效应标准化工作主要包括：

（1）结合装备要求论证，在电磁环境效应论证中进行标准需求论证，初步提出系统电磁环境效应要求，确定所选用的电磁环境效应标准以及标准适用的内容。

（2）提出工程研制中实施电磁环境效应标准的原则要求，包括提出对标准选用与剪裁的原则要求。

（3）电磁环境效应论证报告中应阐述标准的选用与剪裁的内容，纳入到装备要求或研制合同、系统规范等文件，最终在电磁环境效应顶层要求中详细说明。

2. 方案阶段

方案阶段的电磁环境效应标准化工作主要包括：

（1）对装备要求中电磁环境效应标准要求和实施标准原则进行分析，确定标准的选用与剪裁的具体方案。

（2）确定系统电磁环境效应要求，明确电磁环境效应标准要求，建立工程标准或标准体系。

（3）电磁环境效应标准要求应在工程标准化大纲、电磁环境效应大纲和电磁环境效应设计说明书中进行明确。

3. 研制阶段

研制阶段的电磁环境效应标准化工作主要包括：

（1）在设计、施工建造和试验中贯彻实施标准。

（2）在设计说明书、施工工艺文件、试验大纲、设备研制合同中明确电磁环境效应标准要求。

4. 鉴定(定型)阶段

鉴定(定型)阶段的电磁环境效应标准化工作主要包括：

(1) 确定鉴定(定型)试验中依据的标准,完成标准剪裁。

(2) 在鉴定(定型)试验文件中明确电磁环境效应标准要求。

5. 生产和使用阶段

生产和使用阶段的电磁环境效应标准化工作主要包括：

(1) 使用中贯彻标准要求,并按标准要求开展寿命期电磁环境效应控制和维护。

(2) 对标准使用过程中存在的问题及时反馈。

3.2.3 试验验证工作

为保证装备满足电磁环境效应要求,在装备全寿命期需要进行一系列的电磁环境效应试验,工程各阶段电磁环境效应试验验证流程见图 3-3。

1. 论证阶段

在此阶段提出初步的电磁环境效应试验验证要求,包括电磁环境效应、电磁干扰等。此阶段的电磁环境效应试验验证要求,将形成工程全寿命期中电磁环境效应试验验证工作的基础。

2. 方案阶段

此阶段电磁环境效应试验验证工作包括：

(1) 制定电磁环境效应试验验证计划并组织实施。

(2) 开展必要的仿真预测、模型试验,得到的电磁环境效应仿真和试验数据,可为确定天线最佳布置方案、各分系统和设备方案提供依据。

3. 工程研制阶段

此阶段对装备开展充分的电磁环境效应试验验证,以验证设计是否满足标准规范、是否能在使用环境中完成使命任务：

(1) 根据装备采用的电磁环境效应标准、规范,制定电磁环境效应试验大纲和试验计划,组织试验大纲评审。

(2) 根据评审后的电磁环境效应试验大纲,确定电磁环境效应试验方法,选择经过国家认证机构认可的检测机构,开展电磁环境效应试验,编制电磁环境效应试验报告。

(3) 实施电磁环境效应试验验证管理。对电磁环境效应试验结果进行把关,对不满足技术指标的情况进行分析和改进,严格把好电磁环境效应试验质量关。

(4) 建立电磁环境效应试验数据库,将试验数据、测试超标问题及解决方法与措施等信息纳入数据库。

```
┌──────────┐        ┌─────────────────────────────────────┐
│ 论证阶段  ├───────▶│ 提出初步总体电磁环境效应试验验证要求    │
└────┬─────┘   │    └─────────────────────────────────────┘
     │         │    ┌─────────────────────────────────────┐
     │         └───▶│ 提出初步系统电磁环境效应试验验证要求    │
     │              └─────────────────────────────────────┘
     ▼
┌──────────┐        ┌─────────────────────────────────────┐
│ 方案阶段  ├───────▶│ 制定电磁环境效应试验验证计划          │
└────┬─────┘   │    └─────────────────────────────────────┘
     │         │    ┌─────────────────────────────────────┐
     │         └───▶│ 开展仿真预测、模型试验等试验验证       │
     │              └─────────────────────────────────────┘
     ▼
┌──────────┐   ┌────────────────┐      ┌────────────────┐
│  工程     │──▶│ 制定电磁环境    │─────▶│ 确定电磁环境    │
│  研制     │   │ 效应试验大纲    │      │ 效应试验方法    │
│  阶段     │   └────────────────┘      └───────┬────────┘
└────┬─────┘                                进行试验
     │                                         ▼
     │         否，分析和改进          ┌────────────┐
     │      ◀──────────────────────── │ 满足技术    │
     │                                │ 指标？      │
     │                                └─────┬──────┘
     │                                     是
     │                                      ▼
     │                                ┌────────────┐
     │                                │ 电磁环境效应 │
     │                                │ 试验完毕    │
     │                                └────────────┘
     ▼
┌──────────┐   ┌────────────────┐      ┌────────────────┐
│  鉴定     │──▶│ 制定鉴定（定型）│─────▶│ 确定鉴定（定型）│
│ （定型）  │   │ 电磁环境效应    │      │ 电磁环境效应    │
│  阶段     │   │ 试验大纲        │      │ 试验方法        │
└────┬─────┘   └────────────────┘      └───────┬────────┘
     │                                     进行试验
     │         否，分析和改进                   ▼
     │      ◀──────────────────────── ┌────────────┐
     │                                │ 满足技术    │
     │                                │ 指标？      │
     │                                └─────┬──────┘
     │                                     是
     │                                      ▼
     │                                ┌────────────┐
     │                                │ 电磁环境效应 │
     │                                │ 试验完毕    │
     │                                └────────────┘
     ▼
┌──────────┐   ┌────────────────┐      ┌────────────────┐
│ 使用阶段  │──▶│ 确定需测量的    │─────▶│ 确定电磁环境效应 │
└──────────┘   │ 电磁环境效应    │      │ 试验方案        │
               │ 技术指标        │      └───────┬────────┘
               └────────────────┘              ▼
            ┌────────────────┐      ┌────────────────┐
            │ 改进完善电磁环境 │◀─────│ 进行电磁环境效应 │
            │ 效应使用管理    │      │ 试验            │
            └────────────────┘      └────────────────┘
```

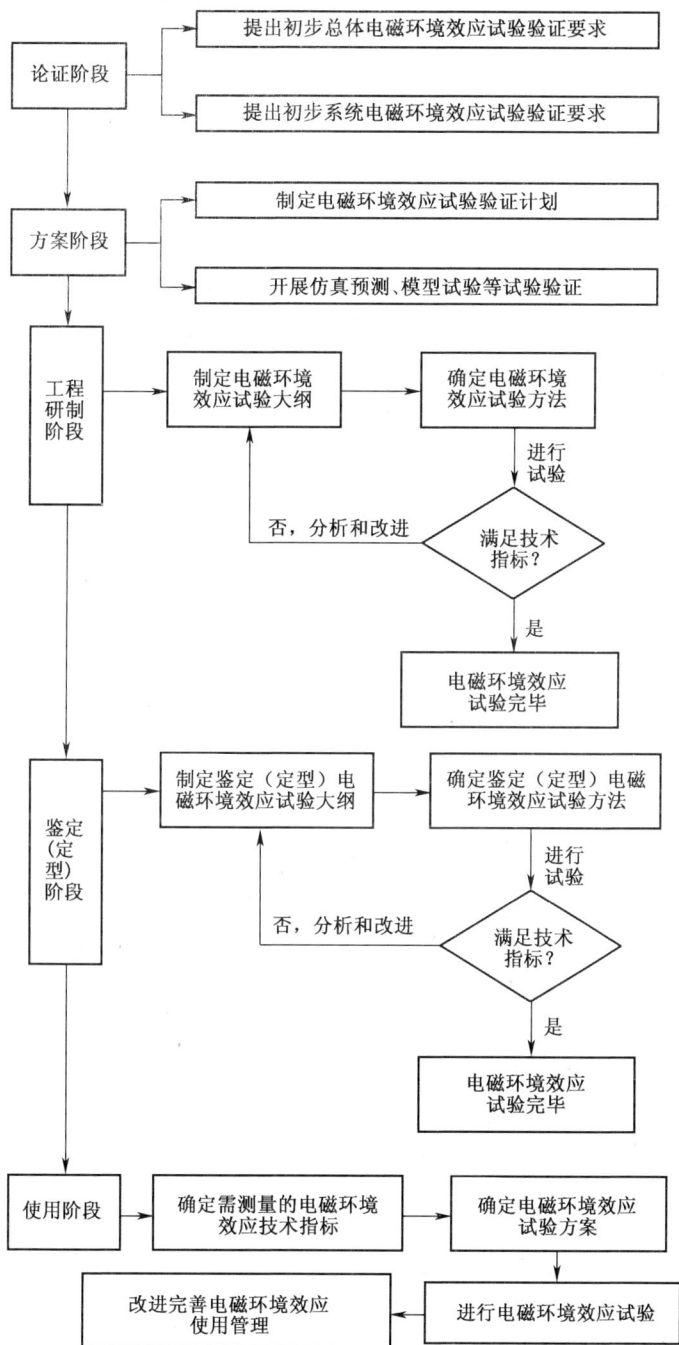

图 3-3　工程各阶段电磁环境效应试验验证流程

4. 鉴定(定型)阶段

此阶段依据装备要求,开展鉴定(定型)试验。

(1)根据装备要求、顶层要求等相关文件,制定鉴定(定型)电磁环境效应试验大纲和试验计划,完成试验大纲评审。

(2)依据审查后的大纲,确定电磁环境效应试验方法,选择经过国家认证机构认可的检测机构,开展电磁环境效应试验,完成试验报告编制和审查。

(3)在试验过程中针对发现的问题开展整改,对于采取整改措施后的状态,适时开展补充试验。编制试验工作总结报告,与试验报告一起作为装备定型审查的依据。

5. 生产和使用阶段

使用阶段电磁环境效应试验验证的目的是保持对电磁环境效应的技术状态控制。

(1)根据装备使用区域和服役时间等特点,结合使用、维修情况,制定使用阶段电磁环境效应试验验证规划,定期开展电磁环境效应试验,以检验装备是否具备对复杂电磁环境的适应能力。

(2)有针对性地确定需测量的电磁环境效应技术指标,制定电磁环境效应试验方案,并据此开展电磁环境效应试验。

(3)建立使用阶段电磁环境效应数据库,记录使用及维护信息、试验数据、存在的问题及解决方法与措施等重要信息,为保持装备电磁环境适应能力,持续改进装备电磁环境效应提供依据。

3.3　工程管理方法

3.3.1　基本方法

和其他工程管理类似,电磁环境效应工程管理的基本方法一般包括:计划管理、技术协调、状态控制、技术咨询、技术评审、人员培训等。

1. 计划管理

建立电磁环境效应工作的组织体系和工作体系,通过制定电磁环境效应大纲、控制计划等 E3 工程计划文件,实现对电磁环境效应工作的有计划管理,并利用报告、检查、评审、验收等活动,监督各项工作的执行情况。

2. 技术协调

在工程项目研制过程中,通过技术协调解决电磁环境效应的重要问题,如总体和设备之间电磁环境效应指标、多平台之间的电磁环境效应接口要求、电磁干扰问题超差及处理等。

3. 状态控制

通过制定标准、规范或程序文件,可指导开展各项技术活动。通过设立工作节点或控制点,可采取状态标识、记录及评审等方式,对寿命期各阶段的电磁环境效应技术状态进行控制。

4. 技术咨询

可以根据工程需要成立电磁环境效应技术组,通过参与工程,为工程管理的决策、评审和重要问题研究提供技术咨询。

5. 技术评审

技术评审是 E3 工程中一种主要的监督管理方法。通常可采取的方式:一是通过经常性检查进行评价;二是通过周期性评审对计划活动进行评估;三是在重要工程阶段或节点进行全面的技术评审活动。

6. 人员培训

通过培训,提高各级人员对电磁环境效应的认知能力、管理水平和技术水平。开展培训,通常需要制定培训计划,并根据装备管理、设计、生产、操作和维修等不同培训对象确定培训内容。

3.3.2 审查方法

1. 明确审查内容

论证阶段,主要对电磁环境、频谱需求、设备初步选型方案、电磁环境效应指标及论证结果进行技术审查。

方案阶段,主要对 E3 大纲和控制计划、电磁环境效应设计方案、电磁环境预测分析报告、关键部位和天线设计布置、防护措施、频谱分配、试验计划、阶段性评估报告等进行审查。

研制阶段,主要对为满足环境效应要求采取的相关防护措施、采用的新工艺和材料、研制的试验设施、制定的试验规程和试验方法、阶段性 E3 评估报告等进行审查。

鉴定(定型)阶段,主要对设计定型电磁环境效应试验大纲、设备或分系统电磁兼容性试验结果、总体电磁环境效应试验结果等进行审查,重点是试验大纲格式、标准选用、试验项目选择、限值选取、试验实施和试验结果的符合性等方面。

2. 制定审查计划

根据各阶段审查内容,审查节点要求见表 3-1。根据节点要求,制定审查计划,纳入工程管理文件。

表 3-1　各阶段审查节点要求

序号	阶段划分	审查节点
1	论证阶段	初始技术审查
2	方案阶段	系统要求审查
3		技术方案审查
4	研制阶段	技术设计审查
5		关键设计审查
6		试验计划审查
7		试验结果审查
8	使用阶段	改装技术审查
9		维修技术审查

3.4　工程管理文件

3.4.1　文件类型

电磁环境效应工程管理文件是开展寿命期各阶段工作的重要依据。E3 工程管理文件包括工作文件、技术文件、标准规范等。

1. 论证阶段

论证阶段的文件一般包括:可行性论证报告,电磁环境效应初步要求,设备频谱申请、协调频谱需求的情况等。

2. 方案阶段

方案阶段的文件一般包括:电磁环境效应大纲和控制计划,总体初步布置图,预测分析报告,总体电磁环境效应设计说明书,频谱申请文件等。

3. 工程研制阶段

工程研制阶段的文件一般包括:总体布置图,总体电磁环境效应设计说明书,总体电磁环境效应试验(或评估)大纲,设备和分系统 EMC 试验计划,设备和分系统 EMC 试验报告,总体 E3 试验报告,总体 E3 使用说明书等。

4. 鉴定(定型)阶段

鉴定(定型)阶段的文件一般包括:电磁环境效应鉴定(定型)试验大纲、试验计划,电磁环境效应鉴定(定型)试验报告,电磁环境效应评估报告等。

5. 使用阶段

使用阶段的文件一般包括:电磁环境效应维护、使用、管理档案,修理、改装的

E3 试验和评估报告,总体 E3 复查报告等。

3.4.2 标准规范

标准规范是电磁环境效应要求的基本依据,标准规范的具体介绍见第 4 章。电磁环境效应工程中,涉及工程管理的通用标准主要是 GJB/Z 17 、GJB/Z 170,涉及技术工作的通用标准主要是 GJB 1389A、GJB 151B 和 GJB 8848。适用的主要工作范围见表 3-2。

表 3-2 适用的主要工作范围

E3 工程管理主要工作	GJB 1389A	GJB 151B	GJB 8848	GJB/Z 17	GJB/Z 170
总体 E3 论证	A	A	A	A	
提交频谱申请,协调用频设备工作频率				A	
确定电磁环境、电磁安全性要求以及天线等布置方案	A				
编制总体 E3 大纲和设计说明书	A	A	A	A	
确定控制措施要求及方法	A	A	A		
审查、更新相关文件中的 E3 控制要求	A	A		A	
编制 E3 试验与评估大纲	A	A	A	A	A
完成 E3 试验与评估,提交审查		A	A		A
实施 E3 使用管理	A	A		A	
注:"A"表示适用。					

3.4.3 电磁环境效应大纲

装备研制过程的各个阶段都需要开展电磁环境效应控制工作,涉及总体研制单位、设备研制单位、承造厂、采购方代表、检测机构等各个单位。为使电磁环境效应控制工作有序开展,通常制定电磁环境效应大纲。

电磁环境效应大纲是装备研制和采购期间电磁环境效应控制方面的顶层管理文件。它是针对某项具体工程,在论证阶段初期安排工程研制活动时有关电磁环境效应内容的说明,作为以后开展电磁环境效应工作的依据。其目的在于建立自上而下的电磁环境效应管理网络和管理程序。它确定工程管理控制程序、必需的工程设计、计划、技术准则和验证要求,从计划安排和技术措施上确保实现电磁环境效应工作要求,为工程装备研制中电磁环境效应设计提供依据。

电磁环境效应大纲一般包括的内容有:电磁环境效应管理、控制计划、文件和标准规范要求、设计准则、预测分析工作、试验验收工作以及对文件编写和大纲修改的要求。

电磁环境效应管理主要规定装备研制过程中电磁环境效应管理的目标、内容、要求、方法,管理和协调网络中参与各方的职责、权限和工作范围以及与有关单位的联系,对发现的问题的处理。

电磁环境效应控制计划一般规定工程各阶段应达到的工作目标、要求和进度。

电磁环境效应文件和标准规范要求,包括军用标准规范的应用以及非军用文件和要求。明确标准规范的应用原则,设计评审,频率分配,系统性能降级准则,安全裕度等;选用合适的标准和规范,分析标准中的要求,根据应用系统的具体情况进行必要的修改、删减或补充,以期达到最佳的费效比;通过对标准的剪裁,制定出工程项目的系统和设备规范,成为设计和签订合同的依据。

电磁环境效应设计准则包括:确定系统工作的电磁环境(内部和外部),抑制电磁干扰的设计方法(搭接、接地、屏蔽、滤波、电缆隔离等),抑制技术的具体应用等。确定系统内部和外部电磁环境非常关键,因为它是提出电磁环境效应设计要求的基础。可以分析预测,也可以参考已有的数据,包括国外的数据和以往的试验数据。

电磁环境效应预测分析工作,要说明拟采用的预测和分析技术,明确分析预测的工作内容,对预测问题的判别,推荐的解决问题的方法。

电磁环境效应试验验收工作,要提出在工程不同阶段进行的所有试验的要求,对于验收试验,要说明是否达到电磁环境效应指标要求。

文件编写和大纲修改要求,规定电磁环境效应大纲涉及的文件包括控制计划、试验计划、试验报告、电磁环境效应专家组章程等,要明确随着工程进展大纲应适时修改的要求。

3.4.4　电磁环境效应试验大纲

为保证装备达到电磁环境效应设计要求,在研制过程中需要进行一系列的电磁环境效应试验。为统筹安排和协调工程研制中的电磁环境效应工作以及其他方面的工作,确定电磁环境效应试验的内容、类型、方案和进度,通常制定专门的电磁环境效应试验大纲和计划。

电磁环境效应试验大纲是开展具体试验的依据,需要提出试验的内容和要求,以及对制定试验计划的要求。试验大纲在所规定的装备相关技术要求的基础上制定,其内容应要素齐全、科学准确,易于理解,便于操作。试验大纲主要内容包括:任务依据、试验目的、引用文件、试验项目、试验要求、试验方法、限值要求、试验判据、拟承试单位和试验计划。

任务依据中应明确系统研制任务书及其装备要求等试验大纲制定的依据。试验目的中应说明进行系统电磁环境效应试验的目的。引用文件主要包括参考引用的标准规范、要求以及相关技术资料。试验项目中明确装备所要进行的试验项目及对应的标准。试验要求应明确各试验项目的要求,包括:①进行系统电磁环境效应试验应满足的基本条件及应保持的工作状态;②试验地点及试验现场应具备的基本条件;③所使用试验设备的要求。试验方法中应规定具体试验项目的试验方法和参照执行的标准,系统试验的布置框图,测试频率点要求和数量、具体频率,受试系统工作状态、时序安排等。限值要求应明确各试验项目的限值要求。试验判据应规定具体敏感度类试验项目合格/不合格的判定依据。拟承试单位确定可以承担试验任务的相关单位,并说明其资质情况。试验计划给出各项试验的安排时间等具体计划。

3.4.5 电磁环境效应试验报告

装备电磁环境效应试验报告记录试验的数据和相关执行情况,给出试验的结论,以便根据试验报告对受试装备做出评定。试验报告主要内容包括:概况、试验依据、试验项目列表、试验设备、试验方法与试验数据、采用控制或改进措施、试验结论。

概况内容主要包括试验目的以及试验背景情况简述,委托单位、试验单位,以及参试人员清单,受试设备名称型号、编号、系统组成框图、连线图等,试验地点及日期。

试验依据内容主要包括电磁环境效应试验大纲、受试设备有关技术文件及电磁环境效应技术要求,试验方法参照文件,受试设备电磁环境效应指标要求参照文件,其他引用文件。

试验设备内容主要包括试验设备名称、型号、数量、制造商,试验设备指标性能是否满足试验方法要求的证据,明确试验设备是否经过国家法定检定机构检定合格并在有效期内。

试验方法与试验数据主要包括试验配置(尽可能提供图片或照片)、测试部位受试设备工作状况、试验条件、试验步骤、试验数据(包括敏感度阈值和观察到的结果)、各项目试验结论(与适用规定极限值的比较结果),需要时给出超标原因分析和技术改进意见。

采用的措施中要列出受试系统采用的电磁环境效应主要控制措施。

试验结论中应简述所有试验项目的结论,明确合格项目和不合格项目,对不合格项目给出超标原因,分析提出改进技术措施意见。

第4章 电磁环境效应标准

电磁环境效应标准是开展装备电磁环境效应论证、设计、试验验收和使用的主要依据,是实现工程电磁环境效应控制目标的基础。开展装备电磁环境效应标准建设,统一相关指标和技术要求,是开展装备电磁环境效应工作的必然要求,是有效提高装备电磁兼容性水平和电磁防护能力的重要途径。电磁环境效应控制的本质特征就是要求系统在电磁环境中实现共存,干扰和抗干扰性能指标的协调平衡。尤其是对于大型复杂系统工程,涉及设备多、电磁环境要素多,跨平台同步研制、同时使用,标准起着不可替代的作用。

本章围绕标准体系介绍了国内外电磁环境效应标准的基本情况和主要标准;根据装备研制需要阐述了工程电磁环境效应标准体系的建设原则、方法和体系组成;结合标准应用,分析了标准适用性、选用和剪裁方法。

4.1 电磁环境效应标准概况

4.1.1 国外电磁环境效应标准

1. 美国军标基本情况

美军电磁环境效应标准化文件涉及美国军用标准、军用规范、军用手册、指令指示、图样、技术手册和出版物等,其标准要求主要通过指令指示形式贯彻实施。

美军电磁环境效应标准(这里主要指军用标准、军用规范、军用手册)大致分为环境和要求标准、试验方法标准、防护与设计标准、管理标准4类。现有标准的基本情况见表4-1。环境标准提供装备采办或研制所需的电磁环境数据和限值;要求标准规定了设备和系统电磁环境效应或电磁兼容性要求以及电磁干扰控制要求;试验方法标准主要是规范电磁干扰、电磁兼容性和电磁环境效应试验和评估方法;防护与设计标准主要是针对电磁兼容性、高强电磁环境提供防护与设计方法和准则;管理标准主要提供电磁环境效应工程管理的指南。有些标准包含了多种类型。例如,以设备或分系统为对象的 MIL-STD-461、MIL-STD-1576 既包含要求又包含方法,以雷达为对象的 MIL-STD-469B 既包含要求又包含设计方法。表4-1列出的美国防部发布的 E3 标准,大部分具有通用性。实际上,还有相当数量的专用标准和指令指示等标准化文件,如表 4-2 所列。

表 4-1　美军主要电磁环境效应标准

序号	标准号	标准名称	类型
1	MIL-HDBK-235-1C	军用电磁环境通用指南	环境标准
2	MIL-HDBK-235-2C	美国海军水面舰船工作的外部电磁环境电平	
3	MIL-HDBK-235-3C	空间和运载系统的外部电磁环境电平	
4	MIL-HDBK-235-4C	地面系统的外部电磁环境电平	
5	MIL-HDBK-235-5C	旋翼式飞机(包括无人航行器,不包括舰船上工作)的外部电磁环境电平	
6	MIL-HDBK-235-6	固定翼飞机(包括无人航行器,不包括舰船上工作)的外部电磁环境电平	
7	MIL-HDBK-235-7	军械的外部电磁环境电平	
8	MIL-HDBK-235-8	高功率微波系统的外部电磁环境电平	
9	MIL-HDBK-235-9	美国其他舰船(海岸警卫队、军事海运司令部和陆军舰船)的外部电磁环境电平	
10	MIL-HDBK-235-10	潜艇工作的外部电磁环境电平	
11	MIL-STD-2169B	高空电磁脉冲环境	
12	MIL-STD-461G	设备和分系统电磁干扰特性控制要求	要求标准
13	MIL-STD-464C	系统电磁环境效应要求	
14	MIL-STD-469B	雷达电磁兼容性工程设计要求	
15	MIL-STD-1541A	航天系统的电磁兼容性要求	
16	MIL-STD-1542B	航天系统地面设施电磁兼容性和接地要求	
17	MIL-STD-1576	航天系统电爆分系统安全要求和试验方法	
18	MIL-STD-461G	设备和分系统电磁干扰特性控制要求	试验方法标准
19	MIL-STD-220C	(滤波器)插入损耗测量方法	
20	MIL-STD-331	引信及其部件的环境和性能试验	
21	MIL-STD-449D	无线电频谱特性测量	
22	MIL-STD-1512	电启动的电引爆分系统设计规范和测试方法	
23	MIL-STD-1576	航天系统电爆分系统安全要求和试验方法	
24	MIL-STD-1605A	舰船电磁干扰(EMI)检查程序(水面舰船)	
25	MIL-HDBK-240A	电磁辐射对军械危害的试验指南	

序号	标准号	标准名称	类型
26	MIL-STD-188-124	包括地面通信设施和设备的长距离/战术通信系统的接地、搭接和屏蔽	防护与设计标准
27	MIL-STD-188-125-1	执行关键、紧急任务的地面 C⁴I 设施的 HEMP 防护/固定设施	
28	MIL-STD-188-125-2	执行关键、紧急任务的地面 C⁴I 设施的 HEMP 防护/移动系统	
29	MIL-STD-469B	雷达电磁兼容性工程设计要求	
30	MIL-STD-1310H	用于电磁兼容性、电磁脉冲（EMP）减缓和安全性的舰船搭接、接地和其他技术	
31	MIL-STD-1512	电启动的电引爆分系统设计规范和测试方法	
32	MIL-STD-3023	军用飞机高空电磁脉冲防护	
33	MIL-HDBK-274A	飞机安全电接地	
34	MIL-HDBK-335	空中发射军械系统电磁辐射加固管理和设计指南	
35	MIL-HDBK-419A	电子设备和设施的接地、搭接和屏蔽	
36	MIL-HDBK-423	固定和可移动的地面设施 HEMP 防护	
37	MIL-HDBK-237D	采办过程中电磁环境效应和频谱可支持性指南	管理标准

1）要求标准

核心要求标准为系统级的 MIL-STD-464C《系统电磁环境效应要求》和设备级的 MIL-STD-461G《设备和分系统电磁干扰特性控制要求》。

MIL-STD-464C《系统电磁环境效应要求》颁布于 2010 年 12 月 1 日，为三军武器平台在研制和采购过程中确定和实施有效的电磁环境效应控制提出了接口要求和检验准则。该标准包括目的与适用范围、引用文件、定义、一般要求、详细要求、附录等 6 个部分。比 A 版本增加了高功率微波要求。MIL-STD-464C 标准提出了安全裕度、系统内电磁兼容性、外部射频电磁环境、高功率微波源、雷电、电磁脉冲、分系统和设备电磁干扰、静电电荷控制、电磁辐射危害、全寿命期电磁环境效应加固、电搭接、外部接地、TEMPEST、系统辐射发射、电磁频谱可支持性等 15 个方面的电磁环境效应要求。与正文相配套的附录给出了要求的来源、理由、标准使用中的注意事项等内容。该标准正文和附录中引用了 80 多份标准化文件，除引用表 4-1 所列的主要标准以外，还引用了大量的民用标准、政府出版物和国际标准。表 4-2 列出了在标准附录中引用的主要标准化文件（除表 4-1 以外）。从表

4-1 和表 4-2 可以看出:美军电磁环境效应标准化文件涵盖了所有 E3 要求,涉及面广、来源多,有相当数量的支撑标准和文件。

表 4-2　MIL-STD-464C 涉及的主要标准化文件(不含表 4-1 所列标准)

序号	标准及文件号	标准及文件名称	来源	涉及的要求
1	AECTP-500	电磁环境效应测试与验证	国际标准化协议	总要求及试验验证
2	DOT/FAA/CT-86/40	飞机电磁兼容性	FAA	
3	ARP 4242	系统电磁兼容性控制要求	SAE	
4	ANEP 45	复合材料船的电磁兼容性(EMC)	NATO	
5	ADS-37A-PRF	电磁环境效应(E3)性能和验证要求	陆军	
6	TR-RD-TE-97-01	美国陆军导弹系统 EMRH、EMRO、雷电效应、ESD、EMP 和 EMI 电磁效应试验准则和指南	陆军	
7	MIL-DTL-23659	电起爆器通用设计规范	国防部规范	安全裕度
8	TR32-1500	同轴传输线中射频电压击穿的正式报告	NASA	二次电子倍增
9	AC 20-53	飞机燃油系统对雷击点燃燃油蒸气的防护	FAA	雷电要求、防护及试验
10	AC 20-136	飞机电气和电子系统对雷电间接效应防护	FAA	
11	DOT/FAA/CT-89/22	飞机雷电手册	FAA	
12	ARP 5412	飞机雷电环境和相关试验波形	SAE	
13	ARP 5414	飞机雷电分区	SAE	
14	ARP 5415	鉴定飞机电气和电子系统雷电间接效应的用户手册	SAE	
15	ARP 5416	飞机雷电试验方法	SAE	
16	ARP 5577	飞机雷电直接效应鉴定	SAE	
17	AFWL-TR-85-113	降低飞机中 EMP 感应应力指南	空军	电磁脉冲
18	IEC 61000-2-9	HEMP 环境描述—辐射骚扰	IEC	
19	MIL-STD-1399-70-1	舰船系统接口标准,070 章 第 1 部分直流磁场环境	国防部标准	分系统和设备电磁干扰
20	MIL-HDBK-83575	航天飞行器线缆加固设计和试验通用手册	国防部手册	
21	DO-160	机载设备环境条件和试验方法	RTCA	

序号	标准及文件号	标准及文件名称	来源	涉及的要求
22	TP 2361	评估和控制太空船充电效应的设计指南	NASA	静电电荷控制
23	NAVSEAINST 8020.19	军械静电放电安全程序	海军	
24	ANSI/ESD S20.20	保护电气和电子部件、组件和设备（电起爆装置除外）的静电控制大纲编制	ANSI	
25	ESD TR 20.20	保护电气和电子部件、组件和设备的静电控制大纲编制手册	ESDA	
26	DoDI 6055.11	电磁场人体防护	国防部指示	电磁辐射危害
27	MIL-HDBK-83578	航天飞行器上使用的爆炸分系统和装置准则	国防部手册	
28	TO 31Z-10-4	电磁辐射危害	空军	
29	NAVSEA OP 3565	电磁辐射危害	海军	
30	OD 30393	控制电磁辐射对军械危害的设计原理和实践（HERO 设计指南）	海军	
31	MIL-STD-704	飞机电源特性	国防部标准	电搭接
32	MIL-STD-1399-300	舰船系统接口标准,300 节,交流电源	国防部标准	
33	MIL-HDBK-454	电子设备通用要求	国防部手册	
34	MIL-HDBK-1568	航空武器系统腐蚀防护和控制材料和工艺	国防部手册	
35	ARP 1870	航空航天系统电磁兼容性和安全性的电搭接和接地	SAE	
36	MIL-DTL-83413	飞机接地电连接器和部件通用规范	国防部规范	外部接地
37	TO 00-25-172	飞机的地面服务和静电接地、搭接	空军	
38	ISO 46	飞机燃油喷嘴接地插头和插座	ISO	
39	DoDD C-5200.19	泄密发射控制	国防部指令	TEMPEST
40	NSTISSAM TEMPEST/1-92	电磁泄漏发射实验室试验要求	国家安全局	
41	NSTISSAM TEMPEST/1-93	泄露发射现场试验评估	国家安全局	
42	NSTISSAM TEMPEST/2-95	红/黑安装指南	国家安全局	
43	DoDD 3222.3	国防部电磁环境效应(E3)大纲	国防部指令	电磁频谱管理
44	DoDI 4650.1	电磁频谱使用管理政策和程序	国防部指示	

MIL-STD-461G 颁布于 2015 年 12 月 11 日，取代了 MIL-STD-461F。该标准规定了军用分系统和设备电磁干扰控制要求和测量方法，用于考核、评价设备和分系统电磁发射和敏感度性能。该标准包括目的与适用范围、引用文件、定义、一般要求、详细要求、注释及附录等 7 个部分。MIL-STD-461G 标准适用于安装在地面坦克、舰船、飞机、固定设施等各种平台以及不同应用环境（如舰船甲板上、甲板下）的所有军用电子电气设备。

2）环境标准

主要环境标准有 MIL-HDBK-235C-2010《军用电磁环境手册》，MIL-STD-2169《高空电磁脉冲环境》。其中 MIL-HDBK-235C 的第 2 部分至第 10 部分和 MIL-STD-2169 保密，不公开发布。

MIL-HDBK-235C《军用电磁环境手册》发布于 2010 年 10 月 1 日，该标准给出了装备使用中电磁环境数据，包括通用要求和各平台电磁环境参数，为装备采购中实施电磁环境效应控制提供依据。该标准共包括 10 个部分，是美军通过长期有计划、有组织的工作，针对典型现役主战平台，总结、积累下来的电磁环境数据。在 MIL-STD-464C 标准附录的"应用指南"中明确说明，各武器平台外部射频电磁环境要求应优先选用 MIL-HDBK-235C 中相应部分的数据。

3）方法标准

主要方法标准有 MIL-STD-461G，以及专门的试验方法标准 MIL-HDBK-240A《电磁辐射对军械危害的试验指南》等。同时 MIL-STD-464C 中也规定了系统级电磁环境效应试验要求，特别是在附录（应用指南）中介绍了试验验证指南以及可供参考的试验标准。

4）防护标准

主要防护标准有 MIL-HDBK-419A《电子设备和设施的接地、搭接、屏蔽》，MIL-STD-188-125《执行关键、紧急任务的地基 C^4I 设施高空电磁脉冲（HEMP）防护》，MIL-HDBK-423《固定和移动设施高空电磁脉冲防护》等。MIL-HDBK-419A《电子设备和设施的接地、搭接、屏蔽》颁布于 1987 年 11 月 29 日。该手册论述了电子设备和设施的接地、搭接、屏蔽设计的基本理论与实施方法。指南共分两卷，第 1 卷阐述了接地系统、干扰耦合方式及其降低的措施、搭接、屏蔽、人体保护、核电磁脉冲效应及其防护等方面的基础理论，第 2 卷规定了新设施设计准则、现有设施加固改进准则（不包含电磁脉冲加固）、设备设计准则。

同时，还有一些各军种根据平台自身要求制定的标准化文件，如陆军、海军、空军发布的有关电磁脉冲、电磁辐射危害防护的文件和出版物，以及由 FAA、NASA 等制定的雷电防护设计标准等。

5）管理标准

主要管理标准是 MIL-HDBK-237D《采办过程中电磁环境效应和频谱可支持性指南》，颁布于 2005 年 3 月 20 日，该手册从工程管理的角度出发，规定了电磁环境效应（E3）和频谱可支持性（SS）的主要内容、采办过程中的 E3/SS 管理与试验策略等，为在国防部平台、系统、分系统或设备的设计、研制和采购中确定和实施有效的电磁环境效应控制和频谱可支持性提供指导。

2. 北约标准的基本情况

北约代表性的电磁环境效应标准主要有 AECTP-250 系列《电和电磁环境条件》和 AECTP-500 系列《电磁环境效应试验与验证》。

AECTP-250 用于描述环境，该标准现行有效版本为第 3 版，2014 年发布，适用于北约成员国。该标准描述了电、电磁环境条件的特性，这些特性影响武器装备设计和使用，标准中提供了大量电、电磁环境数据，可供工程项目定义电和电磁环境。该标准包括 9 个部分，每部分均包括目的、适用范围、定义、环境描述等内容，类似于分标准形式：

（1）Leaflet 251—概述：介绍了该系列标准的目的、适用范围、组成、缩略语和定义。

（2）Leaflet 252—RF 背景环境：描述了在典型城市和乡村可能安装有无线电通信接收机场所的电磁背景噪声环境。

（3）Leaflet 253—静电充、放电及沉积静电：描述了静电充电现象，给出了可能发生在人体以及飞行中的直升机上最坏情况的静电放电等级，根据飞机飞行中的经验也给出了沉积静电等级。

（4）Leaflet 254—大气电流和雷电：本部分描述了雷电的统计特性以及关键参数电平，规定了用于雷电测试的导出环境以及系统中电缆上的典型感应电流。另外，还规定了邻近雷击和远距离雷击的电场、磁场电平。

（5）Leaflet 255—DC 磁场和低频磁场：描述了舰船在进行消磁或磁性处理过程中经受直流磁场环境和在陆、海、空使用中经受的低频磁场环境。

（6）Leaflet 256—核电磁脉冲：介绍了 NEMP 的起因、基本特性和耦合到平台或系统的方式，根据爆高、位置、爆炸距离对强度和波形的影响，将 NEMP 分为 HEMP、SREMP、SGEMP 三种，分别描述了其特性。并对 HEMP 的公开波形，引用了 IEC 61000-2-9 和 IEC 61000-2-10。

（7）Leaflet 257—高功率微波：主要介绍了高功率微波源和 IEMI 的类型以及对电子系统的损伤，描述了 HPM 的分类、波形和电平。

（8）Leaflet 258—RF 电磁环境：描述了北约通信、雷达发射机系统产生的 RF 电磁环境，给出了舰船、地面、空中和空间电磁环境数据表以及最坏情况的 NATO EME。

（9）Leaflet 259—系统内电磁环境–电源品质：描述了安装在武器系统平台或陆基通信电子设施的设备，由于 AC/DC 电源配电系统产生的射频传导环境。

AECTP 500 适用于武器装备（包括设备、分系统、系统、平台、军械等）电磁环境效应试验验证。该标准现行有效版本为第 5 版，2016 年发布。AECTP 500 规定了国防装备电磁环境效应试验与验证的一系列标准，包括 10 个部分：

（1）Category 500—概述：介绍了标准中包括的各类别标准的组成，并对其他各个标准进行了概要性的描述，对试验项目、适用性、试验条件、试验计划管理、试验的一般程序进行了说明。

（2）Category 501—设备和分系统试验：该类别规定了通常在屏蔽室内进行设备和分系统 EMI 测试的试验程序。当设备集成到系统后，在进行系统级试验前，该类别试验可以减少 EMI 风险。该标准与 MIL-STD-461 基本相同，对项目的代号重新进行了定义。

（3）Category 502—人员穿戴式和便携式设备试验：该类别规定了在屏蔽室内进行人员穿戴式和便携式设备 EMI 测试的试验步骤。在试验中，需要用人体模特来模拟人员穿戴式设备的安装布置，用木桌以放置人员便携式设备。

（4）Category 503—保障设备试验：该类别旨在增进国际合作及一致性，通过建立以最少的试验来评估 EMC 的方法，在三军（空、陆、海）控制保障设备的电磁干扰。

（5）Category 504—平台和系统试验和验证介绍：该类别说明了 E3 试验和验证的通用要求，详细要求在 AECTP 505（空中）、AECTP 506（海上）和 AECTP 507（陆地）中进行了描述。该类别适用于新研和改装的完整系统。

（6）Category 505—空中平台和系统试验和验证：该类别提供了空中平台和系统的 E3 试验要求以及加固评估要求。

（7）Category 506—海基平台和系统试验和验证：该类别提供了海上平台和系统进行 E3 试验的指南、特定要求以及详细程序。

（8）Category 507—陆基平台和系统测试和验证：该类别提供了陆地战术平台和系统的 E3 试验和验证指南，通过试验与验证以确保其设计和工程能满足性能要求。

（9）Category 508—军械评估和试验程序：该类别规定了含有电起爆装置的弹药系统在下列几种环境的试验和验证方法：

① Leaflet 1：包含电子装置的完整弹药系统的军械电磁易损性；

② Leaflet 2：静电放电；

③ Leaflet 3：电磁辐射；

④ Leaflet 4：雷电；

⑤ Leaflet 5：核电磁脉冲。

（10）Category 510—其他：目前在这个类别中，一个部分讲述了电磁屏蔽室试验程序，另一部分提供了靠近军械使用低功率发射机的限值（安全距离）、评估和试验的信息。更多内容正在考虑中，包括全寿命期试验。

3. 英国军标的基本情况

欧洲军用标准如英国军标代表性的电磁环境效应标准主要有 DEF STAN 59-411 系列《电磁兼容性》，该标准现行有效版本为第 1 版，2007 年发布，包括 5 个部分：第 1 部分《电磁兼容性管理与规划》、第 2 部分《电、磁和电磁环境》、第 3 部分《设备和分系统电磁兼容性测试方法和限值》、第 4 部分《平台和系统电磁兼容性测试与试验》、第 5 部分《三军装备电磁兼容性设计和安装操作规程》。

英国国防部于 2011 年发布了 DEF STAN 59-188《地基通信设施的高空电磁脉冲防护》标准，制定了用于执行关键、紧急任务的地基便携式或自供电移动系统及相关设施技术要求和设计标准。

4. 民用标准的基本情况

涉及电磁环境效应的国际民用标准主要有 IEC 61000 系列和 CISPR 系列标准。IEC 61000 系列包含 70 余项电磁环境效应类标准文件，包括电磁环境类（IEC 61000-2 系列）、测试方法类（IEC 61000-4 系列）以及防护类（IEC 61000-5 系列）。CISPR 标准主要包括与 CISPR 测量有关的基础标准，如 CISPR16 系列标准；高频（9kHz 以上）发射通用标准；针对工科医射频设备、声音和电视广播接收机、信息处理设备、家用电器、车船等骚扰源的发射和抗扰度产品类标准等。

IEC 61000 系列中有相当数量的核电磁脉冲与高功率电磁类标准。环境类有 IEC 61000-2-9《HEMP 环境描述　辐射骚扰》、IEC 61000-2-10《HEMP 环境描述　传导骚扰》、IEC 61000-2-11《HEMP 环境分类》、IEC 61000-2-13《高功率电磁（HPEM）环境　辐射和传导》等。测试方法类有 IEC 61000-4-23《HEMP 和其他辐射骚扰保护装置试验方法》、IEC 61000-4-24《HEMP 传导骚扰的保护装置试验方法》、IEC 61000-4-25《设备和系统的 HEMP 抗扰度试验方法》、IEC 61000-4-33《高功率瞬态参数测量方法》等。防护类有 IEC/TR 61000-5-3《HEMP 防护概念》、IEC/TR 61000-5-4《HEMP 辐射骚扰保护装置规范》、IEC 61000-5-5《HEMP 传导骚扰保护装置规范》、IEC 61000-5-9《高空电磁脉冲和高功率电磁环境系统级敏感度评估》等。

4.1.2　国内电磁环境效应标准

1. 标准体系的基本情况

20 世纪 80 年代初开始，我国结合装备实际，开展了电磁兼容性军用标准的制定工作,并逐渐将电磁兼容性扩展到电磁环境效应。

根据军用标准体系表,电磁兼容性标准体系可分为两个层次:第一个层次为电磁兼容性通用标准,第二层次是反映各类装备或平台要求的标准。电磁兼容性通用标准包括 3 个部分:电磁兼容性管理标准,电磁干扰及其控制标准,电磁兼容性试验与评价标准。

国内目前现行有效的电磁环境效应军用标准从标准体系角度大致可分为要求标准、试验与评估标准、防护与设计标准、管理标准 4 类。其主要标准情况见表 4-3。其中要求标准包括电磁干扰、电磁兼容性、电磁环境效应要求标准和电磁环境标准;防护与设计标准包括电磁兼容性、电磁脉冲防护与设计方法标准;也有部分标准包含了多种类型。

表 4-3 主要电磁环境效应国家军用标准

序号	标准号	标 准 名 称	类型
1	GJB 72A—2002	电磁干扰和电磁兼容性术语	术语标准
2	GJB 151B—2013	军用设备和分系统电磁发射和敏感度要求与测量	要求及环境标准
3	GJB 1389A—2005	系统电磁兼容性要求	
4	GJB 786—1989	预防电磁场对军械危害的一般要求	
5	GJB 1446.40—1992	舰船系统界面要求 电磁环境 电磁辐射对人员和燃油的危害	
6	GJB 1446.41—1992	舰船系统界面要求 电磁环境 直流磁场环境	
7	GJB 1446.42—1993	舰船系统界面要求 电磁环境 电磁辐射对军械的危害	
8	GJB 1696—1993	航天系统地面设施电磁兼容性和接地要求	
9	GJB 3590—1999	航天系统电磁兼容性要求	
10	GJB 3909—1999	指挥中心(所)电磁兼容性要求	
11	GJB 5313—2004	电磁辐射暴露限值和测量方法	
12	GJB/Z 36—1993	舰船总体天线电磁兼容性要求	
13	GJB 2926—1997	电磁兼容性测试实验室认可要求	
15	GJB 151B—2013	军用设备和分系统电磁发射和敏感度要求与测量	试验与评估标准
16	GJB 8848—2016	系统电磁环境效应试验方法	
17	GJB 573A—1998	引信环境与性能试验方法	
18	GJB 911—1990	电磁脉冲防护器件测试方法	
19	GJB 1143—1991	无线电频谱特性的测量	
20	GJB 1450—1992	舰船总体射频危害电磁场强测量方法	

序号	标准号	标 准 名 称	类型
21	GJB 3039—1997	舰船屏蔽舱室要求和屏蔽效能测试方法	试验与评估标准
22	GJB 3567—1999	军用飞机雷电防护鉴定试验方法	
23	GJB 5240—2004	军用电子装备通用机箱机柜屏蔽效能要求和测试方法	
24	GJB 5292—2004	引信电磁辐射危害试验方法	
25	GJB 5309.14—2004	火工品试验方法 第14部分 静电放电试验	
26	GJB 5313—2004	电磁辐射暴露限值和测量方法	
27	GJB 6785—2009	军用电子设备方舱屏蔽效能测试方法	
28	GJB 7073—2010	引信电子安全与解除保险装置电磁环境与性能试验方法	
29	GJB 7052—2010	窄脉冲高功率微波频率和频谱特性测量方法	
30	GJB 7504—2012	电磁辐射对军械危害试验方法	
31	GJB/Z 54—1994	系统预防电磁能量效应的设计和试验指南	
32	GJB/Z 124—1999	电磁干扰诊断指南	
33	GJB/Z 25—1991	电子设备和设施的接地、搭接和屏蔽设计指南	防护与设计标准（包括要求、方法和器件）
34	GJB 1046—1990	舰船搭接、接地、屏蔽、滤波及电缆的电磁兼容性要求和方法	
35	GJB 1804—1993	运载火箭雷电防护	
36	GJB 2269A—2002	后方军械仓库防雷技术要求	
37	GJB 2639—1996	军用飞机雷电防护	
38	GJB 5080—2004	军用通讯设施雷电防护设计与使用要求	
39	GJB 6784—2009	军用地面电子设施防雷通用要求	
40	GJB 2527—1995	弹药防静电要求	
41	GJB 1649—1993	电子产品防静电放电控制大纲	
42	GJB/Z 86—1997	防静电包装手册	
43	GJB/Z 105—1998	电子产品防静电放电控制手册	
44	GJB 3622—1999	通信和指挥自动化地面设施对高空核电磁脉冲的防护要求	
45	GJB 358—1987	军用飞机电搭接技术要求	
46	GJB 1446.13—1992	舰船系统界面要求 电子信息 数字计算机接地	

序号	标准号	标　准　名　称	类型
47	GJB/Z 100—1997	飞机安全电接地	防护与设计标准（包括要求、方法和器件）
48	GJB 2038—1994	射频辐射吸波材料通用规范	
49	GJB/Z 54—1994	系统预防电磁能量效应的设计和试验指南	
50	GJB/Z 132—2002	军用电磁干扰滤波器选用和安装指南	
51	GJB/Z 158—2011	军用装备电磁材料电磁屏蔽性能数据手册	
52	GJB/Z 17—1991	军用装备电磁兼容性管理指南	管理标准

2. 主要标准

GJB 1389A 规定了系统电磁环境效应的总要求,包括系统内电磁兼容性要求、系统对外部电磁环境的适应性要求、雷电防护要求、静电防护要求和电磁辐射的危害防护要求等,适用于各类武器系统。GJB 1389A 要求由一般要求和 14 个详细要求组成,而 14 个详细要求又可细分 26 个子项,这些要求条款构成装备电磁兼容的总体要求,形成一个有机的要求体系。其详细要求包括:①安全裕度;②系统内电磁兼容性;③外部射频电磁环境;④雷电;⑤电磁脉冲;⑥分系统和设备电磁干扰;⑦静电电荷控制;⑧电磁辐射危害;⑨全寿命期电磁环境效应控制;⑩电搭接;⑪外部接地;⑫防信息泄漏;⑬发射控制;⑭频谱兼容性管理。

GJB 151B 规定了军用电子、电气及机电等设备和分系统电磁发射和敏感度要求与测试方法,包含传导发射、传导敏感度、辐射发射、辐射敏感度四大类 21 项要求,并给出了相应的测试方法。该标准是通用的电磁兼容性基础标准,适用于军用设备和分系统的论证、设计、生产、试验和订购。GJB 151B 作为 EMI 要求,为实现系统电磁兼容性提供基础。

GJB/Z 17 规定了论证阶段、方案阶段、工程研制阶段、定型阶段、生产和使用等各阶段中的电磁兼容性管理的主要工作和任务,并在附录中规定了电磁兼容性大纲、电磁兼容性控制计划、电磁兼容性分析与预测、电磁兼容性培训、电磁环境、电磁兼容性技术组、电磁兼容性试验计划等内容。

GJB/Z 25 论述了电子设备和设施的接地、搭接、屏蔽设计的理论基础与实施方法。指南共分两卷,第 1 卷阐述了接地系统、干扰耦合方式及其降低的措施、搭接、屏蔽、人体保护、核电磁脉冲效应及其防护等方面的基础理论,第 2 卷规定了新设施设计准则、现有设施加固改进准则(不包含电磁脉冲加固)、设备设计准则。

GJB 8848 规定了系统电磁环境效应试验方法,包括安全裕度试验与评估方法、系统内电磁兼容性试验方法、外部射频电磁环境敏感性试验方法、雷电试验方法、电磁脉冲试验方法、分系统和设备电磁干扰试验方法、静电试验方法、电磁辐射危害试验方法、电搭接和外部接地试验方法、防信息泄漏试验方法、发射控制试验方法、频谱兼容性试验方法和高功率微波试验方法等,适用于新研制的和改进的各类武器系统,例如舰船、飞机、空间和地面系统及其相关军械等。该标准分为范围、引用文件、术语和定义、一般要求和具体试验方法 5 个部分,共 26 章,7 个附录。其中第 5 部分包括的具体试验方法,以独立成章的形式编排,每章对应一个相应的要素,形成了 13 个系列 22 类试验方法。

一般要求规定了开展系统电磁环境效应试验应满足的试验条件和各项试验的共性要求,包括总则、试验项目、试验环境、试验场地、受试系统、试验设备、允差、试验程序、试验判据、试验结果评定、试验文件等 11 项要求。具体试验方法规定了各方法的适用范围、试验仪器设备、试验配置和试验步骤、试验结果的提供或处理,以及试验结果的评定准则或要求。

3. 民用标准的基本情况

由全国无线电干扰标准化技术委员会归口和制定的国家标准主要包括与测量有关的基础标准,有电磁兼容名词术语定义、通用的测量设备和设施技术规范及其校准/确认方法等,如 GB/T 6113 系列标准《无线电骚扰和抗扰度测量设备规范》;针对 6 类骚扰源的发射和抗扰度产品类标准,如 GB 4343.1《家用电器、电动工具和类似器具的电磁兼容要求 第一部分:发射》、GB 4343.2《家用电器、电动工具和类似器具的电磁兼容要求 第二部分:抗扰度》、GB 4824《工业、科学和医疗(ISM)射频设备 电磁骚扰特性 限值和测量方法》、GB 9254《信息技术设备的无线电骚扰限值和测量方法》等。

由全国电磁兼容标准化技术委员会归口和制定的国家标准主要包括环境类(GB/T 18039 系列,对应 IEC 61000-2 系列)、测试方法类(GB/T 17626 系列,对应 IEC 61000-4 系列)以及正在制定的对应 IEC 61000-5 系列的防护类标准。

4.1.3 复杂电磁环境构建标准

第 1 章介绍了复杂电磁环境的概念。在装备复杂电磁环境的试验验证和定型考核中,离不开电磁环境的设置。电磁环境构建标准是复杂电磁环境标准建设所需的重要标准。战场电磁环境构建是指在一定的地域内,为开展复杂电磁环境下近似实战的训练或检验武器装备效能,所进行的战场电磁环境的构造和建设。它包括战场电磁环境应用系统的建设和战场电磁环境的设置。而战场电磁环境的设置是指配置客观、逼真的战场电磁环境的过程。

第 1 章也介绍了复杂电磁环境的构成。在战场电磁环境分类与分级方法标准中,可从构成电磁环境的辐射信号的功能类型、受影响电子系统类型以及信号本身复杂程度等 3 个角度进行分类;采用电磁环境在空域、时域、频域和功率域的特征指标,即电磁环境门限、频谱占用度、时间占用度和空间覆盖率等4个参数,对战场电磁环境的复杂度等级进行了划分,在定量上可将电磁环境分为4个等级。

电磁环境构建标准可分为电磁环境构建基础标准、信号环境构建标准和训练电磁环境构建标准三类:

（1）电磁环境构建基础标准,主要规定复杂电磁环境构建的目的、依据、一般要求、工作程序和详细要求;

（2）信号环境构建标准,从电磁环境组成信号的角度,按通信及通信干扰、雷达及雷达干扰、光电及光电威胁等信号类型展开,主要规定电磁环境构建的目的、原则、依据、场地、气象、安全要求、信号的组成、样式和指标要求,等级划分,装备要求、构建方案以及构建的具体方法等;

（3）训练电磁环境构建,根据自身特点和预期面临的电磁环境,主要规定海上、空中、空间和地面等平台训练电磁环境的构建内容、构建程序以及分类构建要求,是对信号环境构建标准要素的组合与补充。

构建复杂电磁环境,就是要合理确定构建的对象与要素,构建出逼真、近似实战的战场电磁环境。通常电磁环境构建的方法有实体装备、信号模拟器、计算机模拟技术等。

4.2 工程电磁环境效应标准体系的建立

4.2.1 标准体系的概念

提出合理的电磁环境效应要求,进行科学的设计、评估和验收,是装备论证、研制中必须解决的重要问题。建立装备工程标准体系,将电磁环境效应论证、设计、建造和管理工作规范化,以满足工程研制的需要,是工程研制中开展电磁环境效应工作的重要内容。

GB/T 13016《标准体系表编制原则和要求》中定义,标准体系是一定范围内的标准按其内在联系形成的科学的有机整体,标准体系表是一定范围的标准体系内的标准按其内在联系排列起来的图表。标准体系表用以表达标准体系的构思、设想、整体规划,是表达标准体系概念的模型。标准体系表由标准体系结构框图与标准明细表构成。工程电磁环境效应标准体系就是根据工程电磁环境效应的特点和要求,按性质、功能、内在联系,对标准进行分类、分级,构成的一个相互制约、相互关联的科学的有机整体。建立标准体系,是对工程电磁环境效应标准化工作进行顶层规划,使电磁环境效应标准在体系下协调一致,充分发挥标准的系统功能,获得良好的系统效应,取得最佳效益的实践活动。

工程电磁环境效应标准体系是在军用标准体系通用要求的基础上,结合工程实际和技术发展需要,进行细化、优化和具体化的产物,具有很强的针对性,是军用标准体系的重要补充。

本节以舰船平台为例,通过分析电磁环境效应标准间的联系,介绍如何将装备使用要求、电磁频谱特点、电磁兼容及防护技术性能相结合,构建工程电磁环境效应标准体系的方法。

4.2.2　标准体系的构建原则

通过电磁环境效应标准对工程的适用性分析,尤其是标准之间的内在联系,结合标准体系表编制的要求,确定工程电磁环境效应标准体系建立的原则。

1. 科学合理,系统开放

"科学性、合理性、系统性、适用性"是标准体系建立的一般原则。工程电磁环境效应标准体系在体系结构和标准构成、数量和水平上,应尽可能系统完整、科学合理,恰如其分地反映工程需求,并对标准的发展起到指导作用。同时,标准体系与电磁环境效应技术水平以及经济水平相适应,是动态变化的,具有开放性。

2. 要素为主,兼顾特点

装备电磁环境效应控制目标和工程电磁环境效应特点是确立标准体系结构的基础。电磁环境效应工作是围绕电磁环境展开的,必然要以电磁环境要素为主体和出发点;同时,具体工程又是复杂多样的,必须兼顾工程特点,例如舰船装备要充分考虑多平台之间的电磁适配性和电磁防护。

3. 体系兼容,继承发展

军用标准体系中包含有电磁环境效应标准的体系结构和内容要求。与通用标准体系的兼容,以实现在更大范围内标准的统一和系统兼容,是建立工程电磁环境效应标准体系的一个重要原则。以往工程中积累了宝贵的数据和经验,应充分吸收已有标准和成果,为建立工程电磁环境效应标准体系提供重要支撑。

4. 参考借鉴,自主创新

随着装备发展水平的不断提高,当前国际上电磁环境效应标准不断完善,在技术上也不断推陈出新,工程标准体系的建立必须充分借鉴先进的经验;同时我国装备有自身的特点,必须根据工程的具体情况进行突破和创新。

4.2.3　标准体系的构建方法

采用系统综合分析法,通过系统分析确定工程电磁环境效应标准体系建立的综合要求,从全系统、全过程控制角度考虑标准体系建设的框架、流程问题,解决构建体系包括的过程、内容、方法等。通过对比分析解决标准体系组成、标准类型的问题,确定标准明细表中的内容,同时为体系中标准分类提供依据。采用层次分析法分析标准体系结构层次,建立体系的结构框图,使标准体系结构优化、层次清晰、关系合理。建立工程标准体系是一个系统分析决策的多阶段选择与反馈过程,通过自上而下逐级分解,寿命期逐阶段分析,界定工程电磁环境效应标准体系内容,明确体系结构,最终形成体系表。

1. 界定标准体系内容

采用对比分析法,结合第 2 章介绍的装备电磁环境及效应特性,研究装备电磁环境效应特点和技术情况,分析具体工程的电磁环境效应需求,通过分析比较,分类统计,确定标准内容、范围和类型。

2. 明确标准体系结构

构建一个结构优化、层次清晰的标准体系结构是建立工程电磁环境效应标准体系的重要而关键的一步。明确体系结构的过程是逐步优化的过程。层次分析法能够使非结构化问题向结构化问题转换,解决体系结构的层次与并列的问题。

1) 建立层次关系

层次是电磁环境效应标准纵向排列的等级顺序,表示了标准之间的隶属、控制和支撑的关系。分层次地分析影响工程电磁环境效应要求的因素,根据上述标准体系建立原则,建立层次关系。

2) 建立并列关系

并列是电磁环境效应标准横向排列的相互关系。通过比较,对同一层组成元素对上一层元素重要性给出定性判断,得到元素的权重,排列表示出同一层次内标准。通过并列方式,列出各类要素所需标准及某类系统的各类标准,使标准体系满足各类装备、各个阶段、各项工作的要求。

3. 建立标准体系表

通过上述过程,确定标准体系的层次结构,结合已有电磁环境效应标准情况,通过标准类型及分布、适用性等分析,明确采用、制定或修订的标准,编制标准体系框图和标准明细表。

对比分析可采用文字表述、表格对比和图示法等,通常综合采用这些方法,以保证结果的全面、客观和准确。对电磁环境效应标准和相关技术进行比较分析时,应选择恰当的比较对象,一般选择具有先进性、代表性的标准文献,并且要充分考虑比较的信息资料真实、可靠。

例如,美国海军海上系统司令部发布的指示 NAVSEAINST 2450. 2《电磁兼容性》规定了电磁兼容性管理的政策、指导和方向。该文件 1992 年发布,电磁环境效应标准还未正式颁布,但其中已明确电磁环境效应及其控制程序,并对系统(平台)、分系统和设备提出了适用的电磁兼容性标准要求。表 4-4 列出了平台和主要分系统适用的标准化文件。对于雷达、电子战、通信、导航以及设备类别还可以进一步细分。

表 4-4　适用的电磁兼容性标准化文件

标准化文件	系统(平台)				分系统						设备		
	飞机	岸基台站	水面舰船	潜艇	雷达	电子战	外部通信	内部通信	导航	军械	发射	接收	供电
MIL-STD-188							A				A	A	
MIL-HDBK-235	A	A	A	A	A	A	A	A	A		A		
MIL-HDBK-237	A	A	A	A	A	A	A	A	A		A	A	
MIL-E-6051	A				A	A	A	A	A	A	A	A	A
MIL-E-16400					A	A	A	A	A	A	A	A	A
MIL-STD-461&462					A	A	A	A	A	A	A	A	A
MIL-STD-469					A				A				
MIL-STD-1310			A	A	A	A	A	A	A	A	A	A	A
MIL-STD-1605			A										
MIL-STD-449					A	A	A		A		A	A	
MIL-STD-241					A	A	A	A	A		A	A	
MIL-STD-1385										A			
MIL-STD-1399 Sec. 404,406			A	A	A	A	A	A	A				
MIL-STD-1399 Sec. 408			A	A	A	A	A	A	A				
MIL-STD-1399 Sec. 409			A	A	A	A			A				
RADHAZ/HERO		A	A	A	A	A			A		A		
EMCON Criteria					A	A			A		A		
Frequency Allocation					A	A	A		A		A	A	

注:"A"表示适用。

4.2.4　标准体系的构成及内容

根据上述标准体系的构建原则,可以建立多梯阶层次结构体系模型,明确标准的内容和类型。对于工程电磁环境效应标准体系,以电磁环境效应要素为主、平台为辅的多层结构是合理的。以电磁干扰、电磁防护、界面电磁适配等要素为主体,突出试验评估和管理标准,形成第一层次,各组成要素构成第二层次。建立的舰船工程电磁环境效应标准体系框图,如图 4-1 所示。

对于舰船平台,电磁环境效应控制的主要目标:①舰船上电子、电气设备和武器系统能兼容工作;②确保舰船上电引爆武器、燃油安全;③保障人员不受电磁辐射危害;④与舰船有作业关系的飞机等系统间达到电磁适配等。

为实现这些目标,需要开展的电磁环境效应控制工作,具体内容在第3章已进行了阐述。电磁干扰控制是关键问题之一,也是工程中重点工作,需要对工程研制提出电磁干扰控制标准;大功率发射设备和武器并存,弹药、燃油、人员的活动作业,电磁防护是工程电磁环境效应控制的一个重要方面,在体系中可列为一个标准类型;为使舰机间实现电磁兼容,需要接口标准来使得二者的指标在界面上协调一致,因此界面标准是针对工程特点的标准类别;对指标要求的验证需要试验方法方面的标准,因此电磁环境效应试验与评估标准在体系中不可或缺;大型复杂系统研制,电磁环境效应工作贯穿于寿命期的始终,需要管理方面标准。因此,舰船工程电磁环境效应标准体系一般可包括以下内容:基础标准、电磁干扰及控制标准、电磁防护标准、舰机界面电磁适配性标准、电磁环境效应试验与评估标准、电磁环境效应管理标准。

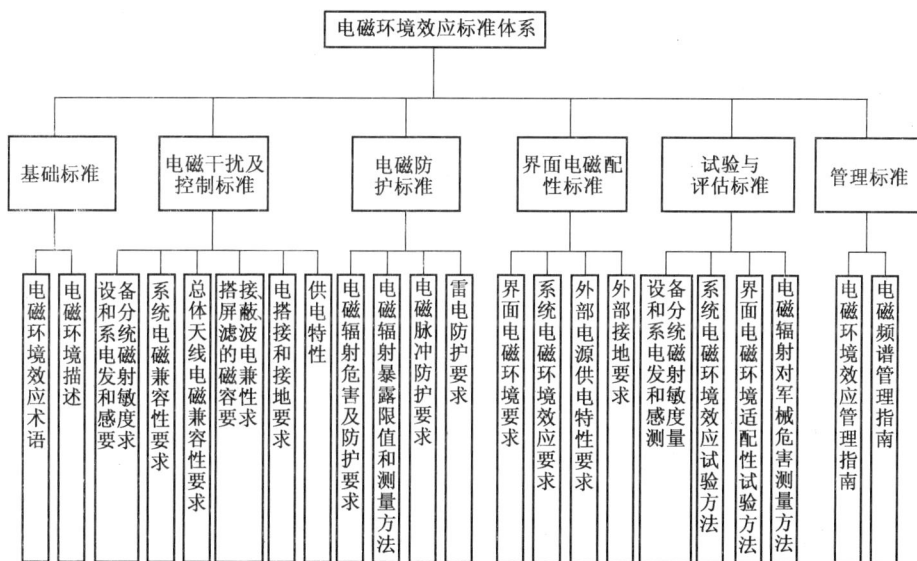

图 4-1 舰船工程电磁环境效应标准体系框图

1. 基础标准

基础标准对术语、现象、环境、电磁环境效应要素、试验和测量等给出定义和描述。基础标准是编制其他各级标准的基础。属于基础标准的有 GJB 72A 以及部分包含电磁环境描述的标准。

2. 电磁干扰及控制标准

包括控制电磁干扰的通用要求标准,以及规范和指导设计使工程满足指标要求的专用标准。属于电磁干扰及控制标准的主要有 GJB 151B、GJB 1389A、GJB 1046、GJB/Z 36、GJB 181A《飞机电源特性》、GJB 358、GJB/Z 100 等。

3. 电磁防护标准

包括电磁辐射相关的指标要求、防护设计等标准。主要涉及系统电磁脉冲防护,电磁辐射对人员、燃油、军械危害防护。防护要求类标准主要有 GJB 1389A、GJB 151B、GJB 5313 等,防护设计类标准主要有 GJB 2639 等。

4. 界面电磁适配性标准

从舰船和飞机的界面电磁特性来看,主要包括辐射电磁场、接地要求、对飞机的供电电源等接口要求,主要有 GJB 1389A、GJB 572A—2006《飞机外部电源供电特性及一般要求》等标准。

5. 试验与评估标准

验证工程电磁环境效应的试验与评估方法标准,主要有 GJB 151B、GJB 8848、GJB 7504、GJB 3567 以及界面电磁适配性试验方法标准。

6. 电磁环境效应管理标准

包括工程管理和频谱管理标准,主要有 GJB/Z 17 等标准。

4.3 电磁环境效应标准的工程应用

4.3.1 标准的适用性

根据电磁环境效应标准工程应用的工作内容,做好标准的选用与剪裁,必须准确把握标准的适用性。4.1 节对现有的电磁环境效应的主要标准进行了介绍,下面对 GJB 1389A 和 GJB 151B 两个标准的适用性进行分析。

1. GJB 1389A

根据上述标准介绍,GJB 1389A 包含了一般要求和 14 个要素的具体要求,适用于各种类型的系统和平台。针对特定的平台或系统,其具体要求或要素的适用性是不同的。而影响平台对要素的适用性的关键是电磁环境,不同平台的特点及使用方式决定其面临的电磁环境。第 2 章介绍了 EME 的分类及组成。对于平台(系统)来说,根据其使用的场所可以将其面临的电磁环境按表 4-5 进行分类。这里将空军飞机、海军飞机、陆军飞机都归在飞机一类。由表 4-5 可以看出,在空中、海上、空间、地面使用的系统基本上都面临着雷电、静电等自然环境和射频、磁场、电磁脉冲、传导等人为电磁环境,但在具体组成上存在有差异,因此在要求上就有所不同。

结合平台和要素的对应关系分析,GJB 1389A 的一般适用性如表 4-6 所列。

表 4-5　平台面临的主要电磁环境分类

环境类型	飞机	舰船	空间系统	地面系统	军械
雷电	（1）直接雷击； （2）间接雷击	（1）邻近雷击； （2）岸基：直接或间接雷击	（1）直接雷击； （2）间接雷击	（1）邻近雷击； （2）直接或间接雷击	（1）直接雷击； （2）间接雷击； （3）邻近雷击
静电	（1）垂直补给和空中加油静电放电； （2）沉积静电； （3）人体静电放电； （4）其他设备的放电	（1）人体静电放电； （2）其他设备的放电	（1）沉积静电； （2）人体对地面设备静电放电	（1）人体静电放电； （2）其他设备的放电	（1）垂直补给和空中加油静电放电； （2）沉积静电； （3）人体静电放电； （4）其他设备的放电
射频电磁场	（1）自身发射源环境； （2）机场发射源环境； （3）来自其他飞机的发射源环境； （4）舰上发射机环境； （5）地面发射源环境	（1）甲板上发射源环境； （2）舰载飞机发射源环境； （3）空中其他发射源环境	（1）系统上发射源环境； （2）地面发射源环境	（1）系统发射源环境； （2）外部发射源环境，基于发射源的距离分类	（1）寿命周期预期环境； （2）预定安装平台环境
磁场	电源系统	（1）消磁系统； （2）电源系统	电源系统	电源系统	预定安装平台环境
传导电磁能量	（1）内部产生的传导电磁能量； （2）地面环境； （3）舰载环境	（1）内部产生的传导电磁能量； （2）岸基环境	（1）内部产生的传导电磁能量； （2）地面环境	（1）内部产生的传导电磁能量； （2）民用配电系统	（1）内部产生的传导电磁能量； （2）预定安装平台传导环境
电磁脉冲	高空电磁脉冲	高空电磁脉冲	高空电磁脉冲	高空电磁脉冲	高空电磁脉冲

表 4-6　电磁环境效应要素对各平台的适用性

序号	要素	飞机	舰船	空间和运载	地面
1	安全裕度	A	A	A	A
2	系统内电磁兼容性	A	A	A	A

序号	要素	飞机	舰船	空间和运载	地面
2.1	船壳引起的互调干扰		A		
2.2	舰船内部电磁环境		A		
2.3	电源线瞬变	A	A	A	A
2.4	二次电子倍增			A	
3	外部射频电磁环境	A	A	A	A
4	雷电	A	L	A	L
5	电磁脉冲	L	L	L	L
6	分系统和设备电磁干扰	A	A	A	A
6.1	非研制项目和商业项目	L	L	L	L
6.2	舰船直流磁场环境		A		
7	静电电荷控制	A	A	A	A
7.1	垂直起吊和空中加油	A	L		L
7.2	沉积静电	A		A	
7.3	军械分系统	A	A	A	A
8	电磁辐射危害	A	A	A	A
8.1	电磁辐射对人体的危害	A	A	A	A
8.2	电磁辐射对燃油的危害	A	A	A	A
8.3	电磁辐射对军械的危害	A	A	A	A
9	全寿命期 E3 控制	A	A	A	A
10	电搭接	A	A	A	A
10.1	电源电流回路	A	A	A	A
10.2	天线安装	A	A	A	A
10.3	搭接面	A	A	A	A
10.4	电击、故障和可燃气体的保护	A	A	A	A
11	外部接地	A	A	L	L
11.1	飞机接地插座	A	L		
11.2	服务和维护设备接地	A	L		
12	防信息泄漏	A	A	A	A
13	发射控制	A	A		L
14	频谱兼容性管理	A	A	A	A
注："A"表示适用，"L"表示有条件适用。					

2. GJB 151B

GJB 151B 规定了设备和分系统电磁发射和敏感度要求与测量方法,共有 21 个项目,分为 CE、CS、RE 和 RS 四类,其中 CE 类有 4 项,CS 类有 11 项,RE 类有 3 项,RS 类有 3 项。发射及敏感度的适用性取决于设备或分系统的类别以及其预定安装要求。表 4-7 列出了项目的适用性。其中潜艇包括其他水下平台,陆军飞机包括机场维护工作区,空间系统包含航天器、导弹和运载火箭等。如果某个设备或分系统可安装于多种平台或有多种安装条件,则应选择最严的要求。

表 4-7　测试项目对各安装平台的适用性

项目		设备和分系统的安装平台								
		水面舰船	潜艇	陆军飞机	海军飞机	空军飞机	空间系统	陆军地面	海军地面	空军地面
项目适用性	CE101	A	A	A	L		S			
	CE102	A	A	A	A	A	A	A	A	A
	CE106	L	L	L	L	L	L	L	L	L
	CE107	S	S	S	S	S	S	S	S	S
	CS101	A	A	A	A	A	A	A	A	A
	CS102	L	L	S	S	S	S	S	S	S
	CS103	S	S	S	S	S	S	S	S	S
	CS104	S	S	S	S	S	S	S	S	S
	CS105	S	S	S	S	S	S	S	S	S
	CS106	A	A	S	S	S	S	S	S	S
	CS109	L	L							
	CS112	L	L	L	L	L	L	L	L	L
	CS114	A	A	A	A	A	A	A	A	A
	CS115	S	S	A	A	A	A	A	A	A
	CS116	A	A	A	A	A	A	A	A	A
	RE101	A	A	A	L		S			
	RE102	A	A	A	A	A	A	A	A	A
	RE103	L	L	L	L	L	L	L	L	L
	RS101	A	A	A	L		S	L		A
	RS103	A	A	A	A	A	A	A	A	A
	RS105	L	L	L	L		S		L	
注:"A"表示适用;"L"表示有条件适用,"S"表示由订购方规定是否适用。										

107

实际上,各项测试项目都是针对受试设备(EUT)的端口提出的。图4-2给出了 EUT 端口类型(如壳体、电源线端口、地线端口、信号线端口、天线端口等)和各项目与端口的对应关系。对于具体设备,确定安装平台,根据表4-7和图4-2就可确定测试项目。

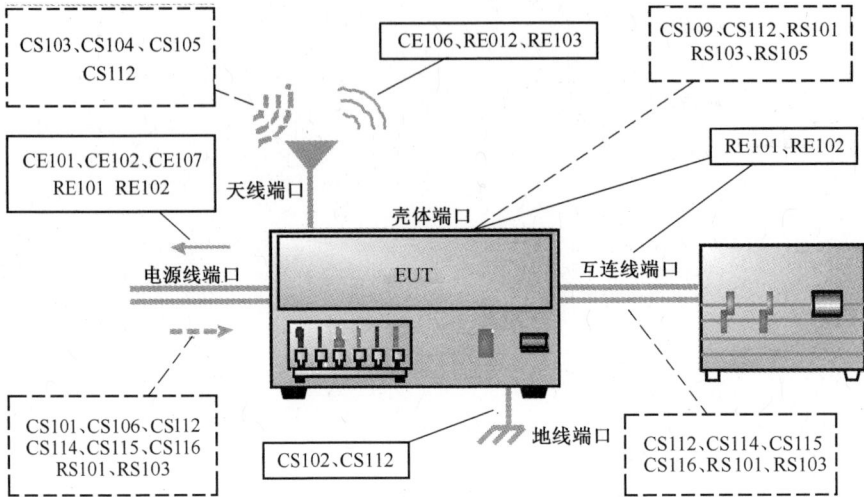

图4-2 测试项目对各端口的适用性

4.3.2 标准的选用与剪裁

1. 标准选用

装备电磁环境效应研究的问题非常广泛,工程实践中又具有特殊性和复杂性,涉及的电磁环境效应标准数量大,应根据电磁环境效应工作的具体内容正确选用标准。4.2节阐述的建立工程电磁环境效应标准体系的方法也同样适用于工程标准的选用,其中给出的标准基本内容也是标准选用的典型应用示例。

为便于标准的选用,可多维度划分标准类型。4.1节列出的目前主要标准是从标准体系角度划分类型。4.2节是针对具体平台特点,从电磁环境效应技术特征和技术角度划分标准类型。电磁环境效应工程涉及各平台,涉及工程管理、电磁干扰控制、雷电防护、静电防护、电磁脉冲防护、电磁辐射危害防护、电磁频谱管理,以及电磁环境效应试验与评估等诸多方面。下面通过电磁环境效应控制技术、工作内容和应用平台等多维度,给出目前可供选用的国家军用标准类型,见表4-8。

表 4-8 电磁环境效应工程中主要标准的选用

电磁环境效应控制技术	主要工作内容	适用标准
电磁环境效应管理	全寿命期控制	GJB/Z 17
电磁干扰控制	设备和分系统	GJB 151B
	电源	GJB 181(飞机)
	接地;搭接;屏蔽;滤波	GJB/Z 25 GJB 1046(舰船) GJB 358(飞机) GJB/Z 132
	材料	GJB 2038、GJB/Z 158
系统内和系统间 EMC 控制技术	接口 EMC;环境控制; 布局优化;时间管理	GJB 1389A GJB 3590(航天)、GJB 1696(航天地面) GJB 1446.41(舰船)、GJB/Z 36(舰船) GJB/Z 54
电磁防护	通用要求	GJB 1389A 、GJB/Z 25
	静电	GJB 1649、GJB 2527(弹药) GJB/Z 86、GJB/Z 105
	雷电	GJB 1804(火箭)、GJB 2639(飞机)、 GJB 5080(通信)、GJB 6784(地面)
	军械	GJB 786、GJB 1446.42(舰船)
	燃油	GJB 1446.40(舰船)
	人员	GJB 5313
	核电磁脉冲	GJB 3622(地面)
电磁频谱管理	频谱特性	GJB 1143
电磁环境效应 试验与评估	系统 设备和分系统 材料性能	GJB 8848 GJB 3567(飞机雷电)、GJB 7504(军械) GJB 151B、GJB 573A、GJB 5292、GJB 7052 GJB 911
	接地和搭接电阻 屏蔽效能	GJB/Z 25 GJB 3039(舰船)、GJB 5240(机箱)、 GJB 6785(方舱)

2. 标准剪裁

1) 目的

用于不同目的的设备和系统,其类型、重要程度、技术水平、经费及进度要求等因素各不相同,技术内容和要求千差万别。为满足特定装备的特定需求,必须对标准进行剪裁。GJB 1389A 中明确提出剪裁要求"应根据系统的特性和对系统所处的实际电磁环境的分析结果,确定本标准的要求是否适用。如不适用,则应对本标准进行剪裁,并提出相应的要求,作为系统的具体要求。"GJB 151B 中也规定了剪裁条款"对于在特定系统或平台内使用的设备或分系统,当具体电磁环境和工程分析表明本标准的要求不完全适用时,可对本标准的要求进行剪裁,加严或放宽要求,以满足整个系统的性能,提高效费比,降低成本。"

电磁环境效应标准剪裁的目的是权衡技术可行性、研制成本、研制周期等因素,实现装备电磁环境效应控制,保证装备性能满足要求,达到最佳效费比。剪裁的内容包括要素或项目(增或减)、标准限值(加严或放宽)等,某些情况下包括试验方法、试验程序及失效判据的过程等。剪裁应考虑的技术因素包括:装备自身的特性、寿命周期电磁环境(任务剖面)、特定系统和平台、设备布局和安装位置、使用要求和条件等。

2)方法

剪裁通常所采用的方法包括分析、评估和权衡,通过分析电磁环境要求、要求与方法的适用性、对性能的影响,评估技术可行性、可接受程度、成本和研制周期,权衡性能与成本、性能与进度,最后以文件形式固化剪裁的结果。

对电磁环境效应标准的剪裁一般有两种:一种是对技术要求的取舍,另一种是对指标要求的改动。当引用系统电磁环境效应要求的标准时,要分析标准中规定的各项要求是否适用工程项目的具体情况。例如在 GJB 151B 中所提出的测试要求中,应根据分系统或设备的干扰和敏感特性选择测试项目。作为通用标准的GJB 151B,尽管设备和分系统类别划分得很细,但仍不能解决所有测试项目的确定问题。系统和设备规范中不能仅笼统地说明要满足 GJB 151B 的要求,应详细地给出各个受试设备的所属类别和所应做的测试项目,删去那些不必要的测试。

3)应用

对具体工程而言,现有标准内容可能不尽全面,指标可能不完全适用,制定系统和设备的工程规范时,需要补充和修改。例如,当舰船甲板电磁环境电平很高,超出标准要求时,就需要提出附加的屏蔽、隔离要求;而设备或分系统的抗干扰要求也应适当加严。预定安装在舰船甲板上的设备,根据设备级标准的通用要求,RS103 按照 200V/m 的场强进行考核,而当仿真、模拟测试获得的舰面场强大于200V/m 时,就应采用实际值,否则设备就存在电磁安全性隐患。因此系统级标准GJB 1389A 提出应优先采用实测或预测分析数据。

电磁兼容性测试项目和极限值的确定存在着大量的相关因素,具体情况也千差万别,难以为解决某一具体问题而给出明确的剪裁步骤。但是,对于给定的情况,一经确定了使用要求和条件,即可从系统特性、任务电磁环境、设备布局等方面着手进行分析,确定设备的测试项目和限值。

对于潜艇,低频敏感设备多(如声纳设备),易受低频电磁干扰;因此,装艇设备进行电磁兼容性试验时,CE101、CS101、RE101、RS101 等项目是重点关注的试验项目。此外,潜艇内部空间相对狭小,设备布置密集,大功率逆变电源等干扰源设备容易影响潜艇地电流的走向,诱发各种类型的低频传导干扰问题,因此装艇设备电磁兼容性试验时,应考虑地线注入传导敏感度试验项目,并且关注 CS114 测试项目的下限频率。潜艇采用耐压壳设计,本身就是很好的屏蔽体,发射源一般为短波发射机;因此,可考虑降低 CS114、RS103、RE102 试验项目的上限频率,以提高经济性。

对于系统级电磁环境效应标准的应用,4.2 节中以舰机平台为例,讲述了电磁环境效应标准体系的建立过程,实际上就是一个工程中标准选用与剪裁的示例。首先,参考 4.2.3 节和表 4-8 选择工程中适用的标准;其次,根据工程电磁环境的分析,结合表 4-5 选择系统需要考虑的电磁环境效应要素,确定具体指标要求;最后,根据指标分解结果,结合电磁能量耦合途径和设备特点,确定设备和分系统电磁干扰要求,选择测试项目。根据上述主要标准的分析,大部分要求是确定的,需要进行重点剪裁的主要是外部射频电磁环境、电磁环境接口要求、军械电磁安全性控制要求以及安全和关键设备的安全裕度等。这些指标的确定需要结合工程实际进行分析,其分析方法可以采用本书提出的仿真、验证方法。系统级电磁环境效应要求的符合性,通常通过分析、试验或检查等验证。

第 5 章　电磁环境效应建模仿真

建模仿真是电磁环境效应研究的重要方法,主要用于对装备电磁环境及其效应的预测分析,为电磁环境效应论证评估提供量化的数据支持,同时也为设计提供支撑。

本章以舰船、飞机为对象,通过对装备电磁环境效应建模仿真的技术特点分析,阐述了建模仿真的流程和方法,详细介绍了天线方向图、电磁环境、电磁干扰、电磁脉冲等仿真,并以典型示例分析了仿真验证方法,给出了仿真实验环境和数据库建设的要求。

5.1　建模仿真技术特点及流程

5.1.1　建模仿真技术特点

装备电磁环境效应具有复杂性、多样性、对抗性等特点,其建模仿真技术也具有比较突出的特点,可以归纳如下:

(1)电大尺寸装备建模复杂。一是既要考虑装备的复杂电大尺寸结构,又要兼顾细节结构;二是既要考虑舰载、机载电子设备本身工作模式的复杂性,又要兼顾与其他电子设备的相互影响;三是既要考虑金属结构,又要兼顾介质材料。如图5-1 所示为飞机的结构和组成形式。因此,装备几何建模、电磁网格剖分与拟合难度大。

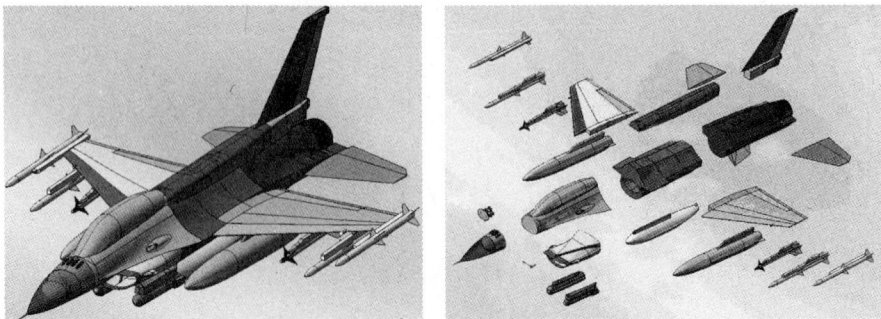

图 5-1　飞机的结构和组成形式

（2）计算方法要求高。装备雷达波电磁仿真属于复杂电大尺寸问题,大量的网格节点造成求解计算量巨大,计算速度和精度都受到较大的限制,对计算方法要求更高,单一的计算方法已很难去完全解决该类问题。

（3）验模难度大。在装备建模仿真过程中,会出现多样化的误差影响着仿真结果的有效性、适用性和准确性。由于装备自身的特殊性,开展完整匹配的测试验证代价和难度较大,这给模型、算法的校验与优化带来很大挑战。

（4）背景仿真困难。对舰船进行电磁仿真,海杂波对电磁波传输产生不可忽略的影响,需要在仿真时考虑海面电磁特性,这就涉及对物理特性、电磁波传输与衰减特性、随变特性等海面电磁特性与舰船装备的联合仿真,对电磁建模、计算方法与计算硬件平台都提出了很高的要求。

5.1.2 建模仿真应用及流程

1. 装备建模仿真的应用

电磁环境效应仿真作为解决装备电磁环境效应问题的关键技术,在装备研制的各个阶段起着十分重要的作用。

在论证阶段,通过电磁环境效应仿真分析装备上频谱资源的利用问题;分析预测装备总体、系统和设备的电磁环境效应;分析系统、设备、天线的选型及布置初步方案等。

在设计阶段,通过电磁环境效应仿真分析系统、设备在预定电磁环境中的工作性能;对装备上电子设备的收发天线的布置进行预测分析,优化天线布置,确定最佳布置方案;分析可能存在的干扰源和敏感设备的电磁敏感度,计算干扰程度,发现不兼容问题并在此基础上进行防护设计,避免欠设计或过设计。

在评估阶段,通过电磁环境效应仿真分析确认工程更改、超差处理,指导总体电磁环境效应试验,进行全系统电磁环境效应评估。

2. 建模仿真的流程

电磁环境效应建模仿真由电磁建模、计算电磁学、人机交互可视化等技术构成。在具体实现方式上,一般可分为模型建立、网格剖分、仿真计算、结果处理等4个阶段或步骤。以舰船为例,具体流程如图5-2所示。实现装备电磁环境效应精确仿真,需要这4个步骤的相互协作与融合,每个步骤在仿真分析中都发挥着不可或缺的作用。

第一步建立几何模型。需建立舰船和天线的几何模型,并将天线模型安装于舰船模型的准确位置上。天线模型的建立包含了天线的几何尺寸、天线工作频率等信息。舰船模型的建立通常有两种途径:一种是在仿真环境中直接建立舰船三维几何模型;另一种是通过接口导入已建的舰船三维模型结构。

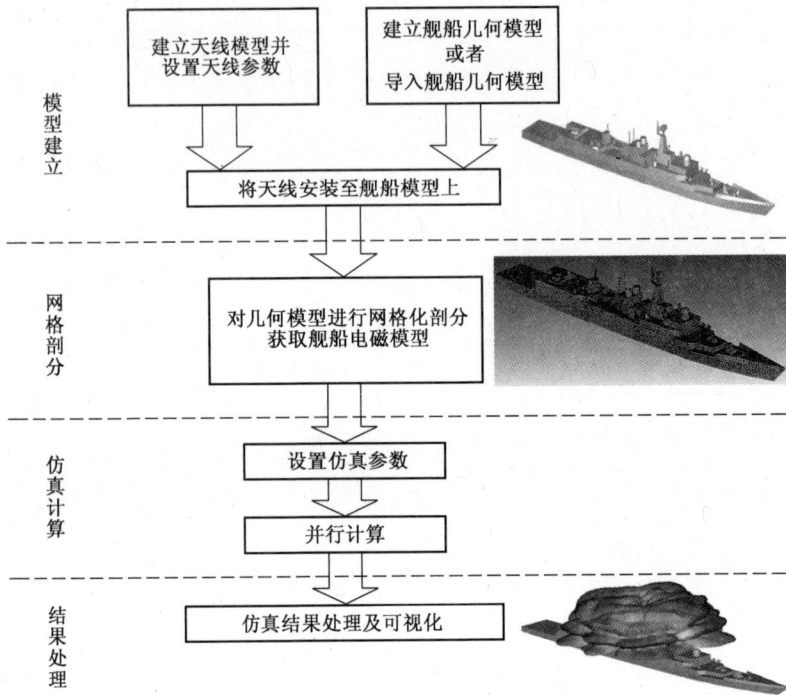

图 5-2　建模仿真流程示意图

　　第二步对几何模型进行网格剖分。在网格剖分软件环境中根据算法的剖分要求对舰船几何模型进行预处理,设置剖分参数进行网格剖分,优化网格并对畸形网格修正,建立舰船的电磁模型。

　　第三步设置计算参数进行仿真计算。对预期要计算的舰船电磁特性,例如舰载天线产生的远场、舰船露天区近场、天线间耦合分析、辐射危害等进行参数设置,提交仿真任务开展仿真计算。

　　第四步开展仿真结果处理及可视化。仿真结果可以数据形式导出,同时也可在平台环境中实现可视化显示。设置显示参数可进行多种方式的直观显示,例如二维、三维云图等。

5.2　建　模　方　法

　　建立各种数学模型是电磁环境效应仿真的基础。数学模型是由实际的物理模型经过简化和近似处理而得到的,因此数学模型与实际电磁过程的近似程度决定了仿真分析的准确性和成功率。开展装备建模主要分为几何建模和电磁建模。

114

5.2.1　几何建模

1. 装备几何建模方法和原则

1) 几何建模方法

由于装备电磁环境效应仿真大多属于电大尺寸目标仿真范畴,庞大的未知数数目和数值色散误差使微分方程类方法的装备应用受到很大限制。因此,通常采用积分方程方法和高频近似方法进行仿真计算,这需要合理的几何建模,以帮助电磁建模克服不必要的电流奇异性分布,保证电流的连续性条件,简化电小曲率半径的复杂形状,降低几何建模的复杂度和电磁计算量,实现电磁散射问题的快速精确计算。

对应积分方程方法的几何建模,主要有线框建模、表面建模和曲面建模 3 类。装备几何建模应用曲面元拟合优于平面元,可降低几何建模量和电磁计算量,而完全用四边形面元划分装备曲面不能完全做到,例如,类似导弹头部带有尖锥形的问题。因此,实际工程中可以采用曲面结合平面的建模方法,其中采用三角形面元来模拟装备的尖劈表面。

2) 建模原则

几何建模的目的是以最小误差拟合装备外形,协助基函数更好模拟真实电流分布。因此,装备曲面模型几何建模原则应满足以下要求:

(1) 采用共形曲面拟合装备外形,保证用于电磁建模的参数曲面以最小误差拟合目标的真实表面。既可直接建立具有二阶拟合精度的 NURBS 曲面,也可使用 B 样条得到更高精度的曲面。

(2) 网格离散不能产生人为电流不连续性。对于连续的表面感应电流,如果离散过稀,求解得到的感应电流不能满足电流连续性条件;如果离散过密,将造成计算量过大。通过仿真验证,利用频域积分方程方法分析时谐场,在感应电流幅度变化不是很剧烈时,对于屋顶基函数(roof-top)和曲面 RWG 基函数要求面元每个波长划分 6~8 个单元。对于特殊的部位,在几何建模时需进行处理,并通过选择合理的基函数保证电流连续性。例如,对于翼身接合部、角形反射器等几何上一阶导数不连续的曲面,需要通过布尔运算求交得到公共边,或专门建立这些公共边,选择定义在相邻的两个单元对上的 roof-top 基函数和曲面 RWG 基函数,用它们的交叉模来满足这类几何形状上的电流连续性条件。对于尖锥部位,由于在尖点处几何上有高阶不连续性,要求在该点设置关键点,并且在靠近尖点处设置较为细密的剖分规则。

(3) 场和电流的变化率不仅与几何因素有关,还与激励条件相关。因此,对于剧烈变化的场区,应进行更细密的网格划分以帮助基函数来仿真感应电流和场。

2. 典型装备几何建模

典型装备几何建模包括舰船、固定翼飞机、直升机、导弹、卫星等装备几何建模,详见表5-1。表中给出了各种平台的主要结构、典型结构特征和可采取的几何建模方法。

表5-1　典型装备几何建模

平台	结构	特　征	建　模　方　法
舰船	船体外壳	外壳轮廓曲线	三次B样条曲线
		船头部	三次B样条曲线或NURBS方法
	甲板	船壳的上表面有突起弧度	三次B样条曲线
	上层建筑	船首房、船尾房、船桥	多面体
	通信设备	雷达抛物面	二次曲线
		雷达天线	杆状件
		支柱体	圆台、圆柱和多面体
	武器装备	炮塔、高射机炮、鱼雷等	管状、B样条曲面和弹类飞行器方法
	舰载飞行器	舰载直升机、舰载导弹	飞行器构造方法
固定翼飞机	飞机头部	机头	机头顶点坐标、机头上顶曲线、下底曲线、侧曲线、后截面曲线、前部截面曲线、座舱盖交线
		座舱盖	与机身相交的交线三维曲线、上顶曲线、截面曲线
	飞机中部	机身	机身上顶曲线、机身下底曲线、机身侧曲线、机身前截面曲线、机身后部截面曲线、机尾端面曲线
		无弯扭机翼	机翼平面形状、翼型、上反角
		有弯扭机翼	前缘曲线、后缘曲线、翼型、上反角
		多翼型机翼	前缘曲线、后缘曲线、翼型Ⅰ、翼型Ⅰ位置、翼型Ⅱ、翼型Ⅱ位置……、上反角
	飞机尾部	水平尾翼	方法基本同机翼,但有的增加安装角参数
		垂直尾翼	方法基本同机翼,坐标位置反转
	发动机	发动机外罩	进气道唇口曲线、定曲线、底曲线、侧曲线、后部截面曲线、喷口截面曲线
		发动机进气道内部	进气道唇口曲线、内顶曲线、底曲线、侧曲线、后部截面曲线、压气机特征
	其他部件	外挂物	外挂物中心线位置、外挂架形状参数、外挂物顶点坐标、顶曲线、底曲线、侧曲线、截面曲线
		整流罩	与机体相交底曲线、顶曲线、截面曲线

平台	结构	特　征	建　模　方　法
直升机	旋翼	直升机与固定翼飞机区别的特殊部件是旋翼和尾桨,其他构造相同	造型方法类似于机翼(有弯曲,多段不同翼型),不同在于确定几个(2片、3片、4片或更多)桨叶的平面布置和角度位置以及整个桨盘相对于机身的角度
	尾桨		
导弹	弹身	旋成体	飞行器构造方法
	弹翼	十字形布置翼、可折叠形	
	翼尾	十字形或六翼布置	
卫星	卫星本体	多面体、球体、圆柱体等外形	飞行器构造方法
	太阳能板	平面体	

5.2.2　电磁建模

装备电磁建模涉及平台、天线、电子设备和线缆,主要包括 3 种:一种需要几何、方位、电磁参数等相关信息,特别是天线辐射接收口径、设备辐射壳体、线缆,而对于后端模块来说,更关注的是其内部器件和电路的组成以及所在的位置适合静态仿真和行为级仿真;另一种建模方式是参数化数学建模,例如对于调制复杂、参数多变、辐射特征奇异的雷达信号,无法通过可视化实体建模来等效,可采用数学解析式加以等效,在使用时,将必要的量化参数赋予解析式中的未知量,则可仿真其电磁特性,但建模过程复杂,且精度难以把握;第三种是数据模型,即通过导入真实的测试数据或自定义数据来等效电子信息系统的辐射特性或敏感特性,此方法灵活、可靠,适用于无法通过数值建模和数学建模仿真的装备。以上 3 种方法各有优势,可混合或交替使用。第一类电磁建模是结合几何建模进行网格化,在电磁环境效应领域较为常见,下面介绍该类方法和要求。

1. 电磁模型建立过程

装备通常属于非规则曲面组合体,对于这种结构,由于光滑曲面体中间弧度在三维图纸上很难测量,其曲面体部件的生成通常需要以下步骤:

（1）确定曲面体部件的边缘曲线;

（2）确定曲面最大的轮廓线,一般能够从某一视图中找出,可以用 B 样条曲线方法生成轮廓线;

（3）除了圆弧截面外,通常自由曲面从三视图上不能得到中间曲面特征,除了人为经验估计外,精确确定其曲面形状必须依赖相应的方法,如曲率半径较小的圆弧,需增加网格采样点数。

装备电磁模型建立流程如图 5-3 所示,在由三次 B 样条或 NURBS 方法生成的曲面模型,经剖分之后会产生较多的面元错误,而这种模型是不能进行电磁计算的。因此,在修改剖分网格这一阶段,工作量大,需要找到错误面元编号进行修改。如对含面元错误的区域删除网格重新细剖,降低错误面元数。

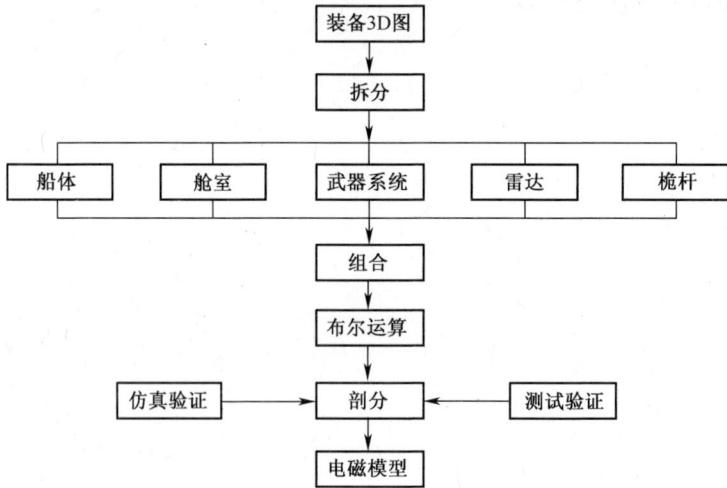

图 5-3 装备电磁模型建立流程图

2. 装备网格剖分要求

不同的计算方法、不同的频率对网格要求也有所不同。下面具体说明建立合理高效的电磁模型对几何网格的要求。

1) 网格的疏密

网格疏密是指在不同结构的部位采用大小不同的网格,这是为了适应表面电流分布特点。在表面电流变化剧烈的部位,为了较好地反映变化规律,需要采用比较密集的网格。而在变化较小的部位,为减小模型规模,则应划分相对稀疏的网格。这样,整个结构便表现出疏密不同的网格划分形式。虽然几何造型生成的目标体表面网格点是表面"精确点",但由于网格离散点计算法矢时是以 3 个网点构成的小平面面元近似作为体表面的,因此,网格的大小将会影响"法矢"的计算结果。根据仿真计算与面元大小的影响分析,在装备几何造型划分网格时应保证所有的平面元对实际曲面产生的拱高误差都小于波长的 1/16。因此,对于装备表面曲率较大的地方则网格相对应密一些,如舰船舰艇、部件与部件交接处、机翼的前缘处等,都必须划分有足够密的网格。

2) 网格的质量

网格质量是指网格几何形状的合理性。质量好坏将影响计算精度。质量太差的网格甚至会中止计算。理想情况下的三角网格的各个单元应是等边三角形,通常只能使三角形的内角尽可能的大。这样网格的各个三角形单元的最小内角便成为衡量网格质量的一个重要标准,最小内角越大,网格质量就越好。

多数软件生成的目标体表面网格呈四边形小面元,由于法矢计算基于三角形,不少仿真希望目标几何建模为三角形网格。如果原始目标体几何造型四边形网格满足精度要求,直接将一个四边形面元的对角线链接,则成了两个三角形,重新划分的三角形网格应注意编号顺序,以免出错。某些仿真还希望网格点顺序与法矢满足右手定则,每个三角形编号顺序不能错。

对于一些目标体造型的网格,有时网格太细,密度不够,这时就需要用插值方法。通常比较好的方法是对局部光顺的曲面,可用双三次样条函数对曲面整体插值,增加新的内插点,提高网格密度,并能满足光顺要求。

3）网格的数量

网格数量的多少将影响计算结果的精度和计算规模的大小。一般来讲,网格数量增加,计算精度会有所提高,但同时计算规模也会增加,所以在确定网格数量时应权衡两个因素综合考虑。

3. 电磁干扰模型

根据 1.2.2 节中电磁干扰特性描述,电磁干扰的仿真计算包括干扰源模型、传输特性模型和接收器模型。

1）干扰源模型

模拟干扰源,需要的技术参数主要是发射源频率和功率电平数据。采用干扰源的时域特性或者频域特性完成干扰源的参数描述,分别建立时域模型和频域模型。

按照实际预测分析的需要,干扰源模型通常分为三类:①有意辐射干扰源模型;②无意辐射干扰源模型;③传导干扰模型。

有意辐射干扰源模型用来描述各种发射天线辐射的电磁波,一般由发射机的基本调制包络特性表示主通道模型,谐波调制包络特性和非谐波辐射特性来表示谐波干扰模型和乱真干扰模型。图 5-4 为发射机辐射特性示意图。发射机辐射信号包括基波、谐波、乱真（杂散）干扰信号以及宽带本底噪声,其中 f_{TX} 为基波,$2f_{TX}$、$3f_{TX}$ 分别为二次、三次谐波。

无意辐射干扰源模型描述各种高频电路、数字开关电路、电感性瞬变电路所引起的电磁辐射干扰,工程中通常把发射源简化为电偶极子或磁偶极子的模型,把辐射的电磁波描述为正弦电磁波和指数脉冲波、指数振荡衰减波等。

辐射干扰模型常用电场强度、磁场强度和功率密度等物理量表示其量值。传导干扰往往用电压和电流的频谱函数表示,其波形常用稳态周期函数和瞬态非周期函数以及随机噪声来描述。

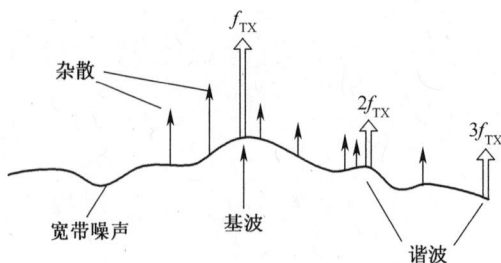

图 5-4 发射机辐射特性示意图

2）传输特性模型

根据电磁干扰传输和耦合途径的分析,工程中较为实用的传输特性电磁模型主要有:①天线对天线耦合模型;②导线对导线感应模型;②电磁场对导线的感应耦合模型;④公共阻抗传导耦合模型;⑤孔缝泄漏场模型;⑥机壳屏蔽效能模型。以上几种传输和耦合模型,可以在很宽的频率范围内预测分析系统内部的电磁兼容性问题,也可以评估单个设备或多个设备相互之间的干扰问题。

3）接收器模型

在实际电磁仿真中,最为常见的接收器有两类:一类是以接收无线电波为主要功能的接收机;另一类是由模拟数字电路组成的电子设备。这两类设备最容易受干扰,是仿真的主要类型。

（1）接收机模型。接收机模型用来描述各种接收天线对辐射干扰的响应特性。通常用接收机的频率选择性曲线来表示它的同频道响应,用中频选择性的分段线性化曲线来表示非线性效应,包括乱真响应以及交调、互调和谐波响应。对于噪声干扰的响应则用噪声功率公式作为噪声敏感模型。图 5-5 为接收机频率选择特性示意图。接收机特性包括接收机通道选择特性、噪声特性和灵敏度。

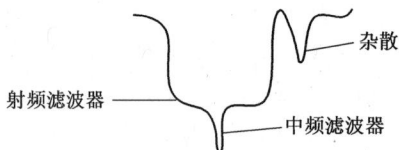

图 5-5 接收机频率选择特性示意图

（2）模拟数字电路模型。无论是电路中的传导干扰直接作用于模拟数字电路的响应,还是辐射干扰经过导体感应进入电路的间接作用的响应,模拟数字电路的响应都用敏感度来描述,因此称为敏感度模型。

120

5.3 电磁计算方法

5.3.1 常用计算方法

电磁环境效应领域研究的典型问题是激励源的辐射、散射体的散射、电磁波的传播和电磁波与物质的相互作用。求解电磁散射场和辐射问题大致有 3 类方法：一是精确解析方法；二是数值方法；三是高频近似方法。常用电磁计算方法如图 5-6 所示。

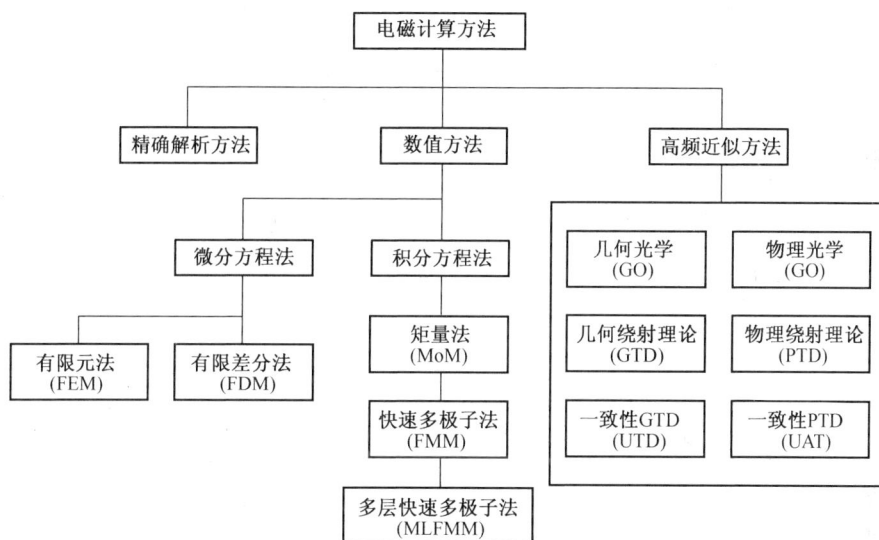

```
                        电磁计算方法
        ┌───────────────────┼───────────────────────┐
   精确解析方法            数值方法               高频近似方法
        ┌───────────────┬───────────┐      ┌──────────────────────┐
    微分方程法        积分方程法          几何光学      物理光学
        │                │              (GO)          (GO)
   ┌────┴────┐        矩量法         几何绕射理论    物理绕射理论
 有限元法  有限差分法    (MoM)          (GTD)          (PTD)
  (FEM)    (FDM)
                    快速多极子法      一致性GTD      一致性PTD
                       (FMM)          (UTD)          (UAT)

                  多层快速多极子法
                     (MLFMM)
```

图 5-6 常用电磁计算方法

由于装备电磁环境效应仿真通常属于电大尺寸目标仿真，采用单一的低频数值算法，有可能由于计算复杂度太高而难以实施；采用单一的高频近似方法很难得到精确的计算结果。一种有效的方法是把多种方法结合，发挥各自的优势。

（1）高频近似算法和数值算法的混合。高频近似方法计算效率高，对计算机内存和计算速度要求较低，但一般只适用于电大尺寸特征的金属体；而数值方法计算效率低，虽原则上可用于一切物体，但由于计算机内存和计算速度的限制，实际上目前只能有效地计算具有精细结构的电小尺寸复杂目标。高频近似方法与数值算法有机地结合在一起，互为补充，在满足一定精度要求的前提下可提高算法的效率。通常使用的方式如下：

① 利用高频近似法与有限元法混合计算带缝或腔的电大尺寸装备；

② 利用高频近似法与矩量法混合计算带凸起部分的电大尺寸装备。

121

（2）全波数值方法之间的混合。不同全波数值方法的数值性能很不相同，所擅长解决的问题也不一样，即便同一方法，不同的算法适用范围、优势劣势也不尽相同。因此，对于复杂的实际问题，需要混合使用这些方法。通常使用的方式如下：

① 利用电场积分方程与磁场积分方程混合计算电大尺寸装备上的线天线问题，但仅适用于场点和源点均在封闭结构表面的情形。

② 利用有限元、边界元、多层快速多极子的混合——合元极技术解决装备表面涂层金属体问题。

5.3.2 适用性分析

1. 典型算法的特点及适用性

1）矩量法

矩量法（Method of Moments，MOM）的优点：

（1）计算精度很高。严格地计及各自散射体间的互耦，矩量法本身保证了计算误差的系统总体最小而不会产生数值色散问题。

（2）求解过程简单，求解步骤统一，应用起来比较方便。

（3）所用格林函数直接满足辐射条件，无需像微分方程法那样必须设置吸收边界条件。

适用性：适用范围较宽，可适用于复杂目标低频段计算，如舰载、机载短波通信天线的仿真，不受激励形式和物体形状的限制。

2）时域有限差分法

时域有限差分法（Finite Difference Time Domain，FDTD）的优点：

（1）复杂目标建模方便，通过一次时域分析计算，借助傅里叶变换可以得到整个同带范围内的频率响应。

（2）能实时在现场空间分布，精确模拟各种辐射体和散射体的辐射特性和散射特性。

（3）计算时间较短。

适用性：单独使用适用于天线、不同舱室的电磁干扰特性研究、微带线等。与其他算法相结合，可解决部分装备的电磁场时域响应特性问题。

3）有限元法

有限元法（Finite Element Method，FEM）的优点：

（1）有限元法对场域的划分比较方便，对不规则的边界形状的处理也比较方便。有限元法对连续场的离散处理比较灵活，适应性强。

（2）因为有限元是以变分原理作为理论根据，寻找使系统能量达到极值的场解或位解,所以能避免如有限差分法存在的数值色散问题。

(3)它适合于场域内函数变化剧烈程度差别较大、介质种类较多(包括非线性介质)及交界形状复杂的情况,交界面条件自动满足。在每个小区域上所采用的近似函数通常为线性函数,如二维情况下是坐标的双线性函数。这些函数的选取自由度较大,如高阶差值函数,网格自适应剖分为它提供了基础。

(4)对于较简单的二维问题,有限元法所形成的代数方程具有系数矩阵对称正定、稀疏等特点,其计算复杂度为 $O(N)$,所以求解容易、收敛性好、占用计算机内存也较少。

适用性:有限元方法适于解决一些比较简单的问题,如电小尺寸目标和二维问题等。对于电大尺寸装备,其剖分繁琐、数学模型的建立困难,对计算机的要求也高,所以对于复杂装备,有限元方法一般与高频法或其他精确算法结合使用。

4)快速多极子法

快速多极子法(FastMultipole Method,FMM)的优点:

(1)该方法从矢量场积分方程出发,体现了严格的边界条件和矢量散射关系,加之目标表面的曲面剖分与拟合,以及包含曲率的基函数的选择,保证了其矢量场解的精度。

(2)全面考虑了复杂结构目标各部分间的互耦关系。

(3)较严格的本地-全局坐标变换关系,准确描述了各部分散射场贡献的相位关系,避免了如用几何中心代替相位中心等处理方法可能导致的明显误差。

适用性:既可直接计算单天线的电磁环境效应参数,也可计算多天线间的参数,且能方便地与其他基于目标表面剖分的近似方法结合使用,如与物理光学方法相结合,在精度满足要求的前提下大幅度地降低其计算量。

多层快速多极子法(MLFMM)是 FMM 在多层级结构中的推广,应用 MLFMM 算法将获得比 FMM 算法更高的效率。MLFMA 将传统 MoM 的 $O(N^2)$ 量级的计算复杂度降至 $O(N\lg N)$ 量级,相应 $O(N^2)$ 量级的存储量降至 $O(N)$ 量级。

5)物理光学法

物理光学法(Physical Optics,PO)的优点:

(1)该方法能快速计算电大尺寸且局部结构平缓的装备的近区和远区。

(2)网格划分相对数值方法更加方便。

(3)对计算机内存和计算速度要求较低。

适用性:高频近似方法中,物理光学法是应用最为广泛的方法之一。特别适合解决电大尺寸装备问题,与数值算法混合使用,可仿真舰载、机载雷达波电磁环境效应。

其他高频近似方法如几何绕射理论(Geometrical Theory Diffraction,GTD)、一

致性绕射理论(The Uniform Theory of Diffraction, UTD),与数值算法也经常一起混合使用,是解决电大尺寸问题的有效方法。

2. 频率波段的适用性

(1) HF 波段。在 HF 波段,通常采用 MoM、FEM 和 MLFMM 等算法进行计算,其电小尺寸目标适合采用 MoM 和 FEM 算法;电大尺寸目标适合采用 MLFMM 算法。

(2) V/UHF 波段。在 V/UHF 波段,通常采用 MLFMM、FDTD、GTD、UTD 和 PO 等算法进行计算,其中电大尺寸目标适合采用 MLFMM/PO 混合方法;时域问题适合采用 FDTD 算法。

(3) 雷达波段。在雷达波段,通常采用 MLFMM、大面元物理光学法(Large Element Physical Optics, LE-PO)、GTD 和 UTD 等算法进行计算,其中电大尺寸目标适合采用 MLFMM/LE-PO 混合方法,如舰载雷达天线仿真,运用 MLFMM 算法模拟雷达环境场,生成等效源加载至船体,采用 LE-PO 算法计算整舰。

5.4 典型指标仿真

装备典型指标仿真包括天线方向图、电磁环境、电磁干扰和电磁脉冲等仿真,下面详细介绍这几类仿真。

5.4.1 天线方向图仿真

天线方向图仿真是电磁环境仿真、电磁干扰仿真的基础,下面以短波鞭天线为例,介绍天线方向图仿真。

为了实现鞭天线方向特性的计算,设有一无方向性天线辐射功率为 PW,功率均匀地分布在以天线为球心的球面上,在远场条件下,离天线 r 米处的功率密度 S 为

$$S = \frac{P}{4\pi r^2} \quad (\text{W/m}^2) \tag{5-1}$$

坡印廷矢量为

$$S = E \times H = \frac{E^2}{120\pi} \quad (\text{W/m}^2) \tag{5-2}$$

式(5-1)与式(5-2)相等,可得离天线 r 处辐射场强为

$$E = \frac{\sqrt{30P}}{r} \quad (\text{V/m}) \tag{5-3}$$

对于有方向性的天线,设发射天线方向性系数为 D,在自由空间离天线 r 处的场强为

$$E = \frac{\sqrt{30PD}}{r} \quad (\mathrm{V/m}) \qquad (5\text{-}4)$$

对鞭天线,设地面为理想导电面,它不吸收功率,由镜像法可知天线辐射功率全部集中在上半空间,且上半空间上任一点单位面积功率密度比自由空间提高一倍,因此,电场强度为

$$E = \frac{\sqrt{60PD}}{r} \quad (\mathrm{V/m}) \qquad (5\text{-}5)$$

发射鞭天线方向性系数 D 为

$$D = \frac{60F^2(\theta)}{R_r} \qquad (5\text{-}6)$$

式中: $F(\theta)$ 为天线 E 面方向图函数; R_r 为鞭天线辐射电阻。

$$F(\theta) = \frac{\cos(\beta h\cos\theta) - \cos\beta h}{\sin\theta} \qquad (5\text{-}7)$$

其中: $\beta = \frac{2\pi}{\lambda}$; h 为鞭天线高度。

鞭天线辐射电阻 R_r 为

$$R_r = \frac{15}{\pi} \int_0^{2\pi} \int_0^{\pi} F^2(\theta, \varphi) \sin\theta \mathrm{d}\theta \mathrm{d}\varphi \qquad (5\text{-}8)$$

把式(5-7)和 R_r 值代入式(5-6),可得 D 。

一般以天线在最大辐射方向的方向性系数 D_m 作为该天线的方向性系数,将 D_m 值代入式(5-5),可得该天线在最大辐射方向的场强。

例5-1 10m 鞭天线安装在地面上,地面为无限大理想导电平面。观察不同频率对应天线方向图的变化(图5-7),由式(5-7)得出不同频率时的 $F(\theta)$:

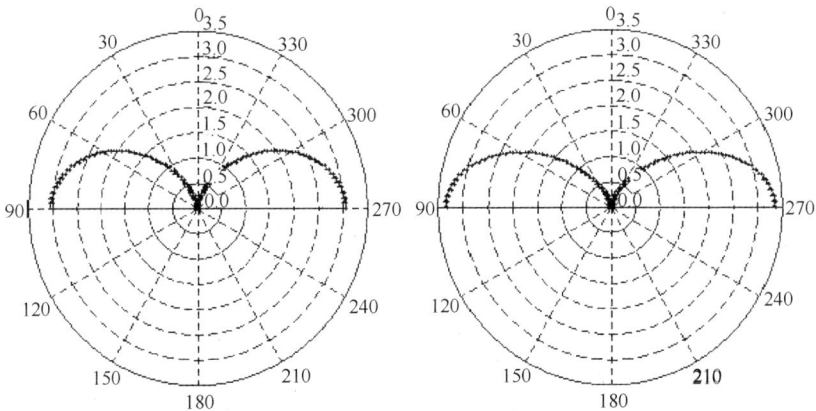

（a）频率3MHz　　　　　　　　　（b）频率7.5MHz

125

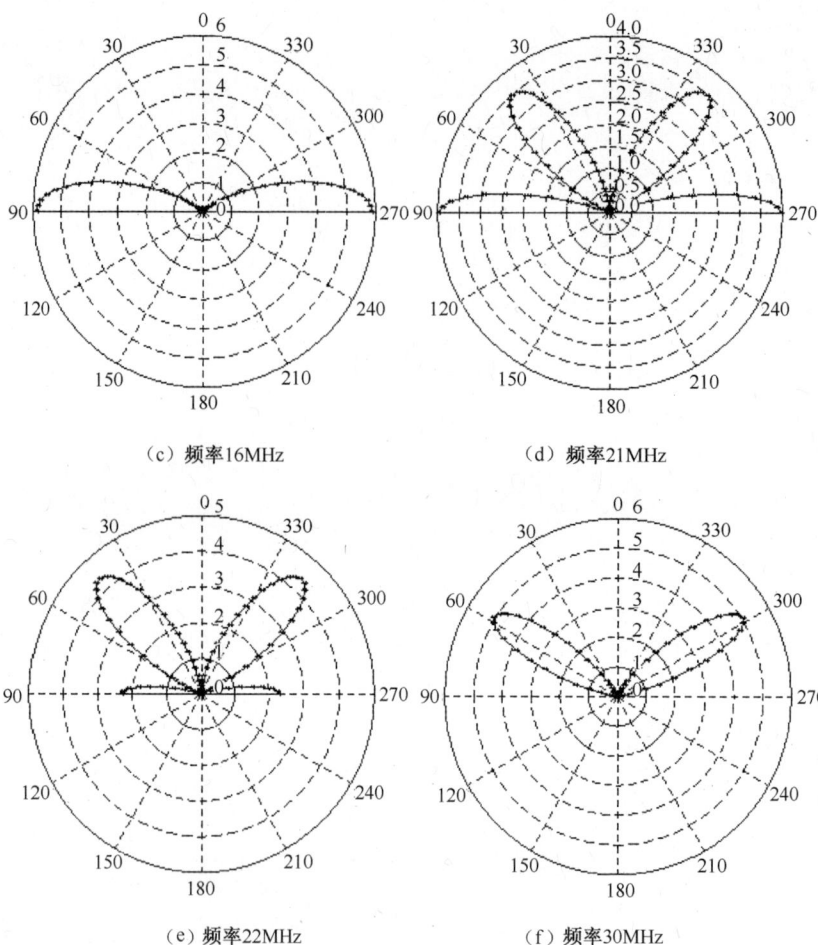

（c）频率16MHz

（d）频率21MHz

（e）频率22MHz

（f）频率30MHz

图 5-7　不同频率对应天线方向图的变化

当频率为 16MHz 时，天线高度 h 刚刚大于 0.5λ，旁瓣开始出现；在频率为 21MHz 到 22MHz 转变的过程中，$\theta =90°$ 处的主瓣变为旁瓣，而主瓣出现在 43° 左右；在频率为 30MHz 时，由于天线高度 $h=\lambda$，因此，$\theta =90°$ 处辐射为零。综观图 5-7 可知，随着频率的增加，方向图会出现多瓣效应，主瓣峰值随之向 Z 轴偏移。

5.4.2　电磁环境仿真

舰船平台电磁环境仿真可为电磁环境效应论证评估提供重要支撑。下面详细介绍电磁环境仿真的分析方法和典型短波天线、雷达天线的电磁环境仿真。

1. 复杂平台近场场强的分析方法

本节从电磁综合场强的形成着手，以电磁环境复杂的舰载天线为例，探讨天线

126

辐射近场综合场强的计算方法。

1）电磁综合场强的形成

舰载各种无线电设备及其配套天线正常工作时,每一副天线都将产生一定的电磁辐射,在天线附近形成一定的电磁场分布。由于舰船表面上层建筑的复杂性及辐射天线的多样性,使舰船甲板区域以及其他附近区域的实际空间电磁场由多个辐射场源共同产生的合成电磁场组成,包括多种频率,并具有多种极化方向。图5-8 所示为舰载天线和外部辐射源产生的电磁环境示意图。另外,从射频安全性角度来讲,电磁环境对人员、武器、燃油的影响不仅限于某个频率或某个方向的电磁场,而且与合成电磁场的强度或综合效应的功率密度有关。

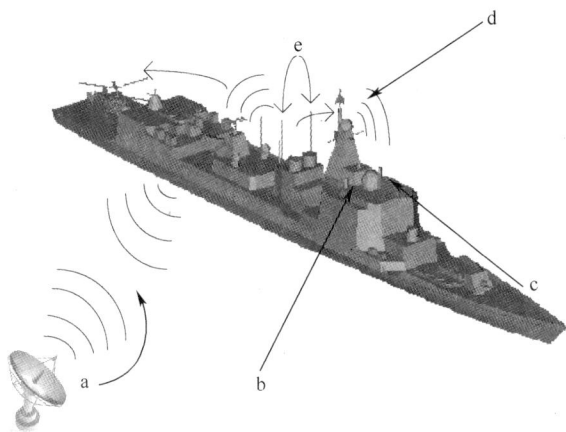

图 5-8　舰载天线和外部辐射源产生的电磁环境示意图

a—舰载和外部雷达辐射场;b—海杂波;c—反射波;

d—邻近载体辐射波;e—绕射与散射场。

总之,人员、武器、燃油对相当宽频率范围内的电磁能量有响应,因此,在综合场强的计算研究中,包含从低频到微波全频段的电磁能量叠加。

2）电磁综合场强的计算方法

实际舰船的综合场问题主要涉及人员、武器、燃油的射频安全性,同时还应考虑到其他设备受到的射频危害。从电磁场的综合效应分析,这些问题主要属于能量效应(功率密度)问题。因此,合成方法主要采取功率叠加的方式。按照功率叠加的原则,舰船综合场的物理概念可以明确为"空间某点处或空间某区域中的合成电磁场能量的大小"。数值计算法则根据辐射源的工作频率和高频电磁场数值方法获得单辐射源天线的电压驻波比、辐射方向图、体表面及周围空间的电磁场分布等,然后结合不同极化方向、不同频率、不同时间的场强合成方法来实现综合场强的计算。

下面主要介绍同频的场强合成方法。以两列同频电磁波为例,采用如下计算公式:

$$E = \sqrt{E_1^2 + E_2^2 + 2E_1 E_2 \cos(\Delta\varphi)} \tag{5-9}$$

式中:根号中的第3项是由于两列电磁波的干涉引起的。可以看出,综合场强是随两列电磁波的相位差 $\Delta\varphi$ 变化的。更一般的同频叠加情况,按两列的依次叠加即可。

(1) 当 $\Delta\varphi = 2n\pi$ ($n = 0,1,2,\cdots$)时,$E = E_1 + E_2$,综合场强最大;

(2) 当 $\Delta\varphi = (2n+1)\pi$ 时,$E = E_1 - E_2$,综合场强最小;

(3) 当 $\Delta\varphi = (2n+1)\pi/2$ 时,$E = \sqrt{E_1^2 + E_2^2}$。

2. 典型短波天线电磁环境仿真

1) 舰船上层建筑与短波天线的关系

例 5-2 由于舰船上层建筑多为长方体结构,因此建立模型如图 5-9 所示,以无限大导电平面模拟舰船金属甲板,长方体尺寸为 6m×6m×5m,短波鞭天线长10m,分析舰船上层建筑电磁环境随甲板面上的天线数、天线到金属结构的距离、天线发射功率变化的情况。坐标系原点为长方体下平面中心,x 方向为长方体水平指向短波天线方向。

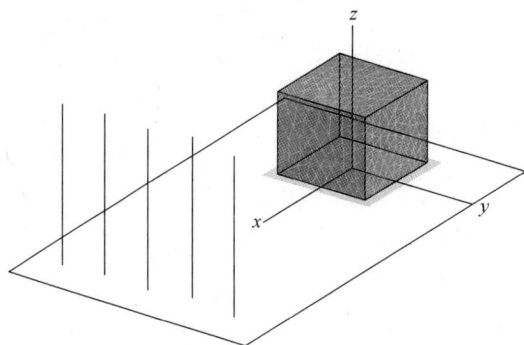

图 5-9 上层建筑模型

图 5-10 为 $y = 2.9$m,$z = 4.9$m 电场沿 x 方向分布情况,可以看到金属腔体结构对电磁辐射的屏蔽效应。以点 $(3, 2.9, 4.9)$ 为电场强度参考点,计算不同天线数、不同距离对场值的影响,如图 5-11 所示。

从计算结果可以看出,在距离一定的情况下 $E \propto \sqrt{n}$,$E \propto \sqrt{P}$,其中 n 为天线数,P 为馈入天线的功率。利用该关系可以设计天线的布局及馈电功率,以保证舰船上层结构内电子设备的正常工作。

128

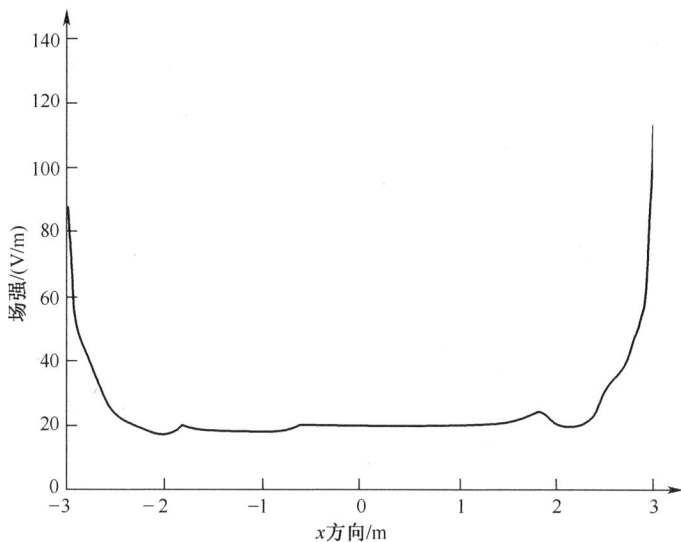

图 5-10　电场沿 x 方向的分布

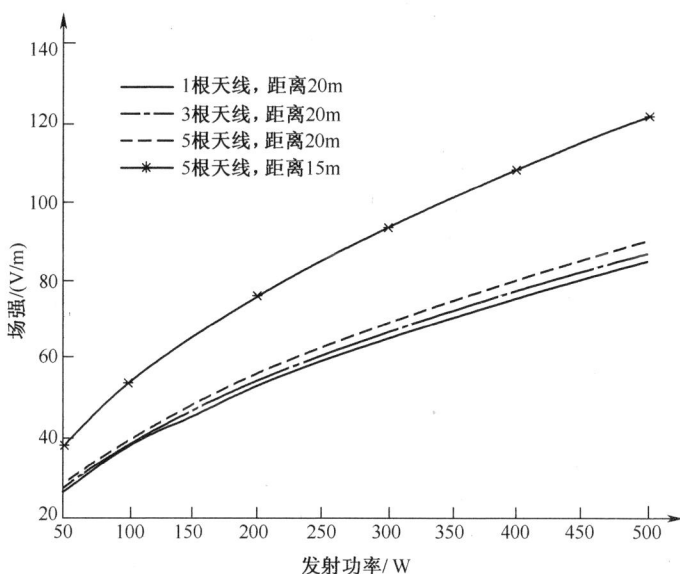

图 5-11　场强随天线数、馈入功率及距离变化的曲线

2）短波近场综合场强的计算分析

船舶上各种通信设备与雷达天线密集布置，仅通信系统频率范围就从甚低频至甚高频，包括甚低频接收机、中波归航机、全波收信机、短波电台、超短波电台、甚高频电话以及卫星通信等，通信工作的频段宽，其中有对通信、设备、人员等形成威胁的大功率发射设备，如短波 1000W 发信机，有高敏感度的接收设备，如接收灵敏

度小于 1μV 的全波接收机等,因此舰船甲板面上综合场强的计算分析难度很大。

例 5-3 以舰船短波 10m 鞭天线为辐射源,发射频率为 12.5MHz,馈电功率为 500W,采用多层快速多极子方法计算舰船表面场强分布。

图 5-12(a)所示为舰船电磁模型,图 5-12(b)所示为短波天线作为发射源时在平面上形成的电场。不同频率与舰体上层建筑的耦合境况会有很大差别。显而易见,设备、人员活动区域的环境场强增大,有可能导致设备、人员和燃油的安全性隐患。

(a)舰船电磁模型

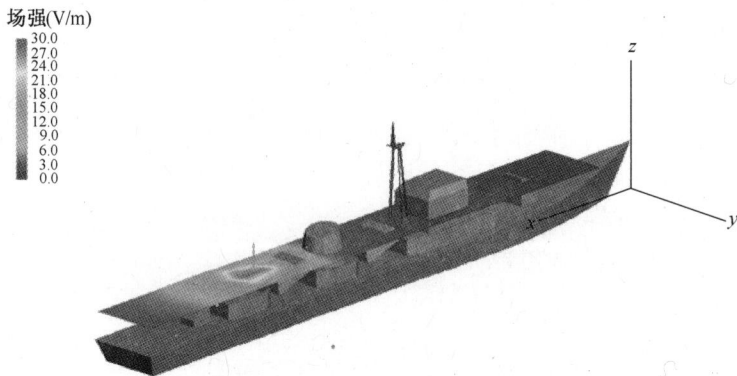

(b)z=16m甲板面电场分布

图 5-12　12.5MHz 电流及电磁场特性

3. 典型雷达天线电磁环境仿真

雷达天线种类众多,天线形式多样,发射频率高,对仿真方法和技术要求极高。以往基于单一的数值算法无法满足此类电大尺寸问题,需要多种兼顾预测精度和仿真效率的求解方案,所以雷达天线电磁环境仿真是最为复杂、难度最大的仿真之一。针对这类仿真,可以采用高低频混合算法,将求解区域分成不同的区域,对雷达天线采用低频方法求解以保证精度,船体采用高频方法求解以提高效率,这样可

130

以取得精度和效率的平衡,同时借助按不同方式并行处理不同层平面波和转移矩阵的并行计算方法,可进一步提升仿真计算能力。

例5-4 以舰载抛物面雷达天线为例,该类雷达发射频率较高,相对于一百多米长的船体,属于电大尺寸仿真,可以采用以下步骤开展电磁环境仿真。x方向为朝船首方向,z方向为垂直甲板方向。

(1)几何建模。通过 NURBS 自由曲面建模建立符合工程需求的船体几何模型、雷达天线几何模型。

(2)网格剖分。采用基于电场梯度的网格自适应剖分,对船体和雷达天线进行网格划分。

(3)等效源计算。采用 MLFMM 算法单独对抛物面天线开展等效计算,将抛物面天线等效源加载至船体安装部位。

(4)全船计算。采用大面元物理光学法对全船开展电磁环境仿真,获取重点区域电磁环境,如人员活动区域、军械安装区域等部位,对远场方向图、近场场强等数据进行分析处理。

图 5-13 中的雷达天线作为发射天线进行电磁仿真计算,获得舰船上的电磁环境特性。图 5-14 给出了雷达天线在 $y=6.4,z=8.5$ 直线上的 x 方向的辐射电场曲线,可见在最大辐射处可达到 700V/m 的场强。

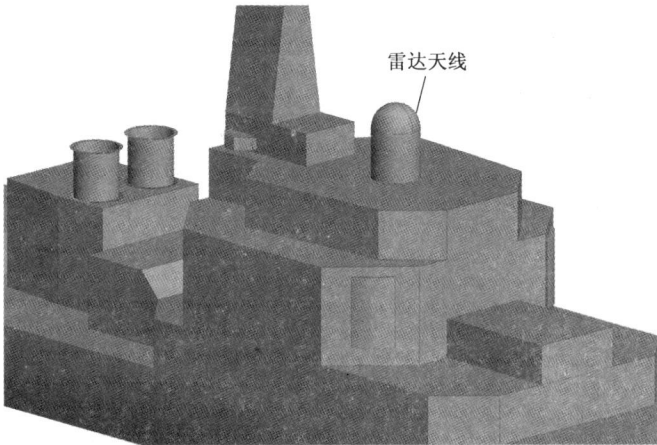

图 5-13　雷达天线在舰船上的布置图

5.4.3　电磁干扰仿真

舰船等平台的电子设备和系统的应用数量日趋增加,导致电磁辐射频谱密集交叠、电磁干扰耦合现象异常严重,不仅如此,还会受到其他舰船雷达天线的射频干扰。耦合关联主要包括天线-天线、天线-线缆、线缆-线缆、设备-设备、电磁环

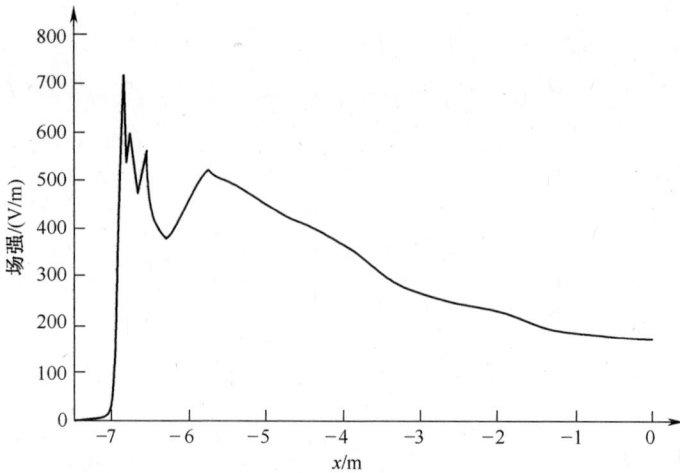

图 5-14　辐射电场曲线

境-天线、电磁环境-设备、电磁环境-线缆、电磁环境-接地回路等线性干扰耦合关联以及设备自身的非线性电磁干扰效应,是影响舰船电磁兼容性的最直接原因。通过计算舰船外部结构、舱室结构、海面、孔缝、线缆等传输路径对电磁波的影响确定分析对象间的空间耦合度,进而开展敏感设备输入端至输出端的非线性干扰效应仿真,可为电磁环境效应论证评估提供重要支撑。

天线之间的耦合效应可以用耦合度表示,也可以用隔离度来衡量,二者之间只相差一个符号。通常认为隔离度大于 30dB 能达到良好隔离;相应的耦合度小于 −30dB 也达到良好隔离状态。

无线电系统间的电磁干扰主要传输途径是天线间的耦合,常用耦合度来定量表征这种耦合的强弱程度。天线的载体和天线间的距离以及障碍物不同,分析它们耦合的方法也不同,分析过程的难易程度也有很大区别。对于自由空间分隔相距较远的天线,天线间耦合的相互影响主要是通过天线的远区场进行的,与天线近场情况的关系较小。但当天线间的距离比较近时,分析它们的耦合就需要考虑天线的具体形式、馈电结构、安装位置和安装壳体等各种因素的影响。在一个系统中,天线耦合度必须满足一定的要求,否则天线间的干扰会压制住有用信号,从而使系统无法正常工作。

天线产生的近区场与远区场,近区场是电抗场,被束缚在天线附近,随着距离的增加迅速衰减;远区场是辐射场,能量通过电磁波辐射向外传播。通常,发射天线与接收天线之间的隔离度,定义为天线接收到的功率与发射天线发射功率之比,即

$$L = 10\lg(P_t/P_r) \tag{5-10}$$

式中:P_t 为发射天线的净输入功率(W);P_r 为接收天线的净输入功率(W);L 为

隔离度(dB)。

1. 简化计算方法

当不考虑收发天线的垂直间距、极化方向、天线的负载及半径系数对天线隔离度的影响时,无损耗各向同性全向天线在自由空间的隔离度可由下式粗略得出:

$$L = 18.5 + 20\lg (d/\lambda)^2 - \alpha_t - \alpha_r \tag{5-11}$$

式中: d 为天线水平间距(m); λ 为发射天线工作波长(m); α_t 为发射天线长度系数(dB); α_r 为接收天线长度系数(dB)。

$$\alpha_t = 0.67 (4l_r/\lambda)^2 - 0.36(4l_t/\lambda) - 0.31 \tag{5-12}$$

$$\alpha_r = \begin{cases} 177.8l_r - 40 & (0 < l_r < 0.23\lambda) \\ 0 & (0.23\lambda \leq l_r \leq 0.25\lambda) \\ -70.4l_r + 17.6 & (0.25\lambda < l_r < 0.36\lambda) \\ -7.7 & (0.36\lambda \leq l_r \leq 0.5\lambda) \end{cases} \tag{5-13}$$

式中: l_r 为接收天线长度(m); l_t 为发射天线长度(m); λ 为发射天线工作波长(m)。

当天线间距大于或等于半个波长、天线长度等于或小于半个波长,且天线间没有大的遮挡时,应用式(5-11)预测舰船天线间的隔离度已能满足工程上的要求,而在更普遍的情况下可利用数值计算方法进行仿真预测。

2. 多天线计算方法

采用微波网络理论进行分析,获得利用网络散射参数来确定天线的耦合度:网络思想是一种处理问题方法,它把一线性系统用一个由若干对外端口的未知网络表示。网络参数是联系各个端口激励与响应之间关系的矩阵,表示该网络本身特性。S 参数是一种常用的网络参数,它联系了入射波和反射波,是广义上的反射系数。图5-15所示为一 n 端口网络。

定义:

归一化入射波:

$$a = \frac{1}{2}\left(\frac{U}{\sqrt{Z_0}} + I\sqrt{Z_0}\right) \tag{5-14}$$

归一化反射波:

$$b = \frac{1}{2}\left(\frac{U}{\sqrt{Z_0}} - I\sqrt{Z_0}\right) \tag{5-15}$$

式中: U,I 分别为端口电压和电流; Z_0 为网络的特征阻抗。

S 参数:

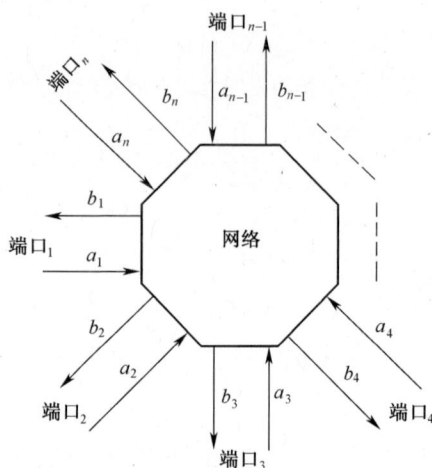

图 5-15 n 端口网络

$$\begin{bmatrix} b_1 \\ b_2 \\ \vdots \\ b_n \end{bmatrix} = \begin{bmatrix} S_{11} & S_{12} & \cdots & S_{1n} \\ S_{21} & S_{22} & \cdots & S_{2n} \\ \vdots & \vdots & \vdots & \vdots \\ S_{n1} & S_{n2} & \cdots & S_{nn} \end{bmatrix} \begin{bmatrix} a_1 \\ a_2 \\ \vdots \\ a_n \end{bmatrix} \qquad (5-16)$$

式中：a_1，a_2，$\cdots$，a_n 为各个端口的归一化入射波；b_1，b_2，$\cdots$，b_n 为各个端口的归一化反射波。

S 参数的意义：

$$S_{ii} = \frac{b_i}{a_i} \bigg|_{a_1 = 0, \cdots, a_{i-1} = 0, a_{i+1} = 0, \cdots, a_n = 0} \qquad (5-17)$$

$$S_{ij} = \frac{b_i}{a_j} \bigg|_{a_1 = 0, \cdots, a_{j-1} = 0, a_{j+1} = 0, \cdots, a_n = 0} \qquad (i \neq j) \qquad (5-18)$$

式中：S_{ii} 为表示当除第 i 个端口以外的其余端口都接匹配负载时，第 i 个端口处的反射系数。S_{ij} 为当除第 j 个端口以外的其余端口都接匹配负载时，第 j 个端口到第 i 个端口的传输系数。

可以将复杂运载平台上的所有天线、运载平台以及辐射空间看成一个多端口的复杂网络。各个天线之间的耦合度，可以用该网络的 S 参数表征和计算。

入射波功率：

$$P_{in} = \frac{1}{2} |a_i|^2 . \qquad (5-19)$$

反射波功率：

134

$$P_{\text{ref}} = \frac{1}{2} |b_i|^2 \tag{5-20}$$

假设端口 1 与一发射天线连接,端口 2 与一接收天线连接,以计算这两副天线的耦合度为例来说明用 S 参数计算天线耦合度的方法。假设端口 2 接收天线与端接负载阻抗匹配,根据天线耦合度的概念,2 端口接收天线接收到的功率为

$$P_{\text{r}} = \frac{1}{2} |b_2|^2 \tag{5-21}$$

1 端口发射天线的输入功率为

$$P_{\text{t}} = \frac{1}{2} |a_1|^2 - \frac{1}{2} |b_1|^2 \tag{5-22}$$

由于 2 端口接收天线匹配:

$$b_2 = S_{21}a_1 , \quad b_1 = S_{11}a_1$$

$$\frac{P_{\text{r}}}{P_{\text{t}}} = \frac{\dfrac{1}{2} |b_2|^2}{\dfrac{1}{2} |a_1|^2 - \dfrac{1}{2} |b_1|^2} = \frac{|S_{21}|^2}{1 - |S_{11}|^2} \tag{5-23}$$

1 端口天线到 2 端口天线的耦合度为

$$C = 10\lg\left(\frac{P_{\text{r}}}{P_{\text{t}}}\right) = 10\lg\left(\frac{|S_{21}|^2}{1 - |S_{11}|^2}\right) \tag{5-24}$$

当 1 端口天线也匹配时,有 $S_{11} = 0$,从而 1 端口发射天线到 2 端口接收天线的耦合度为

$$C = 10\lg\left(\frac{P_{\text{r}}}{P_{\text{t}}}\right) = 10\lg(|S_{21}|^2) \tag{5-25}$$

按照这样的定义,C 越大表示天线间的耦合越强,相互间的干扰越大。当发射天线与馈电系统阻抗匹配且接收天线与其负载设备阻抗匹配时,此时发射机输入功率就等于发射天线净输入功率,接收天线接收功率等于接收天线净输出功率。根据微波网络理论,此时天线耦合度的计算采用式(5-25)。但事实上发射天线与发射机、接收天线与接收机之间实现理想阻抗匹配是困难的,很多情况下天线与端接设备间都会存在能量反射。

例 5-5 以无限大导电平面为平台,计算发射天线与发射天线,发射天线与接收天线之间的耦合度。建立模型如图 5-16(a)所示,两同频天线高 6m,水平间距 12m,采用矩量法计算天线耦合度,计算结果如图 5-16(b)所示。

结果表明,发射天线与发射天线明显要比发射天线与接收天线之间的耦合更强,特别是在 12MHz 附近,这主要是因为此时天线高度在 12MHz 时水平方向辐射最强,两发射天线的辐射能量大,干扰更严重。

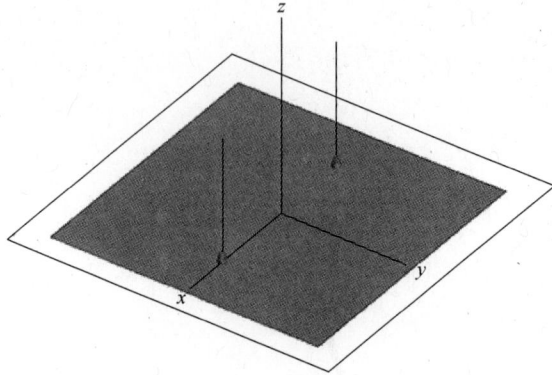

（a）天线模型

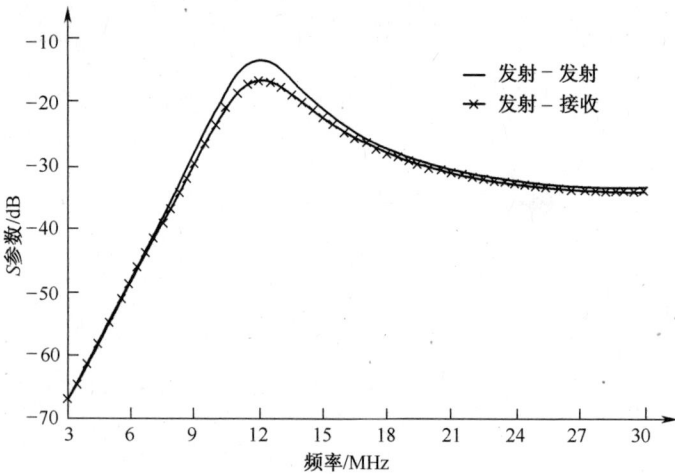

（b）天线耦合度对比

图 5-16　发射天线与接收天线耦合度

例 5-6　如图 5-17(a)所示,3 根 10m 高发射天线排布于模型上,采用多层快速多极子法计算天线耦合度。

从图 5-17 的结果可知,天线 2、3 的耦合度最大,即这两根天线的互相干扰最强烈,这是因为天线 2、3 相距最近,且二者之间几乎没有遮蔽物体,只是在水平与垂直方向有位置上的变换,因而其耦合度最大。频率在 7.5MHz 左右时,天线耦合度大于−30dB,所以其隔离效果不好,由于该艇比较小,又没有采用其他有效隔离方式,只通过距离隔离无法达到预定标准。天线 1、2 和天线 1、3 的耦合度曲线有交叉部分,但相对来说天线 1、3 要比天线 1、2 的耦合度稍低一些。这主要是由于前者的水平距离要大于后者,又因为对比二者金属遮蔽物体相当,所以产生图 5-

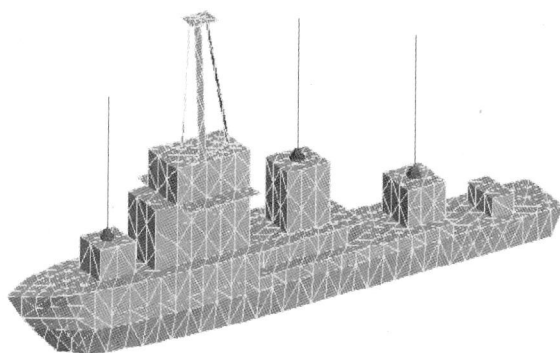

（a）舰船模型

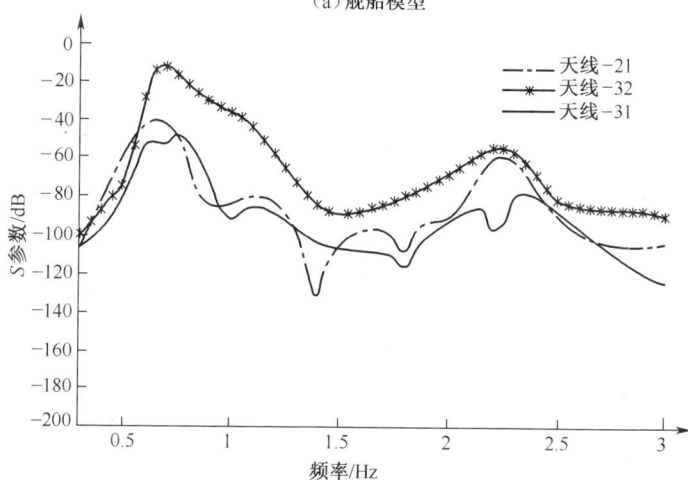

（b）天线耦合度

图 5-17　模型建立及耦合度对比

17（b）中的效果。这两组天线耦合度在 3～30MHz 频率范围内均小于 -30dB，满足工程上的应用要求。

5.4.4　电磁脉冲仿真

电磁脉冲仿真是在研究电磁脉冲产生的机理和危害基础上，针对平台上各种电气、电子设备以及装备总体，进行电磁脉冲效应仿真，得到干扰和毁伤的仿真结果，为论证评估和电磁脉冲指标确定提供依据。目前，常用的电磁脉冲仿真算法是 FDTD 法和传输线矩阵法（Transmission Line Method，TLM），这两种方法各有优势。其中，FDTD 算法计算思路明晰，通用性强，适合并行计算；而 TLM 算法通过对复杂结构进行简化处理，可以模拟无限大的自由空间，处理开放场问题。本节采用这两种常用算法开展舰船电磁脉冲仿真。

1. 电磁脉冲对天线耦合仿真

舰船甲板上一般安装多副天线,电磁脉冲对舰船天线的耦合仿真,通常可以采用时域有限差分方法实现。下面以舰载短波鞭天线为例,建立仿真模型,确定计算边界条件,分析鞭天线上耦合的高频电流。

1) 整体建模

如图 5-18 所示,建立简化舰船模型,取其主要结构进行近似模拟。图中虚线表示总场/散射场(TF/SF)连接边界条件,电磁脉冲从该处加入。计算区域分为海平面以上部分和海平面以下部分,上部为无耗空间,下部为有耗空间。因此,吸收边界条件要分开设置,上部采用无耗空间的完全匹配层(Perfectly matched layer, PML)吸收边界条件进行截断,下部采用有耗空间的 PML 吸收边界条件进行截断。

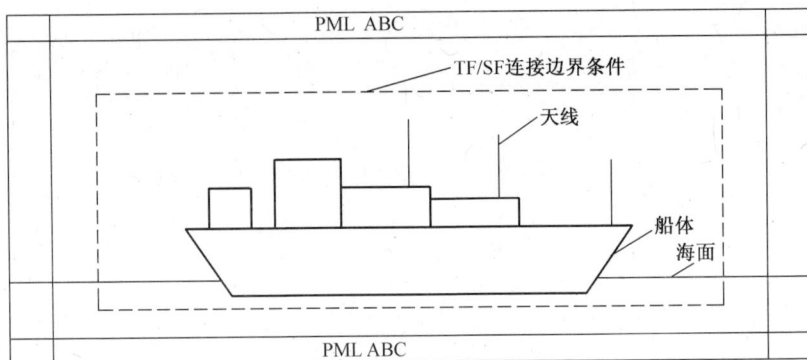

图 5-18　简化舰船模型

2) 区域分解与网格划分

如图 5-19 所示,天线、同轴电缆区域采用圆柱坐标网格,船体其他部分采用直角坐标网格,这两个子区域内网格互相重叠。舰船上的圆柱天线由同轴电缆馈电,同轴电缆外导体与金属船体相接,内导体(天线)与外导体之间填充绝缘介质。

3) 电磁场的计算和三维插值公式及其修正

完成区域分解和网格划分之后,需要给出所有网格节点上的时域有限差分方程以及子区域之间网格重叠部分用于交换信息的插值公式,然后进行迭代求解。

4) 天线与连接电缆的处理

考虑具有轴对称结构同轴线馈电天线的耦合问题,同轴线外导体与船体相连,内导体部分延伸形成单极子天线,天线区域采用柱坐标下的麦克斯韦方程进行求解。应用总场/散射场连接边界条件加入入射的核电磁脉冲电场和磁场,通过 FDTD 法求得天线内导体部分四周的电磁场。注意计算时柱坐标系下轴线上的电场奇异,需根据麦克斯韦积分方程进行求解。

如图 5-20 所示,金属板船体上圆柱天线由同轴线馈电,同轴线外导体与金属

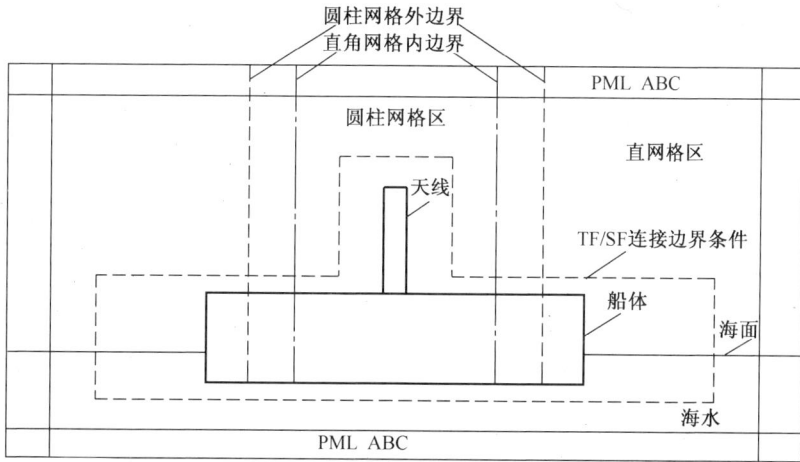

图 5-19　天线、电缆模型与网格处理

船体相连,圆柱天线半径为 a,同轴线外导体半径为 b,天线长度为 h。当电磁脉冲照射舰船时,天线导体在空间电磁场的作用下产生感应电动势,并在导体表面激励起感应电流,在天线的输入端产生电压,在接收机回路中产生电流。天线导体上感应的电流可利用安培定理由附近的磁场得到。

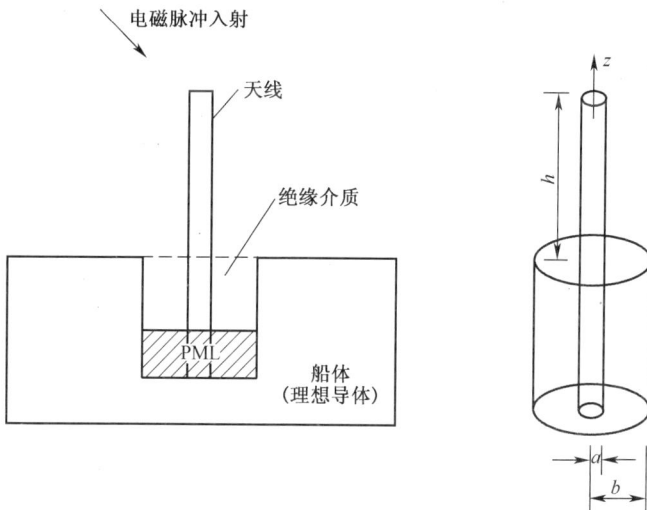

图 5-20　天线与电缆简化模型

5) 电磁脉冲入射波的引入和 PML 吸收边界条件

先用一维 FDTD 计算出入射面上各点场值,一维有耗介质中的 FDTD 方程如下:

$$\frac{\partial E_x}{\partial t} = -\frac{1}{\varepsilon}\left(\frac{\partial H_y}{\partial z} + \sigma E_x\right) \tag{5-26}$$

$$\frac{\partial E_y}{\partial t} = \frac{1}{\varepsilon_0(\varepsilon_r - \sin^2\theta)}\frac{\partial H_x}{\partial z} - \frac{\sigma}{\varepsilon_0(\varepsilon_r - \sin^2\theta)}E_y \tag{5-27}$$

$$\frac{\partial E_z}{\partial t} = \frac{c\sin\theta}{\varepsilon_r - \sin^2\theta}\frac{\partial E_x}{\partial z} - \frac{\sigma}{\varepsilon_0(\varepsilon_r - \sin^2\theta)}E_z \tag{5-28}$$

$$\frac{\partial H_x}{\partial t} = \frac{1}{\mu_0}\frac{\partial E_y}{\partial z} \tag{5-29}$$

$$\frac{\partial H_y}{\partial t} = -\frac{\varepsilon_r}{\mu_0(\varepsilon_r - \sin^2\theta)}\frac{\partial E_x}{\partial z} + \frac{c\sin\theta\sigma}{\varepsilon_r - \sin^2\theta}E_z \tag{5-30}$$

$$\frac{\partial H_z}{\partial t} = \frac{c\sin\theta}{\varepsilon_r - \sin^2\theta}\frac{\partial H_x}{\partial z} - \frac{c\sin\theta\sigma}{\varepsilon_r - \sin^2\theta}E_y \tag{5-31}$$

在上述方程中,令 $\sigma = 0$, $\varepsilon_r = 1$, $\varepsilon = \varepsilon_0$,地上部分的入射场方程便可求得。在 xyz 平面内的入射场可由延时和坐标变换求得。

计算出入射面内的入射场后,可由如下坐标变换求出散射体坐标系中的入射场:

$$\begin{bmatrix} \varphi_x \\ \varphi_y \\ \varphi_z \end{bmatrix} = \begin{bmatrix} \cos\varphi & \sin\varphi & 0 \\ -\sin\varphi & \cos\varphi & 0 \\ 0 & 0 & 1 \end{bmatrix} \begin{bmatrix} \varphi_x' \\ \varphi_y' \\ \varphi_z' \end{bmatrix} \tag{5-32}$$

式中:$\varphi_x, \varphi_y, \varphi_z$ 为散射体坐标系中的电磁场分量;$\varphi_x', \varphi_y', \varphi_z'$ 为入射面坐标系中的电磁场分量。

柱坐标中的入射波加入需要用到直角坐标和柱坐标之间的坐标变换关系,圆柱坐标中 TF/SF 连接边界处的场值可由已求得的直角坐标场值通过坐标变换求得,即

$$r = \sqrt{x^2 + y^2} , \quad \tan\phi = \frac{y}{x} \tag{5-33}$$

$$\begin{bmatrix} A_r \\ A_\phi \\ A_z \end{bmatrix} = \begin{bmatrix} \cos\phi & \sin\phi & 0 \\ -\sin\phi & \cos\phi & 0 \\ 0 & 0 & 1 \end{bmatrix} \begin{bmatrix} A_x \\ A_y \\ A_z \end{bmatrix} \tag{5-34}$$

6)数值计算结果

在以下计算中,入射波采用了电磁脉冲环境指标准波形。计算时,设定电磁脉冲入射角度为 30°。这里分析了在上述入射波照射条件下,舰船上天线的耦合电流、电压变化规律。

140

计算模型:对 6m 鞭天线进行简化,将 6m 天线分成 4 节,每节 1.5m,每节直径分别为 $\phi20,\phi16,\phi12,\phi8$(单位为 mm),舰船先简化成理想导体方柱,鞭状天线安装在方柱顶部,方柱的截面选为 2m×2m,高度为 6.5m,方柱的底部和海平面相连接,和天线相连接的接收机用匹配负载来模拟,其阻抗为 50Ω,匹配负载是在同轴馈线内外导体间设置 PML 形成,如图 5-21 所示。图 5-22 所示为电磁脉冲在鞭天线上耦合的电流时域波形,图中给出了天线上不同位置处的电流波形。

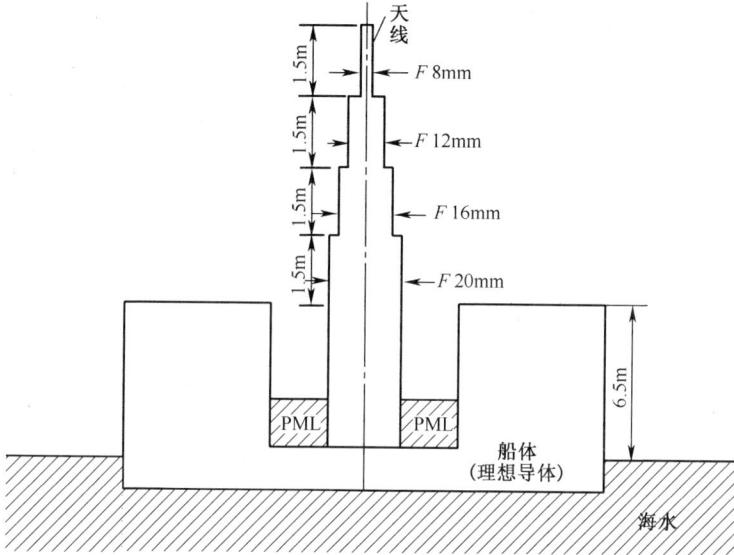

图 5-21 4 节 6m 鞭天线与电缆简化模型图

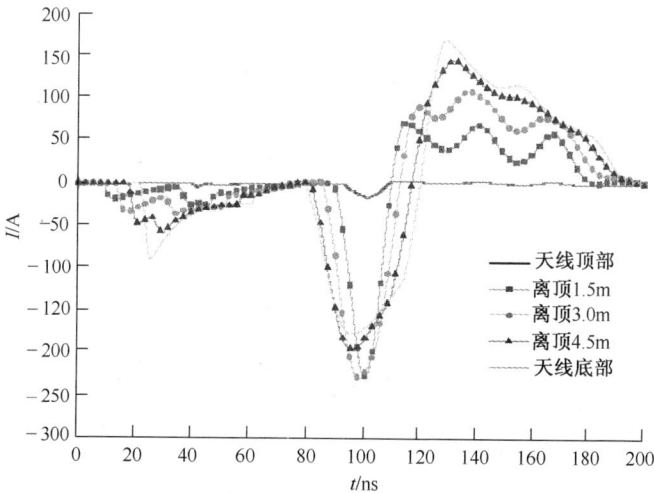

图 5-22 鞭天线上不同位置处耦合电流时域波形

由仿真结果可得出,电磁脉冲场在 6m 鞭天线上耦合的高频电流峰峰值为 $-240 \sim 170A$,峰值电流的频率范围为 $3 \sim 10MHz$。

2. 电磁脉冲对电缆束耦合仿真

舰船上布置了各种线缆。电磁脉冲能量会通过天线耦合到线缆中,从而对线缆终端敏感设备和电路模块产生强电磁干扰甚至损毁效应。另外,出于通风、通气和人员进出,舱室外壁不可避免地存在孔、缝、窗口之类结构,它们将会为外来电磁脉冲提供直接耦合通道,从而在舱室内部形成二次辐射。虽然舱室内部大部分线缆都具有屏蔽层,辐射能量仍可通过线缆外皮耦合到内芯,从而在线缆内芯中激起浪涌电压和电流,对终端设备的安全和工作构成威胁。采用传输线矩阵方法,可以仿真预测电磁脉冲对船体结构辐射的电磁场以及耦合到舱内电缆束上的感应电流和电压。下面以舰船为例,模拟在标准规定的电磁脉冲照射下,仿真舰船的瞬态表面电流、瞬态电场值以及船舱内部线缆端口上感应电流和感应电压。

1)舰船建模

通过曲面建模方法建立的舰船几何模型长度为 240m,船体由无限薄理想电导体(PEC)构成,底部平板模拟海平面,如图 5-23 所示。采用线缆建模建立的线缆束,如图 5-24 所示。

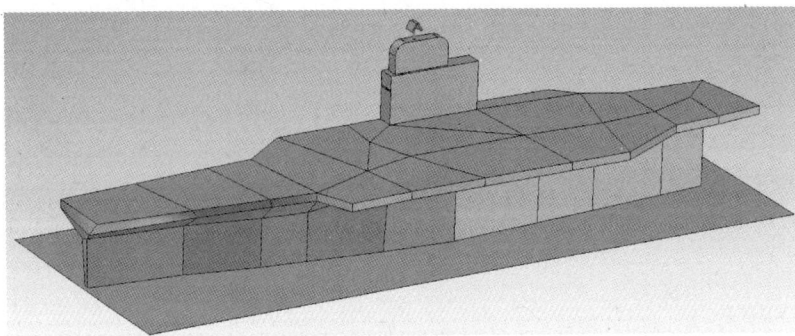

图 5-23 舰船模型

图 5-24 线缆束建模

2）发射源设置

设置电磁脉冲参数,其电压如图 5-25 所示,其入射方向为舰首方向,如图 5-26 所示。

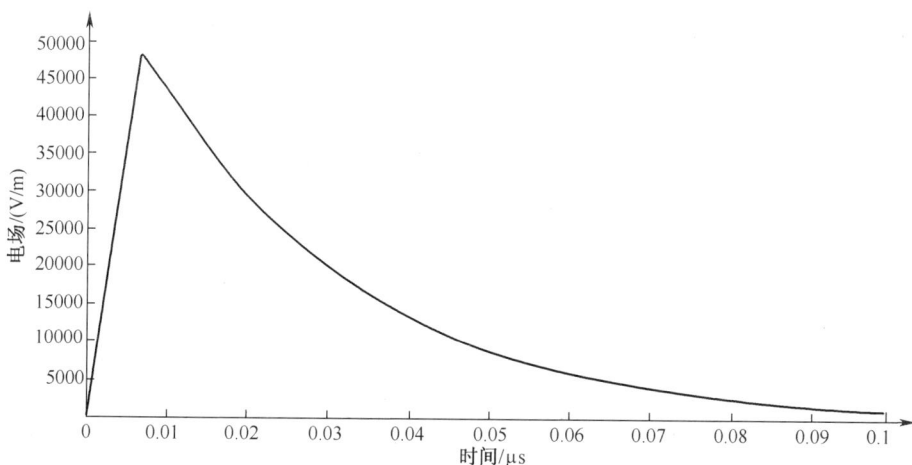

图 5-25　电磁脉冲波形示意图

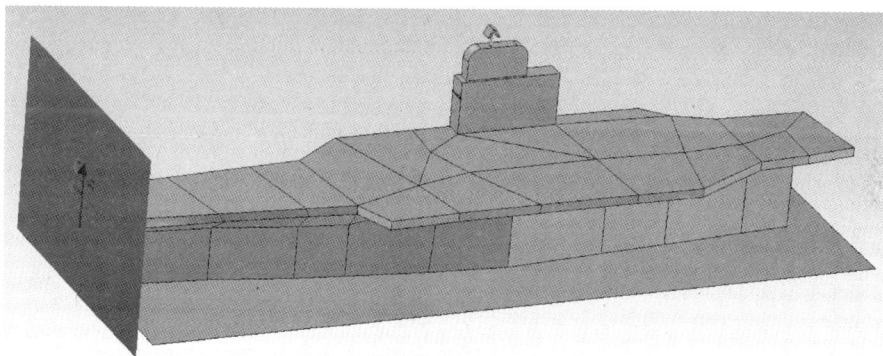

图 5-26　电磁脉冲入射方向

3）求解参数设置

在舰船露天区甲板、内部舱室和线缆束等关注位置设置电场、磁场监测探针,并设定求解频率范围为 30~70MHz 的电场、磁场以及线缆端口上的瞬态感应电压和电流,如图 5-27 所示。

4）电磁脉冲对船体仿真

在强电磁脉冲 EMP 的照射下,采用时域传输线矩阵法仿真计算舰船甲板上瞬态表面电流,如图 5-28 所示;瞬态电场分布,如图 5-29 所示。

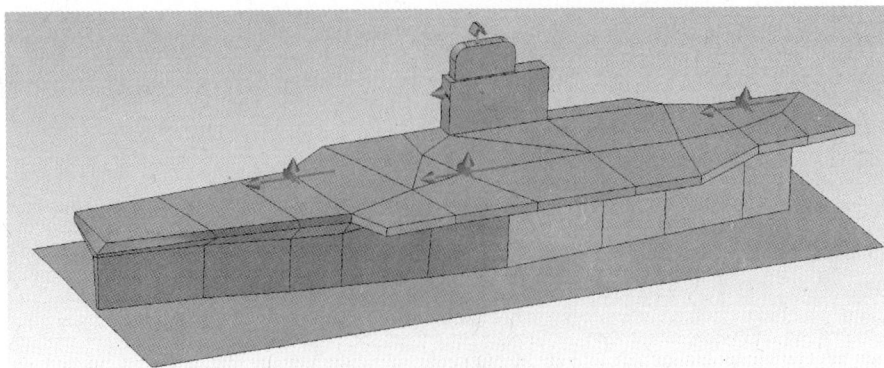

图 5-27　电场和磁场探针设置

图 5-28　舰船表面电流分布示意图

图 5-29　舰船露天区电场分布示意图

5) 电磁脉冲对线缆束耦合仿真

线缆电磁耦合的分析方法有两类,即场方法和等效电路方法。如果线缆网络非常复杂且外界电磁波分布不规律,此时单一的场方法或路方法均难以获得满意的结果。一种有效的解决途径是外部空间采用全波数值分析,场-线之间耦合则通过在线缆内部传输线模型中分别引入感应分布电压和分布电流源来实现。具体实现过程中,外界电磁场到线缆内芯的耦合过程可转换为外部屏蔽层感应电压、电流源通过转移阻抗和转移导纳耦合到内传输线模型中。图5-30为采用传输线矩阵法计算获取的线缆束的感应电流和感应电压。

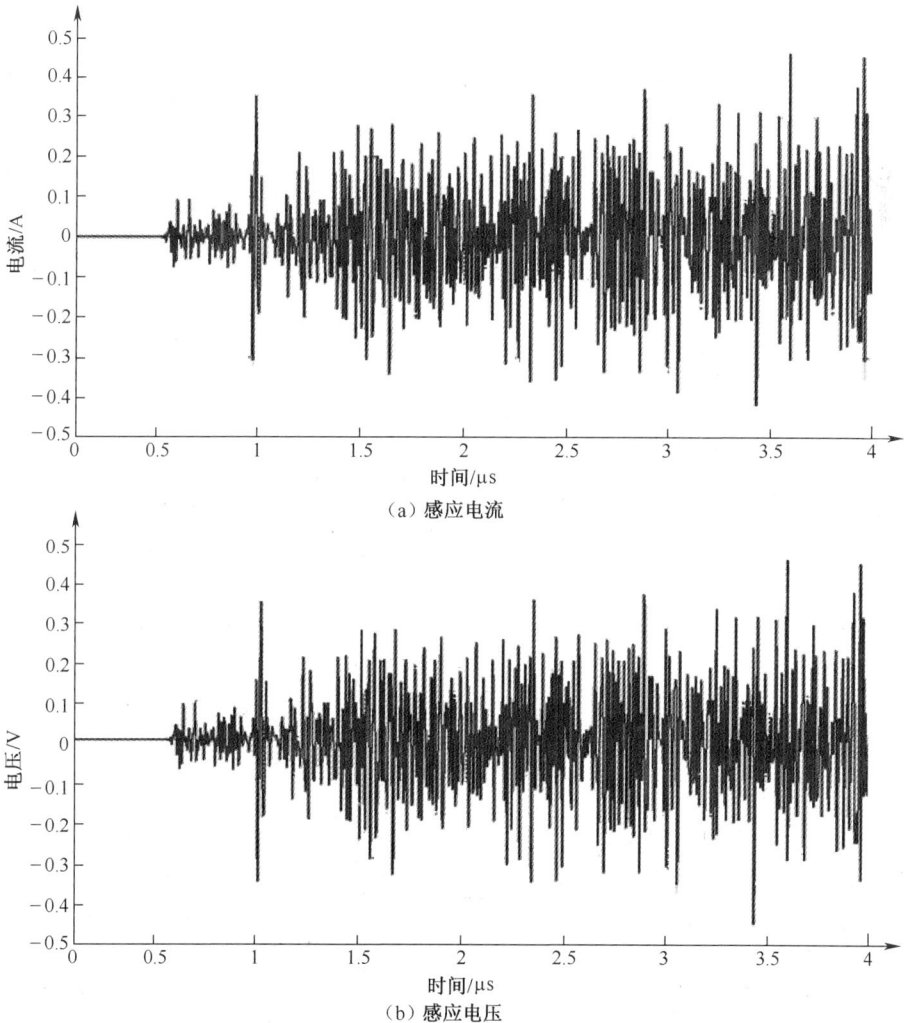

（a）感应电流

（b）感应电压

图5-30　线缆束上的感应电流和电压示意图

5.5 仿 真 验 证

5.5.1 仿真有效性评估方法

电磁兼容仿真有效性评估的核心是仿真误差分析,即相同输入条件下仿真模型与实际系统的输出一致性分析。电磁兼容仿真结果有效性评估主要有两种方法:外部评估法和内部评估法。一般优先使用外部评估法,即通过对比仿真结果和可信参考数据来验证其有效性。IEEE Std 1597.2—2010《计算电磁学计算机建模和仿真确认推荐实施规程》确定的可信数据来源有4个:

(1) 标准模型是指在电磁环境效应领域的典型结构或问题。例如单极子天线对传输线的耦合问题;带缝隙箱体的谐振频率及屏蔽效能计算等。

(2) 具有封闭解的模型则指所求结果的数学表达可以通过理论推导获取的模型。例如,电偶极子及环形天线的远场分布;金属球体的散射特性;微带线和带状线的特征阻抗等。

(3) 实际测量是最为可靠和直观的可信数据来源。但是,获取测量结果时的测量实验配置应该在建模中有所体现,且应考虑测量仪器的负载效应等问题。此外,还应该对测量的精度及不确定度有所限定。

(4) 使用其他计算电磁方法获取的结果虽不能直接验证模型的准确性,但是如果两种原理不同的数值方法可以给出相似的仿真结果,则可以佐证模型的有效性。例如,使用基于麦克斯韦方程差分形式的 FDTD 方法和基于积分形式的 MoM 法求解同一问题。

在仿真实际问题时可以通过建立与所求问题相似的标准模型或具有封闭解的模型,使用评估方法对比仿真结果和已知参考结果来验证模型或方法的有效性,也可与实际测量结果对比来实现。在以上方法均无法实现时,可以考虑使用不同电磁计算方法进行交叉对比验证,还可以使用内部评估方法。

内部评估方法是指通过改变模型的求解参数或模型结构参数来观察仿真结果的变化情况,从而判断仿真的有效性。通常判断依据有两种:一是对求解参数的合理改变,如改变吸收边界的形式、改变网格尺寸、扩大吸收边界到模型的距离等,不应对仿真结果造成显著影响;二是对模型结构的改变,如改变装备缝隙的尺寸、个数和间距、天线的布局等,仿真结果应出现明显改变。模型改变前后结果变化的合理性可以说明模型的有效性。

5.5.2 仿真验证参数类型及方法

仿真验证主要是通过缩尺比模型测试、实测等手段对仿真结果进行对比验证,检验结果的准确性,并进一步对模型进行校正,保证模型精度。

通常主要对天线方向图、耦合度(或隔离度)、近场场强、接收机信号输入端感应电压等参数进行验证。针对仿真需要验证的指标参数,相应的测试方法在第8章详细地论述,具体见表5-2。

表5-2 对比验证要求和方法

试验要求	试验方法	试验目的
电磁环境	舱室电场	对比验证内部电磁环境
电磁辐射危害	微波漏能	对比验证电磁辐射危害
	露天区人员活动部位场强	
天线布置参数	接收机信号输入端感应电压	对比验证天线间干扰和天线性能
	天线方向图	

5.5.3 典型验证示例

例 5-7 下面以舰船短波天线近场场强为例,介绍仿真结果的对比验证。仿真环境设定为海面,海水的相对介电常数 $\varepsilon_r = 80$,电导率 $\sigma = 1.0S/m$,短波天线为单天线,安装在舰船甲板上,距海面高度为9m,单频率发射,端口阻抗为50Ω。对比对象为缩尺比模型试验结果。

选取了距离短波天线30m~1m的12个典型观测点,将近场场强仿真数据与缩尺比模型试验数据进行对比,对比结果见图5-31。

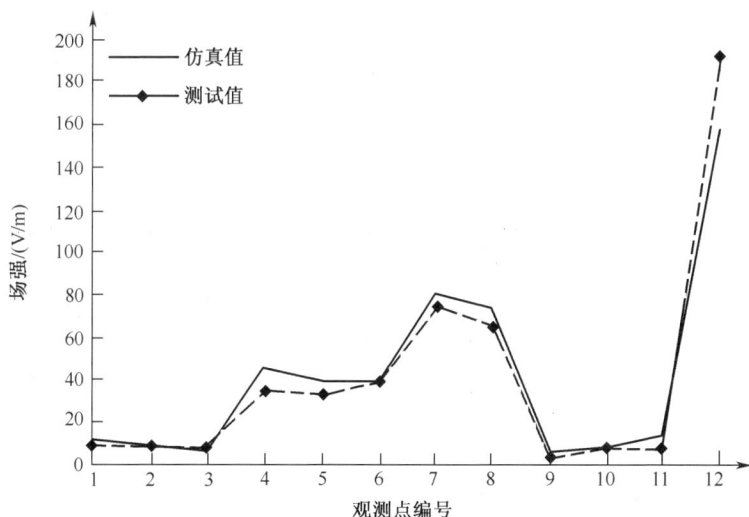

图 5-31 12个观测点电磁环境仿真结果与测试结果对比

147

图中仿真结果与实测结果的误差基本控制在 5dB 以内。通过数十次仿真试验,得出误差来源主要有两个方面:一是与模型准确度有关,由于电磁仿真对计算机硬件要求苛刻,所以建模时在船体棱角突出的边缘位置进行了简化处理,而该处位置实际耦合场强值最大,简化后造成仿真结果部分失真,影响了仿真结果的有效性;二是与所选近场区域网格划分精度有关,通过对误差较大位置处的网格进行细化,再进行仿真验证,得出仿真误差有所下降,确认网格划分精度对仿真结果具有较大的影响。

5.6　仿真实验环境和数据库

装备电磁环境效应仿真必须具有完善的仿真环境和数据库支持,仿真环境建设应紧贴装备电磁环境效应的特点和规律,为开展装备电磁环境效应工程研究提供基本手段。

5.6.1　基本要求

1. 功能要求

电磁环境效应仿真实验环境应具备以下功能:

(1) 装备电磁环境效应战术技术指标论证;

(2) 装备电磁环境效应技术方案优化分析;

(3) 装备电磁环境效应仿真预测和验证;

(4) 装备电磁环境效应对使用影响分析;

(5) 基于使用的装备电磁环境效应评估;

(6) 装备电磁环境效应数据管理和分析。

2. 技术要求

电磁环境效应仿真实验环境应具备仿真、验证和数据资源存储和处理的能力。

1) 仿真能力要求

具备系统级电磁环境效应仿真能力,可实现武器装备电磁环境、电磁脉冲和电磁干扰等仿真;可完成电磁环境效应分析、评估和管理,电磁环境效应指标要求论证和评估。仿真系统应将复杂的仿真过程管理、直观的图形显示、友好的用户界面及灵活的数据管理集成于一体,提供一个良好的电磁环境效应仿真集成研发环境。

2) 验证能力要求

具有对模型和仿真结果的验证能力,同时与测试验证数据有良好的接口以及测试结果对比验证能力。

3）数据资源要求

数据库系统能提供舰船、飞机等装备电磁环境效应仿真所需数据及仿真结果分类管理、存储;提供基于仿真统一接口的程序访问接口;提供数据自动备份和数据库安全保护;具有对数据查询、输入、删除和维护的能力;具备数据资源、模型资源共享能力。

5.6.2 系统组成

电磁环境效应仿真环境建设应从顶层规划,实验环境应具备论证、评估、试验、研究等多种功能,包括仿真、测试验证、数据存储处理等多个部分,同时应充分考虑仿真和测试相互之间的支持,测试验证系统见第 8 章。仿真系统总体设计构架如图 5-32 所示。

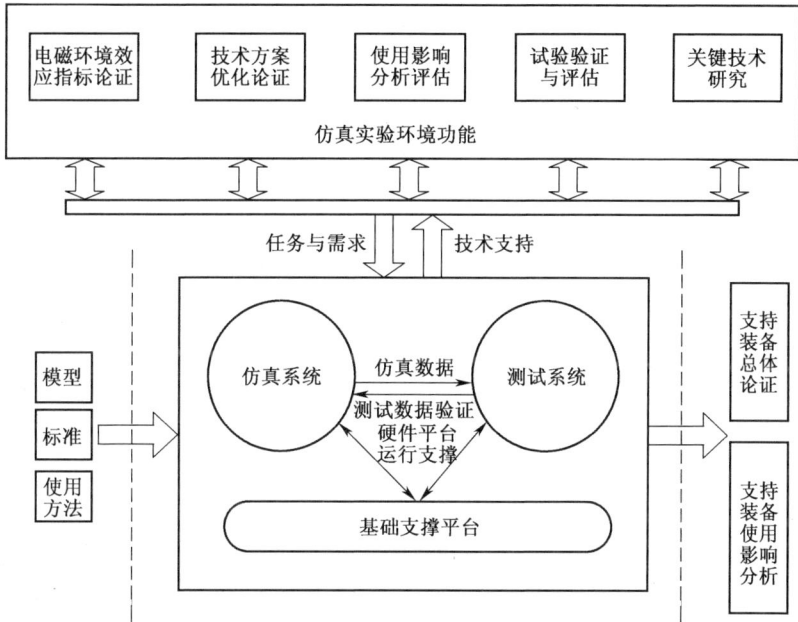

图 5-32 仿真系统总体设计构架图

电磁环境效应仿真系统的体系结构分为 4 个层次,包括仿真应用层、管理控制层、仿真支持层和基础资源层,见图 5-33,仿真运行流程见图 5-34。

（1）仿真应用层。仿真应用层以仿真任务为输入,以电磁环境、电磁干扰等仿真功能为主体,通过调用管理控制层、仿真支持层、基础资源层的资源,支持舰船、飞机等电磁兼容仿真应用开发,完成具体仿真任务。

（2）管理控制层。管理控制层以仿真流程控制、仿真任务分配、仿真应用程序

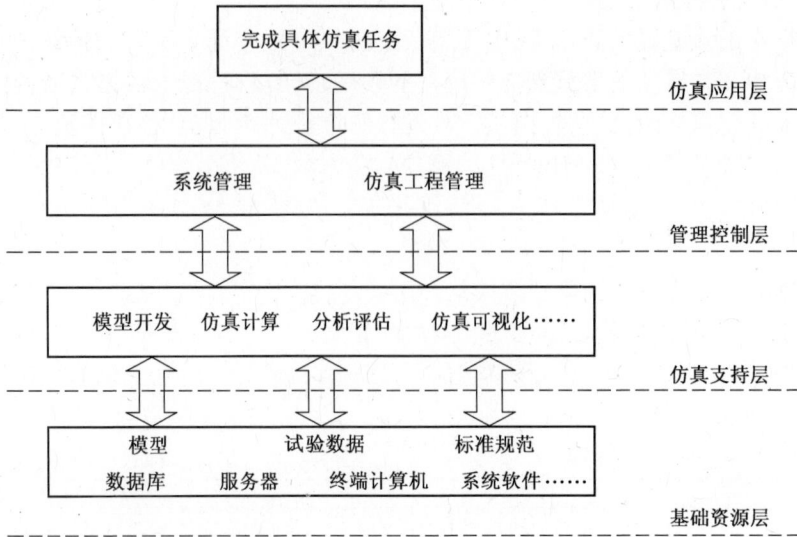

图 5-33　仿真系统体系结构图

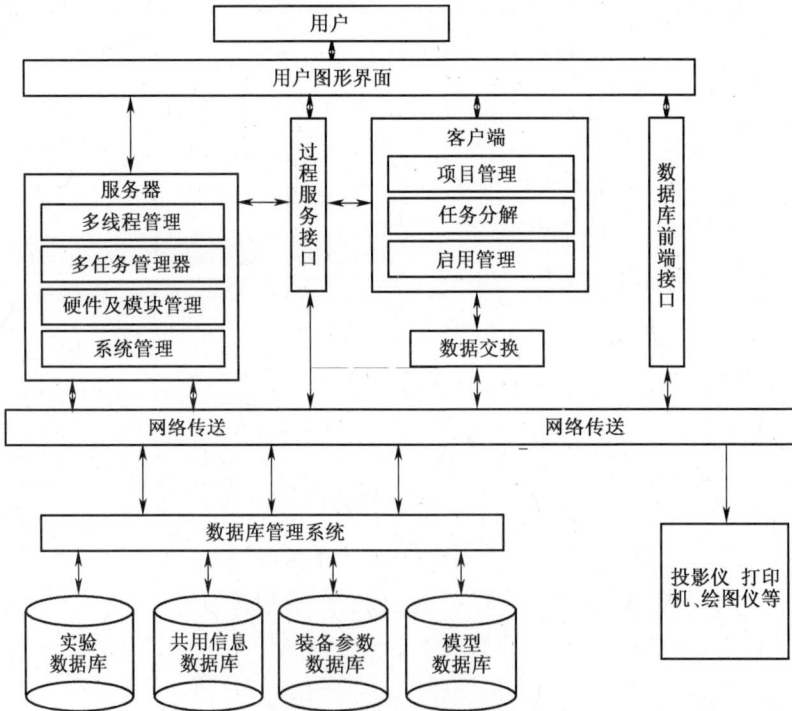

图 5-34　仿真运行流程

150

调用等功能为主体,实现对仿真任务的总体控制,包括单个仿真任务的仿真工程管理和多任务的系统管理。

（3）仿真支持层。仿真支持层以模型开发、仿真计算、仿真结果分析评估、仿真结果可视化等功能为主体,提供仿真任务的后台服务支持。

（4）基础资源层。基础资源层是电磁兼容仿真系统开发和运行的底层平台,主要包括服务器、终端计算机、网络等硬件设施、以及相应的系统软件、模型和数据等信息资源。

5.6.3 实验数据库

数据库是电磁环境效应建模仿真的重要组成部分,利用数据库的强大数据管理功能,通过关联模型的建立,在使用中控制各种类型仿真数据,使仿真中涉及的和生成的各类数据相对集中管理,以利于数据的描述和扩展,同时便于数据库系统的维护和升级。

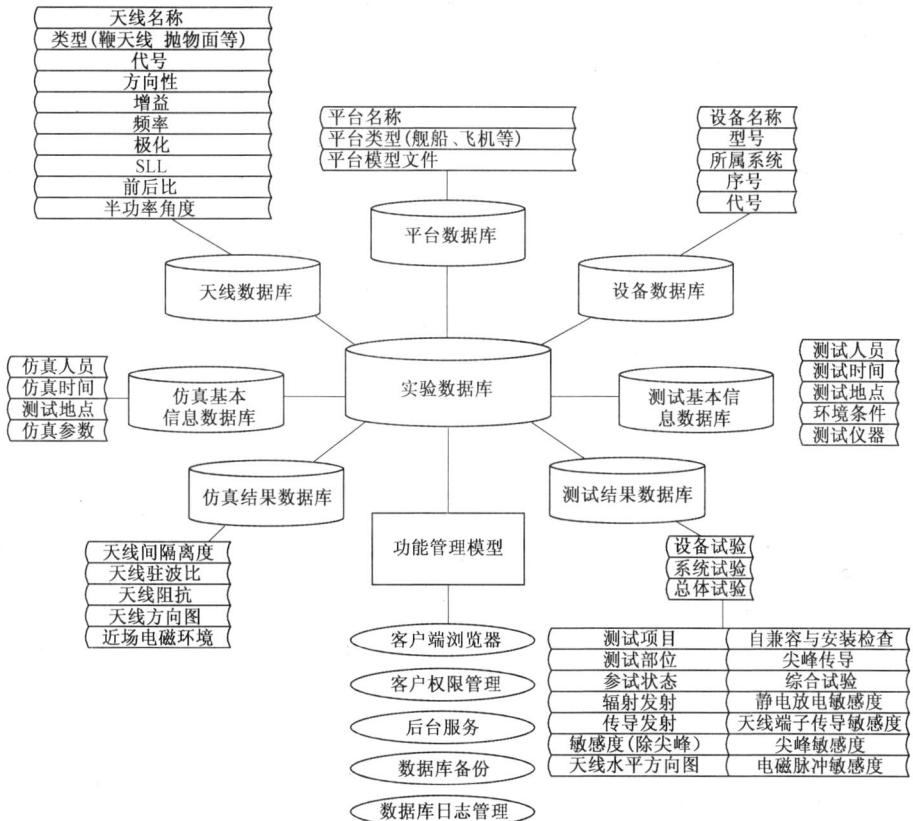

图 5-35　实验数据库组成

151

1. 基本要求

（1）分布式控制。多个用户在不同客户端可以处理仿真数据的存取，而且互不干扰。

（2）全局数据共享。每个用户可以对需要的仿真数据进行访问。

（3）安全可靠。由于数据库各个节点之间存在数据冗余，当一个节点出现故障时，可以通过其他节点中的数据对其进行数据恢复。

（4）并行处理。各个节点可以并行处理所需要的仿真数据存取，以提高数据库性能。

（5）可扩充。具备良好的数据库扩充能力，包括与其他数据库，如测试数据库间交互等。

2. 组成

实验数据库组成见图 5-35，主要包括仿真数据和测试数据等。仿真数据主要包括基本信息和仿真结果。基本信息包括平台名称、仿真人员、仿真时间、仿真参数等。仿真结果包括电磁环境、天线方向图、天线驻波比、天线阻抗、天线间隔离度等。测试数据可分为设备级、系统级和总体级 3 类数据。

第6章 电磁环境效应控制

装备电磁环境效应要求必须通过合理的控制和防护设计实现。本章从工程应用角度,结合当前相关技术发展,主要介绍了射频综合集成、自适应干扰对消、大功率瞬态设备传导干扰抑制等电磁环境和电磁干扰控制技术措施,并重点论述了电磁辐射危害防护和电磁脉冲防护技术和方法。关于常用的屏蔽、滤波、接地等电磁兼容性控制技术,在第10章中结合使用与维修中电磁环境效应控制进行介绍。

6.1 平台电磁环境控制

6.1.1 天线优化布置

天线布置对平台的电磁环境控制影响很大。发射天线的布置直接影响平台的电磁环境分布。接收天线部位电磁环境不同,其效应也不同,因此接收天线的布置影响接收机的工作性能。

1. 天线布置原则

天线宜远离各种金属构件,应避免与邻近的金属杆、金属索具平行,在水平距离上应尽量远离烟囱、通气筒、桅杆等上层建筑及其他金属物体。接收天线避免直接受到本舰的同频段设备大功率辐射,以防烧毁接收机的输入前端器件。

天线优化时,可以制定多个天线布置方案,针对每个方案进行电磁环境仿真和缩尺模型试验,根据电磁环境分布特点选择较优方案。对于干扰预测,开展局部试验或全模型试验,干扰预测结果可信度更高。

2. 天线选型

可采用多用途天线、有源天线和天线共用器、共形天线、集成天线、滤波器或其他天线综合利用装置,尽量减少天线的数量。

选用集成天线是一种发展趋势。传统的离散天线布置方法难以满足需要配置大量天线的舰船,一方面导致天线间隔离度难以满足要求,天线间干扰问题严重,另一方面极易引发频谱兼容性问题。大量的离散天线还提高了雷达反射截面积,使舰船容易被敌方雷达发现。采用天线集成技术可缓解上述问题。

一副集成天线具有多个功能或可以同时满足多部射频设备使用,典型例子是多功能天线、平面阵天线。多功能天线是一副天线具备以往几个分立天线的功能，支持多种功能使用，但在外形上仍采用传统型式。在一体化设计中将一副多功能天线同时用于不同的功能系统，并集成到上层建筑中。平面阵天线的外形是平面的，易于与上层建筑共形设计。平面阵天线阵面上排列着上千个阵元，每个阵元都能发射和接收信号。一部多功能平面阵天线能同时满足目标搜索、识别、捕获、跟踪、引导、导弹制导等多种功能的需求。采用集成天线可以减少天线数量、简化上层布置。

6.1.2 射频综合集成技术

上层天线布置和射频天线的电磁环境效应问题是装备(如舰船)设计中最为突出的问题之一。射频综合集成技术综合运用联合孔径、结构设计、平面阵天线、材料、系统集成等技术，把原本分立的多部天线与上层建筑共形，通过缩减天线数量来减少干扰源，改善了电磁兼容性能。舰船射频综合集成的形式主要包括封装集成和共形集成两种典型类型。

1. 封装集成

将原本分立的多部传统外形天线(如机械扫描天线)内置于一封闭式腔体内，封闭式腔体采用频选透波复合材料作为天线罩，并由多层腔体堆叠而成。通常将波段相近的天线一起封闭于腔体，安装于腔体表面的频选透波复合材料可以起到滤除其他波段干扰作用，而且可以有效减少雷达反射截面积。置于封闭式腔体内的天线往往是多功能天线，例如超短波发射天线，既可以为发信机发射信号，又可以发射超短波段的干扰信号。因此，封装式集成桅杆可以减少天线数量，在一定程度改善了平台电磁环境和天线间电磁干扰问题。

封装式集成桅杆的典型代表有英国45型驱逐舰的先进技术桅杆(Advanced Technology Mast,ATM)和美国"圣安东尼奥"级两栖船坞运输舰的先进封闭式桅杆/传感器(Advanced Enclosed Mast/Sensor,AEM/S)系统。ATM将各种雷达、通信天线设计成平面式或球形阵列天线，组成一体化的封闭式综合传感器桅杆结构，如图6-1所示。AEM/S系统基于全复合、自撑式外壳桅杆，将甚高频(VHF)/特高频(UHF)视距通信、敌我识别(IFF)、联合战术信息分发系统(JTIDS)等天线封装在桅杆内部，由此使隐身性能得到很大的提高。

2. 共形集成

采用共形集成的射频综合集成桅杆，上层建筑或桅杆外壁采用多孔径板结构。天线采用平面阵形式，安装于多孔径板的开口部位，整个多孔径板作为上层建筑或桅杆外壁。如此可以实现天线贴与上层建筑或桅杆外壁、与上层建筑共形的目的。另一方面同频段发射设备共用一套阵面天线，减少了天线数量。共形集成可有效

154

图 6-1　英国 45 型驱逐舰的封闭式桅杆

解决原有离散天线间电磁干扰问题,改善天线与上层建筑间的电磁环境效应。

　　共形集成射频综合桅杆的典型代表就是美国 DDX 驱逐舰的集成上层建筑,如图 6-2 所示。该形式综合桅杆大量采用相控阵天线,进行功能集成设计。DDX(首舰 DDG1000)采用先进多功能射频系统,配置由一部立体搜索雷达(VSR)和 X 波段多功能雷达(SPY-3)组合成的双波段有源相控阵体制雷达作为主要传感器,提供警戒探测、搜索跟踪、火控精跟、导弹截获、制导等功能,可代替原来舰上多部雷达的功能,并提高舰船的隐身性能。

图 6-2　美国 DDX 驱逐舰的集成上层建筑

射频综合集成技术可以减少天线数量,改善平台电磁环境和天线间电磁干扰问题,同时其具备强大的射频资源智能调配功能,已经成为未来舰船天线布置的趋势。

射频综合集成技术的出现,使舰船平台天线设计逐步摆脱了原有离散天线较多、布置困难、电磁干扰问题突出的局面。由于射频综合集成广泛采用阵面天线,并集中布置与上层建筑及集成桅杆,平面阵天线之间会产生新的电磁干扰特征,由此带来的阵面天线耦合干扰控制等电磁环境效应问题是新的技术问题,需要在应用过程中不断加以研究和解决。

6.2 电磁干扰控制

6.2.1 自适应干扰对消

对于共平台(如机载、车载、舰载)通信系统天线密集,而平台空间有限的情况,为了抑制天线间耦合干扰的影响,防止接收机阻塞和损坏,可以采用干扰对消技术解决收发系统干扰问题。自适应干扰对消技术是解决该问题的新的有效途径。图 6-3 所示为自适应干扰对消系统典型结构,该对消系统主要由移相器、衰减器和误差控制器组成。该系统首先在发射天线耦合器前导出参考信号,再通过 90° 相移器分为正交的同相和正交两路信号,每一路分别由相应的衰减器控制其幅度,之后再进行合并生成重建信号,最后与接收机天线接收的干扰信号进行反相合并对消,输出期望信号。该系统的自适应性体现在通过误差反馈信息控制衰减器,进而改变重建新号的幅度和相位,改善最终的干扰对消比,达到抑制强干扰信号的目的。

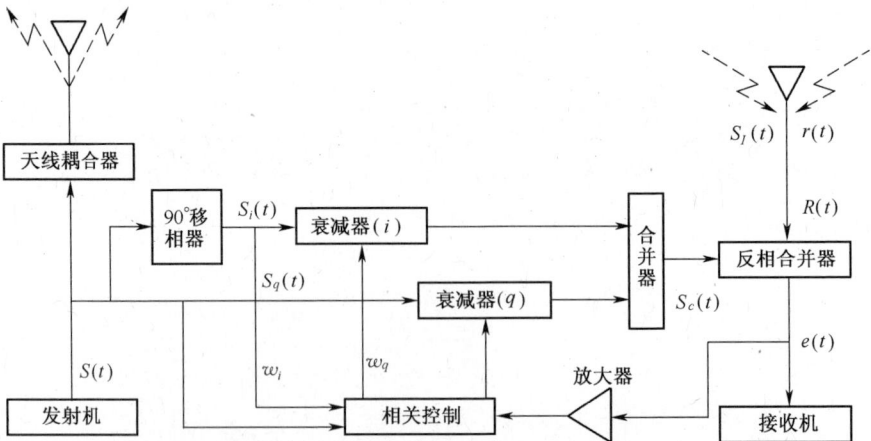

图 6-3 典型自适应干扰对消系统

6.2.2 大功率设备传导干扰抑制

1. 谐波抑制

谐波干扰是大功率设备传导干扰的主要形式之一,也是难以解决的传导干扰问题。由于谐波频率低,且大功率设备的电压高、电流大,常规 EMI 滤波器难以抑制。目前,谐波抑制技术主要包括有源电力滤波技术和复合无源滤波技术。

1) 有源电力滤波技术

有源电力滤波器(APF)是一种用于动态谐波抑制、补偿无功的新型电力电子装置,它能够对幅度和频率均变化的谐波以及变化的无功功率进行补偿。APF 工作时向主电路注入反相谐波电流用以补偿主电路的谐波,克服了 LC 滤波器等传统方法的缺点。

APF 有串联型和并联型两种,但常见的为并联型。APF 谐波抑制的基本原理为:通过外部电流检测技术实时采集电流信号,通过内部检测电路分离出其中的谐波部分,通过由绝缘栅双极晶体管(IGBT)组成的功率变流器产生与系统中的谐波大小相等、相位相反的补偿电流,实现滤除谐波的功能。APF 与无源滤波器相比,谐波抑制效果好,可以同时滤除多次及高次谐波,不会引起谐振,但有源电力滤波器会提高高频传导干扰的背景噪声,且响应时间有限。

2) 复合无源滤波技术

脉冲体制大功率发射设备如雷达等,其发射状态电源功率可高达数百千瓦。因其脉冲工作模式及采用大量非线性器件,工作中会产生大量低频谐波干扰,同时该类发射设备随着发射与待机、不同发射占空比等工作状态的切换以及发射功率的变化,谐波幅度及频率也随之变化,并且变化时间通常为微秒级。按照 GJB 151 标准进行 CE101 项目测试时,经常遇到其谐波严重超标的情况。

脉冲设备发射的脉冲信号 $f(t)$ 的傅里叶级数为

$$f(t) = \frac{E\tau}{T} + \frac{2E\tau}{T} \sum_{n=1}^{\infty} Sa\left(\frac{n\pi\tau}{T}\right) \cos(n\omega t) \qquad (6-1)$$

式中:E 为脉冲幅度;τ 为脉冲宽度;T 为脉冲重复周期;ω 为脉冲重复角频率($\omega = 2\pi/T$);$Sa(x)$ 为抽样函数,定义为 $Sa(x) = \dfrac{\sin(x)}{x}$。

可以看出,随着发射占空比变化,各谐波幅值相应变化,发射与不发射状态切换也会导致谐波频率变化。

由于脉冲体制设备产生的谐波幅度及频率变化快,有源电力滤波技术一般难以满足这种设备的谐波抑制要求。针对脉冲体制设备状态切换时间短、脉冲工作模式及峰值功率大等特点,可采用基于谐振电路和多线圈共轭的复合无源滤波技术进行谐波抑制。其基本原理是基于 LC 串联谐振技术,针对某特定频率谐波,通过选择合适的 LC 参数,设计谐振电路。因为 LC 电流串联谐振,针对该特定频率为低阻抗,实现对该频率分流,确保谐波不进入电网。若电路产生多频点谐波,可采用多个谐振电路并联来进行抑制。图 6-4 是一个典型的三阶谐波抑制电路。通常大电流滤波电感体积重量大、电感数量多,采用高功率密度材料的磁芯,将多电感共磁芯绕制,在确保滤波性能的情况下实现滤波器体积、重量大幅降低。图 6-5 是一种复合无源滤波器的多电感共轭电路原理图和安装布置图。其中 1~13 为多个轭,$L_1 \sim L_9$ 为多个电感。此外复合无源滤波技术在解决谐波干扰的同时,对其他频段电磁干扰具有一定的改善作用。图 6-6 为加装复合无源滤波器前后 CE101 测试结果对比。可以看出,采用复合无源滤波技术起到了很好的效果。

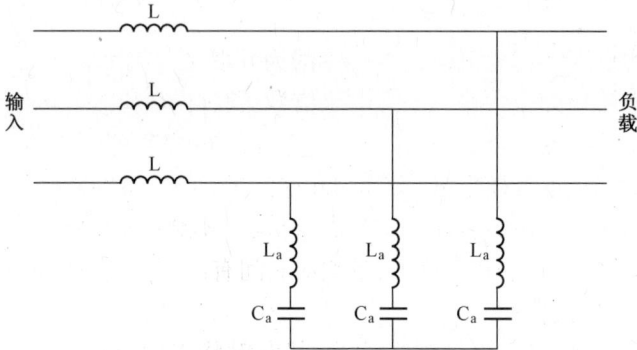

图 6-4 谐波抑制电路原理图

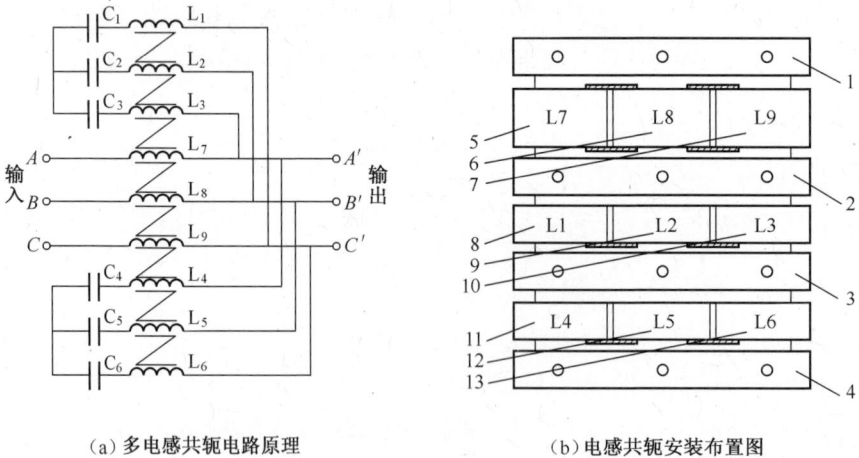

(a) 多电感共轭电路原理

(b) 电感共轭安装布置图

图 6-5 多电感共轭电路原理和安装布置图

158

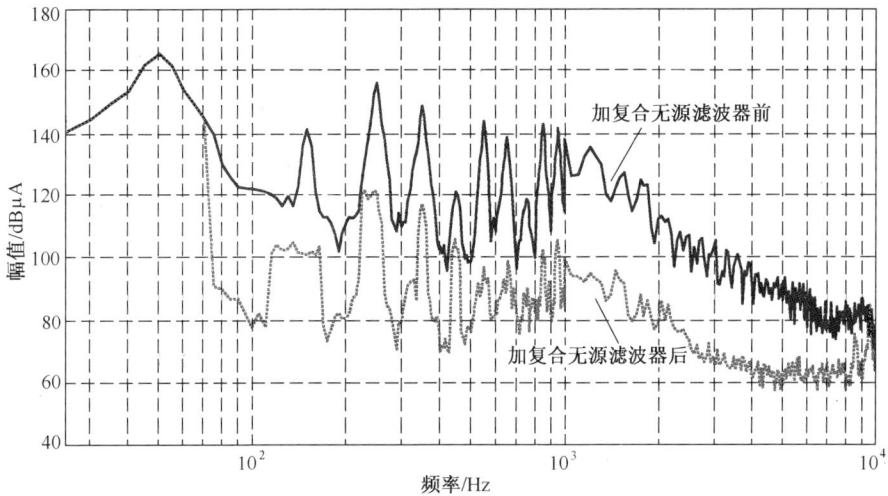

图 6-6　加装复合无源滤波器前后 CE101 测试结果对比图

2. 高频传导干扰抑制

按照 GJB 151 标准中 CE102 项目测试大功率设备的高频传导干扰时,经常出现超标情况。采用常规 LC 滤波器进行抑制,由于电流大,滤波器体积和重量会非常大,适装性差。针对大功率设备的高频传导干扰抑制,一般采用多阶滤波技术。多阶是指在滤波器的传递函数中有多个极点。阶数同时也决定了转折区的下降速度,一般每增加一阶,就会增加 $-20dB$ 左右。因此,常规滤波器的高插入损耗,可以通过多阶滤波技术实现,不但体积重量小,同时滤波效果好,与源和负载阻抗匹配性好。

如图 6-7 所示,为针对一型大功率发电机组设计的多阶滤波器。滤波器采用共模扼流圈、差模电感、X 电容、Y 电容及吸收电阻等组成多阶滤波器,抑制 $10kHz \sim 10MHz$ 频率范围内的传导干扰信号。同时采用高功率密度、小尺寸高频磁芯,实现大电流滤波器尺寸和重量小型化,具有更好的适装性。滤波器安装前后测试结果对比如图 6-8 所示。可以看出,加装多级滤波器后,高频传导干扰的抑制达到了 $40 \sim 80dB$ 左右,设备的传导发射 CE102 满足标准要求。

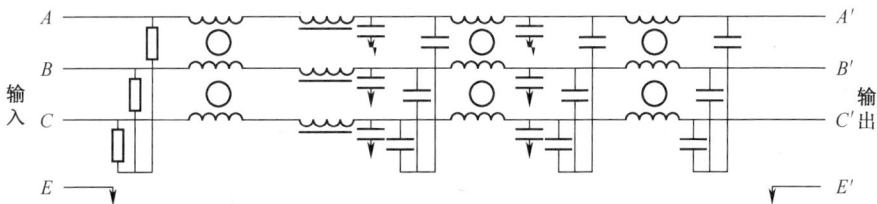

图 6-7　多阶滤波器电路原理图

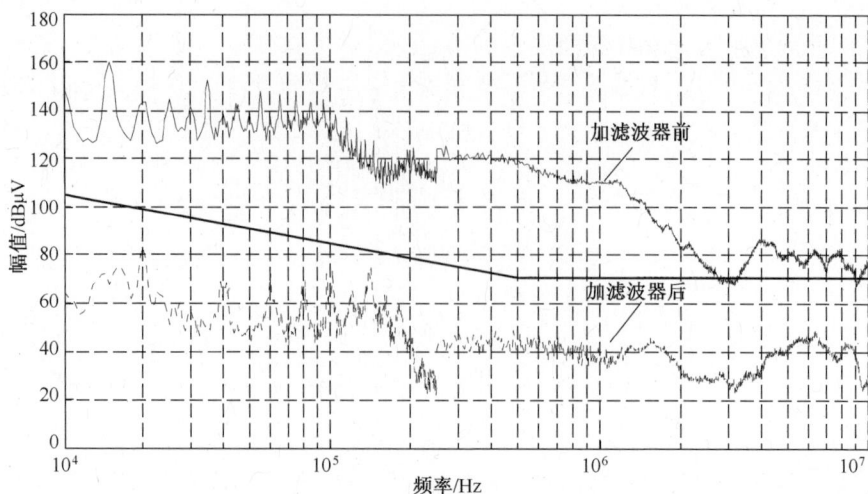

图 6-8　滤波器安装前后测试结果对比

6.3　射频电磁辐射危害防护

6.3.1　人体射频电磁辐射危害防护

1. 人体电磁辐射危害防护要求

为确保将电磁辐射对人体影响控制在安全范围内,必须建立暴露限值,制定人体电磁辐射安全性标准。各个国家和组织通过研究暴露于电磁场的人群健康效应调查、动物实验和理论推算,获取产生健康危害的生物影响,确定电磁辐射对人体有影响的危害阈值。由于生物试验的不确定性,阈值也存在不确定性,为此在规定人体限值时,采用了安全因子来消除对生物学影响认知不够充分造成的不确定性,增加数倍到数十倍的安全裕度,进而得出暴露限值(有时也称安全限值)。直接得出的"暴露限值"是基本限值,例如比吸收率 SAR,由于基本限值难以测量,对基本限值进行了推导,得出了易于测量的导出限值,如场强、功率密度等。

国际标准主要有国际非电离辐射防护委员会(ICNIRP)制定的《时变电场、磁场和电磁场暴露限值导则》(简称 ICNIRP 导则)、国际电气和电子工程师协会(IEEE)的标准 IEEE C95.1《3kHz～300GHz 射频电磁场人体安全暴露限值》、IEEE C95.6—2002《0～3kHz 电磁场人体安全暴露限值》。美国国防部以指令指示 DODI 6055.11《电磁场人体防护》规定了人体电磁辐射防护要求,美国海军为贯彻实施 DODI 6055.11,颁布了 NAVSEA OP 3565 VOLUME 1《电磁辐射对人体、燃油危害》。

ICNIRP 导则是世界卫生组织(WHO)为协调全球电磁辐射暴露限值标准而提供的指导性准则。ICNIRP 导则规定了 0~300GHz 内工作区、生活区内的人体电磁场暴露安全限值,其限值分为基本限值和导出限值两类,并针对职业人员和一般公众,分别给出了限值。出于安全考虑,ICNIRP 制定限值时采取了安全因子,且对一般公众的暴露安全因子比职业人员暴露安全因子要严得多。

IEEE C95.1 将电磁辐射暴露环境分为受控环境和不受控环境两类。受控环境是指职业工作区域及人员短暂经过的区域,人员在这种区域工作、停留应受到限制;不受控环境则指大众可以随意停留的区域或生活区,人员在这种区域生活、工作、停留不受限制。IEEE C95.1 按平均时间全身连续电磁辐射平均电平来规定人员暴露限值,采用最大允许暴露(MPE)限值来描述电磁辐射对人体危害的安全限值。最大允许暴露限值是指对等效于人体的垂直横截面(投影面积)作空间上的平均所获得的暴露值。从当前的发展来看,IEEE C95.1 与 ICNIRP 导则的限值有逐步统一的趋势。

DODI 6055.11—2009 提供了评估电磁辐射危害的详细方法,规定了 3kHz~300GHz 频率范围内射频辐射暴露限值、警示符号、防护距离的计算等内容,3kHz~300GHz 频率范围的安全限值采用了 IEEE C95.1—2005 的暴露限值要求以及划分方法;0Hz~3kHz 频率范围采用了 IEEE C95.6—2002 的限值,还明确规定了人体在 HPMEMP 环境下允许的暴露限值。

我国也制定了人体电磁辐射安全限值标准。国家标准主要是 GB 8702—2014《电磁环境控制限值》,军用标准主要是 GJB 5313—2004《电磁辐射暴露限值和测量方法》。GB 8702 标准规定了电磁环境中控制公众暴露的电场、磁场、电磁场(1Hz~300GHz)的场量限值、评价方法和相关设施(设备)的豁免范围。该标准适用于电磁环境中控制公众暴露的评价和管理,参考了 ICNIRP 导则和 IEEE C95.6—2002 标准。

GJB 5313 规定了军用短波、超短波、微波辐射设备工作时,作业区和生活区中短波、超短波、微波辐射暴露限值和测量方法。依照电磁场的特点,作业区和生活区的人员电磁辐射情况又划为 4 类:连续波照射下的连续暴露;连续波照射下的间断暴露;脉冲波照射下的连续暴露;脉冲波照射下的间断暴露。

2. 人体射频电磁场防护方法

预防电磁辐射对人体危害可从控制电磁辐射环境、设定工作程序、配备人员防护用具等几个方面着手。

1) 控制电磁辐射环境

在装备研制初期,进行良好的电磁辐射危害防护设计,控制平台电磁辐射环境,可大幅度减少人员受电磁辐射危害的可能性,这也是人员强射频电磁场防护的主要措施。

控制电磁辐射环境电平应从影响装备电磁环境的主要因素入手,对电磁辐射源进行干预并采取措施。在装备研制初期提出电磁辐射危害防护要求,总体设计中进行相应的电磁辐射防护设计,研制过程中合理地解决电磁辐射危害问题。例如调整设备分部布局,使电磁污染源远离人员工作区;改进电气设备,在近场区采用电磁辐射吸性材料或装置;实行遥控和遥测,提高自动化程度等。

对大功率雷达、通信、电子战等分系统的发射功率、天线增益、工作频率、波束宽度、俯仰角范围、重负频率、副瓣电平等参数进行综合分析,合理配置。设计时,使雷达、电子战的主波束不能对准人员岗位照射,人员岗位也不能在副瓣照射范围内,更不允许多部雷达同时照射到人员工作岗位或活动区域。应减少发射天线周围的金属建筑物和构件。在不影响性能的情况下天线附近的构件索具等应尽量采用非金属材料制造。露天区域金属壳体设备和构件如活动栏杆等与金属船体进行可靠的电气连接。

通过天线的优化布置,可使装备的电磁辐射环境得到有效控制,为电磁辐射危害防护奠定良好的基础。

2) 设定科学工作程序

由于使用的需要或技术水平的限制,目前即使在装备设计建造时进行了电磁辐射环境控制,也不能保证人员所处电磁环境一定在安全限值之下,此时必须规定科学的工作程序,避免电磁辐射对人员的危害。工作程序可从以下两个方面考虑,减少电磁辐射对人员的危害。

(1) 划定安全距离。对大型电磁辐射设施应划定控制区,保证人员与辐射源的距离。应根据天线特征采用计算或测量的方法来确定人员离开发射机或天线的安全距离,再根据这个安全距离设置人员的岗位,并划出辐射危害区。对该区域内的装备的安装和使用应做出限制,使用尽量明显的警示标志,并对进出该区域的人员进行控制,如设置围栏或围索,严禁人员进入。相关工作人员在进入此类区域之前要采取必要的人员防护措施。

(2) 设置警告装置。警告装置包括在必要区域设置警告标识、安装监测设备和人员随身携带报警装置。对超过辐射保护限值的区域,应设置当心电磁辐射或当心微波的警告标志,或在辐射源附近涂覆醒目区域标志线等,以示危害,并注意维护保持好这些区域标识。

3) 配备人员电磁辐射防护用具

武器平台上各类大功率发射机工作时,作业人员难免会暴露在较大的射频辐射电磁环境下。在没有恰当的防护措施时,作业人员是难以承受强电磁辐射伤害及影响的。因此,对于必须在超过允许暴露限值电平的电磁环境中工作的人员,应采取有效的电磁辐射防护措施。给相关人员配备电磁辐射防护服是减少人员受电磁辐射危害的重要措施。

3. 人员电磁辐射防护服

人员电磁辐射防护服可阻隔或衰减电磁辐射,降低电磁辐射对人体造成的伤害,有效地保护人员的身体健康。

1)防护服屏蔽原理

屏蔽电磁辐射的基本原理主要是基于电磁波穿过防护服时,产生反射、吸收和电磁波在服装内的多次反射,导致电磁波能量衰减。如图 6-9 所示。

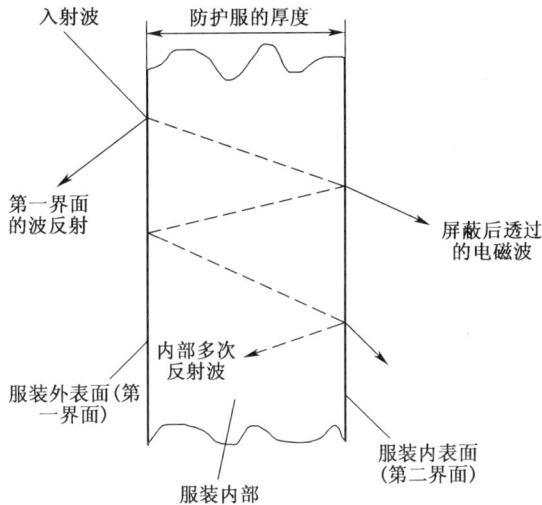

图 6-9　电磁辐射防护服对入射电磁波的衰减

电磁波到达防护服表面时,之所以会产生反射,其主要原因是电磁波在空气中的波阻抗 Z_1 与服装的本征阻抗 Z_2 不相等,这样电磁波传播到屏蔽体界面时就会产生反射,引起电磁能量的损失, Z_1 和 Z_2 两者数值相差越大,反射所引起的损耗也会越大,如图 6-10 所示。

在图 6-10 中,电磁波在空气中的阻抗为 Z_1,防护服的本征阻抗为 Z_2,电磁波到达服装界面上发生了波反射。设入射波场强为 E_0、H_0,则反射后反射波的电磁场强度分别为

$$E_r = \frac{Z_1 - Z_2}{Z_1 + Z_2} E_0 \tag{6-2}$$

$$H_r = \frac{Z_2 - Z_1}{Z_1 + Z_2} H_0 \tag{6-3}$$

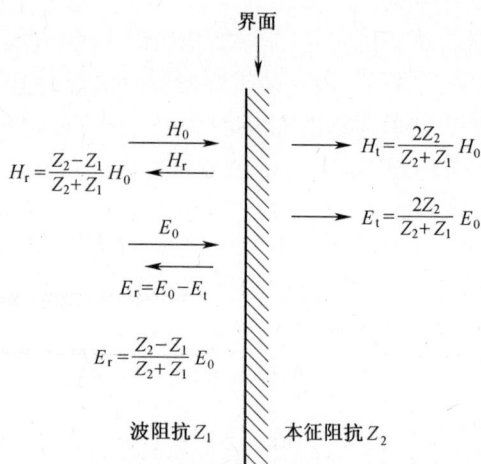

图 6-10　电磁波通过特征阻抗不同的介质产生的波反射

所以经过屏蔽体后的透射波的电磁场强分别为

$$E_t = E_0 - E_r = \frac{2Z_2}{Z_1 + Z_2} E_0 \tag{6-4}$$

$$H_t = H_0 - H_r = \frac{2Z_1}{Z_1 + Z_2} H_0 \tag{6-5}$$

电磁波在穿透电磁辐射防护服时,产生的吸收损耗则主要是当电磁波进入到一种吸收材料时,电磁场强度会随深入距离按指数规律衰减,如图 6-11 所示。

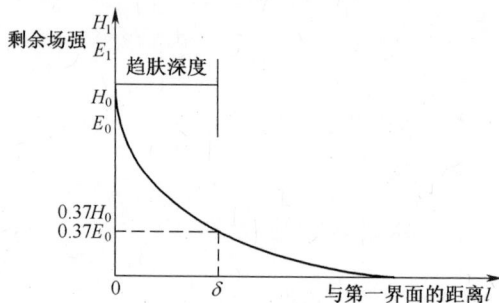

图 6-11　电磁波穿过电磁辐射防护服的指数衰减

图 6-11 中的 E_1、H_1 为

$$E_1 = E_0 e^{-l/\delta} \tag{6-6}$$

$$H_1 = H_0 e^{-l/\delta} \tag{6-7}$$

式中:E_0,H_0 为入射波的电磁场强度;E_1,H_1 为剩余电磁场强度;l 为入射波到边界的距离;δ 为趋肤深度。

164

2）防护服技术要求

（1）电磁屏蔽效能要求。人员电磁辐射防护服最重要的技术要求和指标就是电磁屏蔽效能。针对不同的辐射环境,防护服的屏蔽效能要求和指标也有所不同。

防护服的屏蔽效能与屏蔽织物的性能有关。一般来讲,具有较高导电、导磁特性的材料都可用作织物的电磁屏蔽材料,但必须考虑到它的可纺、可织性,即不会影响纺、织各工序的执行。防电磁辐射纤维用量的多少及其在织物中的排列情况直接影响织物对电磁波的屏蔽效果。

从人员防护的角度来看,防护服电磁屏蔽作用的频率范围自然越宽越好、屏蔽效能越高越好,但实际上可用来制作防护服的材料,在低频段及高频段都很难达到较好的屏蔽效果,过高的要求在技术上难以实现。

频率范围要求:使用电磁辐射防护服的平台,根据其安装的所有大功率发射机的频率范围,确定防护服电磁屏蔽频率范围要求。

屏蔽效能要求:针对平台使用电磁辐射防护服位置,通过仿真或实测得到电磁环境各频段的最大值,对照 GJB 5313 标准中人员安全限值,两者的差值即为防护服屏蔽效能的最低要求。

（2）其他要求。

可靠性:防护服的可靠性,是重要的质量指标。没有可靠性,就谈不上防护效果。不能出现由于人员的活动或操作,造成保护服的屏蔽效能下降的现象,防护服穿着后应保持良好的电气连续性。

安全性:防护服应无毒,无味,对皮肤无刺激,不含有禁用的染化料等。

耐用性:防护服应具有较好的耐磨性,不能因为正常使用的磨损而造成防护服屏蔽效能下降。

舒适性:防护服质地应柔软,有一定的透气性,不会使人员感到工作不便。

环境通用性:防护服在使用时,不应有太多环境条件的限制,在大多数环境条件下不会使它的原有性能失效。

6.3.2 军械射频电磁辐射危害防护

1. 射频电磁场对军械危害机理分析

1）电磁辐射对电爆装置危害分析

电磁辐射能否影响电爆装置,主要取决于电爆装置引线由空间电磁场感应的射频能量,以及由引线传输此能量到桥丝的效率。这两个问题与下列因素有关:电磁波的波长和辐射形式,如脉冲波、连续波、调幅波、调频波;电爆装置所处位置的电场强度或功率密度;引线(等效接收天线)的结构及引线与空间电场间的相对位置;电爆装置桥丝电阻;等效接收天线与桥丝之间的阻抗匹配性;电爆装置的射频感度等。这些因素本身是变化的,各因素之间也相互有影响。

建立电爆装置桥丝及其引线的简化模型,如图 6-12 所示。其中 L 表示桥丝引线长度,R 为桥丝的电阻。图 6-13 为模拟仿真图,图中建立了坐标系。

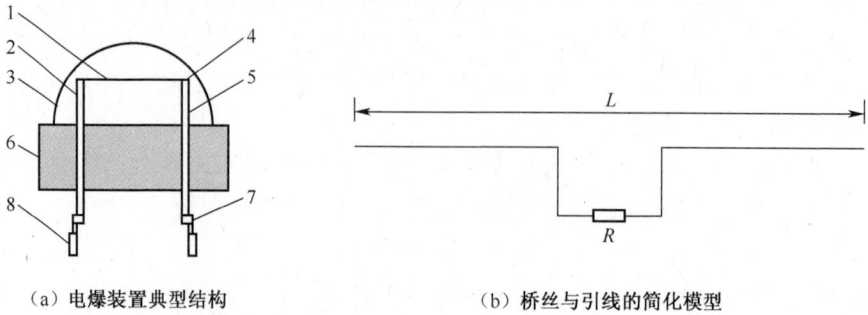

（a）电爆装置典型结构　　　　　　　　（b）桥丝与引线的简化模型

图 6-12　电爆装置典型结构及桥丝与引线的简化模型

1—桥丝;2—烟火材料;3—保护涂层;4—桥丝连接点;5—连接金属丝;6—玻璃基体;7—焊接点;8—连接导线。

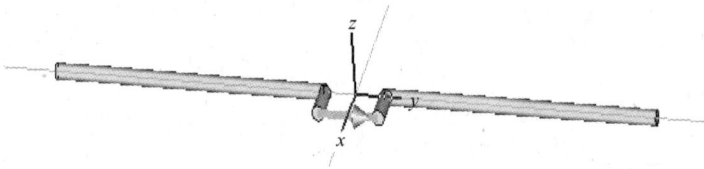

图 6-13　电爆装置桥丝及其引线的仿真模型图

通过仿真分析入射波极化方向、入射波传播方向、火工品引线长度、桥丝电阻、频率(30MHz~1GHz)等因素在相同条件下变化时与桥丝上产生的感应电流的关系,可以得出:

（1）入射波极化方向与桥丝引线及桥丝的方向一致时,桥丝耦合的能量最大;

（2）辐射电磁场对桥丝和引线作用时,相对桥丝而言较长的引线起主要作用;

（3）当桥丝引线长度接近半波长时,桥丝上的感应电流最大;

（4）在桥丝材料相同,当引线长度为 $\lambda/2$ 时,随着频率的升高,桥丝上的感应电流减小。

2）典型军械的电爆装置温度与电流对应关系

桥丝式电爆装置的安全电流表达式为

$$I = \sqrt{\frac{KLS}{\rho} \cdot \left(T_0 + \frac{T - T_0}{1 - B_{min}} \right)} \tag{6-8}$$

式中

166

$$B_{\min} = \frac{2}{e^{\sqrt{\frac{KL}{\lambda S}}a} + e^{-\sqrt{\frac{KL}{\lambda S}}a}}$$ (6-9)

其中:λ 为桥丝的热导率;S 为桥丝的截面积;T 为桥丝温度;T_0 为桥丝端面的温度;K 为药剂的散热系数;L 为桥丝的周长;I 为电流;ρ 为桥丝的电阻系数;a 为桥丝的半长度。

其中,λ、S、T、L、I、ρ 都可以直接测量得到,K 可以结合电热响应曲线的曲线斜率、电压最大变化量等参数计算获得。

由式(6-8)可知,温度变化值 $\Delta C(T-T_0)$ 与电流的平方成线性关系。

3)典型军械的电磁能量耦合

外界电磁场的射频能量,进入导弹电爆装置,引起射频危害的情况十分复杂。根据电磁耦合原理与导弹结构特点,工作在电磁辐射环境下的导弹系统,电磁能量可能通过各种耦合途径进入系统,如图 6-14 所示。

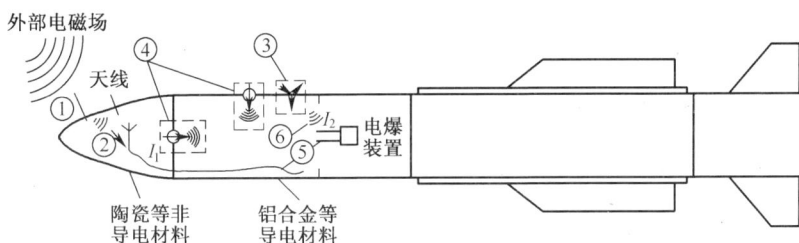

图 6-14   导弹电磁耦合示意图

从图 6-14 可以看出,可能的电磁能量耦合途径包括:

(1)外部辐射场透过非屏蔽罩进入导弹导引头舱,电磁场直接对导引头内部设备和孔缝等结构发生作用;

(2)辐射场电磁能量耦合到天线及其电路上,以耦合电流 I_1 的形式传导进入导弹系统。通过改善天线抗干扰性能、在电路上安装限幅器或滤波器等措施可以实现有效控制。因此,电磁能量通过该路径耦合到导弹电爆装置并引起较大影响的可能性比较小;

(3)外部电磁辐射场穿透导弹金属外壳进入壳体内部。对于短波,电磁能量穿透金属壳体的能力比较弱;

(4)通过导引头与后面舱室连接部位和弹体外壁上的孔缝耦合进入壳体内部,是外部辐射场进入导弹内部的主要耦合路径之一;

(5)壳体内部线缆中的电磁能量在电爆装置及其电路之间感应耦合,可通过设计进行控制,因此发生电缆与电爆装置电路之间强耦合的可能性不大;

(6)通过孔缝耦合、弹体穿透进入外壳内部的电磁能量以感应电流 I_2 的形式耦合到电爆装置及其电路,也是外部辐射场进入导弹内部的主要耦合路径之一。

因此,舰载导弹电爆装置对电磁能量的主要耦合路径是电磁场经导弹壳体的孔缝耦合以及桥丝和引线等相关电路结构感应耦合。

通过仿真分析,孔缝耦合进入导弹壳体内部的电磁能量基本分布在孔缝附近区域内,随着距孔缝距离的增大而减小;垂直极化波的耦合电场大于水平极化波的耦合电场;在入射方向和极化方式相同的情况下,随着频率的增高,孔缝耦合的电场随之增强;孔间距越大,内部耦合场越小;相同面积时,孔阵耦合小于单孔的耦合。

根据 GJB 7504 的要求,可用军械内电爆装置感应电流来评价军械安全性;在最大不发火电流一定的情况下,感应电流越大,则军械安全裕度越低。因此,军械安全电平大小,最终可归结于军械中电爆装置感应电流大小。

2. 军械强射频电磁场防护方法

军械强射频电磁场防护方法包括两个方面:一是对军械进行抗电磁辐射危害设计,提高军械抗电磁辐射危害的能力;二是当军械抗电磁辐射危害的能力难以改变时,可优化军械预期安装平台的总体设计,控制军械安装处的电磁环境,从而实现对 HERO 的控制。在实际使用中,必要时应进行使用管理控制,对军械的操作过程进行安全控制。

1)军械抗电磁辐射危害设计

军械抗电磁辐射危害设计常用方法有以下几种:

(1)在满足系统要求的前提下,尽量不使用电爆装置。

(2)在满足空间、重量、可靠性等性能指标的前提下,尽量降低电爆装置感度,也即尽量采用钝感电爆装置。

(3)采用平衡电桥使电爆装置对射频钝感。

(4)在电爆装置引入处填充射频衰减材料,例如在发火电路上使用 EMI 吸收式滤波器并屏蔽从滤波器到电爆装置的电缆。

(5)电爆装置尽量采用金属屏蔽,减少开孔。例如将整个军械系统装入连续的射频屏蔽体;屏蔽发火电路的各个模块和连接电缆。

(6)采用临时短接片防止电爆装置在制造、装药、装卸和运输过程中误引爆。

(7)电爆装置应与任何金属外壳隔离,从每个导线到外壳的阻抗应匹配并尽可能提高。

(8)发火电路导线应最少、最短,其导线尽量采用对绞屏蔽电缆,并与其他线路隔开。

(9)将保险丝与电爆装置并联安装,使电爆装置起爆特性得到保险丝的保护。

(10)在发火电路的滤波器和电爆装置之间预留足够间距,以防止电弧的危害。

2）平台电磁环境控制

总体优化设计时,可利用预测分析手段进行平台的电磁环境预测,例如缩尺模型预测,数值计算等。为解决得到天线最佳布置,在方案阶段可进行船模缩比试验或数值计算,通过多方案多付天线的方向图、露天区场强测试,并针对大功率发射源,进行多位置、多频率的重点预测测试、分析,以预测军械安装处的电磁环境,对军械的抗电磁辐射危害设计提出指导。

3）使用管理控制

由于军械的状态和种类繁多,在军械操作中不可能在任意电磁环境中能正常工作,因此对军械的操作和使用过程中必须进行电磁环境控制。

控制环境电平主要从控制功率,增加距离、以及在屏蔽区内进行作业等角度着手,如图 6-15 所示。具体的方法有对军械进行分类、建立 HERO 发射控制清单、进行 HERO 测量及进行安全距离计算。

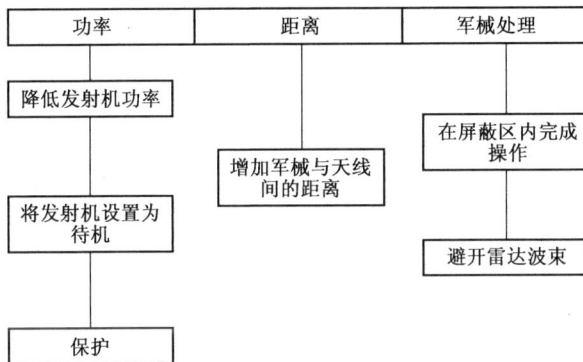

图 6-15 控制军械射频电磁环境的措施

（1）对军械进行分类。由于军械类型复杂,对电磁辐射敏感的特性多种多样,实际使用中可进行分类,以利于使用管理。

按照以军械能否承受 GJB 1389A 规定的限值为准则对军械进行分类处理,可建立 4 个相关类别,分别是:安全军械、敏感军械、不安全/不可靠军械;能承受 GJB 1389A 规定的限值、基本不会敏感并且不需要对电磁环境进行常规 HERO 要求以外的限制的军械属于安全军械;容易敏感并且需要适度限制射频环境的军械属于敏感军械;在军械装配,分解或者进行其他未经认可的条件或操作时,其性能可能由于暴露于射频环境中而降低的军械属于不可靠军械,可能发生事故性点火或者引爆的军械属于不安全军械。安全或敏感的军械在分解、装配时也有可能成为不安全军械和不可靠军械。

（2）建立 HERO 发射控制清单。HERO 发射控制（EMCON）清单给出不同 HERO 等级的军械在电磁环境的使用方法,主要目的是通过事先计划出的简单有效的规定,来管理高功率发射设备形成的电磁环境和军械使用之间的矛盾。通过HERO 发射控制清单可以尽量减少由于 HERO 因素导致的发射控制限制,其程度由下面两个因素决定:一是军械的数量和类型;二是使用、处理、装载、储存、装配和运输过程中发生暴露的地点周围的射频环境。

(3) 进行 HERO 测量。HERO 测量提供射频电磁场的实际情况并且能更详细地了解操作环境。在多数情况下,测量中得到的数据可以降低军械在安全距离上的限制,从而使得电磁环境控制更为方便。

6.3.3 燃油射频电磁辐射危害防护

电磁能量对燃油存在着潜在危害,燃油暴露于射频电磁辐射环境中,较强的电磁能量的电弧或火花可以导致挥发性易燃品的燃烧事故,出现电磁辐射对燃油的危害问题。控制武器平台电磁环境对燃油的危害,确保平台安全至关重要。燃油射频电磁辐射危害控制主要是通过在装备全寿命期各阶段开展相关措施来实现的。

1. 安全限值

电磁辐射对燃油危害的具体安全限值主要分为两种,一个是纯粹从点火能量角度出发,另一个限值从电磁场场强角度出发。

1) 从点火能量角度考虑的限值

在辐射天线附近的辐射场强度足以感应具有电弧和火花引燃所需的能量。有关研究和试验表明引起电弧和火花引燃所需的能量为 50VA,这是指用电弧或火花开始点火所需的功率阈值。该功率阈值为被测两点间的开路电压和短路电流的乘积。

2) 从电磁场场强角度考虑的限值

有关研究表明,对于工作频率在 UHF 频段以上的雷达等设备,由于其辐射方向性强,主波束内场强高,可能会照射到燃油操作区域,需要根据燃油特性确定这一区域最大场强值,并采取相应的控制措施使得该区域场强不超过这一最大值。

对于工作频率在 UHF 频段以下的通信系统等设备,也需要根据燃油特性,确定燃油操作区域最大场强值,并加以控制。

由于电磁辐射对燃油造成危害的成因比较复杂,很难确定其定量限值,通常从空间距离上给出定量和定性要求。控制发射天线与燃油作业区的空间距离可以有效控制燃油作业区的电磁环境,从而有效减小电磁辐射对燃油的危害。其电磁辐射能量或场强与距离之间的关系可参考 2.2.1 节介绍的方法进行近似计算。

2. 设计要求

(1) 对工作在预定电磁环境中的燃油系统和设备进行分析,确定总体、系统及设备的预防电磁辐射对燃油危害的要求。

（2）确定舱室以及燃油作业区的布置，并提出相应的隔离措施和要求。明确机载及舰船上的燃油舱、易燃挥发性油类（如航空煤油）的装卸口和通气口应远离或背向大功率辐射，尽量将其布置在场强较低的区域。

（3）结合预防电磁辐射对燃油危害有关空间距离控制要求，完成天线电磁兼容性布置设计以及燃油作业区布置的设计。

（4）有关电缆布置的要求。敷设在金属桅杆上的电缆应尽量穿入桅杆内或采用电缆罩，也可背向本舰辐射源安装；在燃油作业区域的电缆尽量采取屏蔽措施，且保证屏蔽的完整性。燃油作业区、燃油储存舱室内以及附近区域尽量避免安装电缆接线盒、开关，必须安装的电气开关应采用防爆开关，以减小产生电火花的可能性。

（5）辐射源的相关要求。距短波发射天线 15m 之内较大的活动金属部件和设备（如吊艇柱、工作人员船用担架等）应通过绝缘吊架、钢夹或托架与船体结构接触；不允许雷达主波束对燃油装卸口及其通气管口和燃油直接照射，必要时在适当位置涂覆或采用吸收电磁波的材料，吸收雷达副瓣的能量，以尽量避免因电磁辐射而产生足以点燃航空汽油等油料蒸气的火花。

（6）在燃油尤其是机载燃油等易挥发性油类储存舱室内或附近安装通风装置以及易燃气体探测装置，在探测装置探测到易燃性气体浓度达到燃烧极限下限 10%~20% 时，自动启动通风装置。

3. 使用要求

进行燃油作业时，通常应满足以下要求：

（1）油舱检修、加注油等作业时，停止短波大功率天线发射，断开主波束能照到燃油作业区域的大功率雷达。

（2）对燃油作业装置及燃油作业区域附近设备定期进行检查，确保其接地搭接良好。

（3）装卸易燃挥发性燃料的设备在运行和维修时，要做到燃料溢漏最少，发现溢漏应立即清除并查明原因。

（4）加注燃料期间，附近电子、电气设备不可进行连接电源、断开电源连接等动作。

6.4　电磁脉冲防护

6.4.1　电磁脉冲耦合途径

在电磁脉冲环境中运行的电子、电力系统，电磁脉冲能量可通过各种途径进入系统,这些进入途径主要有:① 天线或起天线作用的长导体和环状导体对电磁能量的收集;② 电线、电缆的耦合与传导;③ 对设备壳体的穿透;④ 通过金属壳体上缝、孔、洞的耦合;⑤ 金属框架、管道等的结构耦合。

以舰船平台为例,通常电磁脉冲能量进入舰船内部的途径有:通信、雷达天线;船舱外部的电力、信号电缆和波导;对舰船壳体和设备壳体的穿透;通过舱口、通道、窗口及缝隙进入舰船内部;通过通风管等金属管道进入舰船内部。图 6-16 为电磁脉冲耦合途径示意图。

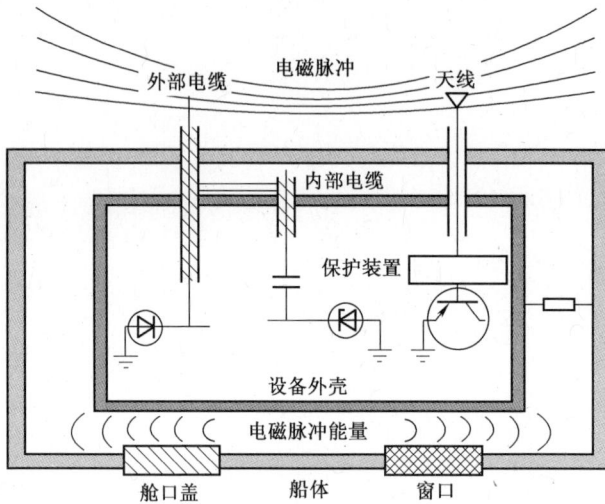

图 6-16　电磁脉冲耦合途径

从耦合方式来说,电磁脉冲对舰载电子、武器系统的耦合通常包括辐射和传导两种类型。辐射耦合方式主要有电磁脉冲对天线的耦合、对电缆等长导体的耦合、对孔洞与缝隙的耦合等。传导耦合则是指电磁脉冲能量以电压或电流形式通过金属导体或元件(如电容器、变压器)对系统形成的耦合。实际上,电磁脉冲对舰载电子、武器系统形成的耦合是一个复杂的物理过程,辐射耦合和传导耦合往往交织在一起,难以截然分开。例如,接收到的电磁脉冲能量通过舰上天线、外部电缆、管道等进入内部的电子系统,并耦合到电线、电缆、设备上,使敏感电子设备承受到较大的冲击电流,从而干扰甚至损坏电子系统和电气设备。

电磁脉冲耦合途径又分为"前门"和"后门"两种途径。"前门"指设备的天线,"后门"指设备的连接电缆、机壳或屏蔽箱体上的洞孔等。

"前门"耦合情况下,电磁脉冲能量直接通过天线进入包含有发射机和接收机的系统。通信、雷达及电子对抗设备的天线是"前门"耦合的主要对象。"前门"耦合一般是单通道耦合,接收天线一般具有方向性和通频带,与天线相匹配的传输线、低通或高通滤波器也只能传输一定频率的信号。因此,只有当电磁脉冲信号的频率落在接收天线的带宽内,耦合功率最强。

"后门"耦合情况下,电磁脉冲能量通过电子设备的外壳的开口与缝隙进入设备,或在设备之间的连接电缆上产生传导干扰信号。电磁脉冲能量对舰载设备"后门"耦合的方式主要有两种:一是传导耦合,即耦合至外部电缆上并传导进入舱室内部的电子设备;二是辐射耦合,即通过舱口、通道、窗口及缝隙辐射进入舱室、设备内部。

现代武器装备,基本采用金属封闭结构,设备发射和接收天线是电磁脉冲进入装备内部的主要通道。从电磁脉冲的能量频率分布来看,其对短波、超短波频段设备影响最大。

短波和超短波通信天线形式多为鞭状天线,且短波天线比超短波天线尺寸更大,对电磁脉冲能量的耦合更多。

5.4.4 节中电磁脉冲仿真结果表明,电磁脉冲场在 6m 鞭天线上耦合的高频电流峰值为 $-240 \sim 170A$,峰值电流的频率范围为 $3 \sim 10MHz$,这也说明了天线是电磁脉冲能量进入装备内部的主要耦合途径。百安培量级的射频电流进入通信设备内部,会对设备产生较大的破坏,因此必须采取必要的防护措施。

6.4.2　电磁脉冲防护技术

装备平台电磁脉冲防护主要通过提出电磁脉冲防护设计方案来实现。以下以舰船为例,介绍电磁脉冲防护方法。

对于舰船平台,天线是电磁脉冲能量进入舰载电子系统最主要的耦合通道,也是防护加固需要重点考虑的部位。除了天线以外,还应考虑对舱内通信、雷达设备及设备舱室采取电磁脉冲防护加固措施,确保通信、雷达设备在电磁脉冲环境下不会受到损伤或者产生性能降级。舰载短波通信和雷达设备电磁脉冲防护技术方案框架见图 6-17。

1. 甲板上部分电磁脉冲防护方案

电磁脉冲进入短波通信和雷达设备最主要的途径就是通过天线耦合,而电磁脉冲频谱和主要分量正是在短波通信和雷达频率范围内。因此,对这两种设备来说,首先要求保护的部件就是天线及同轴传输线。

1) 天线电磁脉冲防护方案

由于电磁脉冲频谱覆盖了短波通信鞭天线工作频带和雷达工作频带,常用的带通滤波器无法滤除电磁脉冲信号。因此,对于天线接口的电磁脉冲防护主要是通过使用终端防护装置(TPD)来完成的。通过在天线部位安装终端保护装置,可以有效抑制电磁脉冲能量进入短波通信系统内部。

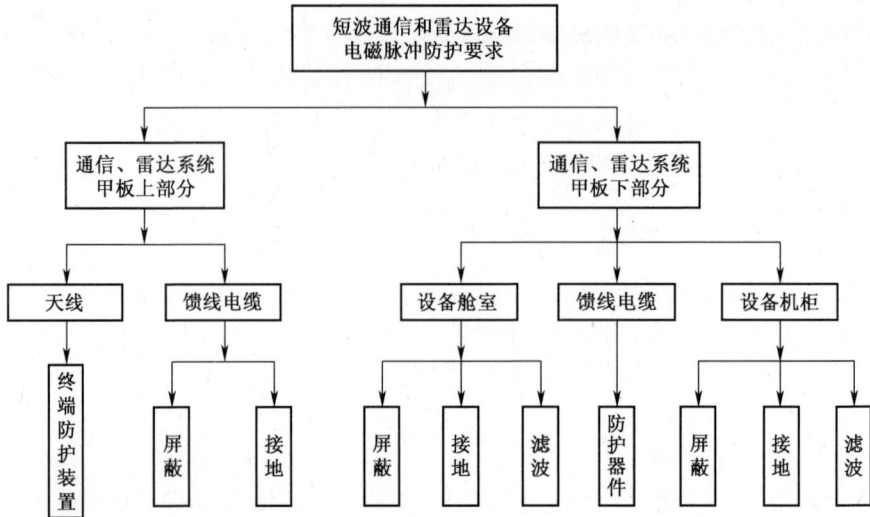

图 6-17　舰载短波通信和雷达设备电磁脉冲防护技术方案框架

具体的防护要求是,采用多级分流的思想,以实现电磁脉冲耦合能量逐级降低的目的。在非常短的时间内将电磁脉冲耦合电流分流入地,达到削弱和消除过电压、过电流的目的,从而保护短波通信系统和雷达设备。

应用于天线的电磁脉冲防护装置一般安装在天线根部与馈线连接部位,通常在天线匹配调谐网络或天线电路之前。正常情况下,每当天线端耦合的冲击电流超过规定的门限时,防护电路启动,将冲击电流直接旁路到地。但当过电压不再存在时,系统正常工作必须自动恢复。此外,在任何情况下,防护装置对短波通信系统及雷达的性能不应产生影响。防护装置的插入损耗不能超过1dB,防护装置调制产物必须在80dB以下。

2) 馈线电缆电磁脉冲防护技术

天线后端连接的馈线电缆的作用是传输和控制射频信号。发射机产生的射频信号通过馈线传输至天线,天线接收的微弱射频信号通过馈线传输至接收机。同样,从天线接收到的电磁脉冲能量将通过馈线传输至接收机或发射机内,从而对短波通信和雷达系统的内部电路产生影响。馈线的电磁脉冲防护,通过采用电磁屏蔽效能高的电缆并在馈线上安装过压保护器件来实现。

(1) 馈线屏蔽。连接天线的馈线电缆应采用双层屏蔽同轴电缆,其屏蔽层在进入舱室处应以360°圆周形状焊接在船壳上,确保屏蔽电缆接地效果。

(2) 馈线电磁脉冲防护器件。应用于馈线的防护器件要求较高,由于是串联在馈线上,其除了满足电磁脉冲防护要求外,还不能影响射频信号的传输,即对射

174

频电路的参数比如插入损耗、驻波比等不能有影响。

馈线后端的设备如接收机等设备承受电磁脉冲能量的能力(耐压)较低,要求通过保护器件后的电磁脉冲浪涌残压小。因此对保护器件的选择件较为严格,其应具备电容小、残压低、通流大、响应快的特点。

2. 甲板下部分电磁脉冲防护技术方案

1) 设备舱室电磁脉冲防护方案

为防止电磁脉冲能量通过天线以外的耦合通道进入短波通信和雷达设备内部,其设备舱室应设计为屏蔽舱室。

2) 设备机柜电磁脉冲防护技术要求

在对舰船甲板上的天线、馈线电缆采取加固措施,将设备舱室设置为屏蔽舱室后,可以有效控制进入短波通信和雷达设备内的电磁脉冲能量。但是为了避免电磁脉冲能量通过其他方式进入设备内部,避免由于上述两种加固措施对电磁脉冲能量的抑制度不够高而导致设备受到损害,舱室内的设备机柜也必须采取适当的电磁脉冲防护加固措施。

通用的电磁兼容性设计方法和采取的工艺措施对抗电磁脉冲是有一定效果的。因此,对于屏蔽舱室内的设备机柜,只要其在设计时满足相关标准的规定,即可满足对电磁脉冲的防护要求。设备机柜具体的电磁脉冲防护加固措施包括屏蔽、接地以及滤波3个方面。

6.4.3 电磁脉冲防护效果评估方法

由于电磁脉冲防护加固措施和方法涉及面广,包括甲板上天线、馈线电缆、设备舱室和设备机柜,难以采用计算分析的方法对各部分的电磁脉冲防护技术要求符合性进行评估,所以主要采用测试的方法。这里介绍脉冲电流注入(PCI)测试评估方法。

1. 测试仪器

1) 脉冲发生器

输出短路电流:≥1kA;

输出波形:双指数波。

2) 电流传感器(天线端口注入监测)

频率范围:10kHz～750MHz;

电流监测幅度:0～1kA。

3) 电流传感器(馈线端口残压监测)

频率范围:100Hz～750MHz;

电流监测幅度:0～100A。

4) 示波器

带宽:≥750MHz;

输入阻抗:50Ω。

5) 设备性能测试仪器

按标准规定选用合适的仪器。

2. 测试布置

对电磁脉冲防护技术要求进行评估的脉冲电流注入测试布置如图6-18所示。

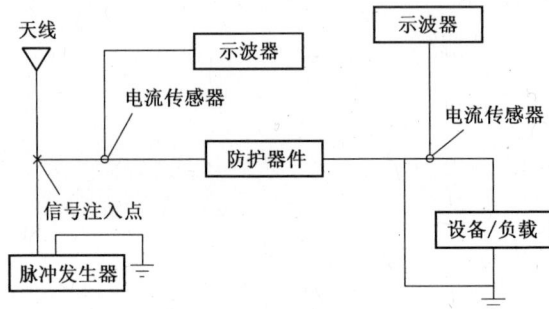

图 6-18 测试布置图

3. 施加电平限值

根据电子设备电磁脉冲危害机理研究,得出电磁脉冲场在短波鞭天线和雷达天线上耦合的高频电流峰峰值约为350~410A。为确保应用于天线端口的防护器件能够承受电磁脉冲耦合电流的冲击,通过各防护措施后进入设备端口的电磁脉冲电流能够满足设备的抗烧毁要求,必须提出合适的考核测试电流限值要求和抑制限值要求。

根据 GJB 1389A 中安全裕度的规定:"对于安全或者完成任务有关键性影响的功能,系统应具有至少6dB的安全裕度。"因此,施加到天线端口的电磁脉冲电流为 700~820A,综合考虑确定输入天线端口的电磁脉冲测试电流限值为 1kA。MIL-STD-188-125-2 中射频天线线路保护器件考核要求中规定的注入峰值电流要求也为 1kA。

4. 测试方法

1) 测试要求

(1) 短波通信系统和雷达设备(含整套天线设备)都要进行脉冲电流测试,包括天线露天区馈线电缆和馈线上的同轴防护器件。

(2) 试验时,天线线路内导体经馈线连接至舱室内的被测设备上,该设备输入阻抗应与馈线阻抗匹配。

(3) 测试时,输入脉冲信号要求见表6-1。

表 6-1 输入脉冲信号波形参数

信号波形要求	峰值电流/kA	脉冲上升时间/ns	脉冲半高宽度/ns
双指数波	1	≤5	≥50

2）测试步骤

（1）根据测试布置的要求，对设备、测量仪器进行设置。

（2）试验时，逐步增大脉冲发生器的输出。注入幅度按照峰值电流的 10%、25%、50% 和 100% 的顺序进行注入。记录注入脉冲波形及参数，得到脉冲峰值电流 A_1。

（3）记录负载端耦合的电流波形及参数，得到峰值电流 A_2。

（4）利用设备性能测试仪器测量并记录设备的各项技术指标，观察其有无出现敏感现象。

（5）天线、馈线电缆整体防护效果可由以下公式计算得出：

$$A_t = 20 \lg \frac{A_1}{A_2} \text{（dB）} \tag{6-10}$$

第7章 电磁环境效应论证

装备电磁环境效应论证是指以军事需求为牵引,运用科学的理论、方法和手段,对电磁环境效应所涉及的目标和内容进行系统的分析与综合,并在提出多种可行的备选方案基础上,进行优化,从而选出最佳方案,为决策提供科学依据的过程。

电磁环境效应论证是装备论证关键组成部分,论证提出的电磁环境效应指标是装备研制的重要依据。在装备研制过程中,如果不进行科学的论证,将会出现系统不兼容、性能指标达不到要求,装备难以形成应有的使用效能。本章阐述了装备电磁环境效应论证方法、交互方法,并着重论述了电磁环境效应指标论证、多方案评估和关键技术论证的基本程序和方法,构建了电磁环境效应指标体系,给出了应用示例。

7.1 论证目标和内容

7.1.1 论证目标

依据使命任务、使用性能和初步总体方案,开展电磁环境、电磁环境效应要求及指标的论证,分析影响电磁环境效应的关键技术和措施,为工程研制提供依据,为总体方案决策提供支撑,减小工程研制风险,实现工程最佳效费比。

7.1.2 论证内容

论证内容包括:

(1) 分析用频系统和设备的工作频率特性,确定频谱需求;

(2) 分析装备的电磁环境及电磁环境效应特点,提出装备总体、系统和设备的电磁环境效应初步指标要求,提出对系统、设备、天线的选型及布置的初步方案;

(3) 分析可供选用方案中应解决的电磁环境效应关键技术问题、费用和风险;并对两者之间的电磁环境效应进行预测分析,确定装备电磁环境效应需解决的关键技术、风险和措施;

(4) 确定所选用的电磁环境效应标准、规范的内容;

(5) 编制装备电磁环境效应论证报告,确定电磁环境效应要求。

7.2 论 证 方 法

装备电磁环境效应论证过程是一个由抽象到具体的过程,是一个系统生成的过程,也是一个使论证问题由非结构化逐步向半结构化,继而向结构化转化的过程。

电磁环境效应论证采用的方法主要有频谱分析法、仿真预测法、标准分析法和模型试验法等。模型试验法,即物理模型预测法,通常可在技术要求论证中,用于多天线优化布置和电磁环境定量分析,其原理和方法见第 8 章。下面重点对频谱分析法、仿真预测法、标准分析法进行介绍。

7.2.1 频谱分析法

1. 基本思路

频谱分析法从用频设备和系统的频谱关系分析电磁干扰,从而对频谱占用及需求进行综合评估,其基本思路是:以电子设备和系统初步方案为基础,从用频设备和系统的频谱参数入手,重点研究装备的频谱工作特性,理清频率、幅度、时间这3 个基本要素的相互关系,通过寻找干扰耦合途径来建立它们之间的工作相关性,得出其是否存在干扰的分析判断,对已确认的干扰进一步研究其关联程度,并说明干扰对使用所带来的影响范围和程度。基本流程见图 7-1。

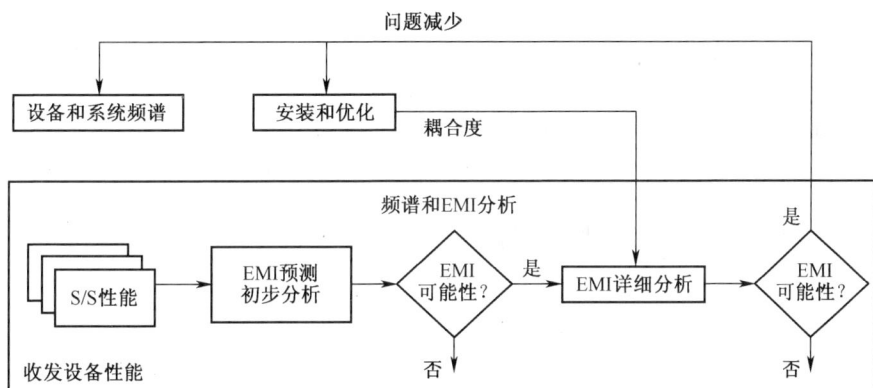

图 7-1 频谱分析法分析流程

评估分析就是从各个系统对频谱资源占用开始,分析设备或系统相互之间的频率关系,初步判定相互干扰是否存在。然后根据设备的技术特点、体制、相互之间空间距离,进一步完成必要的干扰预测计算和分析,最终判别和确定干扰强度。

2. 分析方法

复杂平台上所使用的用频设备多,需要分析的对象也较多。通常采用设备干扰矩阵图,逐对进行设备间干扰-响应的分析。为提高效率,突出重点,在进行具体干扰预测之前,对研究的相关设备进行粗略的筛选,初步判断有无干扰。

根据理论和以往装备干扰情况的相关经验,进行对照分析,无干扰的设备将不再进行预测研究,有问题的将其列入有干扰一类进一步地深入分析。对有干扰的干扰响应对,确定两者之间所有可能的耦合路径以及通过路径到达受干扰设备的电磁能量,借助于设备工作特性频谱图进行全面的分析并进行理论计算,确认干扰,说明干扰对设备性能以及使用功能的影响。

目前通用的分析预测方法分成四级,即:①幅度筛选;②频率筛选;③详细筛选;④性能预测。

第一级主要以幅度大小为基础,考虑发射-接收响应对间可能存在的干扰,以快速方式从大量干扰对中筛选出强干扰情形,使问题的范围变小;第二级考虑干扰对间的频率间隔以对频率变量进行预测;第三级考虑按时间、距离和方向变量的修正,从统计角度预测干扰情况;第四级考虑接收机的噪声电平和干扰信号电平进行干扰程度预测。

在同一平台上发射-接收对之间的距离较近,强干扰对多出现在同频工作的条件下,部分出现在谐波干扰的条件下,因此采用综合性的预测方法,即统一考虑发射-接收对的幅度模型、频率模型、天线模型,包括空间位置、方位间的关系、频率和带宽修正因子等,建立干扰余量方程进行预测,以便抓住主要问题。

1) 分析初始条件

电磁干扰的发射-接收响应对及其中间传播介质的参数均是预测的初始条件。这些参数包括频域参数(f)、时间参数(t)、空间位置参数(含发射天线-接收天线间的空间方向 p 和二者间的距离 d)等。

发射设备考虑以下参数:发射功率、发射波形、调制模式、中心频率、工作带宽、谐波发射电平、带外发射电平等。

接收设备考虑以下参数:信号频率、信号带宽、接收机灵敏度、接收机中频、中频带宽、接收机本振频率、中频响应特性等。

收发间传播介质考虑以下参数:发射天线、接收天线、天线增益、旁瓣抑制、天线方向图、极化形式、天线尺寸、收发天线间距离,以及电磁波的空间衰减,天线间空间方向角等。

2) 分析计算方程

每个发射-接收响应对之间是否存在干扰,用进入接收机输入端的有效干扰功率(P_I)与其敏感度门限值(P_N)相比较来确定,定义干扰余量 IM(dB) = P_I(dBm)−P_N(dBm),若干扰余量 IM>0,表示存在干扰,IM<0,表示兼容状态。一般 IM 是频率(f)、时间(t)、干扰对间距离(d)与接收天线间极化因子(p)的函数,考

虑到发射和接收天线的增益,天线间的传输衰减,以及带宽因子等,则干扰余量的通用表达式为

$$\mathrm{IM}(f,t,d,p) = P_\mathrm{T}(f_\mathrm{E}) + G_\mathrm{T}(f_\mathrm{E},t,d,p) - L(f_\mathrm{E},t,d,p)$$

$$+ G_\mathrm{R}(f_\mathrm{E},t,d,p) - P_\mathrm{R}(f_\mathrm{E}) + \mathrm{CF}(B_\mathrm{T},B_\mathrm{R},\Delta f) \qquad (7\text{-}1)$$

式中: $P_\mathrm{T}(f_\mathrm{E})$ 为发射频率 f_E 上的发射功率(dBm); $G_\mathrm{T}(f_\mathrm{E},t,d,p)$ 为接收天线方向上发射天线在 f_E 上的增益(dB); $L(f_\mathrm{E},t,d,p)$ 为收发天线间在 f_E 上的传输损耗(dB); $G_\mathrm{R}(f_\mathrm{E},t,d,p)$ 为发射天线方向上接收天线在 f_E 上的增益(dB); $P_\mathrm{R}(f_\mathrm{E})$ 为接收机在 f_E 上灵敏度的门限值(dB); $\mathrm{CF}(B_\mathrm{T},B_\mathrm{R},\Delta f)$ 为考虑到发射机带宽 B_T 、接收机带宽 B_R 以及发射机与接收机响应频率的间隔 Δf 的修正系数。

3) 分析计算模型

(1) 发射机模型。发射机模型主要包括基波幅度模型和谐波模型。基波幅度模型通常用平均功率 $P_\mathrm{T}(f_\mathrm{OT})$ 和标准差 $\sigma_\mathrm{T}(f_\mathrm{OT})$ 表示,平均功率取额定输出功率(dBm),标准差一般采用2dB。 N 次谐波平均功率(dBm)为

$$P_\mathrm{T}(f_\mathrm{NT}) = P_\mathrm{T}(f_\mathrm{OT}) + A\lg N + B \qquad (7\text{-}2)$$

式中: A 、 B 为发射机常数, A 对应于斜率(dB/10倍频), B 对应于基波处的幅度交点,以高于基波的dB表示。

(2) 接收机模型。接收机模型主要包括基波敏感度阈值和带外干扰平均敏感度阈值。基波敏感度阈值($P_\mathrm{R}(f_\mathrm{OR})$)一般已给定(dBm),也可(在 $S = N$ 下)按式(7-3)计算。

$$P_\mathrm{R}(f_\mathrm{OR}) = -174 + 10\lg B_\mathrm{R} + F \quad (\mathrm{dBm}) \qquad (7\text{-}3)$$

式中: B_R 为接收机带宽(Hz); F 为噪声系数(dB)。

接收机带外干扰平均敏感度阈值,可采用式(7-4)表示:

$$P_\mathrm{R}(f) = P_\mathrm{R}(f_\mathrm{OR}) + I\lg \frac{f}{f_\mathrm{OR}} + J \qquad (7\text{-}4)$$

式中: I 、 J 为接收机型号常数。

3. 分析计算过程

根据上述分析方程和模型,按接收机灵敏度、发射机发射功率等收发设备和系统技战性能和邻道干扰、谐波发射、杂散发射等主要干扰来源建立评估模型,进行电磁干扰计算。结合收发特性识别潜在的电磁干扰频率点,其计算分析评估模型如图7-2所示,分析计算参数见图7-3。

7.2.2 仿真预测法

1. 基本思路

仿真预测以电磁计算理论和计算机技术为基础。采用数字仿真技术进行电磁

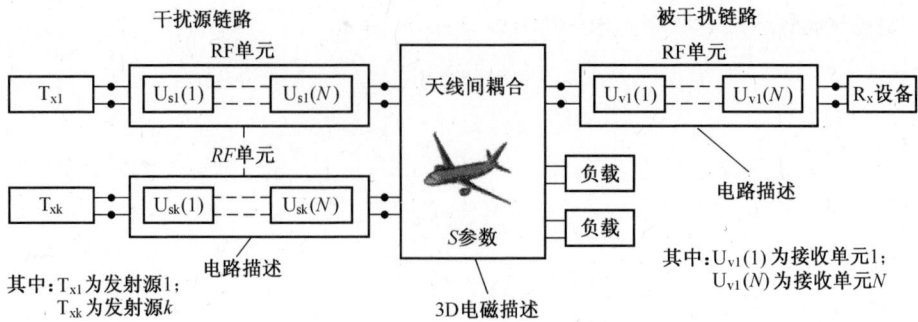

图 7-2 频谱分析计算模型

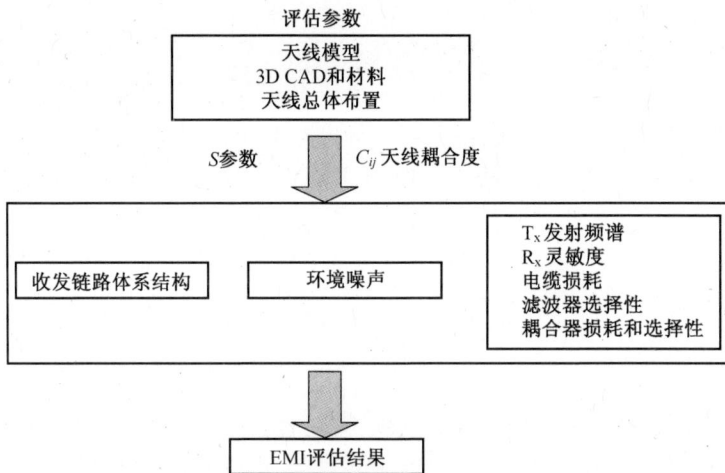

图 7-3 频谱分析计算参数

环境效应预测和分析,建立各种电磁发射特性、传输函数和敏感度特性的数学模型,开发仿真预测软件,然后根据预测对象的具体状态,运行预测程序来获得潜在的电磁环境效应计算结果。利用计算机建立预测模型是目前较为普遍采用的预测方法,也是一种主要的发展方向。第5章进行了详细介绍。

仿真预测是论证提出电磁环境效应要求和指标的量化分析方法。在电磁环境效应论证中根据使命任务需求,通过建立仿真模型,预测分析装备寿命期中的电磁环境,分析频谱资源的利用问题;分析预测装备电磁环境效应,可能存在的干扰进行定量的估计和模拟;评估优化选型方案。

2.分析方法

仿真预测法根据装备目标图像和初步方案,通过建立仿真模型及计算、电磁环境效应问题评估、迭代优化技术方案、结果处理及报告等步骤,开展电磁环境效应分

182

析,论证电磁环境效应指标要求,优化电磁环境效应技术方案,评估电磁环境效应,控制电磁环境效应技术状态。采用仿真预测进行论证的具体流程如图7-4所示。

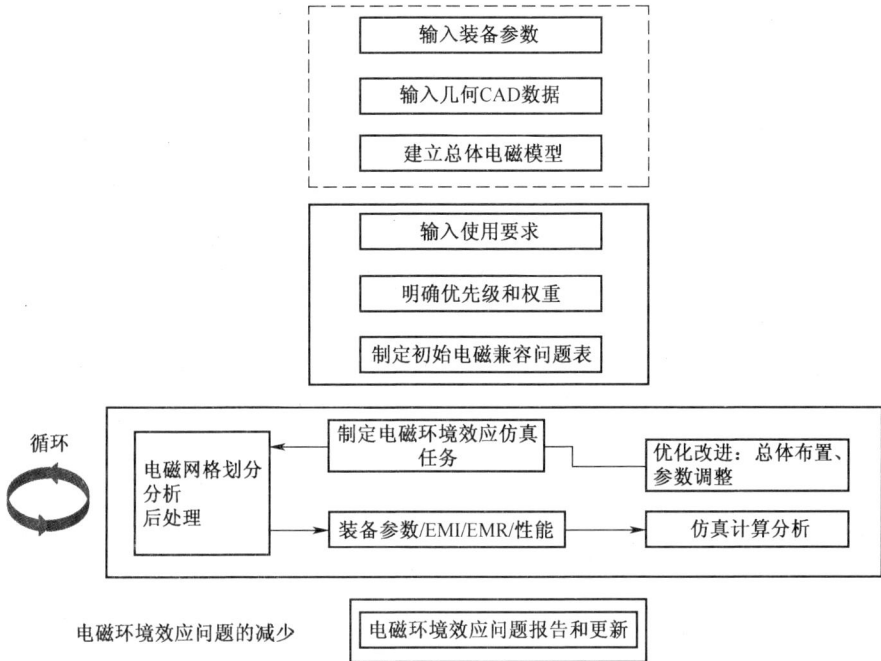

图 7-4　仿真预测论证流程图

1）建立模型及仿真计算

采用第5章介绍的方法进行建模和仿真计算。对预期要计算的装备电磁特性,例如天线产生的远场、近场、天线间耦合分析、辐射危害等进行参数设置,提交仿真任务进行电磁计算。

2）电磁环境效应问题评估

利用仿真分析结果及仿真的交互,结合发生概率及频度、受害者的重要程度、后果严重程度等因素进行电磁环境效应问题评估。

3）迭代优化技术方案

根据输入的数据建立初始的项目电磁风险矩阵表,通过仿真计算结果,更新电磁风险矩阵表的输入;进行优化更改和采取风险缩减措施,重新进行仿真计算,根据计算结果再次更新电磁风险矩阵表;直至得出优化后的方案设计风险状况。

4）结果处理及报告

生成电磁环境效应问题状态及处理结果的详细报告,详细报告中应能追溯到电磁环境效应问题发生的源头。

通过仿真进行舰船集成天线系统包括雷达、通信、导航等全面的 EMC/EMI 分析。可以直接获得天线远场覆盖和辐射方向图、辐射近场强度、天线间耦合、感应电流密度分布，还可以针对辐射危害标准进行辐射危害区域计算、进行多天线联合覆盖和通信链路性能评估、基于天线间耦合考虑接收机/发射机链路进行 EMI 分析等。图 7-5 为部分指标的仿真及仿真结果示意图。

（a）辐射近场强度

（b）天线间耦合

（c）感应电流密度

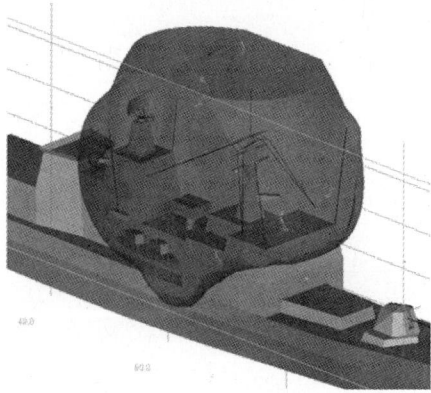

（d）电磁辐射危害区域

图 7-5　仿真结果示意图

7.2.3　标准分析法

1. 基本思路

引用和遵循标准可以建立统一的技术基准，提高论证的说服力，达到事半功倍的效果。电磁环境效应指标的论证过程实际上是以标准化为主线的研究过程。随着武器装备技术的发展，电磁环境效应已经形成了较为系统的标准规范，在论证中应该优先考虑并尽量直接引用。对于没有国内标准可以遵循的性能指标，可以参照国外同类标准，找到使用需求、技术和经费的最佳平衡点之后确定。

2. 分析方法

任何一型装备提出后,已有若干标准适用于其研制。标准分析法就是对已有的若干适用标准进行分析和整合优化,提出指标和要求,分析方法见图 7-6。在电磁环境效应指标和要求的确立过程中,需要熟知各类专业标准规范,特别是要熟知通用电磁环境效应指标的有关标准规范。采用定性与定量相结合的方法,通过经验比较、计算、运筹分析等,完成标准的信息收集和适用性分析,结合型号工作,提出电磁环境效应要求。例如:应优先采用经订购方同意的实测或预测分析的数据,当无相应数据时,电磁环境可以按 GJB 1389A 中规定的指标要求。天线布置要求中的天线隔离度和方向图失真度可根据 GJB/Z 36 规定的要求提出。对控制电磁干扰的机壳地、电缆屏蔽层接地等按照 GJB 1046 中相关要求提出控制要求。

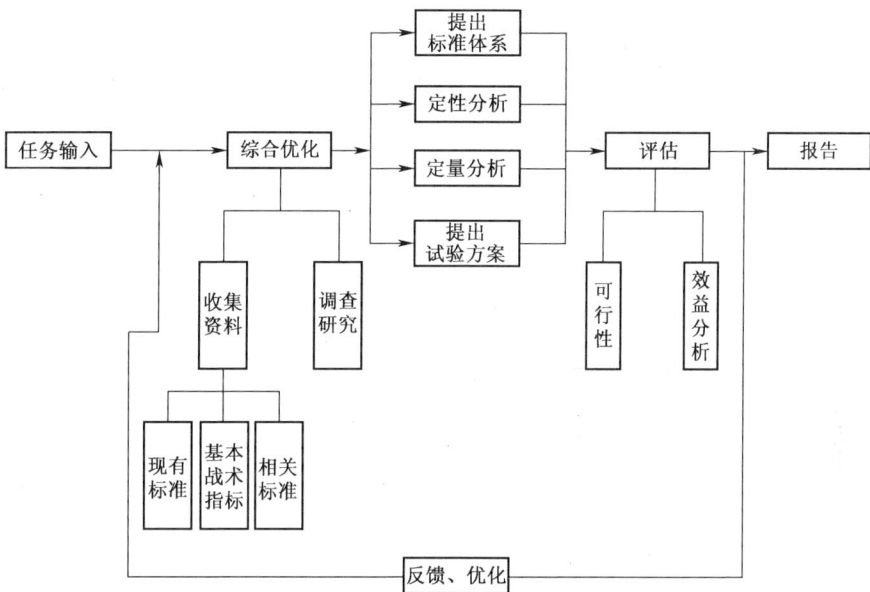

图 7-6　标准分析法流程图

7.2.4　论证方法的选用

各种论证分析方法的使用时机与论证过程各阶段的论证内容及其分析特点密切相关,一般而言,在选择论证方法时,可按下述思路进行,具体见图 7-7。

(1) 在论证的初期,目标图像不是十分清晰,此时开展较简单的分析,一般利用现有经验或与相似装备进行比较,或者手工计算,采用的分析方法大多属于经验比较、逻辑推理和计算分析方法,这类方法较为适用于定性分析及对问题的归纳、判断和演绎。

（2）在提出备选方案过程中，采用仿真和模型试验进行预测，系统分析、系统综合及信息反馈始终贯穿于该过程的全部及其各个阶段，所以仿真预测分析和标准分析方法将是该过程中常用的分析方法，可以解决装备复杂的电磁环境效应问题论证分析。

（3）在评审方案的过程中，由于必须对各个备选方案的实施效果进行评估，提出针对决策者效用的论证意见，因而，应用最多的分析方法是几种方法的结合。

应当强调的是，各种方法的使用不是绝对的，应根据具体分析的内容和要求对这些方法加以综合运用。

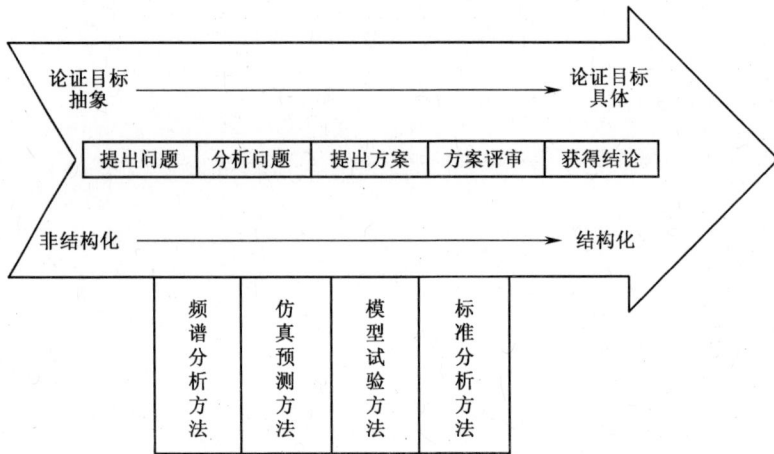

图 7-7　各类论证方法的使用时机

7.3　交　互　方　法

装备电磁环境效应论证一般要开展装备电磁环境分析，多方案电磁环境效应风险和关键技术评估，提出电磁环境效应控制方法，涉及多任务和多参数迭代及优化，通常可采用交互的方法，具体方法和内容见表 7-1。

表 7-1　电磁环境效应多任务和多参数交互

节点	交互参数	交互手段	交互任务	交互结果
1	使用性能、天线频率特性、电磁环境效应要求	分析、计算	使命任务与之匹配的功能和性能需求，以及电磁环境效应要求。不同任务下，天线频率特性及功能	（1）为完成使命任务，电磁环境效应应满足的主要标准要求； （2）与电磁环境效应相关的探测、保障、对抗等能力指标； （3）与能力指标对应的射频设备需求

186

节点	交互参数	交互手段	交互任务	交互结果
2	平台电磁环境及电磁环境效应特点	分析、仿真	主要电磁环境效应特点分析	平台电磁环境效应特点
3	平台电磁环境效应要求、标准	分析	适用于平台的电磁环境效应要求以及现有电磁环境效应标准规范对装备的适用性	(1)平台电磁环境效应要求；(2)标准适用性分析结果
4	平台模型、发射源参数	分析、仿真、试验	电磁环境效应分析、仿真、试验成果	电磁场仿真数据(电磁环境场强、天线方向图等)
5	总体初步方案及相关设计材料、文件/模型	分析、仿真、试验	初步天线布置方案、设备配置、资源分配等	(1)平台设备初步布置及天线布置图；(3)平台配置方案
6	电磁频谱冲突矩阵表	分析、计算	各频段设备的电磁干扰	(1)干扰源；(2)被干扰设备；(3)干扰类型
7	电磁干扰及解决方案	分析、仿真	平台各用频设备间的干扰情况分析，平台间的电磁干扰分析	(1)各频段电磁干扰对及干扰问题分析；(2)干扰问题初步解决方案；(3)遗留问题
8	人员、军械和燃油电磁辐射安全性结论及外部电磁环境影响	分析、仿真、试验	军械及燃油作业时的电磁辐射安全性分析分析，外部电磁环境对平台使用能力的影响	(1)通信及雷达辐射环境下人员、军械、燃油作业电磁安全性及设计要求；(2)外部电磁环境对平台的影响及设计要求、防护措施
9	平台总体电磁环境效应优化方案	分析、仿真、试验	优化后的装备天线布置方案、设备配置、资源分配等	(1)平台射频设备布置及天线布置图；(2)平台配置方案
10	需要突破的关键技术	分析、仿真、试验	装备关键技术及可行性分析	电磁干扰控制、电磁安全性、电磁防护等技术
11	形成电磁环境效应论证报告	分析、计算	涵盖上述内容的总体电磁环境效应要求和指标	(1)电磁环境效应需求分析；(2)装备电磁环境效应特点；(3)总体方案电磁环境效应分析；(4)关键技术及措施分析

1. 需求交互分析

根据装备的频率特性和功能选择,对装备主要射频功能进行频率规划。分析装备在多种工作状态下电磁频谱使用、电磁干扰及电磁安全性需求;分析平台设备间、平台间的电磁环境效应需求。

2. 电磁环境及电磁环境效应特点分析

根据使命任务和装备性能要求,预测分析在活动区域的自然干扰源和人为干扰源等形成的电磁环境。根据装备电磁环境效应需求和频谱分布等,分析装备的电磁环境效应特点。

3. 电磁环境效应标准分析

根据电磁环境效应特点,结合现有电磁环境效应标准规范,开展电磁环境效应要求分析和标准适用性分析,确定所选用的电磁环境效应标准、规范的内容。

4. 总体初步方案电磁环境效应交互分析

从电磁环境、电磁干扰、电磁辐射对人员、燃油和军械电磁辐射安全性、外部电磁环境等多方面入手,全面分析武器装备总体初步设计方案的电磁环境效应控制状态。提出装备总体、系统电磁环境效应要求和指标,提出对系统、设备、天线的选型及布置的初步要求。

5. 总体方案交互优化

提出或根据可供选用方案,对不同方案中工作在预定电磁环境中的系统和设备进行分析,分析电磁环境效应风险、关键技术问题、费用和对任务完成能力的影响。根据总体初步方案电磁环境效应分析结果,提出总体电磁环境效应优化方案。

6. 总体方案评估

评估装备总体电磁环境效应优化方案,即是否最大限度满足电磁环境效应要求和使命任务要求。

7. 技术可行性分析

根据装备总体电磁环境效应优化方案,对特殊如高场强的电磁环境制定相应的措施和要求,初步确定舱室和屏蔽舱室的布置,并提出相应的隔离措施和要求,包括对设备、系统和总体提出新的要求,提出需要解决的电磁环境效应关键技术以及可行性。

8. 形成电磁环境效应论证报告

综合以上论证内容,形成电磁环境效应论证报告,提出电磁环境效应要求和指标。

7.4　电磁环境效应指标论证

7.4.1　需求转化

使用需求是装备电磁环境效应论证的源头和动力,电磁环境效应论证的关键是将军事需求即使用需求转化为电磁环境效应量化指标,形成装备研制的目标。

1. 转化模型

使用需求向电磁环境效应指标转化模型由 4 层递进结构组成,具体包括:需求层 R,功能层 F,技术层 M 和结构层 C,如图 7-8 所示。需求层表示装备的使用需求,用具体的需求例如作用距离等表示实际探测使用要求。功能层表示实现需求的具体功能和配置,例如通过发射系统及高功率实现探测作用距离。技术层表示实现所需功能的构建技术原理与配置,例如通过发射和接收技术原理与配置实现发射系统的功能。结构层表示拟构建的指标项的具体内容和结构,例如有哪些类型指标和层次。

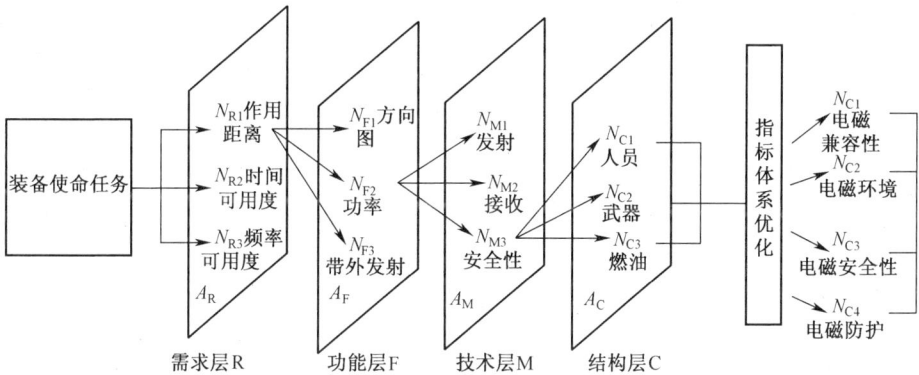

图 7-8　指标转化模型

在需求层,根据装备的使命任务和使用性能定义需求域,用参数 $N_{Ri}(i=1,2,\cdots,I)$,如 N_{R1} 为作用距离,N_{R2} 为时间可用度等的集合表示,任一个 N_{Ri} 构成需求层 R 上的一个节点,每个层面上的一个或多个节点构成了一个基本域 A_R,通过所涉及参数之间的约束 C_0、控制 C_1 等分析,如图 7-9 所示,将需求层映射到功能层,即可得到为满足使用需求而应具有的功能,以此可得第二层次解,称为功能域,它构成参数 $N_{Fj}(j=1,2,\cdots,J)$ 的集合。将功能层映射到技术层,即可得到为实现基本功能而需要的技术性能,以此可得第三层次解,称为技术性能解,它构成参数 $N_{Ml}(i=1,2,\cdots,L)$ 的集合。各层次的设计解是层次对层次内各域之间的协同与协调的结果,例如,为实现远距离探测,一般要加大发射功率,但同时会对附近区域产生高场强,影响敏感设备,就要做到功能和性能的协同和约束,体现对需求转化涉及要素、活动的规划、管理与执行等。

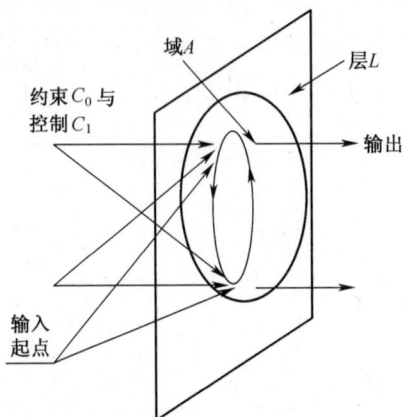

图7-9 各层递进决策结构

2. 指标转化

从装备使命任务出发,以实际使用对装备电磁环境效应的需求为牵引,通过装备论证、设计和检验验收等阶段的电磁环境效应指标要素分析,由需求层向功能层、技术能力要求,再向电磁环境效应指标分解层次,提出装备电磁环境效应指标体系要素类型和结构,见图7-10。

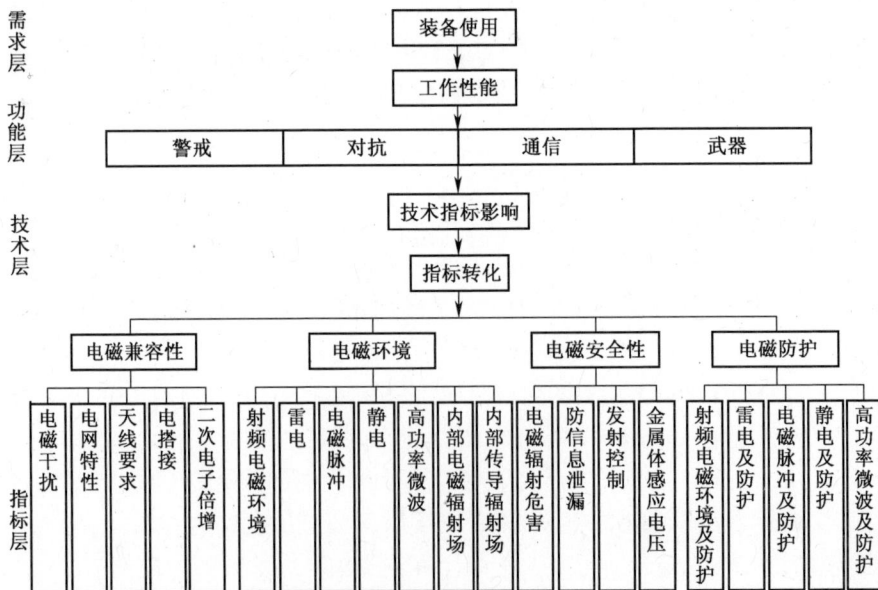

图7-10 装备使用需求向电磁环境效应指标转化图

190

以警戒探测使用需求为例,为了实现装备在探测距离上的效能,需求层 R 提出警戒探测最大探测距离,功能层 F 通过大功率设备发射功率和作用空域实现,技术层 M 提出系统电磁发射、电磁接收等要求,结构层 C 对应要求提出发射指标、接收指标、电磁安全性指标及效应和防护指标等,具体见图 7-11。

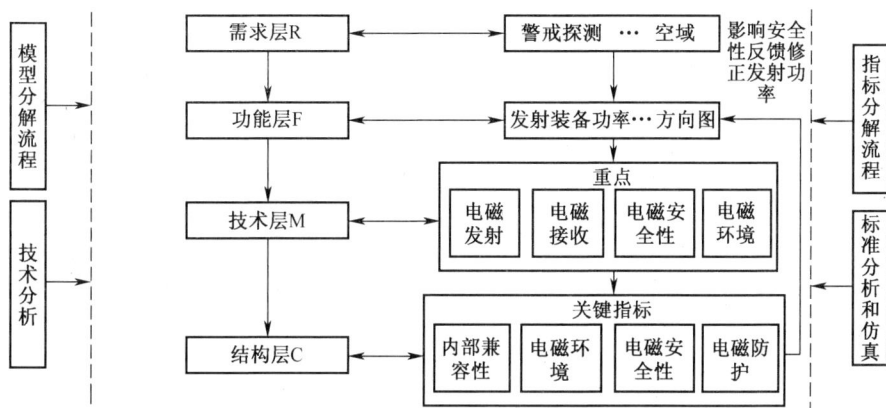

图 7-11　使用需求向电磁环境效应指标转化示例图

7.4.2　指标分解及确立

1. 指标分解要求

从电磁环境效应工程的实践看,若不从工程之初就系统地开展指标分解,往往造成欠设计或过设计。在装备系统级提出电磁环境效应要求,必须将总体的要求分配到设备和分系统级。同时按一定的转换关系将使用要求转换成指标,写入研制合同,成为设计和验收考核的依据。

将总体的电磁环境效应要求和指标转变成分系统和设备的要求及指标的过程称为装备电磁环境效应指标分解,相应的方法称为指标分解方法。

电磁环境效应指标分解是一个复杂的过程,基本要求包括:

(1) 分解的指标要能涵盖装备电磁环境效应的主要因素,并能够与主要性能参数密切相关。

(2) 主要指标要适用,达到量化、具体化和可考核,尽量以定量指标为主。

(3) 各指标之间一般不允许相互重叠、相互包含。

(4) 指标要有效反映武器装备的电磁环境效应本质特征。

(5) 各指标应尽可能简单,且便于计算。

2. 指标分解方法

通过建立指标体系和仿真模型,采用数值计算、半实物仿真、试验验证等方法,进行装备平台量化的电磁环境效应指标分解,并不断对指标和方案进行分析、优化、评估、调整。

1）指标分解总分法

通过对装备电磁环境效应指标分解分析,总分法是从总体开始,结合使用,通过电磁模型和干扰关联矩阵,将总体电磁环境效应要求分解出由若干子指标组成的总体电磁环境效应指标数据,同时,总体层次的电磁环境效应使用要求对系统、设备层次进行分配,按照电磁兼容影响数据之间的逻辑关系,结合总体电磁环境效应指标,逐次获得各项具体指标。总分法逻辑关系见图7-12。

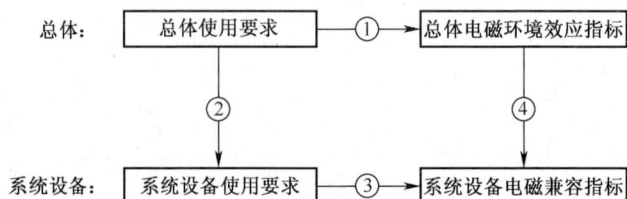

图7-12　指标分解总分法逻辑图

根据装备使用和总体电磁环境效应要求,装备电磁环境效应指标分解总分法流程如图7-13所示。

（1）对装备使用任务剖面和任务阶段及其使用环境进行分析,根据装备总体电磁环境效应要求和系统设备选型,提出装备总体电磁环境效应初步指标。

（2）结合不同使用要求,建立电磁环境效应数字模型,构建关联系统的电磁耦合和电磁安全关联矩阵,采用电磁数值计算、实（半）物仿真试验验证等将装备总体电磁环境效应指标逐级向平台系统进行量化分解,对各用频设备提出指标,并与总体要求进行优化协同。

（3）依据装备总体电磁环境效应数字模型,采用系统与总体协同分析的方式,对系统电磁环境效应进行量化分解验证。

（4）对系统电磁环境效应指标进行全面验证,通过装备模型和检测数据,预测各系统性能对实现装备电磁环境效应顶层指标的影响。

（5）用频设备指标分配之后,重新进行总体电磁环境效应分析和评估,根据评估结果对设备和系统指标、天线布局、设备布局等进行再调整和优化,解决分系统设计实现中指标的偏离对装备电磁环境效应的影响。

（6）通过装备电磁环境效应仿真和验证测试,分系统与总体的协同设计,弥补系统和设备的缺陷,完成分析和指标分解。

2）电磁环境指标分解

以电磁环境指标为对象,将总体要求和指标分解成分系统和设备层要求和指

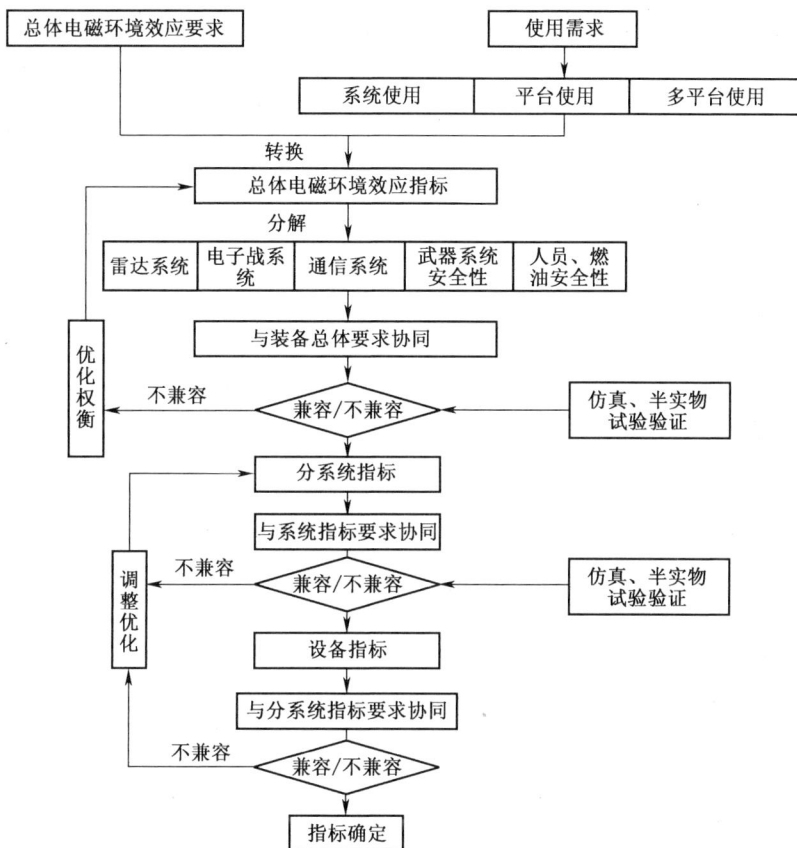

图 7-13　指标总分法流程图

标,再按照电磁兼容影响数据之间的逻辑递进关系,逐次获得各项具体指标。根据装备总体电磁环境效应要求,装备电磁环境指标分解实现流程如图 7-14 所示。

（1）根据装备总体电磁环境效应要求,提出系统和设备电磁兼容要求。

（2）建立装备电磁环境效应数字模型,构建关联系统的电磁发射、耦合和传输模型,通过电磁数值计算、试验验证等将装备总体电磁环境效应指标逐级向平台系统进行量化分解,并与装备总体要求进行优化协同。

（3）依据装备电磁环境效应数字模型,采用系统与总体的协同分析的方式,对系统电磁环境效应进行量化分解验证。

（4）通过装备模型和检测数据,预测各系统性能对实现装备电磁环境效应顶层指标的影响。

（5）通过装备总体对各分系统的指标以及整体集成方案进行调整和重新设计,解决分系统设计实现中指标的偏离对装备电磁环境效应的影响。

193

使用需求

总体电磁环境效应要求

壳体屏蔽 → 装备模型 / 天线布局 / 电磁算法 ← 上层建筑遮挡影响

预测、试验

内部电磁环境　　　外部电磁环境

雷电　　电磁脉冲　　高功率微波

否　　是否满足总体要求? ← 试验验证

是

设备电磁兼容要求　天线布局　设备布局　频率分配　功率分配　灵敏度分配　工作时间分配　系统电磁兼容要求

射频电磁环境　雷电　电磁脉冲　静电　高功率微波　舱室电场环境　舱室磁场环境　内部传导发射

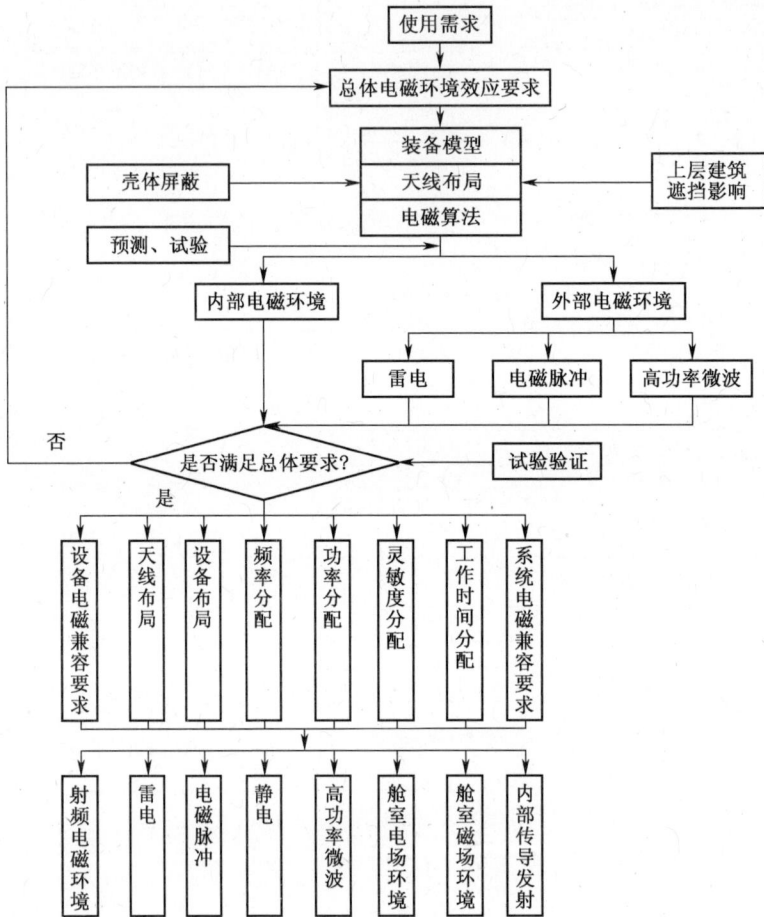

图 7-14　电磁环境指标分解

3. 指标内容确立

电磁环境效应指标内容应根据装备的具体情况,采用 7.2 节提出的论证方法,开展相关的仿真和试验分析,确定装备具体的指标项目和量值,应优先采用实测和预测的数据,当无相应数据时,可采用标准中的指标内容,装备电磁环境效应指标项目见表 7-2。

在实际的电磁环境效应指标论证中,由于在论证初期目标图像不是十分清晰,输入条件有限,此时,一般提出一级或二级指标项目和部分量值,随着论证工作的不断深入,目标图像相对清晰,能够根据备选方案提出三级指标项目和量值。

表 7-2 装备电磁环境效应指标项目

目标	一级指标	二级指标	三级指标
装备电磁环境效应指标	电磁兼容性	电磁干扰	电磁发射和敏感度
			互调干扰
		电网特性	传导发射
			尖峰传导发射电压
			电压瞬变
		天线要求	天线间隔离度
			天线方向图
			谐波抑制度
			接收机灵敏度
		电搭接	设备接地
			屏蔽层接地
			搭接面接地
		二次电子倍增	二次电子倍增效应
		频谱兼容性	发射机、接收机频谱特性
	电磁环境	外部电磁环境	射频电磁环境
			雷电
			电磁脉冲
			静电
			高功率微波
		内部电磁环境	辐场
			传导
	电磁安全性	电磁辐射危害	电磁辐射对人体危害
			电磁辐射对燃油危害
			电磁辐射对军械危害
			金属体感应电压
		防信息泄漏	信息泄漏发射强度
		发射控制	电磁发射强度
	电磁防护	射频电磁环境及防护	峰值和平均值
		雷电及防护	雷电的直接、间接效应
		电磁脉冲及防护	脉冲强度、信号特征
		静电及防护	静电强度、信号特征
		高功率微波及防护	脉冲强度、信号特征

1）电磁兼容性

（1）电磁干扰。电磁干扰通常是指设备和分系统电磁发射和敏感度。控制设备和分系统电磁干扰是电磁环境效应控制的基础。电磁干扰通常包括电磁发射和敏感度及互调干扰。具体的指标量值可参见相关标准,如 GJB 151B。

（2）电网特性要求。电网特性通常是指由于共电网产生的传导发射和干扰环境,电网特性要求通常包括传导发射、尖峰传导发射和电压瞬变等。

（3）天线要求。天线要求通常是指保证满足天线工作性能的要求。天线要求通常包括:天线间隔离度、天线辐射方向图、谐波抑制度和接收机灵敏度等。

（4）电搭接。电搭接是指系统和设备进行的电搭接和接地。电搭接包括设备接地、屏蔽层接地和搭接面接地。

（5）二次电子倍增。二次电子倍增一般是仅在高真空环境中发生的射频效应。射频发射设备不因二次电子倍增效应的作用而性能降级。

（6）频谱兼容性。频谱兼容性是指用频系统在平台电磁环境中兼容工作的要求,包括设备级频谱特性和系统级频谱特性,系统级频谱特性主要是发射机频谱特性。

2）电磁环境

电磁环境是产生电磁环境效应的根本原因,是武器装备电磁环境效应指标论证的核心内容,通常电磁环境分为外部电磁环境和内部电磁环境,具体的分类和描述参见 2.1 节。具体的指标量值可通过实测、预测或参见相关标准,如 GJB 1389A。

3）电磁安全性

（1）电磁辐射危害。电磁辐射危害通常包括对人体、燃油和军械的电磁辐射危害影响。

人体电磁辐射暴露限值既要考虑装备上工作人员的身体健康,又要考虑实际工作中的装备电磁环境,使限值在装备上具有适用性与可行性。具体的内容和要求 6.3.1 节。

金属体感应电压是指当大功率发射机发射时,处在发射电场中的金属体上产生的感应电压,当人体触及时,会造成发生意外的电击,造成危害,影响正常操作或危及人员生命。具体的指标和要求可参见相关标准。

电磁辐射对燃油危害通常提出安全限值和安全距离指标,进行控制,具体的内容和要求参见 6.3.3 节。

军械在受到外部强电磁辐射时,会受到影响和危害,具体的描述参见 6.3.2 节。一般从军械抗辐射能力和电磁环境两方面进行控制。

① 电引爆武器电磁辐射敏感度。在电引爆武器工作的电场环境下,需要确保

系统安全的电起爆装置的最大不发火激励(MNFS)应具有至少16.5dB的安全裕度。

②电磁辐射对军械危害的外部电磁环境。包括不受限制的电磁环境和受限制的电磁环境。

（2）防信息泄漏。防信息泄漏通常是指保密信息处理设备不应产生泄密发射,包括传导泄漏发射、电场辐射泄漏、磁场辐射泄漏。

（3）发射控制。发射控制通常是指装备的无意电磁发射,在规定频率范围和距离上的无意电磁发射不应超过限值要求。具体的指标和要求可参见相关标准,例如GJB 1389A。

4）电磁防护

（1）射频电磁环境及防护。射频电磁环境是装备面临的主要电磁环境,通常主要由大功率发射设备在工作时产生,包括来自于平台以及外部发射机的电磁环境。在规定的射频电磁环境下,应采用防护措施,以使装备满足其工作性能的要求。具体的指标量值可通过仿真和试验或参见相关标准。

（2）雷电及防护。装备面临的雷电环境包括雷电的直接效应指标和间接效应指标,在规定的雷电环境下,应采用防护措施,以使装备满足其工作性能的要求。具体的指标量值可通过仿真和试验或参见相关标准。

（3）电磁脉冲及防护。电磁脉冲指高空核爆产生的瞬变电磁脉冲,根据装备面临的电磁脉冲环境指标,应采用防护措施,以使装备满足其工作性能的要求。具体的指标量值可通过仿真和试验或参见相关标准。

（4）静电及防护。系统应控制和消除由沉积静电效应、人员活动、运载工具和空间飞行器运动等产生的静电电荷的积累,以避免点燃燃料和危害军械,防止人员受电击危害和防止电子产品的性能降低或损坏。静电要求包括垂直起吊和空中加油、机载分系统静电和人体静电要求。具体的指标量值可通过仿真和试验或参见相关标准。

（5）高功率微波及防护。系统应与窄谱和超宽谱的高功率微波环境兼容,并采用防护措施,以使系统的工作性能满足要求。具体的指标量值可通过仿真和试验或参见相关标准。

7.4.3 电磁环境效应指标体系

1. 要素类型分析

根据装备使用要求,结合装备电磁环境效应指标内容分析,确定装备电磁环境效应指标涵盖类型。

（1）系统自身应是电磁兼容的,应满足系统工作性能要求,电磁干扰的防止和控制是装备需解决的常规和基础的问题之一,控制设备和分系统电磁干扰是电磁环境效应控制的基础。从电磁干扰控制方面,需要对装备的研制提出电磁兼容控制指标,在装备电磁环境效应指标体系中列为单独的指标类型。

(2) 电磁环境是产生电磁环境效应的根本原因,要研究武器装备的电磁环境效应,首先必须分析清楚装备面临的电磁环境,电磁环境指标是武器装备电磁环境效应论证的核心内容,在装备电磁环境效应指标体系中列为单独的指标类型。

(3) 装备上有大量大功率发射设备和武器,造成电磁环境复杂,电磁辐射危害隐患多。因此,在装备工程研制中,电磁辐射危害是装备电磁环境效应的一个重要指标,在装备电磁环境效应指标体系中列为单独的指标类型。

(4) 武器装备面临的电磁环境日益复杂,为使装备在复杂电磁环境下正常工作,实现工作性能,对装备采用电磁防护十分重要,电磁防护指标十分关键,在装备电磁环境效应指标体系中列为单独的指标类型。

2. 结构层次分析

层次是电磁兼容指标体系标准纵向排列的等级顺序,表示了指标之间的隶属、控制和支撑的关系。电磁兼容性指标体系中的层次是同一层次元素作为准则对下一层次的某些元素起支配作用,同时它又受上层次元素的支配。

从使用任务出发,使用过程中与电磁环境效应相关的能力体现在警戒、探测、对抗、通信和武器等方面。建立层次结构时,通过分析,明确装备电磁兼容性需求,根据以上分析,装备电磁环境效应涉及和需解决的主要内容包括:电引爆武器、燃油安全;人员电磁辐射危害;平台间适配,安全兼容工作;不能降低设备和武器性能。分层次地分析影响装备电磁环境效应要求的因素,结合以电磁兼容性要素为基础,突出装备电磁兼容性特点的体系建立原则,电磁兼容性指标体系第一层次,以电磁兼容性要素为分类依据,按照下层因素服从上层因素,抓住主要因素的原则下把要素按属性不同分成若干组,以电磁干扰、电磁辐射危害等电磁兼容要素为主体,兼顾管理和基础指标,形成第一层次,对装备电磁兼容性指标提供支撑建立层次结构。

因此,通过装备综合能力的分析,从装备整体电磁环境效应出发,对构成各种使用能力的因素进行分析,建立目标层、性能层和指标层三层指标体系层次框架。

3. 指标体系建立

结合装备研制过程中电磁环境效应工程实践,通过以上结构层次分析确定层次,要素类型分析确定要素,构建装备电磁环境效应指标体系框架,如图7-15所示。

7.4.4 关键指标论证

1. 频谱兼容性

根据装备使命任务要求,针对装备频谱使用需求,对电磁收发设备需求及电磁

目标层 装备电磁环境效应指标体系

性能层 电磁兼容性 | 电磁环境 | 电磁安全性 | 电磁防护

指标层

电磁兼容性：电磁干扰 | 电网特性 | 天线要求 | 电搭接 | 二次电子倍增

电磁环境：射频电磁环境 | 雷电 | 电磁脉冲 | 静电 | 高功率微波 | 内部电磁辐射场 | 内部传导辐射场

电磁安全性：电磁辐射危害 | 防信息泄漏 | 发射控制 | 金属体感应电压

电磁防护：射频电磁环境及防护 | 雷电及防护 | 电磁脉冲及防护 | 静电及防护 | 高功率微波及防护

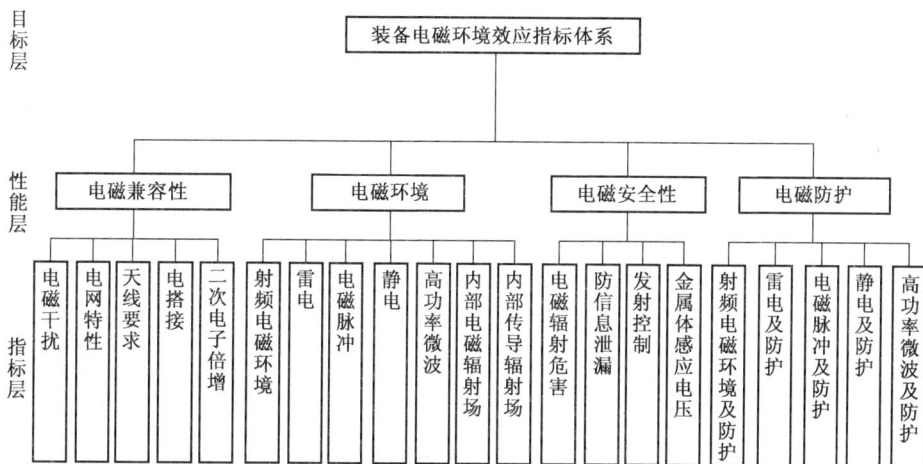

图 7-15　装备电磁环境效应指标体系

频谱特性进行分析，制定电磁频谱的初步使用方案，提出电磁频谱管理要求，最大限度地减少各设备之间的频谱重叠。

1）频谱特性分析

针对全部设备，计算出各种型号设备组成的网络数量等。规划之前将所有型号设备可使用的频率作为频率资源，扣除保护频率、上级已使用的频率及强干扰的频率后得到供规划使用的频率资源。频谱规划首先按工作种类的不同确定出优先级，对级别高的网优先分配频谱，由此保证主要通信线路优先占用频谱。频谱分配按照可以使用的频道数与组成的网络使用频率，综合比值小的设备先分频率的原则进行分配。可使用的频道数是此种设备的频段内除去所需扣除的频率，其他网络占用频带后剩下的频道数，从而对可使用的频道数越少且组网数越多的设备优先分给频率。

2）频率指配

整体规划装备频谱资源，合理分配、实时调整频率的使用，以满足指挥、侦察、预警探测、通信联络等系统对无线电频率的使用需求。对频谱进行分配规划，指配给各使用部门。

3）电磁收发频谱管理

在进行立项论证时，要深入分析拟装备设备的频率范围，分析频率对设备工作性能的影响程度以及今后装备发展的频率使用需求，合理确定设备的体制和工作频率，严格按规定报批，使设备既具有良好的工作性能，同时也有良好的电磁兼容性。

2. 电磁环境

战场电磁环境的构成因素多,既有外部因素又有平台自身因素。既有我方电磁辐射,又有敌方电磁辐射。开展高功率发射源辐射电磁环境分析,对强射频高功率发射源进行建模仿真,获取平台自身发射源产生的电磁环境数据。对高功率、高频段、电大尺寸等复杂结构进行仿真分析,选用正确的计算算法、模型建模优化,分析发射源特性,掌握电磁环境数据。具体分析和仿真见第2章和第5章。

3. 电磁干扰

1）电磁干扰分析预测

根据输入的接收机和发射机参数,进行快速 EMI 计算,典型的电磁干扰见图7-16。对于发射机,主要考虑参数是基波发射、谐波相关发射、非谐波相关发射,以及宽带噪声。对于接收机,主要考虑参数是射频和中频滤波特性、接收机杂散等。

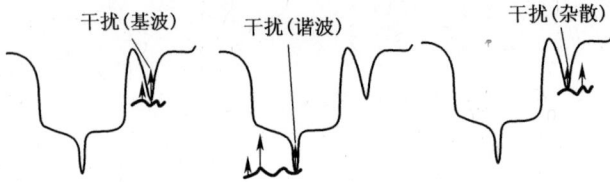

图7-16　典型电磁干扰示意图

2）电磁干扰分析评估

根据电子设备的布局情况和不同设备的技术体制特点,对敏感接收设备电磁干扰及不同辐射设备的干扰功率进行计算,从理论和实际两个方面对电磁干扰进行分析评估。根据预测结果,提出解决干扰的措施,为电磁环境效应论证提供指导依据。

4. 电磁安全性

大功率雷达等发射源在武器装备外部产生高场强,特别是在发射机主波束中。平台外部的设备、系统及人员都会产生潜在的电磁安全性问题。特别是在装弹、加油等作业以及人员在活动时,对武器平台上弹药、燃油、人员产生潜在的危害性,电磁安全性问题十分突出。

1）电磁环境预测

对大功率的雷达等发射源产生的高场强进行仿真预测,掌握电磁环境量值。

2）总体优化方案

对大功率发射源优化布置,控制电磁环境幅值;敏感设备布放尽可能远离大功率发射设备,以减轻安全性问题。必要时,对大功率发射设备进行使用或功率管理限制。

5. 电磁防护

武器装备工作在各种雷达、通信、电子战等大功率辐射源产生的强射频场中,还包括外部由电磁脉冲武器、高功率微波武器等产生的电磁脉冲和高功率微波,以瞬时大电流放电为主要特征的雷电等自然电磁现象,可能对装备尤其是信息化装备造成电磁干扰,甚至电磁毁伤,直接影响着装备使用效能的发挥和生存能力。因此,电磁防护也是论证中必须关注的关键指标。具体分析和仿真可采用第 2 章、第 5 章以及第 6 章的方法。

7.5 多方案评估和优选

装备电磁环境效应论证方案评估与优选,是利用多种方法综合考虑军事、经济、技术、风险等多方面因素,对论证方案进行综合分析,寻找最优方案的过程。评估是优选的前提和基础。在装备电磁环境效应论证中,需要对装备的电磁环境效应进行评估;在提出装备电磁环境效应方案后,要对方案进行评估并基于评估进行优化。方案评估与优选是装备论证有效决策必不可少的环节,决策者的层次越高,涉及的对象越多,方案评估与优选越显得重要。

7.5.1 评估程序

多方案评估与优选的基本程序是:建立评估指标体系;选择评估方法,建立评估模型,进行方案评估与优选。首先是确定评估尺度,即建立评估指标体系,然后用该评估尺度对评估对象进行测定,确定其价值。评估程序如图 7-17 所示。

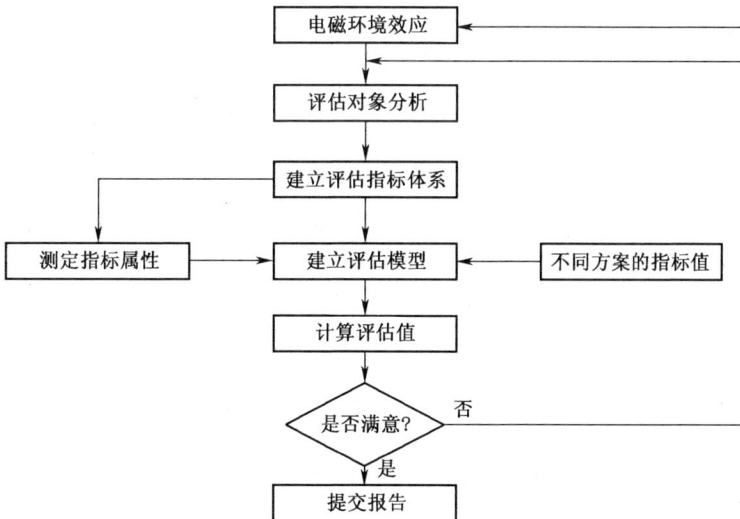

图 7-17 评估的基本过程

201

7.5.2 评估指标体系

装备电磁环境效应方案的状态是由若干指标来反映的,因此,选取对装备电磁环境效应方案有较大影响、且为每次评估所关心的指标作为评估指标,以达到效费比最佳、结构最优,并最大程度上发挥作战效能。因此,装备评估指标要完整,每个指标的确定要具体明确,还要注重可操作性,突出效费比。选取时应遵循下述原则:全面性、简洁性、重要性、独立性和灵活性。具体建立的评估指标体系和评估重点见表7-3。

表7-3 论证方案评估指标体系和评估重点

评估指标	评估重点
频谱兼容度	用频是否有冲突,可协调,频谱兼容程度如何,措施如何
电磁环境分布	平台自身电磁环境是否高于标准要求,关键区域的电磁环境如何,是否可以控制
天线间干扰影响度	是否存在天线间干扰,影响程度如何?是否有天线间干扰控制
电网传导干扰影响度	是否存在电网传导,影响程度如何?是否有控制措施
系统间/内干扰影响度	是否存在系统间/内干扰,影响程度如何?是否有系统间/内干扰,是否有控制措施
电磁辐射危害	是否存在对人员、军械和燃油的电磁辐射危害,是否有控制措施
电磁脉冲	是否存在电磁脉冲影响,影响程度如何?是否有控制措施
雷电	是否存在雷电影响,影响程度如何?是否有控制措施
编队内相互干扰	在编队中是否存在相互干扰,影响程度如何?是否有控制措施
技术成熟度	表示该技术的成熟程度

7.5.3 评估模型

1. 关系模型

把复杂问题分解成各层次因素,对各因素做判断,计算出复杂的系统排序,是一种定量与定性相结合、将主观判断用数量形式表达的处理方法,尤其适用于对评估指标权重因子的确定。基本过程是:分析各因素之间的关系,建立递阶层次结构,确定各层次评估准则,对同一层次的各元素按评估准则,对其重要性进行两两比较,构造两两比较判断矩阵;通过两两比较判断矩阵计算被比较元素对于该准则的相对权重;然后计算各层元素对目标的综合评价值,进行排序。

指标综合评价值计算如下:

$$z = w(x_i) \times \sum_{i=1}^{n} W_i \tag{7-5}$$

式中：z 为指标 x_i 的综合评价值；w 为指标 x_i 的归一化性能值；W 为权重矩阵，$W = (w_1, w_2, \cdots, w_n)$。

2. 权重计算

1）建立判断矩阵

开展权重计算，首先构建判断矩阵，其判断矩阵形式见式（7-6）。在判断矩阵中其重要性程度采用 b_{ij} 表示，是指对上层指标而言，下一层两指标间比较的相对重要性，确定方法如表 7-4。其中任何判断矩阵都满足两个条件：$b_{ii} = 1$；$b_{ij} = 1/b_{ji}(i,j = 1,2,\cdots,n)$。

$$R = \begin{bmatrix} b_{11} & b_{12} & \cdots & b_{1n} \\ b_{21} & b_{22} & \cdots & b_{2n} \\ \vdots & \vdots & & \vdots \\ b_{n1} & b_{n2} & \cdots & b_{nn} \end{bmatrix} \tag{7-6}$$

式中 b_{ij} 表示指标 b_i 相对于 b_j 指标的重要性。

表 7-4 判断重要性程度 b_{ij} 的取值表及其含义

标度 b_{ij}	标度取值代表的含义
1	两个因素相比较具有相同的重要性
3	两个因素相比较一个比另一个略重要
5	两个因素相比较一个比另一个较重要
7	两个因素相比较一个比另一个非常重要
9	两个因素相比较一个比另一个极其重要
2,4,6,8	上面判断之间的中间状态对应的标度值
1~9 的倒数	若上面比较两个因素反过来比较，则 $b_{ij} = \dfrac{1}{b_{ji}}, b_{ii} = 1$

2）计算指标权重

指标权重计算包括判断矩阵的特征向量和最大特征值的计算，主要方法有方根法、和积法等，运用方根法来求矩阵的特征向量和最大特征值，其具体步骤如下：

（1）计算判断矩阵 R 的每一行指标元素的乘积：

$$M_i = \prod_{j=1}^{n} b_{ij} \tag{7-7}$$

（2）计算 M_i 的 n 次方根：

$$\overline{w_i} = (M_i)^{\frac{1}{n}} \tag{7-8}$$

（3）将 $\overline{w_i}$ 归一化：

$$w_i = \overline{w_i} \Big/ \sum_{i=1}^{n} \overline{w_i} \tag{7-9}$$

则所求权向量 $W = [w_1, w_2, \cdots, w_n]^T$

(4)计算判断矩阵 R 的最大特征值 λ_{max}：$\lambda_{max} = \dfrac{1}{n} \sum\limits_{i=1}^{n} \dfrac{[RW]_i}{w_i}$

3）权重一致性检验

由于在对各指标要素采用两两比较时，不可能做到完全一致的度量，为提高权重评价的可靠度，需要对判断矩阵作一致性检验。一致性检验的算法为

$$CI = \frac{\lambda_{max} - n}{n - 1} \tag{7-10}$$

式中：CI 为一致性指标；n 为矩阵的维数；λ_{max} 为矩阵最大特征值。

当矩阵维数较大时，一致性指标还需加以修正，其修正公式如下：

$$CR = \frac{CI}{RI} \tag{7-11}$$

式中：CR 为修正后一致性指标；RI 为修正因子。

3. 指标归一化

在评估中，有定量指标，也有定性指标，需将指标进行归一化处理。由于各个指标的含义、量化以及取值优劣标准不同，为了能够对评估对象进行多指标的综合评估，有时要将各种指标值转化成一个相对统一的尺度。这一过程称为指标值的归一化，其实质就是把不能相加或相乘的指标值转化成可以汇总相加或相乘的综合指标值，可以通过各种不同的数学公式进行转化。定性指标值可以通过专家、相关人员定性评判然后量化的方法获得，定量指标值可以通过试验统计、实际测量、报告分析等方法得到。

在评估指标体系中，有些指标难以直接进行定量描述，采用"优、良、差"等值进行定性的判断。定性的描述没法利用数学这一定量计算的工具进行处理，因此需要一个定性指标量化的过程。进行辨别时，使用 5~9 个量化级别。把定性评判的语言值通过一个量化标尺直接映射为定量的值。使用 0.1~0.9 之间的数作为量化分数，极端值 0 和 1 通常不用。

7.5.4 评估与优选

评估是进行电磁环境效应方案优选的重要环节和前提条件，评估时应注意：①以实现体系（系统）整体效能最优为着眼点，从整体与部分、部分与部分、整体与环境的协调匹配等方面进行全面系统的评估。②评估要通过全面系统的定性分析，找出各方案的共同点和差异点，为定量评估提供前提和确定评估重点；通过定量计算再为定性分析提供量的概念和数据依据。定性分析和定量计算有机结合，互相补充，可确保评估结论准确可靠。③评估要综合运用多种方法，从不同的侧

面、不同的角度和要求出发,对装备体系结构和具体装备的各种方案进行全面分析比较,并反复迭代,逐步深入,不断对方案进行补充、调整、修改、完善。④评估方法的选择和模型的建立,要充分考虑科学性、系统性、协调性和实用性。

1. 判断矩阵

为评估电磁兼容性,选取其 7 个主要指标:互调干扰、内部电磁环境、天线要求、分系统和设备电磁干扰、电网特性、电搭接及频谱兼容性为评估的主要依据。并分别用 I_1、I_2、I_3、I_4、I_5、I_6 及 I_7 来表示。现按层次分析法求出 7 种因素对电磁兼容性的相对重要性。比值选取依据专家意见进行评定。假设判断矩阵的结果如表 7-5 所列。

表 7-5　根据评价值列出的判断矩阵

E	I_1	I_2	I_3	I_4	I_5	I_6	I_7
I_1	1	1 : 3	1 : 3	1 : 2	2	2	3
I_2	3	1	3	4	6	4	2
I_3	3	1;3	1	2	4	3	1 : 2
I_4	2	1 : 4	1 : 2	1	3	2	1 : 2
I_5	1 : 2	1 : 6	1 : 4	1 : 3	1	1 : 2	1 : 3
I_6	1 : 2	1 : 4	1 : 3	1 : 2	2	1	1 : 4
I_7	1 : 3	1 : 2	2	2	3	4	1

2. 权重计算

这个 7 阶方阵的解算步骤如下:

(1)先求解判断矩阵各行的 1/7 次方数值($\overline{w}_i$)。

$$\overline{w}_1 = (1 \times 1/3 \times 1/3 \times 1/2 \times 2 \times 2 \times 3)^{1/7} = 0.943 ;$$

$$\overline{w}_2 = (3 \times 1 \times 3 \times 4 \times 6 \times 4 \times 2)^{1/7} = 2.91 ;$$

$$\overline{w}_3 = (3 \times 1/3 \times 1 \times 2 \times 4 \times 3 \times 1/2)^{1/7} = 1.43 ;$$

$$\overline{w}_4 = (2 \times 1/4 \times 1/2 \times 1 \times 3 \times 2 \times 1/2)^{1/7} = 0.96 ;$$

$$\overline{w}_5 = (1/2 \times 1/6 \times 1/4 \times 1/3 \times 1 \times 1/2 \times 1/3)^{1/7} = 0.38 ;$$

$$\overline{w}_6 = (1/2 \times 1/4 \times 1/3 \times 1/2 \times 2 \times 1 \times 1/4)^{1/7} = 0.521 ;$$

$$\overline{w}_7 = (1/3 \times 1/2 \times 2 \times 2 \times 3 \times 4 \times 1)^{1/7} = 1.345 。$$

(2)求上述计算结果之和($\sum \overline{w}_i$)。

$$w_总 = \overline{w}_1 + \overline{w}_2 + \overline{w}_3 + \overline{w}_4 + \overline{w}_5 + \overline{w}_6 + \overline{w}_7 = 8.489$$

(3)各参数的加权系数计算见表 7-6。

表 7-6　各参数的加权系数计算

参数名称	互调干扰	内部电磁环境	天线要求	设备电磁干扰	电网特性	电搭接	频谱兼容性
系数计算	$w_1 = \dfrac{\overline{w}_1}{w_总}$ $= 0.111$	$w_2 = \dfrac{\overline{w}_2}{w_总}$ $= 0.342$	$w_3 = \dfrac{\overline{w}_3}{w_总}$ $= 0.168$	$w_4 = \dfrac{\overline{w}_4}{w_总}$ $= 0.113$	$w_5 = \dfrac{\overline{w}_5}{w_总}$ $= 0.044$	$w_6 = \dfrac{\overline{w}_6}{w_总}$ $= 0.061$	$w_7 = \dfrac{\overline{w}_7}{w_总}$ $= 0.158$

3. 权重一致性检验

对上述计算结果进行一致性检验,过程如下:

(1) 求 **RW** 向量中的元素 $[RW]_i = x_i$,其中 R 为判断矩阵,W 为权向量 $[w_1, w_2, \cdots, w_7]^T$。结果为

$$x_1 = 0.911; x_2 = 2.55; x_3 = 1.225; x_4 = 0.8; x_5 = 0.29; x_6 = 0.39; x_7 = 1.03$$

(2) 求矩阵的最大特征根($\lambda_{\max}$)。

$$\lambda_{\max} = \frac{1}{n}\left(\frac{x_1}{w_1} + \frac{x_2}{w_2} + \frac{x_3}{w_3} + \frac{x_4}{w_4} + \frac{x_5}{w_5} + \frac{x_6}{w_6} + \frac{x_7}{w_7}\right) = 7.04$$

(3) 确定一致性指标。修正因子(RI)与矩阵阶数直接相关,本评价方案中 $n = 7$, RI 取 1.32。根据式(7-10)、式(7-11),可得到一致性指标 CR = CI/RI = $[(7.04 - 7)/(7 - 1)]/1.32 = 0.005$。

CR 计算结果表明指标权重计算有较好的一致性,说明权重评价是可靠的。

按照 7.5.3 节介绍的方法,获取各个指标的权重后,通过权重与指标归一化的数值相乘,最终可得出评价分值,进而获得目标的优劣顺序,得分最大者为最优方案。

评估结束后,应写出评估报告,主要内容包括:①评估的基本原则和依据;②选择的主要方法和建立的主要模型;③各方案满足要求的程度;④方案优选顺序和理由;⑤结论与建议。

7.6　关键技术及风险论证

7.6.1　关键技术

装备电磁环境效应论证中应对涉及的重大关键技术进行分析论证,提出需解决的关键技术,应从以下方面重点论证。

(1) 装备整体及外部结构变化带来的影响,例如,单体型变为双体型,在空间和布置上会有很大变化,对电磁环境分布和天线间布置带来较大影响。

(2) 新的技术和系统在武器装备上的应用,例如,新型电扫描体制雷达,射频

综合集成、综合电力等,应分析其功能和使用特点,分析带来的电磁环境效应影响。

(3)涉及装备整体电磁环境效应的重大问题,例如,强电磁辐射安全性、多平台界面接口适配性、电磁干扰等。

(4)由于以上变化带来的标准、指标如何确定,试验验证方法如何使用等共性关键技术。

从满足装备使用要求出发,结合装备电磁环境特点、使用特点,采用技术分析、仿真计算、标准分析等方法,在论证阶段对装备电磁环境效应性能进行全面和清晰的分析,确定需要重点突破的关键技术,具体见图7-18。在论证过程中按照电磁环境效应需求,关键技术指标和性能要求分解到各级系统中。针对关键技术,采用理论研究、标准分析、模拟仿真、试验验证等方法开展技术攻关,以可信的数据和可靠的措施,解决关键技术。电磁环境效应标准与指标、多平台界面电磁环境适应性、电磁辐射安全与防护、电磁干扰控制等方面是重点关注的关键技术。

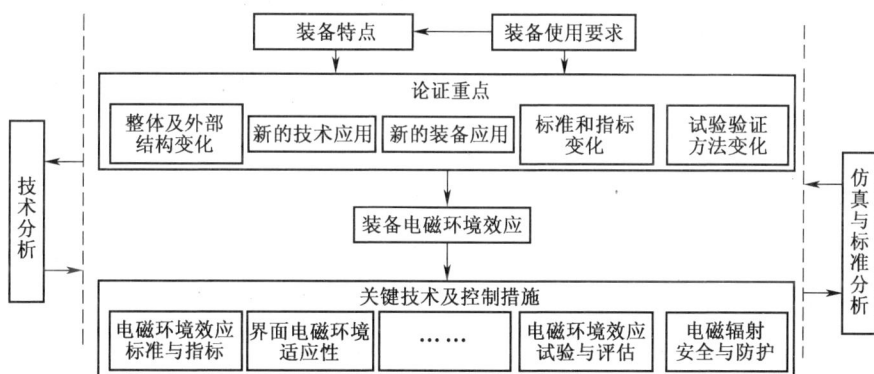

图 7-18 装备电磁环境效应关键技术

7.6.2 风险论证

现代装备的电子系统和功能要求越来越复杂,装备上配备的各种雷达/天线相比较以往的装备在数量上有着显著增加,带来了电磁风险问题显著增加。从解决关键问题出,论证中必须提出电磁环境效应风险和管控措施。

1. 论证过程

电磁环境效应风险论证过程分成以下几个阶段,具体见图7-19。

(1)风险定义阶段:通过设计的输入和假设、使用需求、系统配置及天线布局要求来综合定义装备各个级别的电磁风险。

(2)风险分析阶段:结合仿真预测对天线和布局的计算结果,对电磁风险进行详细分析计算,得出各个风险的级别及主要影响因素。

（3）风险缩减阶段:根据风险的级别和主要原因,制定风险缩减的措施,包括操作步骤的定义和设计的改进两种手段。

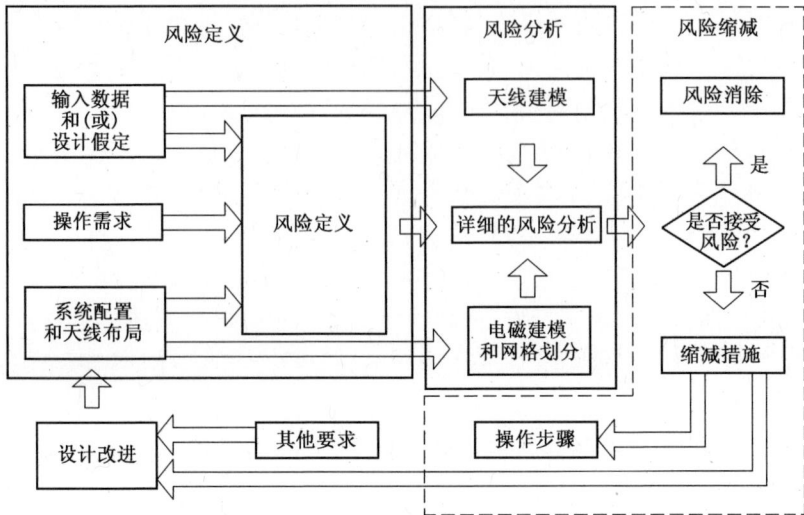

图 7-19　电磁环境效应风险论证过程

2. 论证方法

1）风险问题分类

对电磁环境效应问题进行分类、等级和优先级定义。根据电磁环境效应问题发生的对象,分为电磁干扰问题(对接收机的干扰)、电磁辐射危害问题(对武器、电子设备、人员、燃油等的危害)、覆盖率问题(通信系统或雷达系统的作用距离和作用范围)3 种类型。

为便于对风险进行定量的分析评估,可对风险的各种影响因素进行如下量化定义:

（1）风险发生的频度。经常发生的为 3,有时会发生的为 2,偶尔会发生的为 1。

（2）风险余量,即风险发生时的绝对值超过门限的多少。超过门限值的为 3,在门限值附近的为 2,低于门限值的为 1。

（3）受害者的重要程度。重要为 3,一般为 2,不重要为 1。

（4）风险造成的后果严重程度。严重为 3,一般为 2,不严重为 1。

2）分析和评估

电磁环境效应问题的风险评估就是利用风险值,结合发生概率及频度、受害者的重要程度、后果严重程度进行定量计算。具体计算如下:

（1）由受害者的重要程度和风险造成的后果严重程度两项平均，得出风险影响度。

（2）风险余量和风险发生的频率平均，得出风险概率。

（3）风险影响度和风险概率乘积，得出风险等级。

其中，风险余量可以依据数值仿真和测试结果获得，风险发生的频度、受害者的重要程度和风险造成的后果严重程度可依据装备研制和使用情况来确定。

根据上述量化定义，计算得到的风险等级的数值范围为 1~9。一般可根据风险等级值将风险划分为

（1）高风险，风险等级值为 6~9。

（2）中等风险，风险等级值为 2~6。

（3）低风险，风险等级值小于 2。

3）风险追踪和分析

可对装备研制各个阶段的电磁环境效应问题进行追踪、评估，以判别问题是否得到有效控制。依据风险的不同等级采取不同的措施：

（1）高风险问题，必须要解决，否则装备性能将受到严重影响。

（2）中等风险问题，在某些情况下会影响装备的某些性能，最好要解决，至少有应对措施。

（3）低风险问题，偶尔会发生，造成的装备性能影响较小。

结合装备寿命期使用情况，可以对电磁环境效应问题分为 5 类：潜在的问题、已经评估确认的问题、已经消除的问题、已经管理过的问题、管理过但未能完全消除的问题。论证过程中，对每一个风险问题，不断追踪，通过调整优化方案，降低风险，以实现问题的解决。

4）生成分析报告

生成装备研制电磁环境效应问题状态及处理结果的详细报告，详细报告中应能追溯到电磁环境效应顺题发生的源头。

7.7　应　用　示　例

本节以舰船为例。通常舰船上安装了大量电子信息系统，同时涉及多平台，针对其任务和特点，对涉及的强射频、电磁干扰、电磁辐射危害、静电等多种电磁环境效应进行论证和评估。对电磁环境适应性、电磁安全性等关键技术指标和标准开展论证。开展关键技术分解和制定标准和指标体系，提出射频干扰、电磁安全性等关键技术问题，对射频设备及总体天线布置设计方案进行完善。具体应用内容见图 7-20。

电磁环境效应特点 ← 使用要求

↓

多平台电磁环境效应

关键技术

| 电磁环境效应标准与指标 | 平台间界面电磁环境适应性 | 电磁辐射安全与防护 | 电磁环境效应试验与评估 | 电磁干扰控制 |

战术性能指标 → 装备技术指标 → 电磁环境效应指标 → 体系构建（体系层次 | 权重计算 | 标准明细 | 指标量值）

平台关系界面 → 界面电磁环境适应性要求要素 → 界面电磁环境适应性关键指标 → 标准

电磁辐射安全性要求（人员安全性 | 军械安全性 | 燃油安全性）→（安全防护 | 机理规律 | 安全限值）

试验评估方法体系（电磁环境 | 电磁安全性 | 电磁干扰）→（方法 | 系统）

多平台干扰控制（电磁频谱 | 平台接口 | 系统设备）→ 频谱管理要求 | 干扰抑制装置

指导研制 ↓　↑ 反馈修正

多平台系统 →（论证 | 设计 | 试验 | 使用）

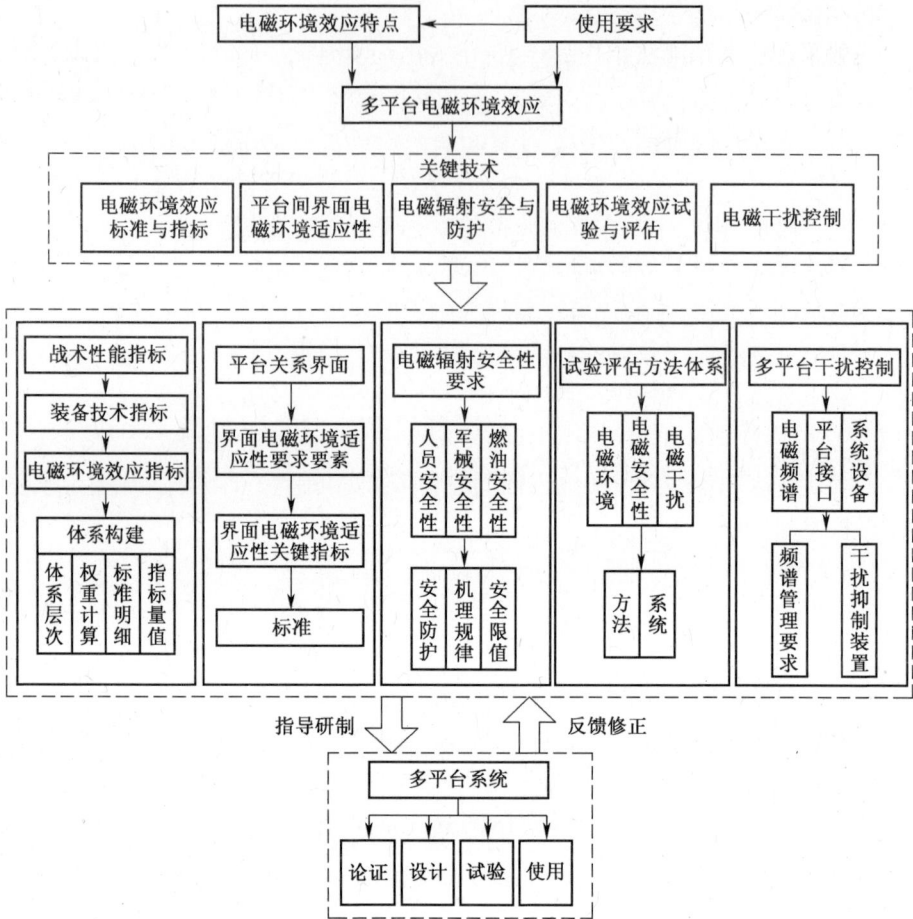

图 7-20　应用技术流程及组成

1. 预测分析电磁环境和频谱

根据使命任务和功能需求,对该装备预期活动区域的电磁环境进行分析,一般主要分析活动区域的自然干扰源和人为干扰源,其中人为干扰源是分析重点,并着重对人为无意干扰进行详细分析论证。

一般采用频谱分析法,建立电磁干扰数学模型,综合分析用频设备的电磁频谱需求,研究系统主要电磁辐射装备的工作频段和可能产生的二次、三次谐波范围,以及易受干扰的接收设备的工作频段,并绘出频谱图,明确设备工作频谱可能的分布情况,列出干扰矩阵。根据设备干扰矩阵,建立发射机模型、接收机模型、天线模型,通过干扰预测方程,逐对进行设备间干扰–响应的分析,预测可能存在的电磁干扰。

2. 标准及指标论证

1）电磁环境效应关键要素分析

一般采用仿真预测法，对装备电磁环境效应分析，特别是对多平台电磁效应的综合分析，提出电磁干扰、电磁辐射危害等重点关注的电磁环境要素，明确按平台和平台间界面细化要素的原则。

2）标准和指标体系构建

可采用标准分析法，对关键要素研究和标准分析，建立以要素为主、平台为辅的标准体系结构，针对装备特点，提出电磁环境效应标准及指标体系框架，构建标准体系。以平台为对象，构建电磁环境效应指标体系。

3）标准指标研究

根据提出的电磁环境效应指标体系，以装备为对象，采用仿真分析、陆上试验验证，建立各平台、发射源等模型，获得电磁环境、电磁干扰、电磁安全性等仿真和测试数据，由此来确定多平台电磁环境效应及防护指标要求。

3. 界面接口指标论证

1）界面接口电磁环境适应性要求

一般要先开展电磁环境效应要求研究、使用关系界面分析，针对不同状态下协同作业模式和特点，提出界面电磁环境适应性要求要素，一般包括电磁环境、安全性、搭接接地和屏蔽、防静电、供电电源特性。

2）电磁环境指标

可将航路规划和发射源特征相结合，通过建立射频发射源、天线模型，仿真获得航路等区域电磁环境，与电磁环境测试数据对比分析。以试验环境数据为基础，将实测值归一化处理，制定电磁环境包络，能够作为设计和试验依据。

4. 开展电磁环境效应评估

可采用评估模型和评估方法对多平台电磁环境适应性、电磁辐射安全性与防护和电磁干扰控制等进行评估，针对指标可能出现不能满足电磁环境效应要求的情况、以及可能出现的电磁干扰进行评估，分析其对任务完成能力的影响。通过对复杂的电磁干扰产生、传播、感应以及对危害的量化分析，在总体、系统、设备多层面研究对策，评估设备、系统、总体的电磁环境效应指标不满足要求带来的影响，研究解决方法。例如对于不满足指标的设备和系统，定量评估其超标值和敏感阈值，结合实际使用需求，评估其是否可装备；在尽量减少天线间的电磁干扰的同时，分析其对设备正常工作的影响，采取解决措施，达到预期目标。

第8章 电磁环境效应试验验证

电磁环境效应试验验证是指采用技术方法和试验手段,遵循试验技术要求进行的武器装备电磁环境效应及防护性能的确认过程。由于武器系统的复杂性、电磁环境分布的多样性、研制过程的不确定性,解决装备电磁环境效应问题,必须依靠大量的试验和实际测量。如何确定装备电磁环境效应设计是否合理,采取的技术措施是否得当,是否存在电磁干扰问题,需要通过试验进行验证分析。本章介绍电磁环境效应试验验证目标、类型、试验设备和设施,阐述试验技术体系的基本组成,重点论述缩尺模型验证原理和方法、系统级电磁环境效应试验方法和设备级电磁兼容性测量方法。

8.1 试验验证目标和类型

8.1.1 目标

电磁环境效应试验验证贯穿于装备研制全过程、全寿命期。电磁环境效应试验验证在各个阶段的目标如下:①论证阶段,验证论证指标和要求,支持论证决策;②方案阶段,验证确定系统设计方案及风险,支持系统设计的决策;③工程研制阶段,试验验证设计要求,超差评估,提出可接受的解决措施,解决电磁环境效应问题;④鉴定(定型)阶段,验证系统在预期的电磁环境中能满足规定的性能要求,为鉴定(定型)提供依据;⑤使用阶段,测试装备电磁环境效应状态变化情况,掌握使用中存在的问题。

8.1.2 类型

针对系统电磁环境效应工程项目和工作阶段的需要,可以将电磁环境效应试验验证划分出不同类型。通过分类,可以较清楚地看出系统电磁环境效应工程全寿命期所包含的试验验证项目和内容。

(1) 按研制过程和寿命期分类,可分为设计验证试验、验收试验、专项试验、使用试验。

(2) 按系统组成层次分类,可分为设备和分系统、系统陆上联调试验和平台总体试验。设备和分系统试验一般在实验室(如电波暗室)内开展测试;有些装备(如舰船)在研制过程中须对关键系统进行陆上联调试验,通过陆上联调试验验证设备的性能和功能,在正式安装到平台之前,进一步释放技术风险;对于飞机、地面系统平台总体试验一般在开阔场、试验现场等开展,对于舰船总体试验一般在码头、船厂或试验海区开展。

(3)按试验项目和内容分类,可分为相互干扰试验、电磁环境试验、电磁干扰试验、电磁敏感度试验、安全裕度试验等。

(4)按试验方法分类,可分为模型试验、实装试验。模型试验通常按一定的比例制作装备模型进行模拟试验,也称"缩尺模型试验法"(缩尺比一般为 1∶20 ~ 1∶50)。缩尺模型可用于天线参数(方向图、阻抗、耦合度)及其他无线电参数(如场强)的试验验证。

(5)按试验性质分类,可分为摸底试验、功能试验、验证试验、评估试验。

8.2 试验验证体系

8.2.1 基本组成

试验验证体系是由电磁环境效应试验技术领域内相互关联的原理、方法和技术构成的具有试验验证功能的有机整体。根据装备电磁环境效应试验验证的直接关联因素以及内在关系,至少包括技术指标、试验方法和试验系统几个组成部分。技术指标是试验验证的基本输入,由技术指标来确定试验方法和技术,再由试验方法确定试验系统,同时试验系统的不断发展也可以使试验方法不断改进。通过试验获得所需的试验数据和结果,对比分析试验结果可以使得技术指标更加科学合理,其相互关系见图8-1。

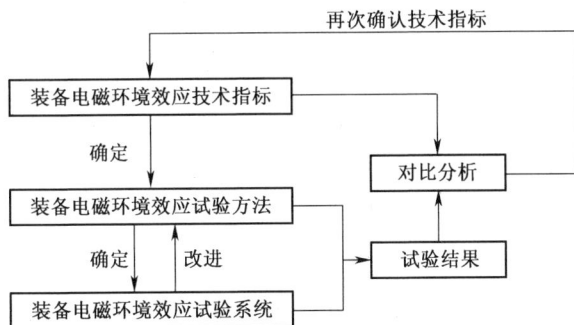

图 8-1 试验验证体系及各部分的内在关系

试验是获取装备电磁环境效应的定量或定性数据的重要手段,对比分析是将数据进行逻辑组合、分析并与期望性能进行比较以便于作出判断的过程。

8.2.2 技术指标

根据装备研制的实际,装备电磁环境效应技术指标按照设备级、系统级层次进行划分,一般包括设备级电磁兼容性技术指标、系统电磁环境效应技术指标及界面接口电磁环境效应技术指标。关于技术指标的有关内容参见第 7 章。

8.2.3 试验方法

作为装备电磁环境效应试验技术体系中的重要组成,试验方法是与技术指标相配套的,并随技术指标的扩展而变化。装备电磁环境效应试验方法主要包括设备电磁兼容性试验方法、系统电磁环境效应试验方法。

1. 设备电磁兼容性试验方法

设备电磁兼容性试验方法包括传导发射测量、辐射发射测量、传导敏感度测量和辐射敏感度测量 4 个部分,见图 8-2。

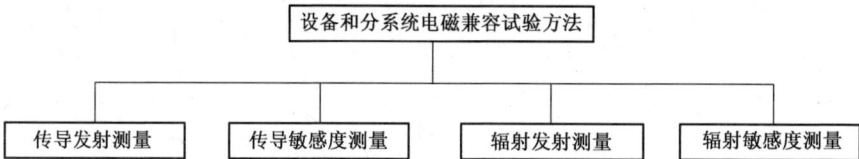

```
                    ┌─────────────────────────┐
                    │  设备和分系统电磁兼容试验方法  │
                    └─────────────────────────┘
         ┌──────────────┬──────────┴──────────┬──────────────┐
   ┌──────────┐  ┌──────────┐        ┌──────────┐  ┌──────────┐
   │ 传导发射测量 │  │传导敏感度测量│        │ 辐射发射测量 │  │辐射敏感度测量│
   └──────────┘  └──────────┘        └──────────┘  └──────────┘
```

图 8-2 设备电磁兼容性试验方法组成框图

2. 系统电磁环境效应试验方法

系统电磁环境效应试验方法为装备总体技术指标的测量和性能试验提供方法,按照 GJB 8848,其包括的基本内容见图 8-3。

8.2.4 试验系统

电磁环境效应试验系统实现对电磁环境效应技术指标的测试。其组成参见图 8-4。硬件设施主要包括试验设施和试验设备,试验设施主要有开阔试验场、屏蔽室、电波暗室、混响室、吉赫横电磁波传输(GTEM)室、机动检测系统等。试验设备包括 EMI、EMS、EMV、雷电、EMP 等试验仪器和测试系统。

1. 试验设施

为控制电磁环境电平对试验结果的影响,电磁环境效应试验要在规定的试验场地进行。试验场地应根据试验项目的需要、受试系统(SUT)或受试设备(EUT)的实际尺寸和具备的场地条件等因素,选择屏蔽室、电波暗室、开阔试验场、混响室或现场试验场地等。为防止 SUT 与外部环境相互影响,试验通常在屏蔽室或电波

系统电磁环境效应试验方法

安全裕度 | 系统内电磁兼容性 | 外部射频电磁环境 | 雷电 | 分系统和设备电磁干扰 | 电磁脉冲 | 静电 | 电磁辐射危害 | 全寿命期电磁环境效应控制 | 电搭接 | 外部接地 | 防信息泄漏 | 发射控制 | 频谱兼容性管理 | 高功率微波

系统安全裕度试验及评估方法 | 军械安全裕度试验及评估方法 | 舰船电磁兼容性试验方法 | 飞机电磁兼容性试验方法 | 空间系统电磁兼容性试验方法 | 地面系统电磁兼容性试验方法 | 外部射频环境敏感性试验法 | 飞机雷电试验方法 | 地面系统雷电试验方法 | 设备和分系统电磁干扰试验方法 | 舰船直流磁场敏感度试验方法 | 电磁脉冲试验方法 | 直升机空中加油静电放电试验方法 | 垂起和中油电电验法 | 机载分系统静电放电试验方法 | 军械分系统静电放电试验方法 | 电磁辐射对人员危害的强度场测量和评估方法 | 电磁辐射对军械危害试验方法 | 电搭接和外部接地试验方法 | 信息泄漏试验方法 | 发射控制试验方法 | 频谱兼容性测试 | 高功率微波试验方法

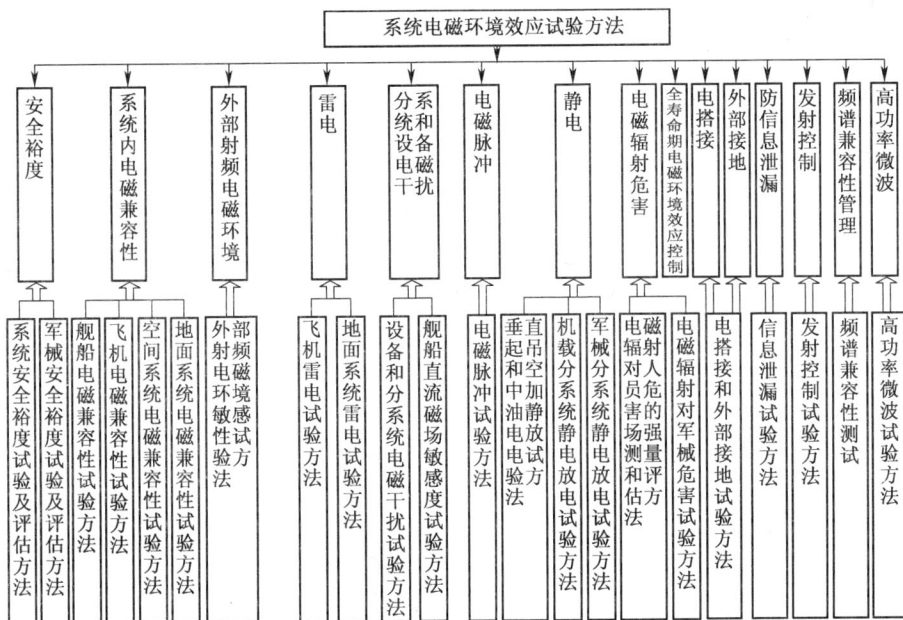

图 8-3　系统电磁环境效应试验方法组成框图

暗室内进行。对于舰船或大型结构平台、产生有毒/有害物质等无法在屏蔽室或电波暗室内进行试验时,试验可选择在开阔试验场或现场试验场地进行。进行电磁发射试验项目测试时,电磁环境电平应至少低于规定限值 6dB。

1）屏蔽室

屏蔽室是一个用金属材料制成的大型六面体,它的四壁和天花板、地板均采用金属材料(如铜网、钢板等)建造。在 E3 试验中,具有足够的屏蔽效能和尺寸的屏蔽室,能提供电磁环境电平低且平稳的试验空间。但是由于屏蔽室会产生空腔谐振和墙面反射,增加了试验的不确定性。当在屏蔽室内进行辐射发射和辐射敏感度测试时,为减小电磁波的反射,提高准确度和重复性,屏蔽室内壁通常敷设射频吸波材料。射频吸波材料的敷设和性能在相关标准中做出了规定。值得注意的是,对于在屏蔽室内试验,出现发射超标或敏感的情况,特别是与限值相比处于临界状态,应确认是否由于屏蔽室的谐振或反射所造成的。

2）电波暗室

电波暗室(Anechoic Chamber)包括全电波暗室和半电波暗室。在屏蔽室的基础上,六面体(内壁、天花板、地板上)都装有吸波材料,称为全电波暗室。在进行 EMI 测量时,屏蔽暗室的地板上不装吸收材料,称为半电波暗室。电波暗室较好地解决了屏蔽室存在的问题。目前,电波暗室为国内外标准采用作为电磁兼容性试验的适用场地,代替了原有的屏蔽室。通常,对电波暗室的性能要求如下:①具有

215

电磁环境效应试验验证系统

- 设备级测试系统
  - 电磁发射
    - 传导发射
    - 辐射发射
  - 电磁敏感度
    - 传导敏感度
    - 辐射敏感度
- 系统级试验验证系统
  - 安全裕度
  - 系统内电磁兼容性
  - 外部射频电磁敏感性
  - 高功率微波
  - 雷电
  - 电磁脉冲
  - 分系统和设备电磁干扰
  - 静电放电
  - 电磁辐射危害
  - 电搭接和外部接地
  - 发射控制
  - 频谱兼容性
  - 电磁环境
- 试验设施
  - 屏蔽室
  - 电波暗室
  - 开阔试验场
  - 混响室

电磁干扰测试系统 | 电磁敏感度测试系统 | 外部射频敏感度测试系统 | 电磁脉冲模拟测试系统 | 雷电模拟测试系统 | 静电模拟测试系统 | 高功率微波模拟测试系统

自动控制系统

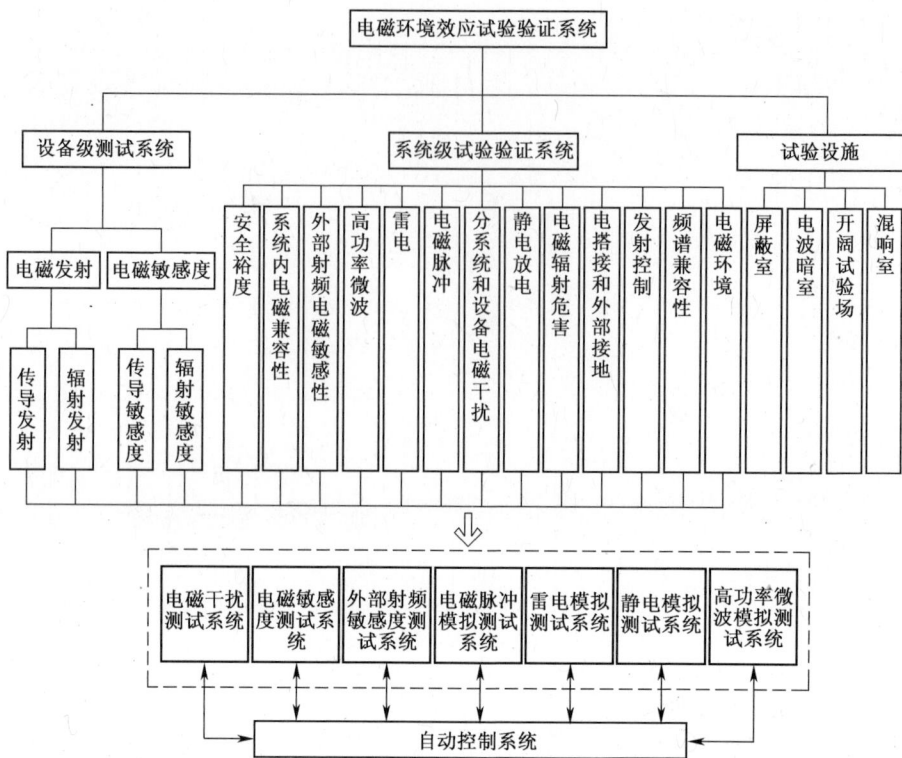

图 8-4 电磁环境效应试验验证系统组成示意图

足够的屏蔽效能;②归一化场地衰减(NSA)测试值与标准值的偏差在±4dB 以内;③辐射敏感度测试场面均匀性在 0～+6dB 范围内。当电波暗室的空间足够大,能容纳 SUT 和测试配置时,其是系统 E3 试验的首选场地。图 8-5 为电波暗室及试验设备的典型配置示意图。

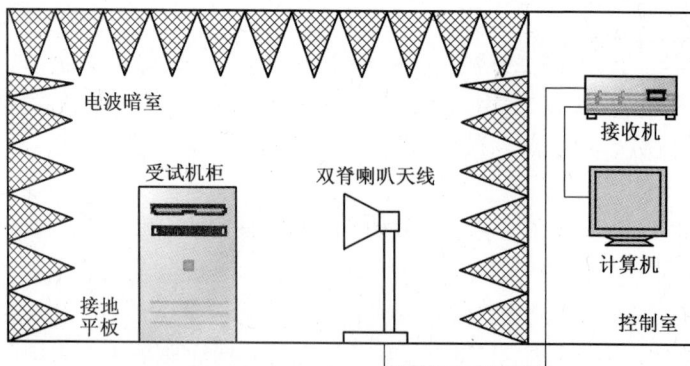

电波暗室 / 受试机柜 / 双脊喇叭天线 / 接收机 / 计算机 / 控制室 / 接地平板

图 8-5 电波暗室及试验设备布置示意图

3）开阔试验场

电磁环境效应试验采用的开阔试验场（OATS）是一个平坦区域，无架空电力线，附近无反射物体。开阔试验场的尺寸，可以满足在制定距离安置天线，保证在天线与 SUT 以及反射物体之间有足够的隔离空间；所有与 SUT 无关的金属件和电缆应移至系统测试配置边界至少 10m 处。其平坦性要求在 GB/T 6113.104 标准中有规定。开阔试验场地铺设接地平板。接地平板通常采用具有高电导率的金属材料，其尺寸可以满足测试配置边界与接地平板边界距离大于 SUT 与天线距离的 1.5 倍，发射天线对 SUT 的照射处于远场条件。开阔试验场受环境噪声和天气的影响，其使用受到很多限制，已很难满足所要求的电磁环境电平。当缺少足以容纳 SUT 或平台的电波暗室或屏蔽室，可使用开阔试验场进行测试。在开阔试验场进行辐射敏感度测试时应遵守频谱管理的相关规定。

4）混响室

混响室（Reverberation Chamber）是进行辐射敏感度试验的一个可选场地。混响室是一种通过模式搅拌提供统计均匀、各向同性电磁场环境的非吸收型屏蔽室。一般安装有采用低损耗导电材料制作的机械调谐器或搅拌器，能改变屏蔽室内电磁场的边界条件，进而改变电磁场的分布。当射频信号激励混响室时，通过旋转调谐器或搅拌器改变混响室中的合成多模电磁环境，在足够多的机械调谐器或搅拌器位置上平均时，合成电磁环境是统计均匀、各向同性和随机极化的。目前应用最多、标准采纳的混响室是机械搅拌式混响室，这样的小室也称为模式搅拌室（Mode-stirred Chamber）。从模式搅拌方式来说，除机械搅拌外，还有频率搅拌、源搅拌等。

评价混响室的性能指标主要包括：最低可用频率、品质因素、搅拌效率、场各向同性系数和均匀性系数、电场均匀性、相关系数等。混响室的有关性能要求可参考 GB/T 17626.21。图 8-6 所示为混响室试验配置示意图。

5）现场试验场地

现场试验场地是 SUT 实际工作环境或安装环境，如舰船、飞机、车辆等陆基系统安装场地，受试系统或设备在现场以其实际安装结构进行试验。一般尽可能选择周围开阔的现场试验场地，SUT 周围不应有高大建筑物或其他物体，系统或系统上需要进行测试的部位附近没有临时设施、无关的金属物品、管线材料等物品。当现场试验场地的电磁环境电平不满足要求时，可采用相关的技术措施消除环境电平的影响，或对环境电平超出标准限值的频段进行分析评估以确定对试验结果的影响。

6）GTEM 室

GTEM 室是根据同轴及非对称矩形传输线原理设计的。为避免内部电磁波的反射及产生高阶模式和谐振，将其设计成尖劈形。GTEM 室一种非常实用的电磁兼容性试验装置，与横电磁波传输（TEM）室相比，其突出优点是工作频率范围宽、

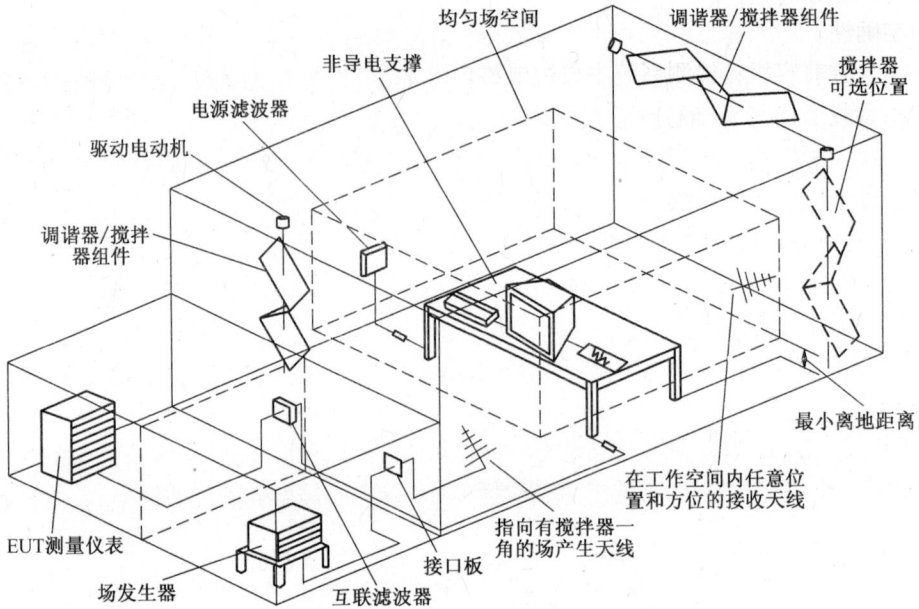

图 8-6　混响室试验配置示意图

试验空间大,可根据 GJB 151B 中 RS103 电场辐射敏感度试验需要在 10kHz ~ 18GHz 的频率范围内建立一个高场强的试验环境;可以建立 10kHz ~18GHz 的校准场,还用于近场探头的校准;可以对受试装备的 RE102 指标方便地进行故障诊断测试等;进行电爆装置的抗干扰试验更加便捷高效。为扩展其有效试验空间,可采用变张角和终端截角的异型结构,侧板及顶板向内折弯,侧板垂直于底板,从而改善受力稳定性。如图 8-7 所示。

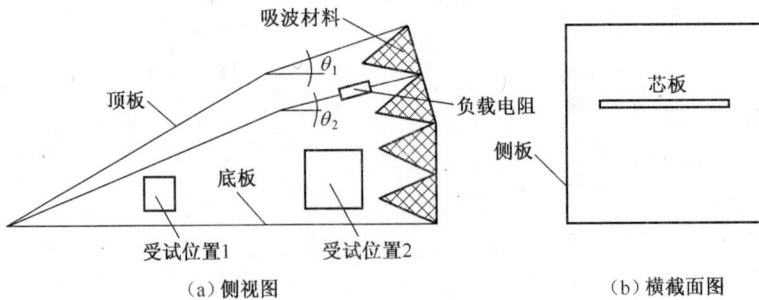

（a）侧视图　　　　　　　　　　　　　　　（b）横截面图

图 8-7　异型 GTEM 室结构示意图

7）电磁兼容机动检测系统

大型复杂系统的试验通常需要在现场进行。为提高装备现场电磁环境效应检测能力,可采用机动检测系统。电磁兼容机动检测系统能够在码头、机场、阵地等

218

场所,对舰船、飞机、导弹等装备进行电磁兼容性实时检测保障,提高测试的灵活性和准确性。

电磁兼容机动检测系统主要由电磁屏蔽方舱、检测保障系统、电磁兼容测试设备和运载工具(如车辆)等组成。屏蔽方舱相当于一个活动的电磁屏蔽室,通常采用金属屏蔽体结构、屏蔽门和截止波导式通风窗,其性能指标在相关标准中已有规定。对于机动检测系统,要求保障能力强、适用范围广、抗震性好、具备良好的工作环境,有适应恶劣环境的能力。

2. 试验设备

1)通用试验设备

根据不同试验项目的需要,电磁环境效应试验对试验设备的要求不同。大部分试验设备既可以用于设备级试验,也可用于系统级试验。电磁环境效应试验设备主要包括电磁干扰发射类和电磁敏感度类,通用试验设备如表 8-1 所列。测量接收机灵敏度、带宽、检波器、动态范围和工作频率等性能应满足试验项目的要求;示波器及其探头应具有足够的的带宽、取样速率、动态范围;信号源应能覆盖所需的频率范围,并具有规定的调制方式;信号源和用来放大信号和驱动天线以输出所需场强电平的射频功率放大器,其谐波应尽量小,产生的各次谐波频率场强应比基波场强至少低 6dB。

表 8-1　电磁环境效应试验通用试验设备

试验类型	设 备 配 置
EMI 试验	计算机(用于自动测试)
	测量接收机(包括 EMI 接收机、频谱分析仪和基于 FFT 的接收机)
	各式天线(有源鞭天线、环天线、双锥天线、对数螺旋天线、喇叭天线等)
	电流探头,电压探头,隔离变压器
	穿心电容,人工电源网络,存储示波器,各式滤波器,定向耦合器等
EMS 或 EMV 试验	测量接收机(包括 EMI 接收机、频谱分析仪和基于 FFT 的接收机)
	各式发射天线、接收天线
	信号放大器、功率放大器、高强度电磁场模拟发射源、场传感器
	注入隔离变压器,存储示波器,定向耦合器
	射频抑制滤波器,光纤数据传输系统等
雷电效应试验	雷电脉冲电流发生器、放电电极、注入电流监测探头、耦合电流监测探头、电压监测探头、光纤传输系统、存储示波器等
电磁脉冲试验	EMP 模拟器(水平极化、垂直极化)、电场测量系统、磁场测量系统、电压测量系统、电流测量系统、表面电流测量系统、存储示波器等
高功率微波试验	高功率微波模拟源、发射天线、接收天线、功率计、检波器、示波器、定向耦合器等

图 8-8 所示为基于 GTEM 室进行辐射敏感度试验配置。信号发生器输出的信号经过功率放大器,将功率输入到 GTEM 室,在 GTEM 室内产生要求的场强,功率和场强的测量通过功率计和场强计实现。整个测试过程由控制软件自动完成。

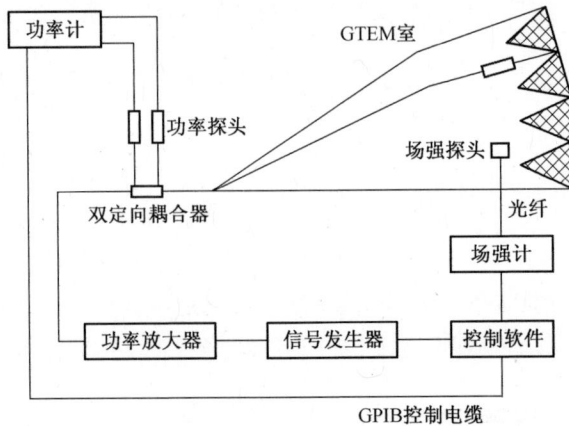

图 8-8 采用 GTEM 室进行辐射敏感度试验配置示意图

2) 集成测试系统

电磁环境效应测试项目多,仪器设备多,相互之间的连接电缆多,尤其是装备现场试验和电磁敏感性试验,空间有限,采用单一功能的仪器组成的试验方案,大大影响了试验的效率和准确性。采用集成测试系统,可解决测试的突出问题。例如,电磁敏感度综合测试系统,可采用模块化硬件结构和高速 PXI 总线,将电源线传导敏感度、壳体电流传导敏感度、电缆束注入传导敏感度、磁场辐射敏感度等测试项目和功能集于一体,设计通用化、系列化、模块化,能够实现便携式、小型化,体积小、重量轻,测试效率高。电磁辐射敏感度测试验证系统,可采用标准接口进行系统集成,通过总线技术和电缆、光纤将各个设备有机组合,采用自动定位天线架控制天线位置,采用多组开关矩阵控制信号源、功率放大器、场强监视器、功率计连接切换,构成自动测试系统,能够实现标准要求的系统测试要求,并能大大提高测试效率。

8.3 模型试验验证

8.3.1 模型试验理论

模型试验的理论建立在描述电磁场的麦克斯韦线性微分方程组基础上。从麦克斯韦方程组的线性关系可知模型在满足一定条件下与原系统具有相同的电磁场。设原系统的量用下标"0"表示，E_0 和 H_0 分别表示原天线的电场强度和磁场强度，坐标为 x_0、y_0、z_0，时间为 t_0，介质参数为电导率 σ_0、介电常数 ε_0、磁导率 μ_0；模型中的量均不用下标。

相对原尺寸天线将模型天线的尺寸缩小 n 倍，则有下述关系：

$$x_0 = nx \quad y_0 = ny \quad z_0 = nz \tag{8-1}$$

$$t_0 = rt \tag{8-2}$$

$$\begin{cases} E_0(x_0,y_0,z_0) = \alpha E(x,y,z) \\ H_0(x_0,y_0,z_0) = \beta H(x,y,z) \end{cases} \tag{8-3}$$

式中：n、r、α、β 均为比例常数（也称为缩尺比因子）。

在原系统及模型系统中，麦克斯韦方程分别如下：

$$\begin{cases} \boldsymbol{\nabla}_0 \times \boldsymbol{H}_0 = \sigma_0 \, \boldsymbol{E}_0 + \varepsilon_0 \dfrac{\partial \boldsymbol{E}_0}{\partial t_0} \\[3mm] \boldsymbol{\nabla}_0 \times \boldsymbol{E}_0 = -\mu_0 \dfrac{\partial \boldsymbol{H}_0}{\partial t_0} \end{cases} \tag{8-4}$$

$$\begin{cases} \boldsymbol{\nabla} \times \boldsymbol{H} = \sigma \boldsymbol{E} + \varepsilon \dfrac{\partial \boldsymbol{E}}{\partial t} \\[3mm] \boldsymbol{\nabla} \times \boldsymbol{E} = -\mu \dfrac{\partial \boldsymbol{H}}{\partial t} \end{cases} \tag{8-5}$$

考虑到式(8-1)、式(8-3)，得

$$\begin{cases} \boldsymbol{\nabla} \times \boldsymbol{H} = n \, \boldsymbol{\nabla}_0 \times \boldsymbol{H} = \dfrac{n}{\beta} \, \boldsymbol{\nabla}_0 \times \boldsymbol{H}_0 \\[3mm] \boldsymbol{\nabla} \times \boldsymbol{E} = n \, \boldsymbol{\nabla}_0 \times \boldsymbol{E} = \dfrac{n}{\alpha} \, \boldsymbol{\nabla}_0 \times \boldsymbol{E}_0 \end{cases} \tag{8-6}$$

$$\frac{\partial \boldsymbol{E}}{\partial t} = r \frac{\partial \boldsymbol{E}}{\partial t_0} = \frac{r}{\alpha} \frac{\partial \boldsymbol{E}_0}{\partial t_0} \tag{8-7}$$

精确模拟时，由式(8-4)~式(8-7)比较原天线和模型天线的电磁场可得出如下关系式：

$$\sigma_0 = \frac{\beta}{n\alpha}\sigma \ , \ \varepsilon_0 = \frac{\beta r}{n\alpha}\varepsilon \ , \ \mu_0 = \frac{\alpha r}{n\beta}\mu \tag{8-8}$$

式(8-8)为精确模拟的必要条件。

8.3.2　试验要求和条件

为准确模拟实装的电磁环境，模型制作、模型试验的场地、环境条件等必须满足一定的要求。制作模型天线时，不仅要模拟天线，而且对明显影响天线特性的周围环境也要模拟。由于电磁环境的复杂性,完全模拟周围环境非常困难,但应尽可能减少两者间的差异。

1. 模型缩比

缩尺比例的选取应考虑多种因素。当缩尺比例小时,模型尺寸较大,天线阻抗、耦合度、近区场强测试等误差可相应减小;但模型天线发射所需功率较大,要求较大的模型试验场和转台。当缩尺比例大时,模型尺寸较小,制作模型的天线精度难以保证,对测试仪器频率范围要求也会提高。

2. 模型制作

对于舰船模型,船体用坚实的结构支架外包一层黄铜皮或黄铜板制成,按比例 n 缩小。上层建筑以同一比例 n 缩小,并采用相应的加强结构。除鞭天线外,其他天线装置均按 n 倍缩小。因鞭天线直径尺寸小,若按 n 倍缩小,模型太细,易弯曲,故其直径按最小可选取直立直径或不小于 $\sqrt{n}$ 比例。模型天线用高电导率材料或黄铜制成,其表面镀银。天线制作及天线根部处的焊接工艺直接影响天线阻抗和驻波比,应特别给予重视。

3. 试验场地

为了减少误差,试验场地应尽量开阔,测试台最好远离二次辐射源,附近不应有电力线、高大建筑物或其他反射电磁波的物体等。场地环境噪声电平应至少低于最小接收信号 6dB。

场地模拟海平面的导电面积半径应不小于收发天线的最小测试距离,电导率不小于 $n\sigma_w$(n 为缩尺比,σ_w 为海水电导率),接地电阻不大于 1Ω。天线方向图测量时,试验场地中央应有能放置模型、可 360°连续旋转的转台。

8.3.3　模型试验及实施

利用缩尺模型可进行天线方向图、耦合度(或隔离度)、近场等预测。测试时将模型置于转台上,发射天线与信号源、功率放大器连接,接收天线与接收机连接,通过旋转模型或转动天线来测试天线方向图;采用场强测量仪来测试场强,或通过接收天线输出功率而得到天线耦合度。

从模型试验的理论基础可以得出,满足模型试验要求的场地要符合两个最基本条件:一是达到远场条件的测试距离,其导电面能模拟海平面;二是场地的电磁环境电平不能影响测量结果。从电波暗室的特点和性能来看,只要模型的缩比选择合适,足够空间的电波暗室可以用作模型试验场地。电波暗室的金属导电地板可以模拟海平面,组成电波暗室的屏蔽室提供内外信号隔离,敷设的吸波材料有效改善了室内场分布,保证内部电磁场的分布不受影响。因此,在电波暗室的有效试验区,能模拟模型电磁场。

222

在电波暗室内进行模型试验时,综合考虑电波暗室的空间大小、仪器设备所能达到的能力范围以及模型制作和结果比较的方便,制作缩尺比铜模,模型实物如图8-9所示。场强试验如图8-10所示。

图8-9 电波暗室内的模型

图8-10 模型天线近场测量的布置

8.4 系统级电磁环境效应试验验证

试验是验证系统电磁环境效应要求的基本方法。对于某些项目(如GJB 1389A—2005 符合性验证条款中规定的项目),可选择试验、分析、检查或其组合的方法。验证方法的选择一般取决于方法的结果可信度、技术的适当性、涉及的费用和资源的可用性。GJB 8848 对系统电磁环境效应试验进行了详细规定,本节作一概要介绍。

8.4.1 安全裕度试验及评估方法

安全裕度试验及评估方法通过定量考核系统中对安全或完成任务有关键性影响功能的设备和分系统在预定电磁环境下工作的安全裕度,评估系统整体的安全裕度。安全裕度与系统内电磁兼容性、外部射频电磁环境、电磁脉冲、雷电、全寿命期电磁环境效应等密切相关。

1. 基本方法

安全裕度试验及评估方法一般包括直接法和间接法。直接法通常是在发射源工作时,测量关键接口处最大信号电平,然后再向系统加入同样特性、增加了规定安全裕度的信号,进行照射或注入,评估系统性能,验证安全裕度符合性;或将能承受的敏感电平限值减去规定的安全裕度(例如 6dB),然后与系统关键接口处的最大环境电平值进行比较,验证系统是否满足安全裕度要求。

在直接法试验条件无法满足的场合,可采用间接法(如外推法、故障判据法)

进行安全裕度评估:一是外推法:先用低电平照射系统,在关键连接处测出各频率的感应电流,设法获得感应电流与辐射场的对应关系,据此外推放大,估算满足安全裕度要求系统必须能承受的全威胁电平。最后,借助于探头和电缆耦合装置注入全威胁电平电流,评估系统性能。外推法的前提必须满足线性外推条件。二是故障判据法:在系统安全状态、安全电流已知的情况下,以标准规定的极限值电平进行敏感度试验,根据系统响应(如脉冲形状、间隔变化)及相关电流(如发火电流)与安全状态、安全电流(不发火电流)的比值外推其安全裕度。

工程实施中根据安全裕度指标要求不同,主要包括系统安全裕度试验及评估和军械安全裕度试验及评估。表 8-2 所列为安全裕度试验及评估方法和适用性。

表 8-2 安全裕度试验及评估方法和适用性

试验名称	具体试验及评估方法	适用对象
系统安全裕度试验及评估	已知电磁环境允许响应值,测量关键端口处的电磁环境,通过监测 EUT 内部电路的感应电流、感应电压或功率等参数,计算得出安全裕度	适用于系统中对安全或完成任务有关键性影响功能的设备和分系统
	已知电磁环境敏感阈值,采用规定的试验方法获得辐射和传导环境电平值,确定安全裕度	
	监测电磁环境,同时监测经外部连接电缆到达 EUT 连接端口处的电压或电流值,以测得的电平值增加要求的安全裕度值后获得的辐射和传导电平,对 EUT 进行试验	
军械安全裕度试验及评估	瞬态或脉冲波电磁环境	适用于含有灼热桥丝式电起爆装置的军械
	连续波电磁环境	

评估系统安全裕度时,要求对"对完成任务和安全性有关键性影响的功能"进行评估,由于系统体积通常较大,难以对系统整体开展评估,因此应依据系统承担的使命任务及作用,划分对安全或者完成任务有关键性影响的功能,在完成这些功能的设备和分系统中识别对该功能有关键性影响的设备和分系统,并将其确定为被试对象。这些设备和分系统划分应在试验大纲中明确。通过定量考核系统中对安全或完成任务有关键性影响功能的设备和分系统在预定电磁环境下工作的安全裕度,评估系统整体的安全裕度。

2. 试验及评估实施

具体实施方法包括已知电磁环境允许响应值,已知电磁环境敏感阈值,瞬态或周期脉冲波外部射频电磁环境及其他。

1) 已知电磁环境允许响应值

若已知电磁环境下 EUT 的允许响应值(如 EUT 内部允许最大感应电压、感应电流等),并且响应值与施加信号电平间符合线性关系,则选择与允许响应值相同

的参数形式计算安全裕度,对应的计算方法如下:

(1) 以电流形式计算 EUT 的安全裕度:

$$M = 20\lg(I_R/I_c) \tag{8-9}$$

式中:M 为安全裕度(dB);I_R 为 EUT 的允许电流响应值(A);I_c 为要求电磁环境下 EUT 电流响应值(A)。

(2) 以电压形式计算 EUT 的安全裕度:

$$M = 20\lg(V_R/V_c) \tag{8-10}$$

式中:M 为安全裕度(dB);V_R 为 EUT 的允许电压响应值(V);V_c 为要求电磁环境下 EUT 电压响应值(V)。

(3) 以功率形式计算 EUT 的安全裕度:

$$M = 10\lg(P_R/P_c) \tag{8-11}$$

式中:M 为安全裕度(dB);P_R 为 EUT 的允许功率响应值(W);P_c 为要求电磁环境下 EUT 功率响应值(W)。

2) 已知电磁环境敏感阈值

若已知 EUT 的电磁环境敏感阈值,采用式(8-12)计算得到安全裕度:

$$M = 20\lg(S/V) \tag{8-12}$$

式中:M 为安全裕度(dB);S 为 EUT 的电磁环境敏感阈值(辐射采用场强表示,传导采用电压或电流表示);V 为要求电磁环境下 EUT 处辐射和传导电平。

3) 瞬态或周期脉冲波外部射频电磁环境评估

对于周期脉冲波外部射频电磁环境,EID 的安全裕度:

$$M = 10\lg(P_{MNF}/I^2 R) \tag{8-13}$$

式中:M 为安全裕度(dB);P_{MNF} 为 EID 最大不发火功率(W);I 为 EID 在要求电磁环境中的感应电流值(A);R 为 EID 的电阻值(Ω)。

对于静电、近场雷击效应、雷电直接效应、电磁脉冲、高功率微波等瞬态电磁环境,EID 的安全裕度:

$$M = 10\lg\left(\tau P_{MNF} \Big/ \int_0^\tau I^2 R \mathrm{d}t\right) \tag{8-14}$$

式中:M 为安全裕度(dB);τ 为脉冲波的脉宽(s);P_{MNF} 为 EID 最大不发火功率(W);I 为 EID 在要求电磁环境的脉冲期间的感应电流值(A);R 为 EID 的电阻值(Ω)。

4) 其他

若无法定量测量装备对电磁环境的响应及电磁环境敏感阈值,或装备响应值与施加信号电平间不符合线性关系,应对装备施加要求信号电平,监测施加信号经空间到达装备外壳处的辐射场强值,同时监测经外部连接电缆到达装备连接端口处的电压或电流值,以测得的电平值增加要求的安全裕度值后获得的辐射和传导电平,对装备进行试验。

8.4.2 系统内电磁兼容性试验方法

该方法用于验证装备自身的电磁兼容性,以确定是否满足武器装备总体性能要求。由于各武器平台自身特点,系统内电磁兼容性试验项目和方法差别较大,同时各武器平台通过多年的工程实践,积累了相关成熟经验和方法,因此系统内电磁兼容性试验方法通常按平台划分,包括:舰船电磁兼容性试验方法、飞机电磁兼容性试验方法、空间系统电磁兼容性试验方法和地面系统电磁兼容性试验方法。

系统内电磁兼容性试验方法包括定量和定性试验两类,定量试验通常包括搭接和接地性能、电源线瞬变、电磁环境、金属体感应电压、天线间兼容性、系统内电磁敏感性试验,定性试验包括互调干扰和相互干扰试验,见表8-3,表中"A"表示该试验项目适用。

表 8-3 系统内电磁兼容性试验项目及方法

序号	项目类别	试验方法	舰船	飞机	空间	地面
1	搭接和接地性能	搭接和接地电阻试验方法	A	A	A	A
2	电源线瞬变	电源线瞬变试验方法	A	A	A	A
3	电磁环境	试验区电磁环境试验方法	A			
		磁场试验方法	A			
		舰船内部电磁环境试验方法	A			
		露天区电磁环境试验方法	A	A	A	A
4	金属体感应电压	金属体感应电压试验方法	A			
5	天线间兼容性	天线间隔离度试验方法	A		A	A
		接收机输入端耦合信号试验方法	A	A	A	
		发发和收发频率最小间隔试验方法	A			
		天线端口干扰电压试验及评估方法				A
6	二次电子倍增	二次电子倍增(微放电)试验方法			A	
7	系统内电磁敏感性	系统内电磁敏感度试验方法				A
8	互调干扰	船壳引起的互调干扰试验方法	A			
9	相互干扰	相互干扰试验方法	A	A	A	A

表8-3给出了各系统适用的试验项目。对于具体系统或平台,应根据系统要求或合同中规定的电磁兼容性要求,确定试验内容和具体试验项目。通常在完成定量试验后,再开展相互干扰试验,以便为干扰的分析提供定量依据。系统内电磁兼容性试验中相互干扰试验最为关键,在系统技术状态固化情况下,验证考核系统

所有电子、电气设备和分系统在预期的电磁环境下工作时电磁干扰情况。本节简要介绍天线间隔离度、互调干扰、二次电子倍增试验方法,重点介绍相互干扰试验方法。

1. 天线间隔离度试验方法

天线间隔离度是系统电磁兼容性的重要参数。通过测量天线间隔离度,可以对天线布置及系统内用频设备间电磁兼容性做出评价。

天线间隔离度的测量可在实装上进行,也可采用模型试验方法(如 8.3 节)。而实装上测量天线隔离度,通常以发射机指示功率作为计算依据,若不确定此时的发射功率,仅依据设备本身的指示值计算隔离度,误差是相当大的。在计算分析天线间隔离度的基础上,通常采用的试验方法是使用发射机和接收机工作,并使发射机按额定功率发射,使用通过式功率计来确定发射功率,易于实现。试验配置如图 8-11 所示。

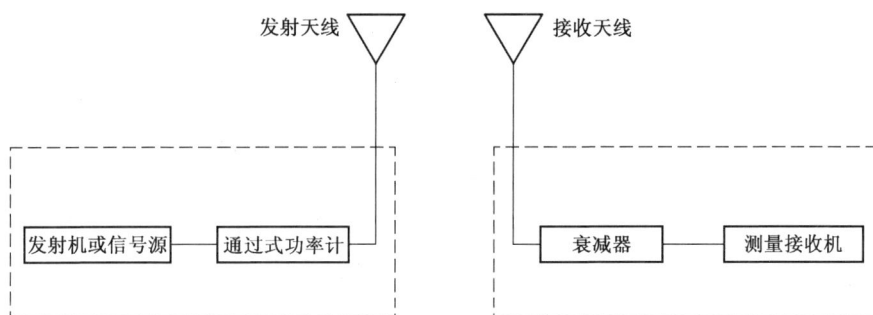

图 8-11　天线间隔离度试验配置

2. 船壳引起的互调干扰试验方法

试验前,对船壳引起的互调干扰进行初步分析,选择高频发射机和接收机。启动两台(或两台以上)高频发射机(频率为 $f_1, f_2, \cdots$),选择发射频率时应使 n 阶互调频率($n_1 f_1 \pm n_2 f_2 \pm \cdots, n_1 + n_2 + \cdots = n$)落在被测接收机的工作频段内;两台(或两台以上)发射机同时以额定功率发射;启动被测接收机,调谐接收机使其工作于 n 阶互调频率。发现干扰后,应交替关闭发射机,如干扰均消失,则该干扰为互调干扰。对判定的互调干扰,采用音频电压表或误码测试仪确定互调信号频率和互调信号电平。试验配置如图 8-12 所示。

3. 二次电子倍增(微放电)试验方法

二次电子倍增(微放电)试验方法用于航天器等空间系统在真空条件下工作的受试设备和分系统的射频电路二次电子倍增效应验证,包括调零试验法、反射功率试验法和二次或三次谐波试验法。应根据 SUT 特点、试验条件,选择适用的试验方法。优先选用调零试验法。为避免误判,一般同时采用两种方法。调零试验

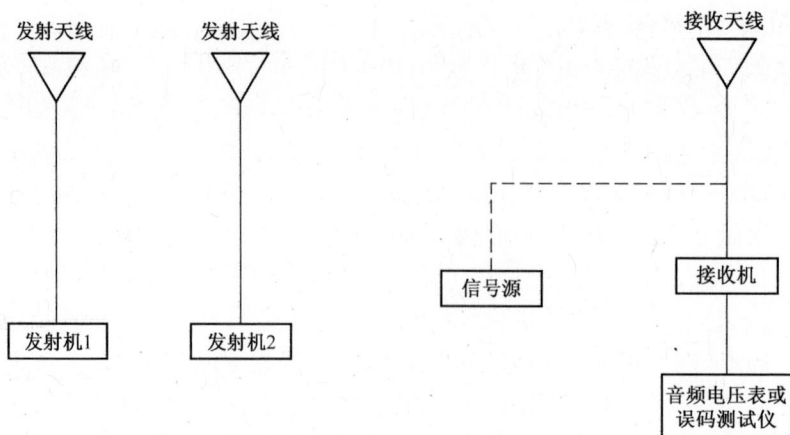

图 8-12　互调干扰试验配置

法具有较高的检测灵敏度;反射功率试验法比较直观,易于实施;二次或三次谐波试验法易于微放电现象的确定。试验配置如图 8-13 所示。

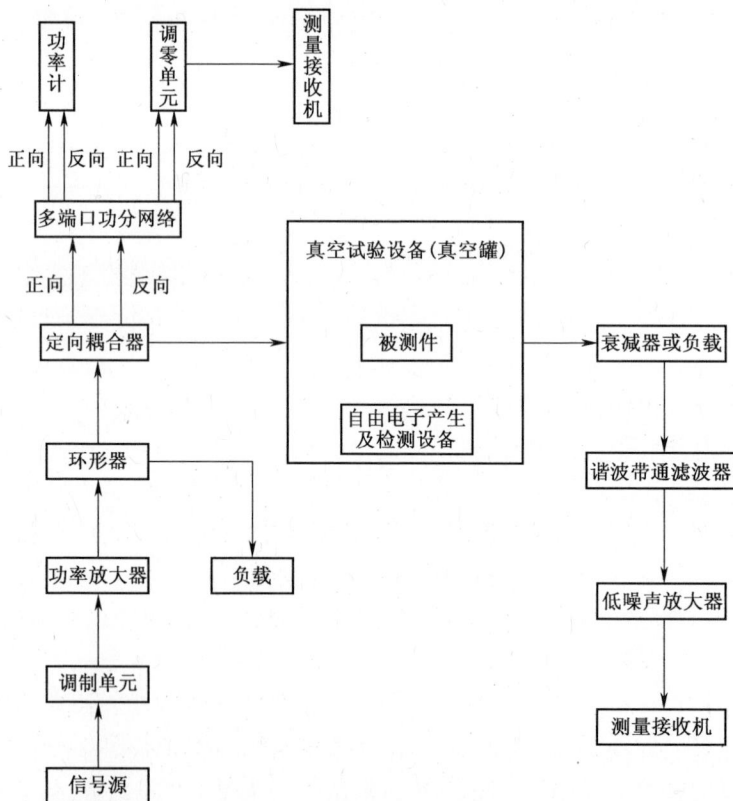

图 8-13　二次电子倍增试验配置

228

4. 相互干扰试验方法

系统在试验中基本为实际工作状态,要求设备或分系统齐套,在规定的多种工作模式、工作状态下验证系统各种功能、性能或技术参数,以确保试验的完整性和真实性。相互干扰试验对舰船、飞机、空间和地面系统均适用,而空间系统中,包括航天器、运载火箭和导弹。

舰船相互干扰试验通常划分为系泊和航行两个阶段,可根据实测舰船的具体情况组织实施。为保证干扰试验充分,依据工作频率划分,可将试验内容分为微波干扰、射频干扰、低频干扰、磁场干扰试验,最后是全船设备工作时的综合试验。

对于飞机,根据飞机工作状态和试验条件,飞机相互干扰试验分为 3 种情况:一是在开阔场或全机电波暗室内进行地面电源供电情况下相互干扰检查试验;二是在开车场进行发动机开车情况下的相互干扰检查试验;三是在空中飞行情况下的相互干扰检查试验。

相互干扰试验主要采用以下程序:

(1) 预评估。试验前,需要制定试验细则,了解系统组成、布置和设计的有关情况,结合系统上安装的主要电子电气设备的特性,分析干扰源和监测设备,并将可能会出现的干扰对作为试验重点。

(2) 确定干扰源及其工作状态。所有干扰源应使其处于最大功率输出工作状态;干扰源的发射频率应覆盖整个工作频段,同时还应选取干扰或危害较大的特殊频率如接收设备的中频、晶振频率、时钟频率、视频等;当干扰源设备有多个工作状态时,应在每个状态都要试验。

(3) 确定监测设备(被干扰设备)及其工作状态和敏感度判据。监测设备是指所有可能对电磁干扰敏感的设备。对于涉及安全性关键设备要给予特别关注。监测设备工作在最敏感或最易敏感的状态;当监测设备有多个工作状态时,在试验中应考虑所有工作状态。接收机的频率选择应覆盖整个工作频段,并处于最佳接收状态。对监测设备应建立敏感度判据以表征设备正常工作的指标和参数及其变化范围。

(4) 建立干扰试验矩阵。确定相互干扰试验中的干扰源、监测设备,制定相互干扰试验矩阵表,见表8-4。建立干扰源、监测设备相对应的试验矩阵,应考虑部分干扰源、监测设备的多个工作状态。应注意的是,只有同时工作的干扰源、监测设备才列入干扰试验矩阵。

(5) 试验实施。根据试验矩阵表,选取干扰源设备和监测设备,监测设备按照上述要求开启工作,处于最佳接收状态。干扰设备按上述要求开启工作,同时观察并判断监测设备的工作状态、参数指标。依次开启所有干扰源设备,观察并判断监测设备的工作。依次对所有其他监测设备分别重复试验。对于多个干扰源对一个监测设备的检查矩阵,依次使所有干扰源设备同时处于工作状态,检查监测设备。对监测设备出现的敏感现象,应进行判断和识别,判明干扰来源,判别干扰等级。

（6）试验结果评定。将试验结果与装备要求或合同中规定的要求进行对比和判断,确定试验结果是否符合要求;根据规定的设备或系统的干扰和敏感度判别要求,结合测试结果数据,判定系统是否出现干扰和敏感;若出现干扰和敏感,或导致系统性能降级、失效或故障等,则判定系统不能满足自兼容要求,应对干扰或敏感现象进行识别、分析和整改。

表 8-4　相互干扰试验矩阵表

干扰源		干扰源 1				干扰源 2				干扰源 n
受扰设备及工况		工况 1	工况 2	…	工况 n	工况 1	工况 2	…	工况 n	
监测设备 1	工况 1									
	工况 2									
	…									
	工况 n									
监测设备 2	工况 1									
	工况 2									
	…									
	工况 n									
监测设备 n										

8.4.3　外部射频电磁环境敏感性试验方法

进行外部射频电磁环境试验时,受试系统和模拟环境均受控,验证武器装备在射频强辐射场中是否敏感,以此来验证系统与规定的外部射频电磁环境的兼容性。

外部射频电磁环境敏感性试验方法包括全电平辐照法、低电平法、差模注入法及混响室法等。应优先选用全电平辐照法进行试验。在试验设备等条件限制的情况下,可采用其他替代试验方法。低电平法包括低电平扫描场法（LLSF）和低电平扫描电流法（LLSC）,由于 SUT 的电缆耦合和屏蔽壳体场耦合一般同时存在,因此 LLSF 和 LLSC 一般应配合使用,两个试验均合格,才可认定 SUT 试验合格,且选择 LLSC 时,应满足相应的线性外推关系。各方法的适用性见表 8-5。

表 8-5　外部射频电磁环境敏感性试验方法及适用性

试验方法	适用对象	适用频率范围
全电平辐照法	适用于各类武器系统,包括飞机、舰船、空间和地面系统等	10kHz～45GHz

（续）

试验方法		适 用 对 象	适用频率范围
低电平法	LLSF	外部有屏蔽体的 SUT	100MHz~18GHz
	LLSC	互连电缆或电源电缆暴露在外部强场的 SUT	10kHz①~400MHz
差模注入法		主要通过天线耦合、同轴电缆耦合及双线电缆耦合的 SUT	10kHz~18GHz
混响室法		混响室可容纳的武器、火炮武器等系统	80MHz~45GHz，频率取决于混响室尺寸
①10kHz 或 SUT 的第一谐振频率，取高者			

1. 全电平辐照法

该方法采用规定的测试等级进行试验，是外部射频电磁环境的电磁敏感性试验优先选择的方法，此方法技术成熟，适用性广，但对仪器设备要求较高。受试验设备等条件限制而无法满足整体辐照时，可采用局部辐照。试验配置见图 8-14。大型平台如飞机、舰船和地面系统的试验通常在开阔试验场地进行。

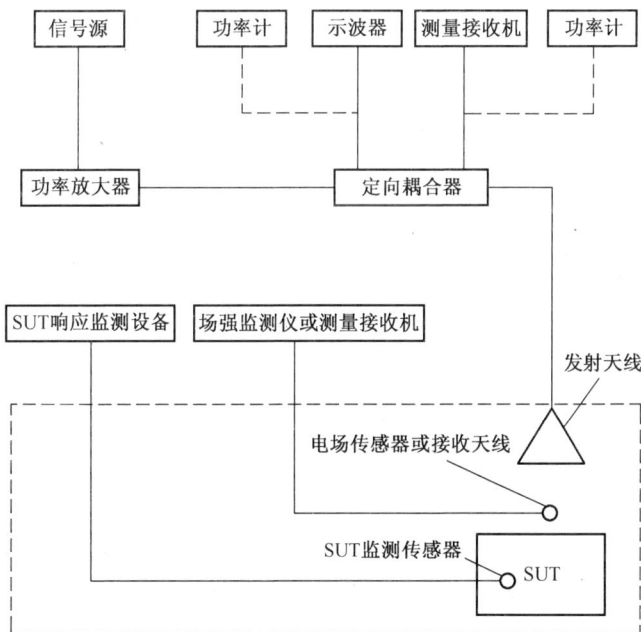

图 8-14　全电平辐照法试验配置

2. 低电平法

低电平法是一种替代方法，主要包括 LLSF 法和 LLSC 法。外部射频电磁环境既可通过壳体进入 SUT 也可通过外部电缆耦合进入 SUT，或者两者共存，因此

231

LLSF 与 LLSC 可单独使用,也可配合使用,以评估 SUT 的电磁敏感性。

1) LLSF 法

LLSF 法考虑外部电磁环境通过壳体进入 SUT。其要点是获得 SUT 壳体屏蔽效能,计算得到要施加的场强。依据 SUT 结构和内部分系统和设备敏感特性,确定被测分系统或设备,将 SUT 电磁敏感性试验转化为对设备电磁敏感性试验。

将关注的设备或分系统位置作为被测部位,通过测试获得该部位的屏蔽效能,按式(8-15)计算要求的试验电平:

$$E = E_0 \times 10^{-SE/20} \tag{8-15}$$

式中:E 为要求的试验电平值(V/m);E_0 为外部环境要求值(V/m);SE 为 SUT 的壳体屏蔽效能(dB)。

对 SUT 的被测部位应有足够数量的照射位置,照射位置选取尽量反映被测部位结构的屏蔽特性,以被测部位所有照射位置与极化方式的屏蔽效能最小值,作为该部位的屏蔽效能值。按计算获得的试验电平 E,对该部位的 EUT 进行辐射敏感性试验,监测是否敏感。对每个被测部位进行辐射敏感性试验。当出现敏感现象,确定 SUT 的敏感度门限电平 E_s。试验配置见图 8-15。

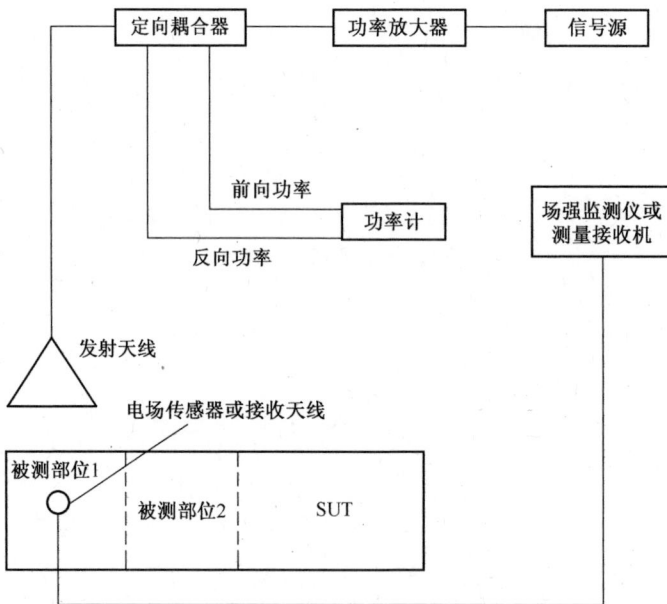

图 8-15 LLSF 试验配置

2) LLSC 法

LLSC 法考虑外部电磁环境通过电缆耦合进入 SUT。其要点是获得 SUT 连接电缆的归一化电流响应系数,计算得到要施加的感应电流。依据 SUT 结构和内部分系统和设备敏感特性,确定被测分系统或设备,在保证系统响应处于线性区的条件下,将 SUT 电磁敏感性试验转化为对设备电磁敏感性试验。

在被试分系统待测端口处,选择合适的辐射电场电平,对 SUT 进行整体低场强辐射测试,测量电缆束感应的传导电流电平,利用式(8-16)计算归一化电流响应系数。根据场线耦合的线性相关性,按式(8-17)计算确定被测电缆的感应电流值。

$$k = I_1/E_1 \tag{8-16}$$

式中:k 为归一化电流响应系数(m/Ω);I_1 为被试电缆中的感应电流(A);E_1 为被试电缆受到的电磁辐射场强值(V/m)。

$$I_2 = E_0 k = E_0 I_1/E_1 \tag{8-17}$$

式中:I_2 为应施加的试验电平值(A);E_0 为外部环境要求场强值(V/m)。

依据确定的感应电流值对被测电缆进行传导干扰注入试验,监测是否敏感。对 SUT 所有外部端口的电缆束进行测试。当出现敏感现象,确定 SUT 的敏感度门限电平。试验配置见图 8-16。

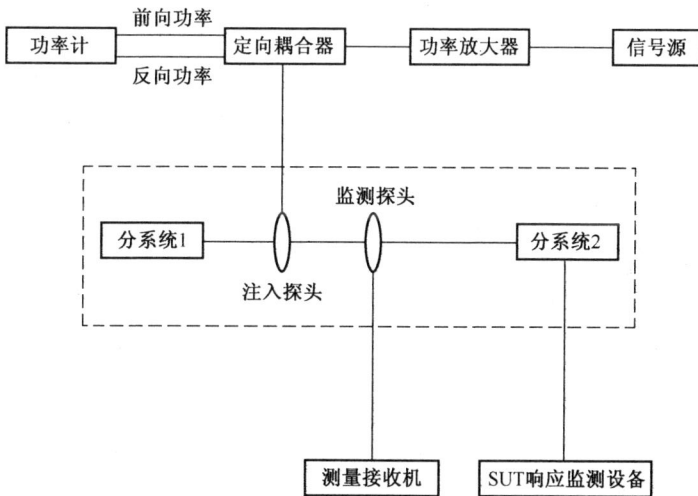

图 8-16 LLSC 试验配置

对外部射频环境既通过壳体又通过电缆耦合进入 SUT 的情况,LLSF 与 LLSC 应配合使用,当两者干扰施加过程中均未出现敏感,或通过响应评估为不敏感,则认为 SUT 对给定的外部射频电磁环境不敏感;如果出现敏感,分别确定敏感度门限,并取小者为 SUT 的敏感度门限值。

3. 差模注入法

差模注入法是一种辐照与注入相结合的等效试验方法,主要适用于线缆、天线电磁耦合信号导致的 SUT 效应测试。其要点是获得 SUT 互联系统的传递函数,计算得到注入端口的注入电压。

在保证系统响应处于线性区的条件下,对互联系统进行低场强辐照试验,监测差模注入耦合模块监测端口的输出响应,通过耦合模块注入端口对 SUT 进行注入测试,监测端口的输出响应,当输出响应相等时,记录此时的注入电压 V_1,依据式(8-18)计算得到注入电压与辐射场强之间的传递函数 k。在 SUT 正常工作状态下,依据外部射频电磁环境场强值,确定端口注入电压,调节注入电压对 SUT 进行差模注入试验。试验配置见图 8-17。

$$k = E_1/V_1 \tag{8-18}$$

式中:k 为传递函数(m^{-1});E_1 为外部电磁环境要求场强值($\mathrm{V/m}$);V_1 为监测端口的输出响应(V)。

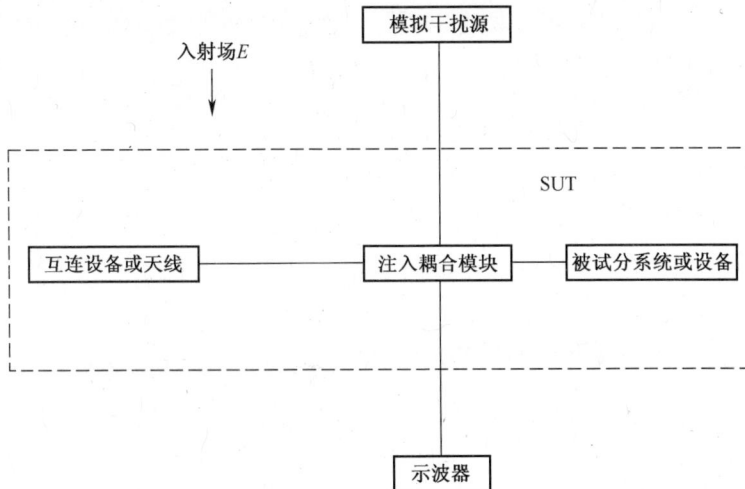

图 8-17 差模注入试验配置

8.4.4 高功率微波试验方法

该方法验证武器系统暴露于特定高功率微波环境下的生存能力及防护能力,适用于空中、水面和地面武器系统及其相关军械。高功率微波试验有两种方法,包括威胁级辐照试验方法和等效试验方法。等效试验方法包括辐照等效试验方法和注入等效试验方法。应优先考虑采用威胁级辐照试验方法。对于不具备进行威胁级辐照试验条件的,可采用等效试验方法。在设备和分系统辐射环境已知的情况下采用辐照等效试验方法,在设备和分系统具有微波输入端口的情况下采用注入等效试验方法。

1. 威胁级辐照试验方法

直接通过高功率微波模拟源产生威胁级环境对 SUT 进行辐照,并对效应结果进行监测。首先通过辐射场测量,使得 SUT 位置处的辐射场功率密度满足要求。根据天线辐射的波束宽度覆盖范围,选择整体辐照或局部辐照方式。试验配置见图 8-18。

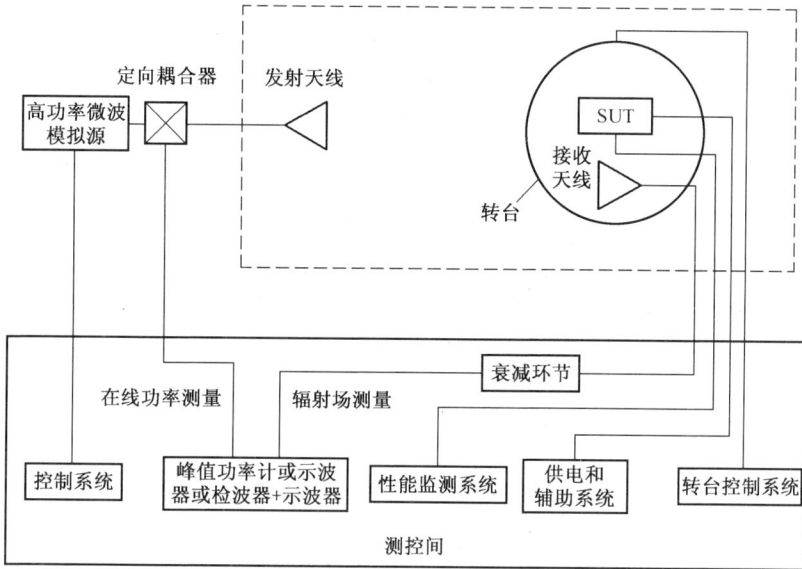

图 8-18　高功率微波威胁级辐照试验配置

2. 辐照等效试验方法

利用低功率微波测试从系统外部到设备和分系统所在位置的辐射耦合系数,根据威胁级功率密度水平及辐射耦合系数,计算得到设备和分系统处的辐射场功率密度,再利用计算得到的辐射场功率密度对设备和分系统进行辐照试验,并对设备和分系统性能或响应进行监测。试验配置见图 8-19。

3. 注入等效试验方法

利用低功率微波对从系统外部到设备和分系统敏感端口的有效接收面积进行测试,根据全系统威胁级功率密度水平及有效接收面积,计算得到设备和分系统微波输入端口的感应功率,再利用计算得到的感应功率对设备和分系统进行注入试验,并对设备和分系统性能或响应进行监测。高功率微波注入等效试验配置见图8-20。

8.4.5　雷电试验方法

该方法用于验证武器装备对雷电直接效应和雷电间接效应防护是否符合规定

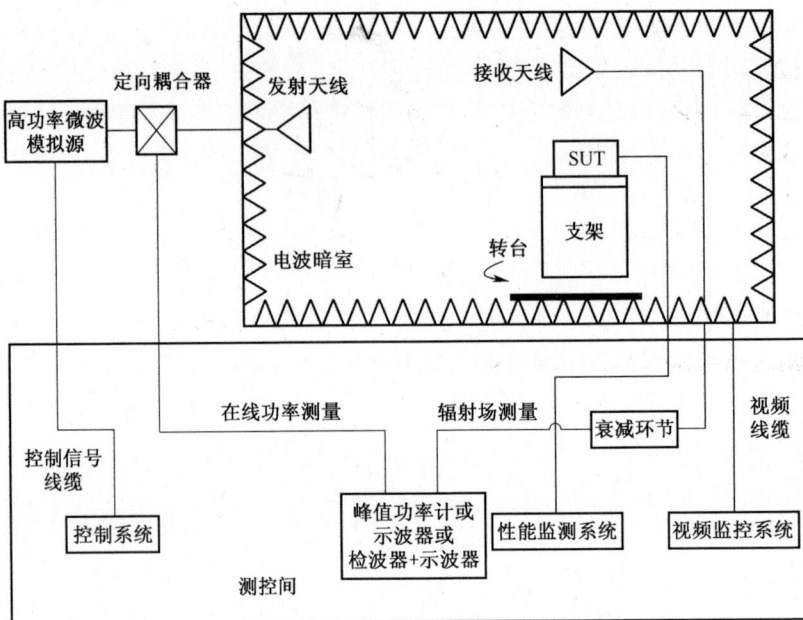

图 8-19　高功率微波辐照等效试验配置

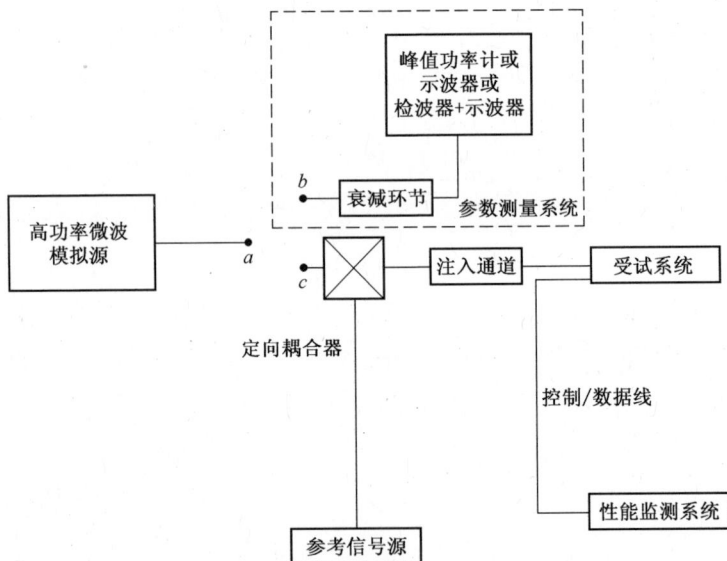

图 8-20　高功率微波注入等效试验配置

要求,适用于飞机及直升机,具有雷达防护要求的地面系统、舰船结构和舰载设备或分系统、空间系统的地面设备、军械等。飞机雷电直接效应和雷电间接效应试验

236

通常按 GJB 3567 规定的试验方法执行。地面系统和军械雷电试验包括雷电直接效应试验和雷电间接效应试验。雷电间接效应试验方法包括直接雷击引起的间接效应试验方法、脉冲电磁场效应试验方法和雷电传导耦合注入试验方法。这里主要介绍地面系统及军械雷电直接效应试验方法和直接雷击引起的间接效应试验方法。

1. 雷电直接效应试验方法

雷电直接效应环境由脉冲电流发生器通过放电电极对 SUT 附着点放电产生。SUT 通过接地与脉冲电流发生器构成回路，要求回路电阻小于 1.0Ω，回路电感小于 $20\mu H$；注入电流监测探头用来监测雷击电流，光发射机用来将测得的电信号转换为光信号通过光纤传输至测量端，经光电转换后进行数据分析。需确定雷击附着点，每个附着点进行两个阶段测试，第一阶段包括电流 A 和 C 分量，第二阶段包括电流 D 分量；无特殊要求时，分量 B 通常不考虑。采用耦合电流监测探头或电压监测探头对军械中电起爆装置的感应电流或电压进行测量。雷电直接效应试验配置见图 8-21，军械中电起爆装置感应电流或电压试验配置见图 8-22。

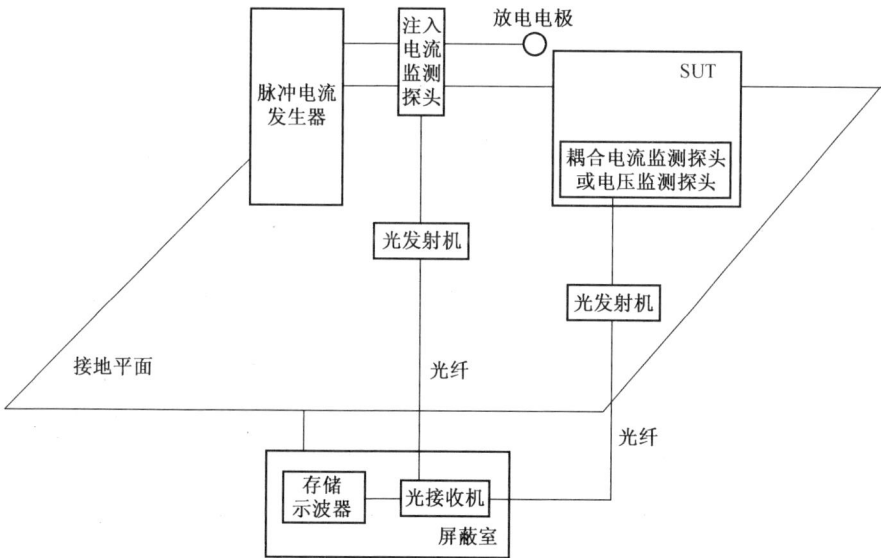

图 8-21　雷电直接效应试验配置

2. 直接雷击引起的间接效应试验方法

对火箭弹类军械，按图 8-23 进行试验配置。回路导体系统围绕 SUT 构建，SUT 放置于笼形轴心，雷电流从头部注入、尾部流出至笼形框架外导体，形成一个类似同轴传输线的封闭式系统，以模拟表面均匀的雷电流分布。回路导体的设计应保证 SUT 表面的电流密度和方向分布接近雷击时的真实情况。采用电流分量

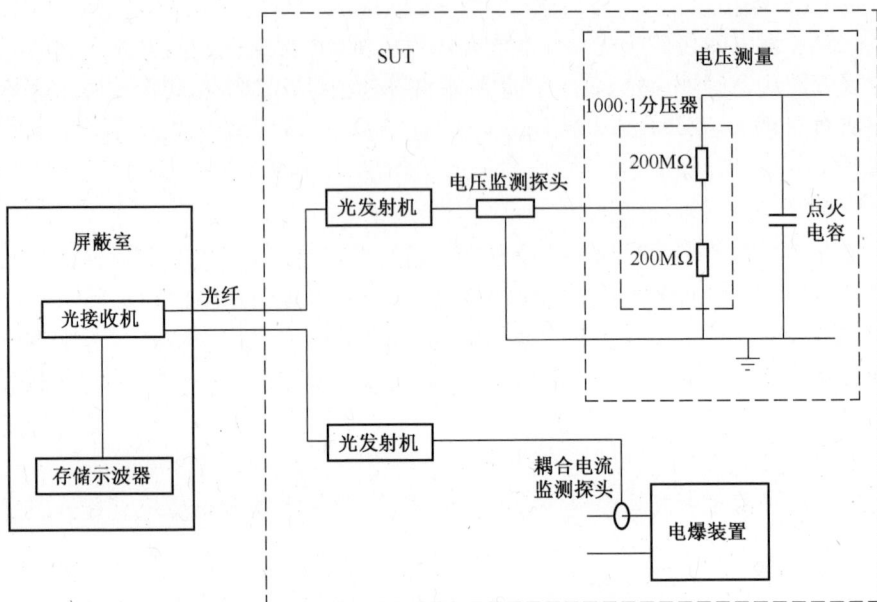

图 8-22　军械中电起爆装置感应电流或电压试验配置

A、分量 D 及多重脉冲冲击进行试验,波形参数需满足规定的雷电间接效应环境;将冲击电流幅度由高到低分为至少 3 个等级,最高等级为 50kA,逐级进行冲击试验,保证波形参数不变;每次放电时,对冲击电流波形进行测量;按图 8-22 配置,对军械中电起爆装置的感应电流或电压进行测量。对其他军械,按图 8-21 进行试验配置,将电弧放电改为通过硬连接直接进行电流注入。

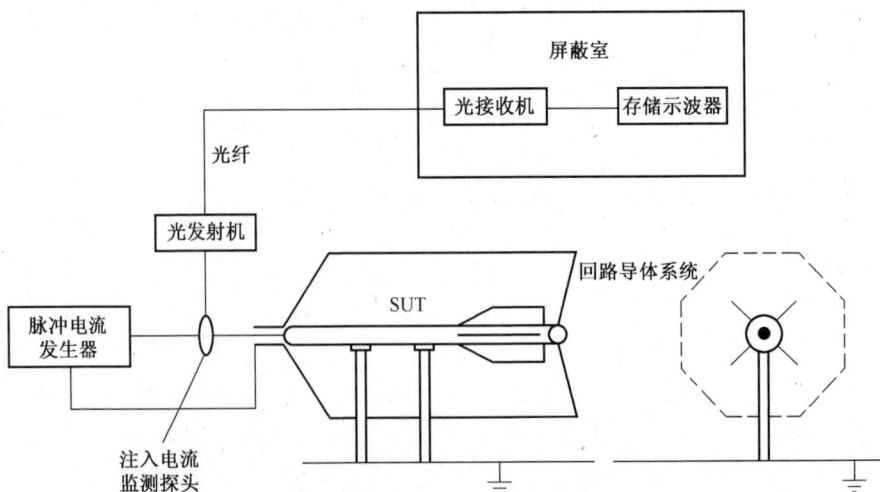

图 8-23　有飞行状态的直接雷击引起的间接效应试验配置

8.4.6 电磁脉冲试验方法

该方法用于验证飞机、舰船、空间、地面系统 EMP 效应及加固性能。EMP 试验方法有 3 种,即威胁级辐照试验方法、PCI 试验方法和 CW 辐照试验方法。每种方法都有自身特点和适用对象,应根据系统特点、试验条件和试验目的,选择适用的试验方法。条件具备时,应首先选择威胁级辐照试验方法。

1. 威胁级辐照试验方法

威胁级辐照试验方法进行全系统试验,将整个车辆、导弹和飞机等装备置于 EMP 模拟器的照射下,监测装备系统和武器的性能是否下降,从而评估其 EMP 敏感度,并确定能量耦合途径。典型系统威胁级辐照试验配置见图 8-24。威胁级辐

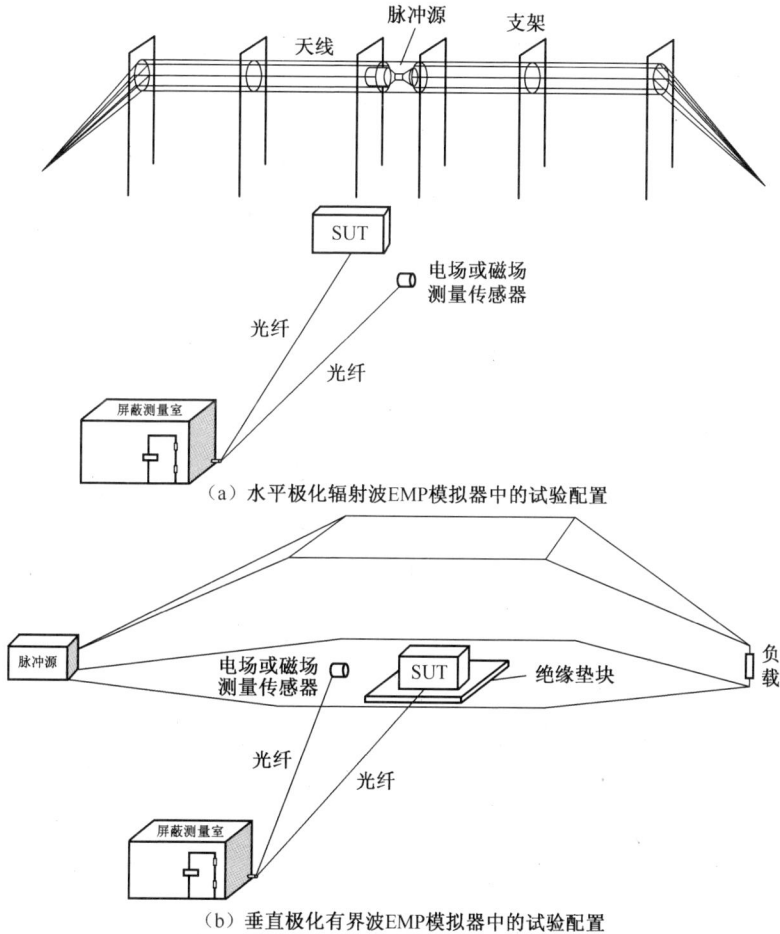

(a) 水平极化辐射波 EMP 模拟器中的试验配置

(b) 垂直极化有界波 EMP 模拟器中的试验配置

图 8-24 典型系统威胁级辐照试验配置

照试验方法可产生非线性效应(防护器件非线性效应、电缆绝缘击穿)、试验结果逼真度高,但通常 EMP 模拟器体积大、不易移动。EMP 模拟器包括有界波 EMP 模拟器或辐射波 EMP 模拟器。有界波 EMP 模拟器可模拟自由空间的 EMP 环境,主要用于空中飞行状态的飞机、导弹等 EMP 试验,也可用于其他系统的 EMP 试验;辐射波 EMP 模拟器可模拟包含地面反射在内的 EMP 环境,主要用于地面可移动系统、舰船、待发射状态的导弹等 EMP 试验,也可用于其他系统的 EMP 试验。当模拟器工作空间可容纳整个系统时,应进行全系统威胁级辐照试验;当模拟器工作空间有限,不能进行全系统辐照试验时,可对任何具有完整功能的分系统或任务关键设备进行威胁级辐照试验。

2. PCI 试验方法

如果系统接有外部天线或电缆,无法通过威胁级辐照试验获得威胁级耦合响应,还应对外接天线或电缆进行 PCI 试验。PCI 试验方法易产生威胁级传导电流,可产生非线性效应,但 PCI 试验是局部性试验,没有综合效应,电流注入幅度由分析确定,会引入误差。PCI 试验包括线缆 PCI 试验和天线系统 PCI 试验。线缆 PCI 试验有线地电流注入方式和共模电流注入方式。线缆 PCI 试验配置见图 8-25,天线系统 PCI 试验配置见图 8-26。

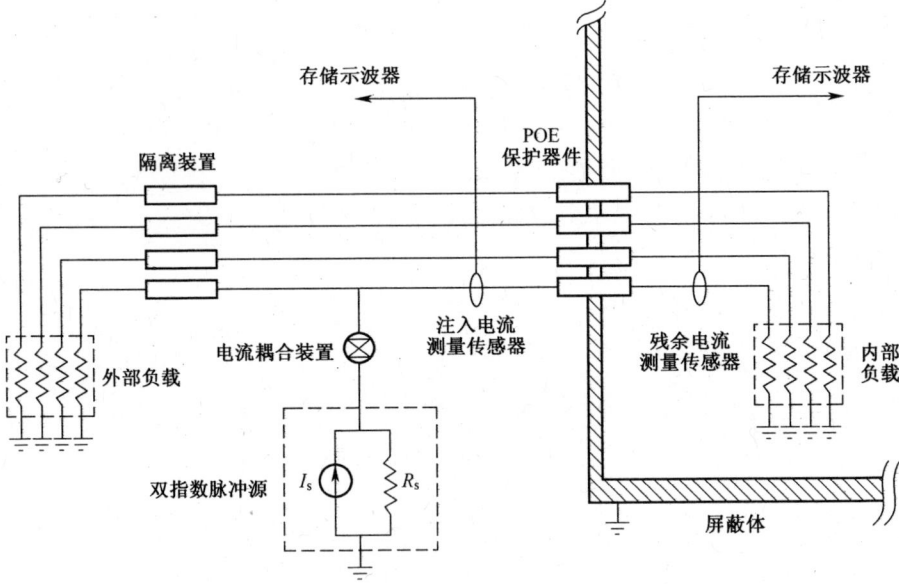

(a)线-地电流注入试验配置

240

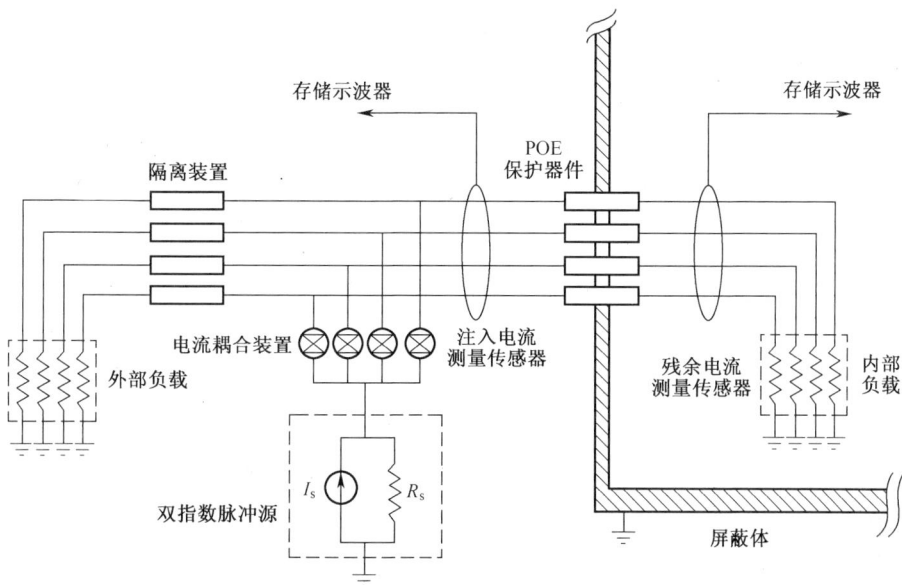

（b）共模电流注入试验配置

图 8-25　线缆 PCI 试验配置

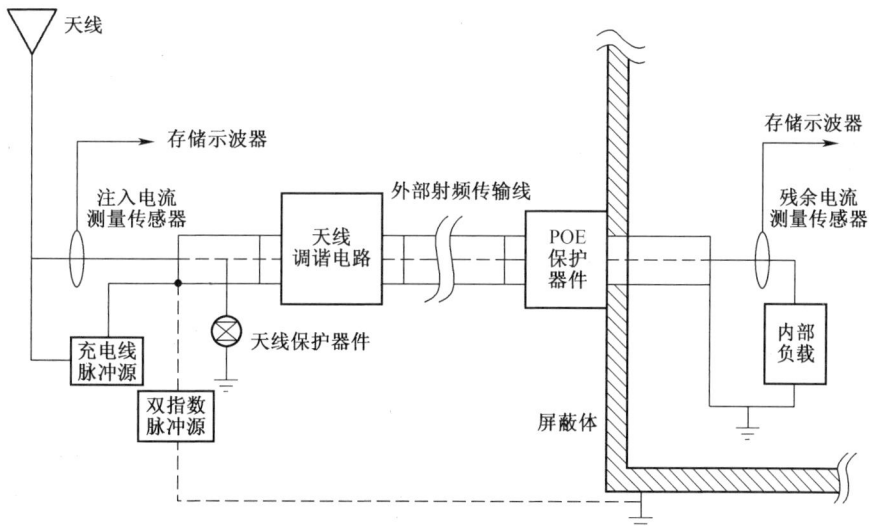

图 8-26　天线系统 PCI 和天线响应测量试验配置

3. CW 辐照试验方法

对于无法进行威胁级辐照试验的系统，如地基固定系统，可采用 CW 辐照试验方法代替威胁级辐照试验方法。CW 辐照试验方法可进行全系统试验,但不产生非线性效应,测量结果需要外推至威胁级,会引入较大误差。CW 辐照试验方法也可用于系统 EMP 薄弱环节的查找。如果系统有外接天线或电缆,还应进行 PCI 试验。CW 辐照试验配置见图 8-27。

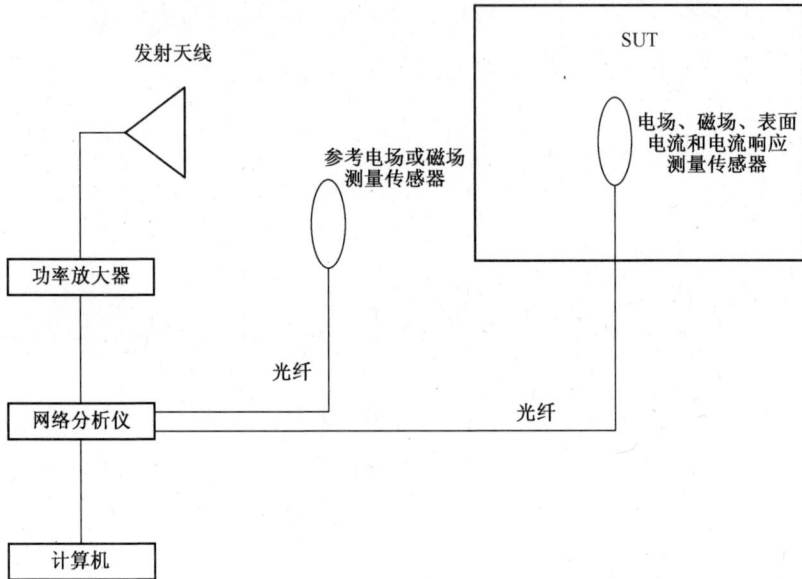

图 8-27 CW 辐照试验配置

4. 电磁脉冲传感器测量校准方法

1) 电磁脉冲传感器校准的基本方法

为保证电磁脉冲场测量结果的准确性,电磁脉冲传感器标定方法显得尤为重要。电磁脉冲测量需要获得电场和磁场的时域波形,因此传感器需要在时域直接进行标定。IEEE 1309—2005《9kHz～40GHz 电磁场传感器、探头和天线的校准》中,提供了 3 种时域探头校准方法,即传递探头法、标准场法和标准探头法。

传递探头法应溯源至国家场强标准,而标准场法采用的校准场值由计算获得,标准探头法需要一个标准的时域探头。目前,尚未建立纳秒级前沿电磁脉冲场的测量标准,也无经过严格校准的脉冲电场和磁场测量探头。国内外在对电磁脉冲测量传感器标定时形成了一种通用的做法,即在标定强场测量探头时采用可监测终端电压的平行板模拟器,在标定弱场强测量探头时采用可监测终端电压的 TEM室,这样由监测电压可计算出探头所处位置的电磁脉冲场。

2) 电磁脉冲传感器测量校准方法

TEM 室工作空间内场分布均匀,频率响应可达 500MHz,并且是公认的场强计量标准装置,其控制标准为 IEEE Std C95.3—2002。通常 TEM 室的同轴传输结构耐压有限,要产生幅值达到 50kV/m 的高场强,需要改造同轴输入和负载端接口,以使其耐压足够。

平行板模拟器可产生 5~50kV/m 的高场强,其工作空间内场分布均匀,频率带宽也可达到 200MHz 以上。但是由于无标准测试方法对其极板上电压进行测量,并且没有有效的控制标准,所以没有成为公认的场强计量标准装置。

为达到对高幅值电磁脉冲电场传感器校准的目的,可采用标准场结合传递探头对电磁脉冲电场传感器进行校准的方法。即用 TEM 室产生时域标准场,校准传递探头,获得传递探头的系数,利用传递探头的线性特性和电磁脉冲辐射装置产生的场,将传递探头与被校准电场探头同时放入电磁脉冲场辐射装置工作空间内,通过对比传递探头和被校电磁脉冲电场探头的测量参数,确定被校准探头的系数,实现对被校电磁脉冲传感器的校准。校准原理如图 8-28 所示。传递探头应是无源、线性探头,工作带宽应大于电磁脉冲场带宽。

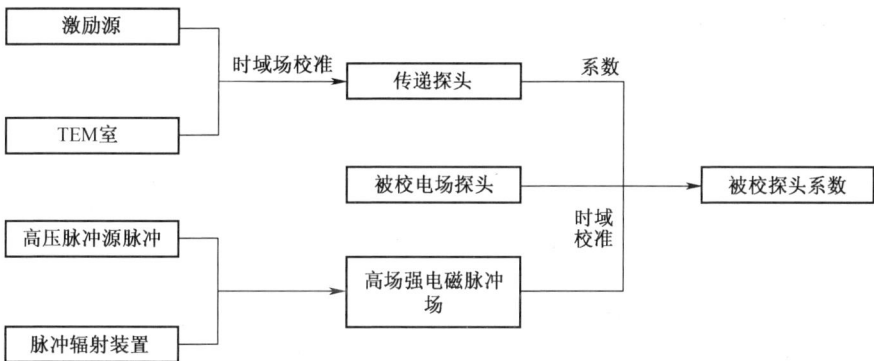

图 8-28　电磁脉冲探头校准原理图

8.4.7　分系统和设备电磁干扰试验方法

分系统和设备电磁干扰控制要求的符合性验证,通常按 GJB 151B 规定执行。在 8.5 节叙述 GJB 151B 规定的试验方法,这里仅介绍其不包括的舰船直流磁场敏感度试验方法。

该方法适用于所有包含对磁场有潜在敏感性部件的设备和分系统在舰船直流磁场环境中工作时敏感度考核。对一个包含若干部件的 EUT,应对其每个潜在敏感性的部件分别进行测试。尽可能采用标准试验方法。对体积大于 1m³ 或质量超过 100kg 的 EUT(或系统部件),当无法采用标准试验方法时,可采用局部试验方法,对所有可能敏感的区域进行测试。应对 EUT 三个相互垂直的方向进行试验。

标准试验方法配置如图8-29所示。

赫姆霍兹线圈

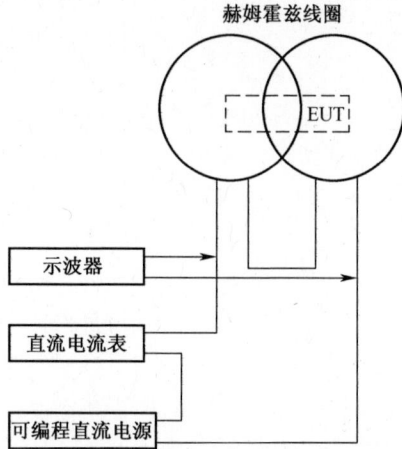

图8-29 标准试验方法的试验配置

标准试验方法使用的赫姆霍兹线圈由同一轴线上的两个相同螺线管组成,线圈平面平行且间距等于线圈半径。将一个励磁直流电串联通过两个线圈,且每个线圈的磁场方向相同。磁场强度为

$$H = \frac{N \times 0.716 \times I}{r} \qquad (8-19)$$

式中:H 为磁场强度(A/m);N 为单个线圈的匝数;r 为环形线圈的半径(m);I 为直流电流表的读数(A)。

8.4.8 静电放电试验方法

静电放电试验方法包括垂直起吊和空中加油静电放电试验方法、机载分系统静电放电试验方法和军械分系统静电放电试验方法。

1. 垂直起吊和空中加油静电放电试验方法

该方法考核直升机、任何飞行中加油的飞机和由直升机外部吊挂或运输的系统经受300kV静电放电时的安全性,也适用于军械的空中补给静电放电试验。

试验布置见图8-30。放电电极前端靠近SUT,但与SUT不直接接触,使用1000pF电容器向SUT放电。垂直起吊状态:直升机吊挂或运输的系统,在测试时SUT不通电。测试位置选取为SUT在装载和卸载时(包括吊索的连接点)的接触点。空中加油状态:SUT应保证在加油期间保持功能的设备和分系统处于正常配置,测试位置选取为SUT在空中加油时的接触点以及安装在加油设备附近的设备。

244

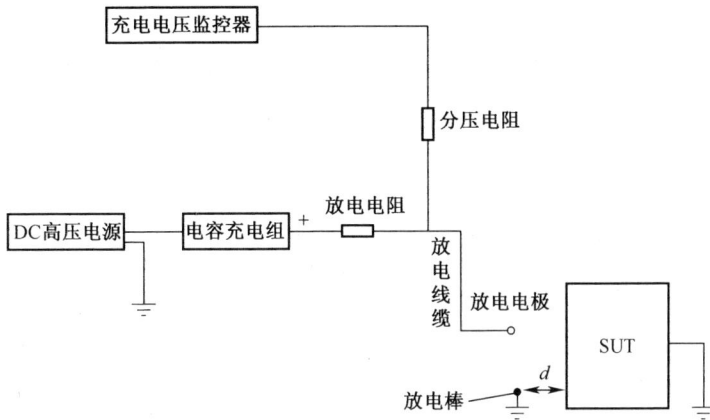

图 8-30　垂直起吊和空中加油静电放电试验配置

2. 机载分系统静电放电试验方法

该方法用于所有安装于飞机的带天线的电子设备,以及其他重要电子设备,用于考核飞机局部沉积静电放电环境对 SUT 的工作性能影响。沉积静电试验配置见图 8-31。

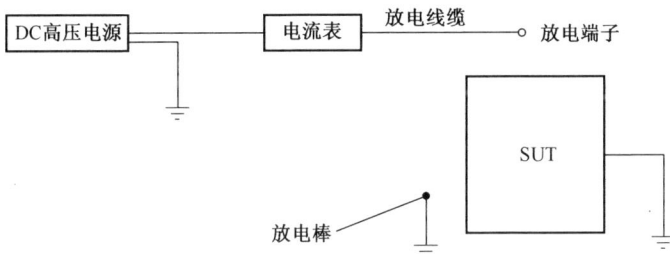

图 8-31　沉积静电试验配置

静电发生器输出达到要求的充电总电流 I_t,I_t 按式(2-19)计算获得。

3. 军械分系统静电放电试验方法

该方法用于静电放电对包含电子电气设备或 EID 的军械安全性和功能影响的验证。每种军械进行两类试验:第一类是军械的人体静电放电试验,模拟来自人体的最大静电放电,其原理如图 8-32 所示;第二类是军械的空中补给静电放电试验,模拟空中补给过程中最大预计静电放电,按照垂直起吊和空中加油静电放电试验方法执行,其静电放电模拟环境和参数见 2.2.5 节。

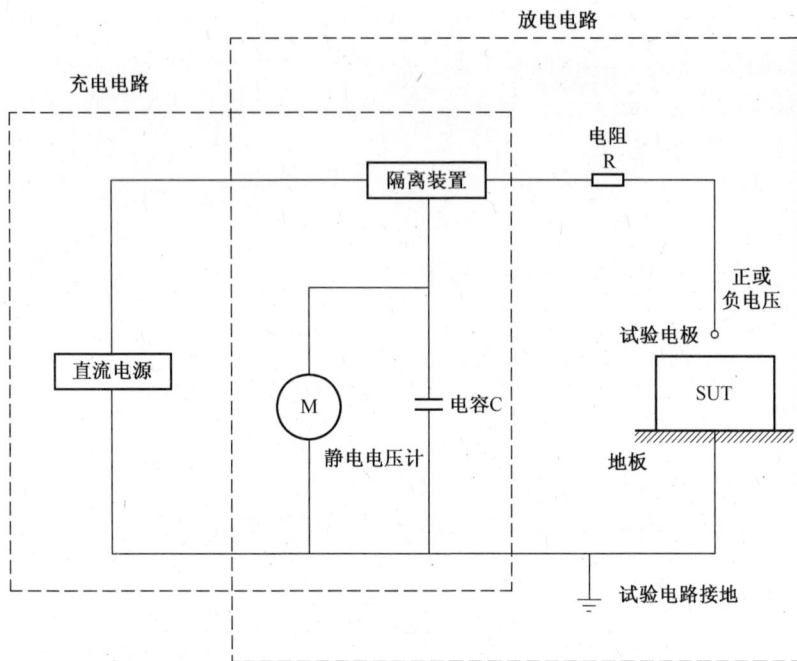

图 8-32 静电放电装置的电原理图

8.4.9 电磁辐射危害试验方法

1. 电磁辐射对人体危害的场强测量与评估方法

该方法用于 10kHz~45GHz 频率范围内军用电磁辐射源产生的可能危害人员安全和健康的场强测量以及电磁辐射暴露限值的符合性评估。

1) 测量点选择

人员电磁辐射危害场测量点选择应按照以下原则：

（1）在辐射源附近人员活动区域的水平面内一般应间距 1m 布点，此外应在人员战位布点；

（2）对于大功率微波源工作相关舱室应进行微波漏能测试；

（3）在垂直方向上应使用传感器在 0.5~2m 高度进行移动测量并取最大值。尤其应重点测量标准身高相对的头（眼）、胸、下腹部位所对应的高度：对于立姿人员，离站立点高度为 1.6m、1.3m、1.0m；对于坐姿人员，离坐点高度为 1.2m、1.0m、0.8m；

（4）应在大功率电缆或高磁性设备等部位进行磁场测试。

2) 试验方法

试验分为单个辐射源场强测量和多个辐射源场强测量，其中单个辐射源场强

246

测量分为连续波辐射源和脉冲调制辐射源测量,多个辐射源场强测量又分为多个连续波辐射源合成场强和多个脉冲波辐射源合成场强、多个连续波和脉冲波辐射源合成场强测量。

3)试验结果评定方法

(1)固定辐射源。各典型位置、辐射源典型工作模式对应连续暴露平均值和间断暴露日剂量值,若不大于相关标准规定的连续暴露平均限值和间断暴露日剂量限值要求,则判定为不超标;否则,判定为超标。

(2)非固定辐射源。各典型位置、辐射源典型工作模式对应的间断暴露最高值,若不大于相关标准规定的间断暴露最高允许限值要求,则判定为不超标;否则,判定为超标。

各典型位置、辐射源典型工作模式对应的功率密度平均值与对应工作时间(单位为小时)相乘,若其乘积不大于相关标准规定的日剂量限值要求,则判定为不超标;否则,判定为超标。

2. 电磁辐射对军械危害试验方法

GJB7504 规定了电磁辐射对军械危害试验方法。针对的是军械整体或系统。从安全因素考虑,军械在电磁辐射危害试验中应使用惰性工作装置,将受试军械中所有炸药、火药、推进剂、燃油、化学品拆除或用惰性器材代替。试验时一般不包括预期安装的武器平台;但在试验条件允许的情况下,也可装载于武器平台上进行试验。试验可选择在开阔场或电波暗室进行。试验配置如图 8-33 所示。

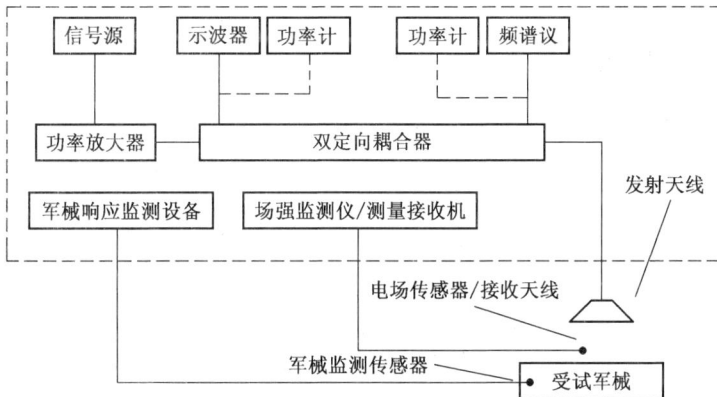

图 8-33　电磁辐射对军械危害试验配置

1)电磁场生成

电磁场可采用信号源、功率放大器和发射天线产生,也可采用通信和雷达实际装备产生所要求的电磁环境,并考虑实际情况,选择调制、极化、照射角等,配置如图 8-34 所示。其具体试验方法与 8.4.3 节中全电平辐照法类同。

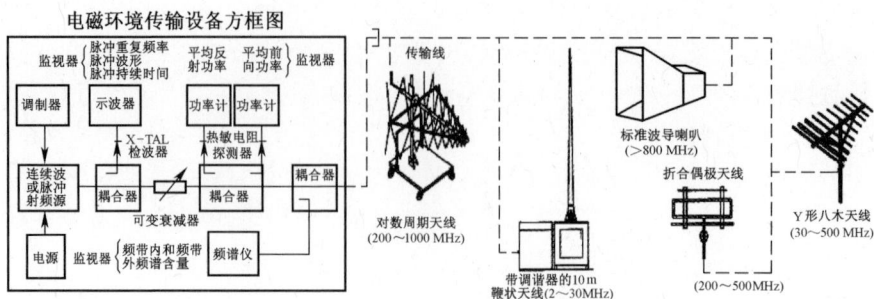

图 8-34　电磁场生成设备和天线配置图

2）军械响应监测

军械响应监测对于评价军械电磁安全性至关重要。军械响应监测设备可以发现和监测军械系统中所含的电爆装置在电磁辐射环境下的响应。针对小目标、弱信号的测量，可采用非接触式红外测温方法和以荧光传感方式为基础的测温方法来确定感应电流。典型的军械响应监测设备如图 8-35 所示，由传感器、传输线、数据转换设备和数据记录设备组成。响应监测设备能检测到小装置中温度的微小变化，能检测瞬态脉冲响应，且不改变军械的点火特性和电磁特性，不受电磁辐射环境影响。

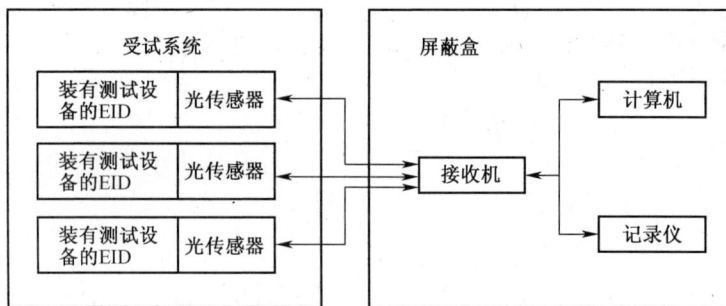

图 8-35　用于 1 桥丝式 EED 的光传感器监测设备

传感器是军械响应监测设备的关键部件。上述非接触式红外测温方法采用的就是基于红外光纤的传感装置，其基本原理：桥丝产生的红外信号被红外透镜组耦合，由红外光纤送到双色探测器，传到双色探测器上的红外信号被调制，通过双色探测器的光电效应将红外信号变换为电信号，经信号放大，进行信号采样分析处理。

3）安全裕度评估

以军械中电爆装置的最大不发火激励与电磁环境中电爆装置实际响应的比值作为安全裕度评定准则，选取对数值表示，选择通过电流、电压或功率等参数计算

248

得出;采用基于电爆装置的响应、电爆装置的安全裕度、最大允许环境电平3种判定方法来评估电磁辐射对军械危害的试验结果。此外,当无法生成要求的电磁环境时,可在试验设备能产生的最大场强下测量电爆装置的响应,然后将试验数据进行外推以确定最大允许环境电平进而进行安全裕度评估。具体方法参见8.4.1节。

8.4.10 电搭接和外部接地试验方法

搭接电阻试验方法适用于飞机、舰船、空间和地面系统等电搭接和采用电搭接实现接地的接地电阻测试,用于验证系统电搭接和接地要求的符合性。搭接点的电性能质量主要以搭接电阻值表示。搭接电阻测量使用微欧计,采用具有恒流源输出的四端测量技术,可以消除电表引线及引线夹与被测件表面间接触电阻对测量精度的影响。

接大地电阻试验方法适用于飞机、舰船、导弹和地面系统等外部接大地电阻的测试。目前,标准的接大地电阻测量普遍使用的是电压降法和三点法。结合工程实践和相关接地电阻测量仪器的情况,GJB 8848选用的是电压降法。优先选用三端电压降测量法,三端电压降测量法不适用的场合可采用两端电压降测量法。

8.4.11 发射控制试验方法

该方法适用于舰船、飞机和地面系统无意电磁辐射是否符合规定要求的评定。无意电磁发射可能由天线存在的乱真信号,如本地振荡器,或由系统电缆产生的来自平台的电磁干扰发射,如微处理器产生。对于满足GJB 151辐射发射限值的设备,经过理论推导,其在远场处的电磁辐射场强均低于发射控制极限值。因此,无意发射的主要来源为经由天线辐射的各种乱真信号。

1. 试验基本要求

对于飞机、地面系统或舰船带天线电子信息系统、局部上层建筑模拟测试可在电波暗室进行。舰船平台通常在现场试验场地进行。通常对飞机、地面系统进行整体试验;对于舰船平台,无法在电波暗室或开阔试验场直接进行整体的EMCON测试,可按带天线电子信息系统、局部上层建筑模拟及实船测试验证等逐级进行。原则上,如果前一级试验结果经分析EMCON满足要求,且有较大余量,后级的验证试验可以不再进行,或在较少的频率或位置上进行。试验应在远场条件下进行,天线间距离满足远场条件或大于10m,取二者较大者。基本配置如图8-36所示。

SUT处于规定的EMCON状态,测试在环绕SUT四周进行,通常取相对于SUT前方45°、135°、225°及315°方位。根据天线的位置和开口,在系统的上方、下方和周围可增加试验位置。测量设备可用带预放的频谱分析仪或测量接收机。电磁环

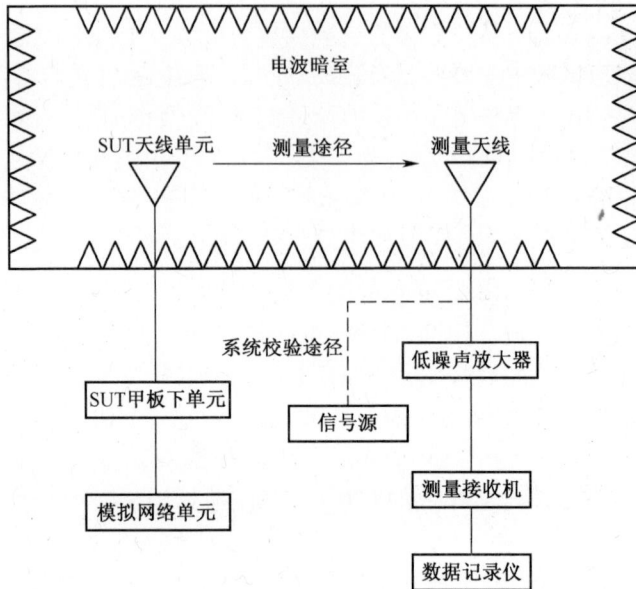

图 8-36　发射控制试验配置

境电平至少小于10m处限值6dB,当距离不同时,限值可采用式(8-20)计算获得。

测量时,在每个方位上,关闭系统中所有设备,测量环境场,然后在选取的测试距离处测量设备工作时的电磁发射。在外场进行试验时,可能有个别频点环境场不满足要求,通过两者测量值比较,剔除环境背景噪声。将电磁发射测量值与限值进行比较,比较测量的场强值是否超出对应测试距离的辐射限值。若超出限值,判断该电磁发射信号的频段、产生的原因,分析影响。

2. 限值换算

在远场条件下,电磁辐射功率密度可用式(2-10)表示。由式(2-10),在其他参数不变时,其限值换算如下:当采用 EMCON 规定的分辨率带宽时,按发射限值规定对于测试距离为 l_1 时电磁发射不应超过 S_{d1},当测试距离变化为 l_2 时,可通过式(8-20)进行修正:

$$S_{d2} = S_{d1} + 20\lg(l_1/l_2) \qquad (8-20)$$

式中: S_{d1} 为测试距离为 l_1 的功率密度限值(dBmW/m^2); S_{d2} 为测试距离为 l_2 的功率密度限值(dBmW/m^2); l_1 为测试距离(m); l_2 为测试距离(m)。

当采用不同距离进行 EMCON 测试时,可采用式(8-20)获得 EMCON 限值。对于进行了 RE102 项目试验的 SUT,也可采用式(8-20)进行外推以评估其发射控制电平。

250

8.4.12 频谱兼容性试验方法

电磁环境效应试验中主要验证安装在平台上的用频系统频谱兼容性。频谱兼容性试验项目包括设备级频谱特性试验和系统级频谱特性试验。设备级频谱特性试验方法在 GJB 1143 中规定。系统级频谱特性试验包括发射频谱特性试验方法、辐射方向特性试验方法、发射互调抑制特性试验方法和邻信号抑制特性试验方法。

系统级频谱特性测量主要考虑用频系统安装、部署在实际平台以后,受到平台环境的影响,频谱特性参数可能发生变化。对于系统级频谱特性的测量,主要采用辐射方式。

图 8-37 为发射频谱特性试验配置,测量发射频谱模板、杂散和谐波抑制等参数。天线与 SUT 距离满足远场测试条件,在发射机频率范围高、中、低不同频段选择不少于 5 个的测量频率,其中应包括最低工作频率 f_L、中间工作频率 f_M 和最高工作频率 f_H。当发射机功率较大时,可在天线与接收机之间连接抑制网络,抑制发射机的基频。

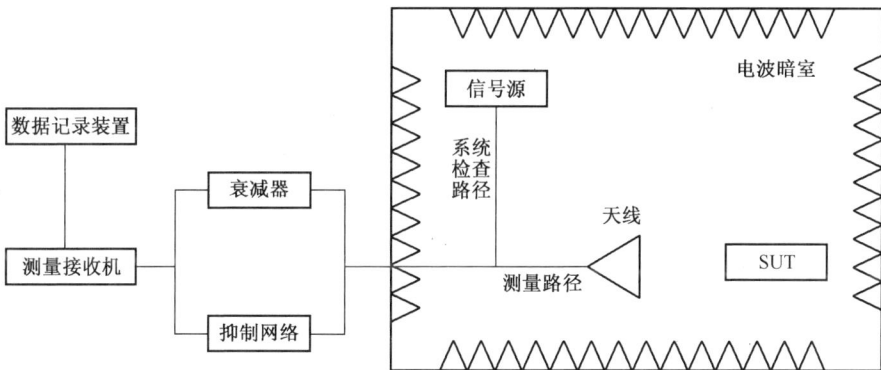

图 8-37　发射频谱特性试验配置

图 8-38 所示为邻信号抑制特性试验配置,通过测量接收机接收到的邻信号功率值和有用信号功率值,计算获得邻信号抑制特性。首先采用陪试发射机和被测接收机建立通信链路,利用误码仪等标准输出监测设备对接收系统进行监测,调整衰减器使被测接收机与陪试发射机建立临界工作状态,调整衰减值使之减小 3dB,将接收天线连接至测量接收机,测量此时接收到的信号功率 P_1;然后信号源发射一个与被测接收机工作频率间隔一个信道或一定频率间隔、具有邻信号样式特征的干扰信号,逐步调整其幅度值,同时监测被测接收机的标准调制输出,直到被测接收机到临界工作状态,将接收天线连接至测量接收机,测量接收到的邻近信号功率值 P_2;按式(8-21)计算接收机的邻频道抑制特性 S_A:

$$S_A = P_2 - P_1 \tag{8-21}$$

式中:S_A 为邻信号抑制特性(dB);P_2 为被测接收机接收到的邻信号功率值 (dBm);P_1 为被测接收机接收到的有用信号功率值(dBm)。

在接收机工作频率两侧选择多个频率进行测试;选取计算结果较小者为被测 接收机邻频道抑制特性测量值。

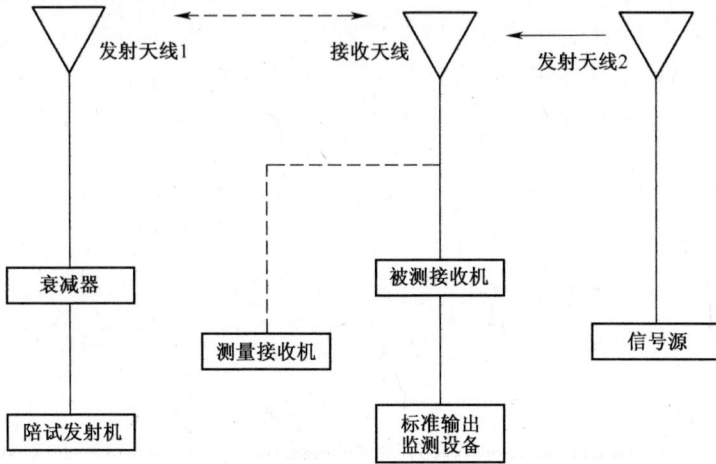

图 8-38　邻信号抑制特性试验配置

8.4.13　电磁环境试验方法

确定电磁环境是实现电磁环境效应控制的基础,测量电磁环境就成为电磁环 境效应试验的重要内容。由于电磁环境类型多样,本节主要讨论射频电磁环境试 验方法。

射频电磁环境测量参数主要包括:频域分布的场强或功率密度值(包括峰值 和平均值)、发射源的发射功率以及时域上的占空比、脉冲重复周期等。

1. 试验方法分类

按照信号特征,射频电磁环境试验方法可分为时域测量法和频域测量法两种; 按照使用仪器,可分为电场传感器法和天线法,天线法又分为功率计法、测量接收 机法及示波器法,其中功率计法、测量接收机法属于频域测量法,示波器法属于时 域测量法。

时域测量法能够得到信号强度随时间变化的特性,但不能显示信号的频率信 息。而频域测量能够得到信号强度随频率的变化特性,能够显示信号在不同频率 的分布。对于同一信号,频域测量与时域测量通过傅里叶变换——对应。

电场传感器法采用电场传感器和场强监测仪进行测试,属于宽带测量,不需要 进行频率调谐;测试效率高;采用光纤进行数据传输,抗干扰能力强;探头体积小对场分布影响较小。

功率计法使用功率计和接收天线来测量信号的功率。功率测量分为平均功率测量和峰值功率测量。平均功率测量比峰值功率测量简单,而且不会受到脉冲宽度和上升时间的影响。功率计法通常针对发射源信息已知的情况进行信号幅度测量。

测量接收机法通过测量接收机或频谱仪和接收天线进行测量。测量接收机是常用的频域测量仪器,能够测量信号的频率、电压、功率等特性,可以在宽频带范围内获得信号的频率和峰值场强和平均值场强。对于大信号来说,需要接入衰减器,以避免测量接收机过载或损毁。

示波器法采用示波器和接收天线或电场传感器进行测量,可以获得信号的脉冲宽度、周期等参数,进行傅里叶变换可以获得信号频域信息。示波器是常用的时域测量仪器,具有速度快、频率范围宽、测量精度高、可测量单次及瞬态信号等优点。

2. 试验方法选用

在实际测试中,需要根据不同的要求选用合适的试验方法和对应的仪器。根据测量的目的,分析电磁环境场和场源的特征,依据测量频率、响应时间、动态范围等选择测量设备。一般优选宽带设备,能够精确测量来自所有源的总场强,包括反射场。如果同时有几个射频场存在,一般需同时使用宽带和窄带设备来完整描述电磁环境的特性,宽带设备用来确定出现的总场强,窄带设备用来确定每个信号对总场强的贡献。

对于幅值比较小的电磁环境测量,如试验区或试验场电磁环境,舰船、飞机等平台内部电磁环境,背景电磁环境等,优先使用天线法。测试场地条件不具备时可采用电场传感器法。当使用无方向性电场传感器测试时,应同时记录发射机的频率和对应场强值,可采用式(8-22)换算为峰值场强。

对于短波、超短波、中波等连续波通信系统,工作在连续波模式,且发射源频谱信息已知,此时峰值场强值与平均值场强相等。同时装备发射源多且功率大,在露天区域部位所形成的基本上都是近场,电磁场分布不均匀,且幅值随时间、空间变化大。对于连续波模式大功率发射源,电磁辐射环境测试一般选择电场传感器法进行测试。

对于脉冲波模式的系统,在发射源频谱信息已知的情况下,上述方法均可以使用。天线法测试结果为脉冲波的峰值场强,按式(8-22)计算得到脉冲波的平均值场强;也可以采用热电偶式场强传感器测量得到平均值场强,再按式(8-22)计算得到峰值场强。式(8-22)适用于脉冲周期和脉冲宽度已知的理想脉冲信号。

$$E_V = E_P \sqrt{\frac{\tau}{T}} \tag{8-22}$$

式中:E_V 为平均值场强(V/m);E_p 为峰值场强(V/m);τ 为脉冲宽度(s);T 为脉冲周期(s)。

3. 脉冲信号辐射源电磁环境试验方法

雷达等脉冲波具有峰值功率大、占空比小的特点,其产生的为高峰值功率的强脉冲场。2.2.1节介绍了脉冲调制场的特性。对于雷达等脉冲场测试,准确掌握雷达脉冲场特性是非常必要的。时域法,由于示波器背景噪声高会导致测试结果通过傅里叶变换后淹没有用信号;同时依据奈奎斯特抽样定律,时域法要得到正确的测量结果,示波器的模拟带宽至少不能低于被测信号频率的 2 倍,否则可能得到错误的测量结果。对信号脉冲脉宽和周期等参数未知的情况,频域法可能会因为分辨率带宽设置不当而无法准确获得脉冲信号峰值。电场传感器法获得的是电磁场平均值,不能提供频率和时间信息,无法描述信号随时间的变化过程。

针对当前雷达等脉冲场测试技术存在难以同时获得时域和频域信息、峰值场强的不足,文献[48]提出了一种时频域组合测试法,能够在未知发射源频谱和时域信息情况下,采用天线、示波器和频谱仪组合测试,获得雷达脉冲场完整、准确的测试结果。

时频组合测试法的测试布置见图 8-39。采用频谱仪和示波器以及接收天线进行组合测量。雷达脉冲信号由接收天线接收,经衰减器,通过三通分两路分别输出至示波器和频谱分析仪。示波器可以快速得到脉冲信号的周期 T 和占空比 τ 等参数。频谱分析仪可以得到信号的幅值和频率等信息。对未知脉冲宽度 τ 和脉冲周期 T 的雷达脉冲信号,可依据时域测量结果,对频谱分析仪的分辨率带宽进行合理设置,确保频域测试结果的准确性。同时,也可以任意设置频谱仪测试分辨率带宽,依据时域测试得到的脉宽 τ 和周期 T,再利用下述频谱修正方法对频谱分析仪的结果进行修正,同样可以得到准确结果。

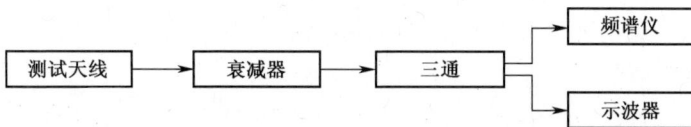

图 8-39　时频组合测试法的测试布置图

对于脉冲信号测量,频谱分析仪不同分辨率带宽(RBW,通常定义为 3dB 带宽)对其测量结果产生影响。依据 2.2.1 节理论分析可知,主要分为 3 种情况:①线状谱,当频谱分析仪的分辨率带宽小于脉冲信号的重复频率时,因为只有一根谱线落在中频滤波器的带宽内,此时频谱分析仪上的谱线幅值与频谱分析仪分辨率带宽无关;②包络谱,当频谱分析仪的分辨率带宽大于等于脉冲信号的重复频率时,由于同时有几根谱线落在频谱分析仪的分辨率带宽内,频谱分析仪将不能分辨各个频谱分量;③脉冲调制波形,当频谱仪的分辨率带宽大于信号带宽的 1/2 时,由于信号的主要频谱分量全部落在中频滤波器的带宽内,频谱仪显示的是脉冲调制射频信号的包络。

对于脉冲调制波形,由于测量带宽大于 $1/\tau$,分辨率带宽增大对测量结果影响不大,不需要修正;对应线状谱幅值,脉冲减感因子(PDF)可用式(8-23)的关系式表示;对于包络谱幅值,脉冲减感因子(PDF)可用式(8-24)的关系式表示。

$$PDF_{line} = 20 \cdot lg(\tau/T) \tag{8-23}$$

$$PDF_{envelope} = 20 \cdot lg(\tau K B_{3dB}) \tag{8-24}$$

式中:形状因子 $K = B_{imp}/B_{3dB}$(B_{imp} 为频谱仪的脉冲带宽,B_{3dB} 为频谱仪的分辨率带宽),取决于所用分辨率滤波器的型式。典型的例子如对于矩形滤波器 $K=1$,对高斯型滤波器 $K=1.5$。对脉冲信号测量,由于小的分辨率带宽对应的显示幅度将会变得太小,而较大的分辨率带宽对应的显示幅度将变得较大,通常需要找出一个折中值。

对于中心频率为 175MHz、脉冲宽度为 $\tau = 250\mu s$、脉冲周期为 $T = 2800\mu s$ 的信号,在不同测试带宽下的频域测试结果见图 8-40,时域测试结果见图 8-41。

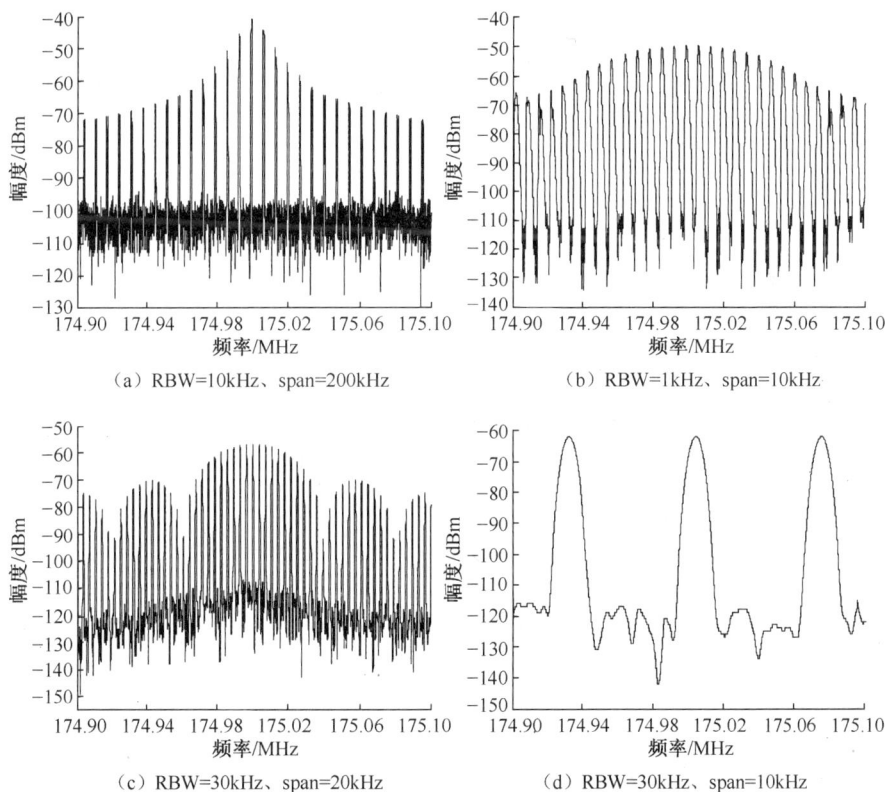

(a) RBW=10kHz、span=200kHz

(b) RBW=1kHz、span=10kHz

(c) RBW=30kHz、span=20kHz

(d) RBW=30kHz、span=10kHz

图 8-40 频域测试结果

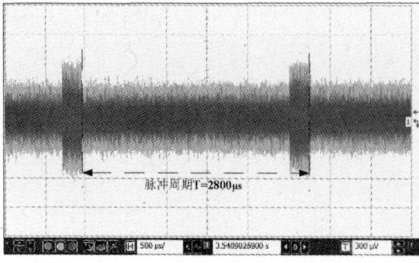 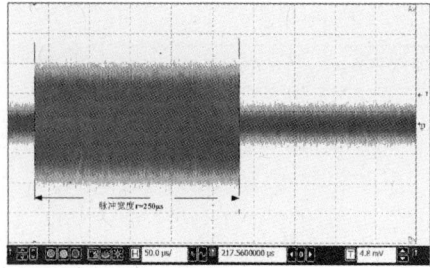

（a）脉冲周期 $T = 2800\mu s$ （b）脉冲宽度 $\tau = 250\mu s$

图 8-41　时域测试结果

依据上述在 3 种不同带宽设置下的修正结果,可以看出采用不同测试带宽,并结合时域测量得到的脉宽和周期,频域法、时域法经修正后得到一致脉冲波的峰值。

采用该方法,既能得到脉冲信号的时域、频域及脉冲峰值场强信息,又可以在不知脉冲信号脉宽和周期等参数的情况下,通过改变频谱仪分辨率带宽,均可以将测量结果修正获得脉冲信号的准确峰值。

8.5　设备级电磁兼容性试验

8.5.1　试验方法分类

设备级电磁兼容性试验方法以 GJB 151B 为基本要求,根据第 4 章介绍,试验项目见表 8-6。有关文献对该标准有详细介绍,这里主要针对工程中面临的实际情况,重点介绍大电流设备传导发射试验方法、辐射发射试验中场地电磁环境测量技术等。

表 8-6　设备级电磁兼容性试验验证项目

项目分类	项目代号	项 目 名 称
传导发射	CE101	25Hz～10kHz 电源线传导发射
	CE102	10kHz～10MHz 电源线传导发射
	CE106	10kHz～40GHz 天线端口传导发射
	CE107	电源线尖峰信号(时域)传导发射
传导敏感度	CS101	25Hz～150kHz 电源线传导敏感度
	CS102	25Hz～50kHz 地线传导敏感度
	CS103	15kHz～10GHz 天线端口互调传导敏感度
	CS104	25Hz～20GHz 天线端口无用信号抑制传导敏感度

项目分类	项目代号	项 目 名 称
	CS105	25Hz～20GHz 天线端口交调传导敏感度
	CS106	电源线尖峰信号传导敏感度
	CS109	50Hz～100kHz 壳体电流传导敏感度
	CS112	静电放电敏感度
	CS114	4kHz～400MHz 电缆束注入传导敏感度
	CS115	电缆束注入脉冲激励传导敏感度
	CS116	10kHz～100MHz 电缆和电源线阻尼正弦瞬态传导敏感度
辐射发射	RE101	25Hz～100kHz 磁场辐射发射
	RE102	10kHz～18GHz 电场辐射发射
	RE103	10kHz～40GHz 天线谐波和乱真输出辐射发射
辐射敏感度	RS101	25Hz～100kHz 磁场辐射敏感度
	RS103	10kHz～40GHz 电场辐射敏感度
	RS105	瞬态电磁场辐射敏感度

8.5.2 大电流设备传导发射试验方法

装备系统的有些设备电流很大,例如发电机组,每相输出电流在几千安培,采用标准规定的通用方法测量其传导发射,受到电流探头、穿心电容容量的限制,工程实际中无法实施。下面介绍一种分束测量方法,从工程应用角度可解决大电流设备传导发射测量问题。在进行传导发射测试时,将发电机某相输出分成若干束,测量其中一束的传导发射,来评估发电机总输出电流的传导干扰,传导发射测试基本原理如图 8-42 所示。

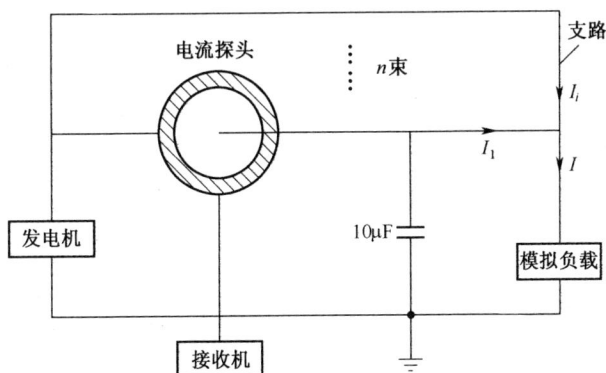

图 8-42 大电流传导发射测试基本原理图

发电机输出电流的频域表达式为

$$i = i_0 + \sum i_f \tag{8-25}$$

式中：i 为发电机输出电流；i_0 为发电机输出瞬时电流的有用分量，即电源频率的瞬时分量；i_f 为发电机输出瞬时电流中其他某频率分量。

将发电机输出电缆分为 n 束，由于对特定频率，线缆阻抗性质相同，因此各支路相同频率下相位相同，根据基尔霍夫电流定律，有

$$\begin{cases} I_0 = \sum_{j=1}^{n} I_{j0} \\ I_f = \sum_{j=1}^{n} I_{jf} \end{cases} \tag{8-26}$$

式中：I_0 为发电机输出电流中有用分量的振幅；I_{j0} 为第 j 个支路电流在电源频率分量上的振幅；I_f 为发电机输出电流中频率为 f 的电流振幅，I_{jf} 为第 j 个支路上频率为 f 的电流振幅。

测量时，各支路使用的线缆材料相同，其电导率 σ 也相同。频率较低时，可以忽略分布参数影响。特定频率上各支路线缆内的电场强度值相同，因此，根据欧姆定律的点函数形式 $\boldsymbol{J} = \sigma \cdot \boldsymbol{E}$（$\boldsymbol{J}$ 为线缆内的电流密度；$\boldsymbol{E}$ 为线缆内的电场强度），不同支路内该频率上电流密度 $|\boldsymbol{J}_{jf}|$ 相等，设为 $|\boldsymbol{J}_f|$。于是，有

$$I_f = \int_S \boldsymbol{J}_f \cdot \mathrm{d}\boldsymbol{s} = |\boldsymbol{J}_f| S \tag{8-27}$$

式中：S 为所有线缆的横截面面积之和。

对第 j 个支路，结合式（8-27），有

$$\boldsymbol{I}_{jf} = \int_{S_j} \boldsymbol{J}_f \cdot \mathrm{d}\boldsymbol{s}j = |\boldsymbol{J}_f| S_j = I_f S_j / S \tag{8-28}$$

式中：S_j 是第 j 个支路线缆的横截面面积。

式（8-28）对测量范围内的所有频率均适用。如有比例因子 $k = S / S_j$，则有

$$\begin{cases} I_0 = k I_{j0} \\ I_f = k I_{jf} \end{cases} \tag{8-29}$$

第 j 个支路的电流有用分量的振幅 I_{j0} 即为该支路电流电源频率分量的振幅，可通过电流探头得到。第 j 个支路干扰电流某频率分量的振幅 I_{jf} 也可通过电流探头得到。

由于实际测量中发电机组输出大于 1kVA，被测支路的功率也大于 1kVA，因此，对于低频传导发射，在相同频率上，两者适用限值要求之间仅存在简单线性关系，并且线性系数值适用于不同频率。线性系数为发电机输出电源频率的总电流分量振幅与支路电源频率上的电流分量振幅的比值。

258

通过上述关系分析可以得出,在某频率上,支路电流的低频传导发射超标值等于发电机组输出电流的低频传导发射超标值。由于上述推导过程与频率无关,因此结论对低频段频率适用。因此,在低频段,采用分束测量大电流低频传导发射是可行的。

测量时,邻近支路线缆应尽量远离被测支路线缆,以减小干扰磁场的强度,并且放置方向应与被测支路线缆垂直,以减小能产生感应电动势的磁场分量。

8.5.3 辐射发射现场试验虚拟暗室技术

工程中,对于大型设备或分系统电场辐射测量,无法按照标准要求在屏蔽室或电波暗室内进行,需要在现场测量。而现场测量通常受到背景电磁环境噪声的影响,电磁环境电平可能超出标准限值,很难准确判断 EUT 的发射值。这里介绍一种虚拟暗室技术(也称双通道同步测量技术),其理论基于自适应噪声抵消技术,通过分析噪声环境中的信号特性,达到排除外界电磁干扰的目的。文献[50]对其原理进行了详细阐述。

测试系统组成如图 8-43 所示。利用相干技术可以识别出同一时间的两个信号之间的关联性。基于两个射频信号之间相位是否干涉,在两个天线同时测得的信号之间算出相干函数值,从而去掉背景噪声,得到真正来自设备的辐射信号。根据此工作原理,至少需要两个天线,一个天线测量设备本身的辐射和背景辐射的合成信号,另外一个天线测量背景噪声。要求使用的两个天线具有同样的方向和极性。EMI 接收机的信道至少要多于 2 个,大量数据复杂计算要求测量设备具备高性能计算能力。

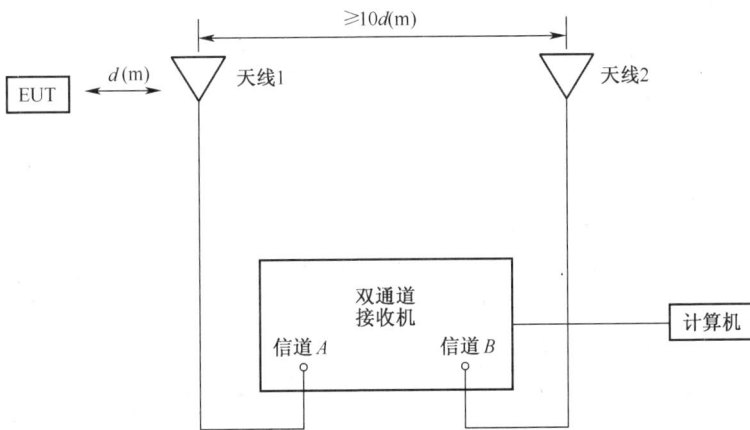

图 8-43　双通道同步测量系统组成

为了确保同一时间进行测量,双信道 EMI 接收机具有独特的频率同步及脉冲锁定功能,各模块工作时间及频率都是同步的,两个信道的时间与频率也都是同步的。

利用双通道同步测量技术从电磁环境背景噪声中提出信号并分析信号特征,从测量的数据结果中剔除电磁环境背景噪声成分,从而获得设备或分系统的电磁辐射真实值。此种方法可用于现场电场辐射发射测试,解决电磁兼容试验场电磁环境不符合测试要求的实际问题。

第9章 电磁环境效应评估

依据使用需求、研制要求、相关标准和规定,采用理论计算、仿真分析、试验等方法,在装备全寿命期各阶段对电磁环境效应进行评估,其主要目的是实现技术状态和风险控制。装备研制过程中通过对总体电磁环境效应设计方案和主要性能指标的评估,分析总体方案设计结果与主要技术性能要求的符合程度,发现总体设计与使用要求存在的差距,为实施过程监督与控制提供技术支撑,为优化方案提供依据。在鉴定(定型)阶段基于电磁环境效应实测数据,分析电磁兼容及防护性能与主要技术性能要求的符合程度,判断是否满足使用需求,评估电磁环境对实际使用的影响,作为验收的技术依据。

本章在第 7 章论证评估的基础上,叙述了工程电磁环境效应评估的内容,阐述了以标准规范、性能、效能为衡量准则的评估指标和方法,并举例说明评估应用。

9.1 评 估 内 容

电磁环境效应评估可以从多方面、多角度进行,结合装备研制阶段可以依次在标准规范层、性能层、效能层开展不同的电磁环境效应评估工作,见表 9-1。

表 9-1 电磁环境效应评估层次划分及评估内容

评估层次	被评参数	评估依据	评估内容
标准规范层	电磁环境效应方面的技术指标	电磁环境效应标准规范要求	评估电磁环境效应方面的技术指标与标准规范要求的符合程度
性能层	装备的技术性能指标	装备的技术指标要求	评估装备技术指标偏离要求的程度
效能层	装备使用效能	装备使用效能要求	评估装备技术指标偏离后引起使用效能下降程度,包括实施电磁兼容管控措施后的效能评估

标准规范层的评估是依据标准规范,对电磁环境效应的技术指标进行评估,判断指标与标准规范要求的符合程度。标准规范层的电磁环境效应评估,通常适用

于电磁环境效应设计方案评审以及全平台电磁环境效应性能验收。

性能层的评估是依据装备的技术性能要求,通过预测评估装备在预期电磁环境中各项技术指标变化情况,判断装备技术指标偏离要求的程度。例如对雷达在预期环境中的技术指标——灵敏度进行分析计算,评估在预期电磁环境下灵敏度与规定要求偏离程度。

效能层的评估是依据装备的使用效能要求,对直接受影响的效能指标计算下降程度,对间接受影响的效能指标,通过预测装备在预期电磁环境中技术指标变化情况来评估计算其使用效能,判断偏离程度。因此,对于因技术指标下降而受到影响的效能指标,效能层的电磁环境效应评估必须在完成性能层的电磁环境效应评估基础上实施。例如,在估计预期电磁环境中雷达灵敏度变化的基础上,评估其影响的使用效能——作用距离。

实施电磁兼容管理控制措施也是改善效能指标的有效途径。电磁兼容管理控制措施一般施加于射频设备。为了权衡各种电磁兼容管理控制措施方案的优劣,选择最优方案,需要开展电磁兼容管理控制措施对装备使用效能影响进行评估。电磁兼容管理控制措施对装备使用效能影响评估也属于效能层评估。

各层次电磁环境效应评估的应用由评估需求来决定。各层次电磁环境效应评估在各阶段的应用见表9-2。

表9-2 各阶段对评估层次的需求

阶段划分	评估对象	评估层次		
		标准规范层	性能层	效能层
方案阶段	电磁环境效应设计结果	A	A	A
工程研制阶段	电磁环境效应设计结果	A	A	A
鉴定(定型)阶段	电磁环境效应性能	A	A	A
使用阶段	电磁环境效应性能	A	A	A

在方案阶段和工程研制阶段,依据相关标准规范中电磁环境效应要求,判断各技术指标的设计结果与标准规范的符合程度,评估各设计方案的优劣。若标准规范层评估难以达到目的,可进一步开展性能层的评估,即评估在不同电磁环境效应设计方案下装备的技术指标变化。如装备技术指标存在偏离要求的情况,应开展效能层的评估,根据装备技术指标变化情况评估计算其使用效能,分析装备使用效能下降程度,判断装备使用效能是否满足需求,以决定是否需要优化或改变设计方案。在方案阶段和工程研制阶段,这个过程往往需要反复。设计方案的每次优化、修正均需要重新评估,确保最终的设计方案满足使用需求。

在鉴定(定型)阶段,需要进行平台的电磁环境效应方面的性能验收。依据相关标准规范中电磁环境效应要求,判断试验结果与标准规范的符合程度。并对发现的问题,开展性能层的评估。必要时应开展效能层评估,根据装备技术指标变化情况评估使用效能偏离程度,判断装备使用效能是否满足需求,如采取管理控制等措施,也可开展相应的效能层评估,以指导使用。

在使用阶段,根据定期电磁环境效应试验和装备使用中发生的问题,适时开展标准规范层、性能层和效能层电磁环境效应评估。

9.2 基于标准规范的评估

9.2.1 评估指标体系

基于标准规范的评估通常用于研制阶段,评估研制各阶段电磁环境应控制的设计结果与标准规范的符合程度,作为研制工作可否转阶段的技术依据。由于电磁环境效应标准规范给出的要求有定量和定性两种属性,因此评估指标分为定量指标和定性指标。本节以舰船射频电磁环境为例,介绍各研制节点评估中建立其评估指标体系的方法。

1. 方案评估

在方案评估中,舰船射频环境控制工作主要目标是确定电磁频谱使用方案、明确平台电磁环境、掌握并解决天线间干扰,最终完成总体天线布置方案设计。用于方案评估的舰船射频环境评估指标体系如表9-3。

表9-3 适用于方案评估的舰船射频环境评估指标体系

级别	一级指标	二 级 指 标
平台级	天线布置方案合理性	同频段收发天线分层布置方案合理性
		通信频段天线收发隔离度符合性
	电磁辐射对军械危害控制技术性能符合性	军械安装位置微波电磁环境的符合性
		军械安装位置短波电磁环境的符合性
	电磁辐射对人员危害控制技术性能符合性	作业区微波电磁环境的符合性
		作业区短波电磁环境的符合性

2. 设计评估

完成方案后需要进行详细设计,舰船射频环境控制工作主要是完成舱室防干扰设计、电网防干扰设计、地及接地系统设计、电缆布置设计,以及电引爆武器、舰载飞机、燃油和人员的安全防护设计,制定电磁兼容性原则工艺。因此,设计评估的舰船射频环境评估指标体系见表9-4。

表 9-4 适用于设计评估的舰船射频环境评估指标体系

级别	一级指标	二级指标
设备和分系统级	设备电磁兼容性能符合性	辐射发射测量数据有效性
		传导发射结果符合性
		辐射发射结果符合性
		传导敏感度符合性
		辐射敏感度符合性
平台级	天线布置方案合理性	同频段收发天线分层布置方案合理性
		通信频段天线空间隔离度符合性
	电磁辐射对军械危害控制技术性能符合性	军械安装位置微波电磁环境的符合性
		军械安装位置短波电磁环境的符合性
	电磁辐射对燃油危害控制技术性能合理性	电磁辐射对燃油危害控制措施合理性
	电磁辐射对人员危害控制技术性能符合性	作业区微波电磁环境的符合性
		作业区短波电磁环境的符合性
	电网防干扰设计技术方案合理性	露天区电缆贯穿甲板防干扰设计方案合理性
		重要舱室配电箱处防干扰设计方案合理性
	舱室防干扰设计技术方案合理性	舱室门窗及开孔防护措施合理性
		穿舱管缆方案合理性
	电缆敷设布置技术方案合理性	电缆分类合理性
		电缆敷设工艺合理性
	电磁兼容性原则工艺设计技术方案符合性	搭接工艺合理性
		接地系统设计技术方案符合性
		信息系统接地工艺方案符合性

3. 验收评估

在验收评估时,电磁环境效应性能基本确定,应该对各个方面达到的最终性能从是否符合要求的角度进行全面评估。用于验收评估的舰船射频环境评估指标体系见表 9-5。

表 9-5 适用于验收评估的舰船射频环境评估指标体系

级别	一级指标	二级指标
平台级	搭接接地和绝缘符合性	搭接电阻符合性
		绝缘电阻符合性
	电网防干扰符合性	电网传导干扰符合性

级别	一级指标	二 级 指 标
平台级	电网防干扰符合性	电网尖峰传导发射符合性
		交流电网电压波形畸变率符合性
		直流电网脉动电压符合性
	舱室防干扰符合性	舱室电场符合性
		舱室磁场符合性
	电磁辐射对军械危害控制技术性能符合性	军械安装位置微波电磁环境的符合性
		军械安装位置短波电磁环境的符合性
	人员活动区电磁环境的符合性	作业区人员活动部位微波场强符合性
		作业区人员活动部位短波场强符合性
		生活区人员活动部位微波场强符合性
		生活区人员活动部位短波场强符合性
	安全裕度评估	传导安全裕度评估
		辐射安全裕度评估

9.2.2 定量指标的评估方法

对于电磁环境效应标准规范定量要求对应的评估指标,其输入为试验数据、测试数据和仿真数据。例如在方案阶段,采用的技术途径包括缩比模型试验、局部模型或全尺寸模型试验、平台电磁环境预测仿真等。在鉴定(定型)阶段,将进行电磁环境效应验收考核试验。通过试验和仿真,可以获得电磁环境分布等数据。依据这些类型的试验数据,采用相应的定量评估方法。

下面以 9.2.1 节给出的舰船射频环境评估指标体系为例,介绍其定量指标符合性评估方法。为方便起见,按照标准规范要求归纳出定量评估指标,见表 9-6。

表 9-6　舰船射频环境定量评估指标

级别	一级指标	二 级 指 标
设备和分系统级	设备和分系统电磁兼容性能符合性	辐射发射数据有效性评估
		传导发射结果符合性
		辐射发射结果符合性
平台级	搭接接地和绝缘符合性	搭接直流电阻符合性
		绝缘电阻符合性
	天线布置方案合理性	通信频段天线隔离度符合性
	电网防干扰符合性	电网传导干扰符合性

级别	一级指标	二级指标
平台级	电网防干扰符合性	电网尖峰传导发射符合性
		交流电网电压波形畸变率符合性
	舱室防干扰符合性	舱室电场符合性
		舱室磁场符合性
	电磁辐射对军械危害控制技术性能符合性	军械安装位置微波电磁环境的符合性
		军械安装位置短波电磁环境的符合性
	人员活动区电磁环境的符合性	作业区人员活动部位微波场强符合性
		作业区人员活动部位短波场强符合性
		生活区人员活动部位微波场强符合性
		生活区人员活动部位短波场强符合性
	安全裕度评估	传导安全裕度评估
		辐射安全裕度评估

1. 辐射发射数据的有效性评估方法

设备及分系统试验中,电场辐射发射测试要求环境场满足一定要求,测试数据才可用于符合性评估。分系统电磁兼容试验的环境场往往难以满足要求,因此需要对测试数据进行有效性分析,评估测试数据是否真实可信。

电场辐射发射测量时,环境场的背景噪声对测量值存在影响,测量值实际上是设备辐射发射电平和环境噪声电平的合成,即

$$E_t' = \sqrt{E_S'^2 + E_N'^2 + 2E_S'E_N'\cos\Delta\varphi} \tag{9-1}$$

式中:E_t' 为测量值,E_S' 为设备辐射发射电平,E_N' 为环境噪声电平,单位 V/m;$\Delta\varphi$ 为设备辐射发射与环境噪声发射的电场相位差。

当以分贝表示时,有

$$E_t = E_S + 10\lg\left(1 + \frac{E_N'^2}{E_S'^2} + 2\frac{E_N'}{E_S'}\cos\Delta\varphi\right) \tag{9-2}$$

其中:E_t、E_N、E_S 分别为 E_t',E_N',E_S' 的分贝值,单位为 $dB\mu V/m$。

由式(9-2)可知,当 $\frac{E_N'}{E_S'} = \frac{1}{2}$,即环境噪声电平比设备辐射发射电平小 6dB 时,测量值与设备辐射发射电平的差值不超过 3.5dB,由于难以分离噪声与设备辐射发射信号,工程中一般用它表示设备辐射发射电平。因此,有效性评估分为以下几种情况:

(1)当 $E_t - E_N \geqslant 6dB$ 时,测量值至少高于环境电平 6dB,测量值有效,不需要

修正。

（2）当 $k \leqslant E_t - E_N < 6$dB 时，其中 k 为测量重复性，单位 dB；可通过信噪比分析，进行修正确定设备发射电平：

① 当 $E_1 - E_N \leqslant 6$dB 时，其中 E_1 为限值，通过修正可以得到设备辐射发射电平，如图 9-1 所示。

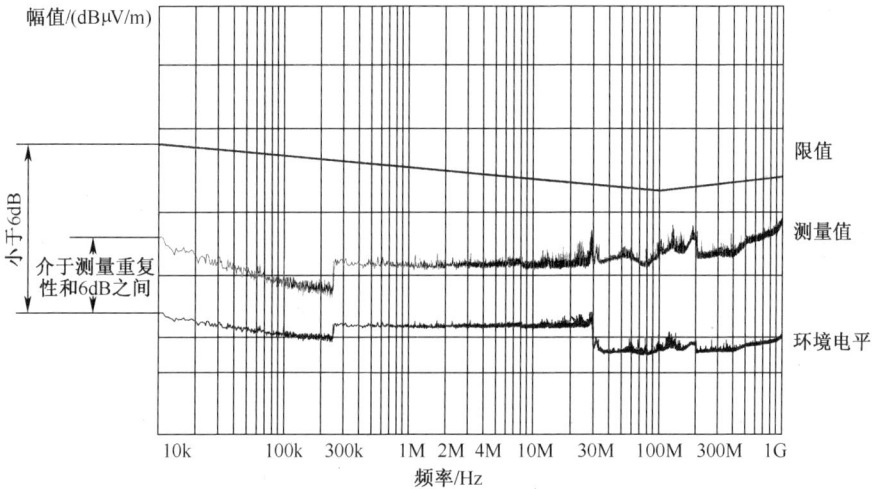

图 9-1　测试数据需修正的情况

假设远场，根据功率密度与场强的关系，可计算出以设备辐射发射的实际信号的场强：

$$E_S = E_t - 10\lg[(S + N)/S] \tag{9-3}$$

式中：S 为设备辐射发射的实际信号功率密度（W/m^2）；N 为辐射发射环境场测量得到的功率密度（W/m^2）。

令校正系数 $y = 10\lg[(S + N)/S]$，则

$$y = x - 10\lg(10^{\frac{x}{10}} - 1) \tag{9-4}$$

式中：$x = E_t - E_N$。

图 9-2 为接近环境噪声的校正系数 y。

② 当 $E_1 - E_N \geqslant 6$dB 时，进行修正同样可确定发射电平，但由于环境噪声已经低于限值 6dB，符合标准要求，因此可认为测量值有效。

（3）当 $E_t - E_N \leqslant k$dB 时，设备工作时测量到的信号中主要是环境噪声的影响。设备辐射发射信号很弱，被环境噪声淹没，对测量值影响不明显。其中：

① 若 $E_1 \geqslant E_t$，测量值不大于限值时，测量值有效；

② 若 $E_1 < E_t$，测量值仅可作为参考，如图 9-3 所示。

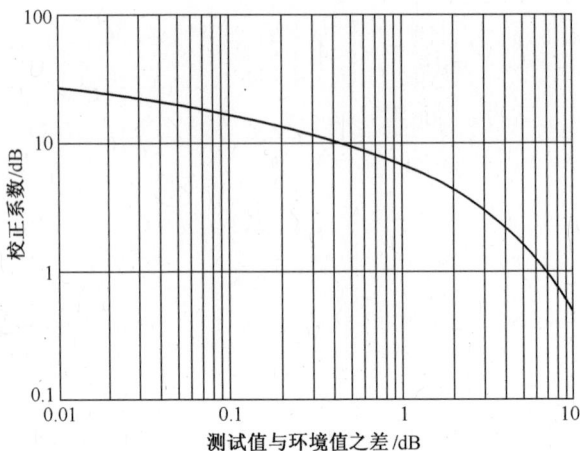

图 9-2　接近环境噪声的校正系数

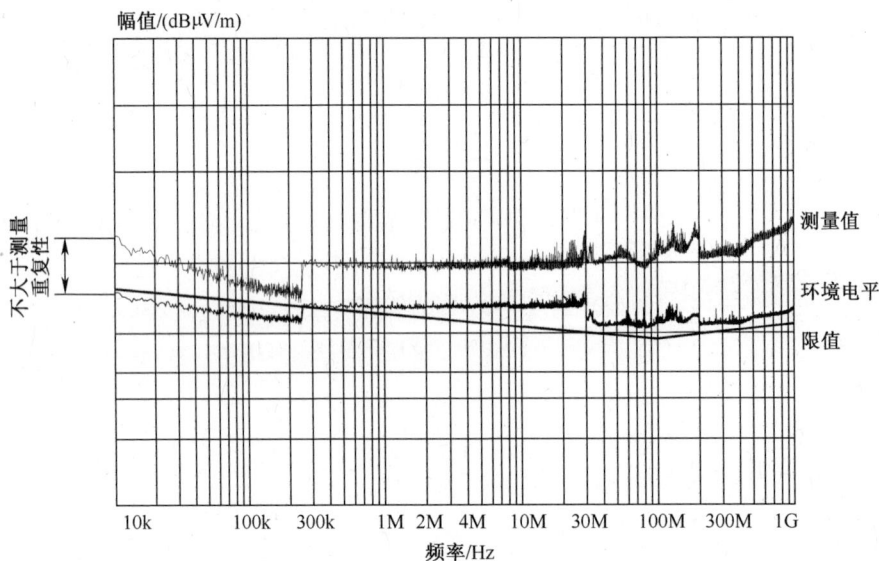

图 9-3　测试数据仅供参考的情况

2. 符合性评估方法

评估包括两方面内容：一是被评对象的干扰发射是否符合标准要求，有无超出标准规定的限值，如超出限值要求，则评估超标值，如图 9-4 所示；二是被评对象敏感度是否符合要求。

对于第一部分，即被评对象的干扰发射的符合性评估需要计算。设超标值为 e，则根据标准规定，有

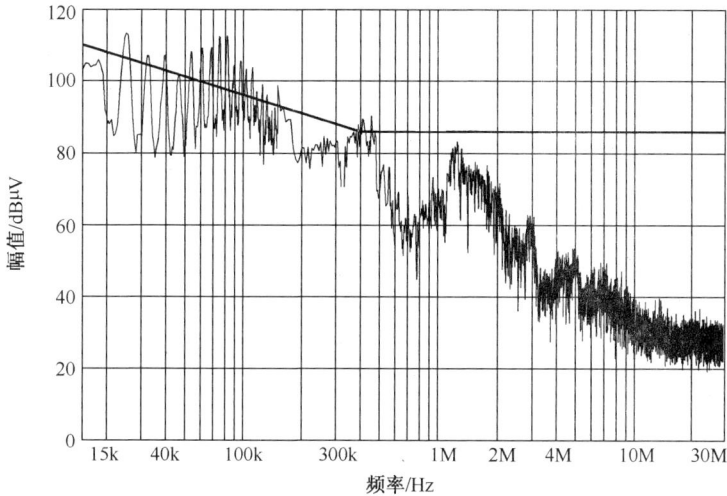

图 9-4 符合度评估示意图

$$e = R - R_0 \tag{9-5}$$

式中：e 为超标值(dB)；R 为被测对象的干扰发射值(dBμV/m、dBμV、dBμA，V/m)；R_0 为标准规定的限值(dBμV/m、dBμV、dBμA，V/m,)。

当 R 和 R_0 的单位带 dB 时，e 的单位为 dB，否则与 R 和 R_0 的单位相同。

测试项目传导发射测量、辐射发射测量的标准限值随着频率的变化而变化，因此需要分别对 R_0 进行计算。

第二部分评估的主要依据是被评对象的敏感度判据。在根据规定施加干扰电平时，按照敏感度判据判断被评对象的工作状况是否正常、是否满足设计指标要求。

1) 设备和分系统级传导发射、辐射发射的标准限值计算

传导发射、辐射发射的标准限值通常采用规则曲线形式给出，可以采用解析的方法得到数学表达式，精确计算标准限值。以 GJB 151B 为例，计算水面舰船舰载设备的传导发射、辐射发射标准限值，见表9-7。

表 9-7　舰载设备和分系统级传导发射、辐射发射标准限值(GJB 151B)

指标名称	设备情况区分	限值计算式	单位	参数取值范围
低频传导发射	电源频率为 50Hz，功率小于 1kVA	$120-20\lg(f/50)$	dBμA	$50\text{Hz} \leqslant f \leqslant 10\text{kHz}$
	电源频率为 50Hz，电流大于 1A，功率小于 1kVA	$120+20\lg I-20\lg(f/50)$		$50\text{Hz} \leqslant f \leqslant 10\text{kHz}$
	电源频率为 50Hz，电流大于 1A，功率大于 1kVA*	$90+20\lg I$		$100\text{Hz} \leqslant f \leqslant 1.58\text{kHz}$
		$120+20\lg I-20\lg(f/50)$		$1.58\text{kHz} \leqslant f \leqslant 10\text{kHz}$

269

指标名称	设备情况区分	限值计算式	单位	参数取值范围
低频传导发射	电源频率为 400Hz。若采用单相电源,电流小于 1A;若多相,功率小于 0.2kVA 且电流小于 1A	$120-20\lg(f/400)$	dBμA	$400\text{Hz} \leqslant f \leqslant 10\text{kHz}$
	电源频率为 400Hz。若采用单相电源,电流不小于 1A 且小于 2A;若多相,功率小于 0.2kVA 且电流不小于 1A	$120+20\lg I-20\lg(f/400)$		$400\text{Hz} \leqslant f \leqslant 10\text{kHz}$
	电源频率为 400Hz。若属于单相,电流不小于 2A;若多相,功率不小于 0.2kVA 且电流不小于 1A	$90+20\lg I$		$800\text{Hz} \leqslant f \leqslant 10\text{kHz}$
	电源频率为 400Hz。多相、功率不小于 0.2kVA、电流小于 1A	90		$800\text{Hz} \leqslant f \leqslant 10\text{kHz}$
射频传导发射	不区分	$174-20\lg f+10\lg(V/28)$	dBμV	$10\text{kHz} \leqslant f \leqslant 500\text{kHz}$
		$60+10\lg(V/28)$		$500\text{kHz} \leqslant f \leqslant 10\text{MHz}$
电场辐射发射	安装在甲板上	$104-8.5\lg f$	dBμV/m	$10\text{kHz} \leqslant f \leqslant 100\text{MHz}$
		$20.4\lg f-127.2$		$100\text{MHz} \leqslant f \leqslant 18\text{GHz}$
	安装在甲板下	$124-8.5\lg f$		$10\text{kHz} \leqslant f \leqslant 100\text{MHz}$
		$20.4\lg f-107.2$		$100\text{MHz} \leqslant f \leqslant 18\text{GHz}$
磁场辐射发射	不区分	$162-38.2\lg(f/25)$	dBpT	$25\text{Hz} \leqslant f \leqslant 450\text{Hz}$
		$114-20.8\lg(f/450)$		$450\text{Hz} \leqslant f \leqslant 30\text{kHz}$
		76		$30\text{kHz} \leqslant f \leqslant 100\text{kHz}$
天线端子传导发射	接收天线端或发射天线不发射	34	dBμV	
	发射天线发射	$\max(-20,10\lg P-50)$	dB	$f=2f_0$ 或 $3f_0$
		$10\lg P-50$		$f \neq 2f_0, f \neq 3f_0$

注:f—测量频率(Hz);I—电源电流(A);V—电源额定电压(V);f_0—发射频率(Hz);P—基频峰值功率(W)。

2)平台级标准限值计算

这里以表 9-5 中平台级部分定量指标为例介绍其标准限值计算模型,其他平台的定量指标可根据相关标准采用此方法得到限值计算模型,见表 9-8。

表9-8 水面舰船总体电磁环境效应标准限值

指标名称	适用情况	限值计算式	参数取值范围
搭接电阻	搭接点的搭接直流电阻	标准规定值	
	主接地短缆与船体接地点的搭接直流电阻	标准规定值	
	主接地缆与主接地短缆、分支接地缆与主接地缆的搭接直流电阻	标准规定值	
通信频段天线收发空间隔离度	短波主收发天线间	标准规定值	
	超短波	标准规定值	$30\text{MHz} \leqslant f^* \leqslant 80\text{MHz}$
		标准规定值	$100\text{MHz} \leqslant f \leqslant 400\text{MHz}$
电网尖峰传导发射		$\min(1.75V, 300)$ (GJB 1389A)	
交流电网电压波形畸变率	交流电压波形总畸变率	5%(MIL-STD-1399/300A)	
	交流电压波形单次畸变率	3%(MIL-STD-1399/300A)	
舱室电场	水面舰船	10V/m(GJB 1389A)	$10\text{kHz} \leqslant f \leqslant 18\text{GHz}$
	潜艇	5V/m(GJB 1389A)	$10\text{kHz} \leqslant f \leqslant 1\text{GHz}$
舱室磁场	航行期间	400A/m (DOD-STD-1399/70)	
军械安装位置微波和短波电磁环境		GJB 1389A 表9	
人员活动区电磁环境		GJB 5313 表1~表4	

注:f—测量频率(Hz);V—电源额定电压(V)。

例9-1 非固定扫描辐射源对人员危害评估方法

1)评估准则

按照 GJB 5313《电磁辐射暴露限值和测量方法》的限值要求,间断暴露最高允许限值和日剂量应满足相应限值要求。间断暴露最高值取功率密度最大值。根据日剂量限值确定工作时间,功率密度取非固定扫描辐射源在完整扫描周期内各波位在被测点产生的功率密度的平均值。对每一典型位置,新体制辐射源典型工作模式下电磁辐射暴露环境应满足限值要求。

2)数据处理

根据评估需求,评估参数为功率密度,需要分别确定非固定扫描辐射源电磁辐射产生的功率密度最大值和平均值。

（1）辐射源电磁辐射产生的功率密度最大值。按照如下方法,确定辐射源电磁辐射产生的功率密度最大值:

（a）选取选定位置处、辐射源处于某一工作模式下对应的全部功率密度数据;

（b）取所选数据的最大值作为对应的位置和辐射源工作模式下的功率密度最大值。

（2）辐射源电磁辐射产生的功率密度平均值。先计算单次扫描测量的功率密度平均值,再计算多次扫描测量的功率密度平均值。

第一步,单次扫描测量。

在选定位置处,辐射源处于某一工作模式下,辐射源电磁辐射产生的功率密度平均值的计算方法如下:

（a）选取该位置处、该工作模式下对应的功率密度数据;

（b）选取测量探头某一高度、某一俯仰角对应的各水平方位角,辐射源辐射的功率密度平均值为

$$S_H = \frac{1}{N} \sum_{i=1}^{N} S_i \qquad (9-6)$$

式中:S_H 为各水平波位对应的功率密度平均值;S_i 为第 i 个水平方位波位,固定波束照射下的功率密度,其中 $i=1,\cdots,N$;N 为辐射源水平方位波位数。

（c）同一探头高度,各俯仰角对应的辐射源辐射功率密度平均值为

$$S_P = \frac{1}{M} \sum_{j=1}^{M} S_{Hj} \qquad (9-7)$$

式中:S_P 为各俯仰角对应的功率密度平均值;S_{Hj} 为第 j 个俯仰角对应的各水平方位角的功率密度平均值,其中 $j=1,\cdots,M$;M 为辐射源俯仰波位数。

（d）对不同探头高度按上述步骤进行计算,得出功率密度平均值。

（e）单次扫描测量下,选定位置处功率密度平均值为

$$S_S = \frac{1}{H} \sum_{h=1}^{H} S_{Ph} \qquad (9-8)$$

式中:S_S 为辐射源单次扫描测量对应的功率密度平均值;S_{Ph} 为第 h 个探头高度位置各俯仰角对应的功率密度平均值,$h=1,\cdots,H$;H 为探头高度数,正整数。

第二步,多次扫描测量。

在选定位置处,辐射源处于某一工作模式,进行多次扫描测量时,辐射源电磁辐射产生的功率密度平均值的计算方法如下:

（a）按照式(9-6)~式(9-8)的方法计算出辐射源每次扫描测量对应功率密度平均值。

（b）多次扫描测量,选定位置处功率密度平均值为

$$S_M = \frac{1}{K} \sum_{k=1}^{K} S_{Sk} \qquad (9-9)$$

式中:S_M 为辐射源多次扫描测量对应的功率密度平均值;S_{Sk} 为辐射源单次扫描测量对应的功率密度平均值,$k=1,\cdots,K$;K 为多次扫描测量的总次数。

3) 评估结果表述

按照 8.4.9 中介绍的非固定辐射源的评定方法进行结果表述。以规定的日剂量除以得到的各典型位置、各典型工作模式对应的功率密度平均值,得到位于该位置处、相应辐射源工作模式下,人员一日允许工作的最长时间。

3. 安全裕度评估方法

安全裕度反映了系统电磁兼容性的安全程度,是评定系统的电磁环境效应重要指标之一。

对于电起爆装置,安全裕度评估方法可以参考 8.4.1 节的方法或 GJB 7504—2012。

对于安全或者完成任务有关键性影响的设备功能,根据 8.4.1 节按对"已知电磁环境允许响应值""已知电磁环境敏感阈值"两种情况分别处理。例如文献[24]的试验评估方法属于前者,等效试验属于后者。

这里介绍鉴定(定型)阶段采用总体和设备试验数据进行评估的方法,属于"已知电磁环境敏感阈值"的情况。

按照装备要求,对所有相关设备和分系统进行电磁兼容性试验,考核内容包括传导发射、传导敏感度、辐射发射、辐射敏感度等特性。总体也进行了电磁兼容性验收试验,考核内容包括电源品质、受关注位置的场强分布。这些数据客观反映了装备的实际电磁特性,是装备的数据模型载体。以总体试验发射特性数据作为"电磁环境评估值",敏感特性数据作为"电磁环境敏感阈值",通过传导发射、传导敏感度、辐射发射、辐射敏感度等特性数据调用、比较,完成电磁兼容性安全裕度评估,见图 9-5。

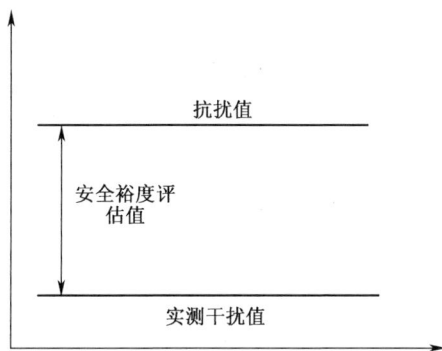

图 9-5　安全裕度评估方法示意图

设备或分系统的安全裕度为其抗扰值与实测干扰值之比,以分贝为单位,即

$$M = S_I - E_I \qquad (9-10)$$

式中:M 为安全裕度(dB);S_I 为抗扰值(场强为 dBμV/m、电压为 dBμV、电流为 dBμA),指设备正常工作时,所能承受的最大干扰值;E_I 为设备或分系统实测的最大干扰值(场强为 dBμV/m、电压为 dBμV、电流为 dBμA)。

按照上述简化模型,设备或分系统的抗扰值即为敏感度试验时不会使设备或分系统敏感的最大施加电平。实测干扰值可用总体测量时设备或分系统安装位置处的干扰测量值来代替。采用上述方法,可对设备和分系统的电源低频传导、电源尖峰传导、磁场辐射和电场辐射安全裕度进行评估。

1)电源低频传导安全裕度

采用总体试验中的电网低频传导发射干扰作为干扰测量值,在相同频率下取最大值。将设备或分电箱在设备级或系统级电源低频传导敏感度试验中的施加电平,在相同频率下取最大值,作为抗扰值,对每个频点进行评估。

2)电源尖峰传导安全裕度

采用总体试验中的电网尖峰传导干扰作为干扰测量值,在相同极性下取最大值。将设备或分电箱在设备级、系统级电网尖峰传导敏感度试验中的施加电平,在相同极性下取最大值,作为抗扰值。应在相同极性下进行评估,覆盖正负两个极性。

3)磁场辐射安全裕度

采用总体试验中的舱室内磁感应强度(交流)作为干扰测量值,在相同频率下取最大值。将设备或分电箱在设备级、系统级低频磁场辐射敏感度试验中的施加电平,在相同频率下取最大值,作为抗扰值,对每个频点进行评估。

按照标准要求,设备磁场敏感度试验时施加的磁感应强度的单位使用 dBpT,而总体试验时干扰测量值的单位可以是 T、mT 和 μT,应注意单位的换算。

4)电场辐射安全裕度

采用总体试验中的舱室电场作为干扰测量值,在相同频率下取最大值。将设备或分电箱在设备级、系统级电场辐射敏感度试验中的施加电平,在相同频率下取最大值,作为抗扰值,每个频点均应评估。

9.2.3 定性要求的量化评估方法

对于电磁环境效应标准规范中的定性要求,例如天线布置原则要求和电磁辐射对燃油危害控制措施,舱室防干扰设计、电网防干扰设计、地及接地系统设计、电缆布置设计、电磁兼容原则工艺等要求,在评估中可以采用专家咨询法或构建效用函数等方法对设计方案进行量化处理,然后将设计方案与相关标准中的要求进行

对照比较,评估其是否合理,实现对设计方案的量化评估。

下面以同频段天线布置合理性为例说明其评估方法。标准要求,同频段收发天线之间应尽量远离,应分散分层布置,避免平行架设。依据此要求,按照一定规则制定效用函数,确定同频段收发天线分层布置合理性评估方法,见表9-9。

表9-9 天线布置合理性指标量化评估方法

三级评估指标	评 估 方 法
波段收发天线分层布置合理性	$\frac{1}{nm}\sum_{i=1}^{n}\sum_{j=1}^{m}P(\Delta H_{ij})$, n 为该波段发射天线总数, m 为该波段接收天线数, $P(\Delta H_{ij})$ 见表9-10

表9-10 单对天线布置合理性 $P(\Delta H)$ 评估方法

序号	准 则	分数
1	天线高度差 ΔH 大于天线长度(取长者)的2倍	100
2	天线高度差 ΔH 在天线长度(取长者)1倍与2倍之间	60
3	天线高度差 ΔH 小于天线长度(取长者)	0

9.3 基于技术指标的定量评估

9.3.1 评估指标

基于技术指标的电磁环境效应评估是指评估装备技术指标在预期电磁环境中的变化,属于性能层的电磁环境效应评估。通常装备受到电磁环境影响后性能下降,表现在技术指标发生偏离,进而影响使用效能。因此性能层的电磁环境效应评估主要针对装备的技术指标开展。确定性能层电磁环境效应评估指标的流程是:根据全平台的电磁环境效应设计方案或技术状态,列出因电磁环境效应影响而功能受限的装备,明确装备易受影响的技术指标,即为性能层电磁环境效应评估指标,如图9-6所示。

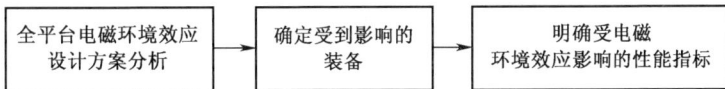

图9-6 电磁环境效应评估的技术指标筛选流程

不同的平台面临的电磁环境不同,无法用统一的评估指标集来覆盖所有平台、所有电磁环境。一般情况下,需要针对具体的平台、具体面临的电磁环境特点构建具体有针对性的评估指标集。

现以舰船射频环境及其接收设备为例,分析性能层射频环境评估指标。舰船射频环境主要指舰载发射天线发射引起的电磁环境。舰载射频接收设备属于感受器,容易受射频环境影响,因此天线间耦合干扰是舰船射频接收设备面临的主要干扰,是制约舰船装备效能发挥的主要因素。电磁干扰抑制技术性能是舰船研制各阶段评估的主要对象。根据工程经验和理论分析,通常通过评估射频环境中接收设备技术指标的变化来评价天线布置方案的优劣。各射频接收设备易受射频环境影响的技术指标可根据有关标准规范分析得出,主要影响的技术指标是灵敏度。

9.3.2　评估方法

电磁环境不同,其特点也不同,各装备的效应也不同。并且不同的设备有着不同的功能、工作体制和实现原理,这些因素决定了评估其在电磁环境中性能表现的方法也不同。因此,应该针对具体的设备及工作模式,结合具体电磁环境的特点,有针对性地采用适合的评估方法。

性能层电磁环境效应评估的主要途径有理论分析、仿真评估、试验及其组合等。

理论分析是指采用数学模型评估装备的性能。有些装备,根据其功能的实现原理允许采用理论分析的方法定量推导、计算电磁环境中技术指标的变化。通常这类功能可用成熟理论计算方法分析其性能,并且电磁环境或等效的环境可以采用数学模型来描述。

有些装备的功能难以用数学模型直接进行性能计算,静电、雷电等电磁环境也难以采用数学模型描述。这种情况下可以采用仿真评估的方法来获取装备在电磁环境中的性能指标变化。仿真评估是指采用电路仿真软件、功能仿真软件等手段来仿真设备在电磁环境中的性能表现,掌握其受扰后的变化规律,例如文献[26,27],根据性能下降规律分析灵敏度等技术指标变化情况。

对于设备功能复杂或采用了新技术,没有成熟的电路仿真软件、功能仿真软件可以使用时,可以采用试验的方法进行测量评估,如采用模拟设备、原理样机、装备实物的方法,模拟产生真或等效电磁环境,采用仪器测量设备的技术指标并进行分析。

例 9-2　单频弱干扰条件下接收机相干解调信噪比和灵敏度评估

该方法属于理论分析方法。根据发射源的特点,射频电磁环境在频域上的分布由发射主频、谐频、杂散等组成。接收天线置于其中,必然接收相应频段的电磁波,在接收设备输入端形成干扰信号。对于发射主频及谐频,可以视作单频以简化分析。此处提供单频弱干扰条件下接收机相干解调信噪比评估方法,以获得信噪比变化规律,掌握灵敏度变化程度。

目前,接收机大多采用超外差式,其基本组成包括混频器、放大器、滤波器、检波器等,简化示意图如图9-7所示。

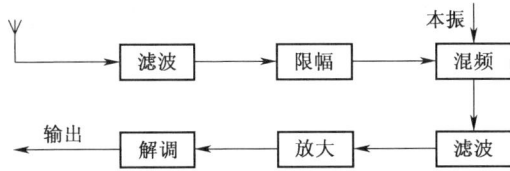

图9-7 接收机简化框图

在单频强干扰条件下,接收机可能会产生倒易混频、饱和、限幅等效应,输出信噪比急速下降,使接收机不能正常工作,过强的单频干扰甚至可能烧毁接收机。在单频弱干扰条件下,接收机性能按照一定规律变化,掌握其变化规律可以指导接收机在干扰条件下的使用,控制其战技指标下降程度在可以接受范围内。

这里以单边带解调为例,分析单频弱干扰条件下接收机相干解调的输出信噪比评估方法。

1) 单边带相干解调模型及输入输出信号

接收机单边带相干解调模型框图及输入输出信号如图9-8所示。

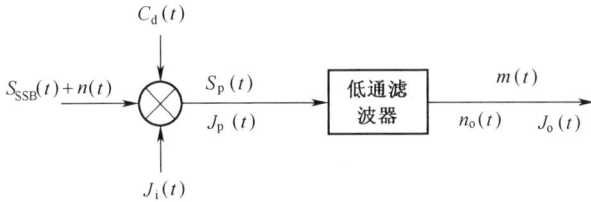

图9-8 接收机单边带相干解调模型

其中,中频信号 $S_{SSB}(t)$ 经乘法器、低通滤波器后输出为 $m(t)$;单频干扰 $J_i(t)$ 经乘法器、低通滤波器后输出为 $J_o(t)$;$n(t)$ 为加性平稳窄带高斯噪声,$n(t)$ 经乘法器、低通滤波器后输出为 $n_o(t)$。$C_d(t)$ 为本振信号,其与中频信号同相,表达式简化为 $C_d(t) = \cos\omega_c t$。

2) 单边带相干解调输出信号功率计算

(1) 中频信号输入输出模型。为简化分析,设音频调制信号 $f(t)$ 为

$$f(t) = A_m \cos 2\pi f_m t \tag{9-11}$$

式中:A_m 为电压幅度(V);f_m 为音频频率(Hz)。

上边带中频信号 $S_{USB}(t)$ 时域电压表达式为

$$S_{USB}(t) = A_m \cos 2\pi(f_C + f_m)t \tag{9-12}$$

式中:f_C 为载波频率(Hz)。

经过相乘、低通滤波后,有用信号输出为

277

$$m(t) = \frac{1}{2}A_m\cos2\pi f_m t \tag{9-13}$$

所以有用信号的输出功率为

$$P_{oD} = \frac{1}{4}A_m^2 \tag{9-14}$$

(2) 干扰信号输入输出模型。单频干扰输入信号时域电压表达式为

$$J_i(t) = J_m\cos2\pi f_J t \tag{9-15}$$

式中:J_m 为干扰电压幅度(V);f_J 为干扰频率(Hz)。

经过相乘、低通滤波后,干扰输出为

$$J_o(t) = \frac{1}{2}J_m\cos2\pi(f_C - f_J)t \tag{9-16}$$

单频干扰信号的输出功率为

$$P_{oJ} = \frac{1}{4}J_m^2 \tag{9-17}$$

(3) 噪声输入输出模型。$n(t)$ 为加性平稳窄带高斯噪声,经乘法器、低通滤波器后输出为 $n_o(t)$,分析,得

$$n_o(t) = \frac{1}{2}n_I(t)\cos2\pi(f_0 - f_C)t - \frac{1}{2}n_Q(t)\sin2\pi(f_0 - f_C)t \tag{9-18}$$

式中:$n_I(t)$,$n_Q(t)$ 为 $n(t)$ 的同相、正交分量;f_0 为窄带噪声的中心频率。

可见,分析输出信号时,噪声和信号经过相干解调后可以分离计算,然后分别叠加。因此加性高斯平稳窄带白噪声 $n(t)$ 经过相干解调和低通滤波后输出功率与有用信号、干扰信号无关。

3) 单边带相干解调信噪比评估模型

(1) 无扰时的输出信噪比分析。根据上述分析可知,加性平稳窄带高斯噪声 $n(t)$ 经过相干解调和低通滤波后输出功率与有用信号、干扰信号无关,设为 $N_o(\text{W})$,则输出信噪比的表达式为

$$\text{SNR}_o = \frac{P_{oD}}{N_o} \tag{9-19}$$

式中:SNR_o 为无扰时的输出信噪比(无量纲)。

(2) 单频干扰条件下输出信噪比分析。单频干扰条件下输出信噪比表达式为

$$\text{SNR}_J = \frac{P_{oD}}{N_o + P_{oJ}} = \text{SNR}_o\frac{1}{1 + P_{oJ}/N_o} \tag{9-20}$$

式中:SNR_J 为单频干扰条件下的输出信噪比(无量纲)。

$$\text{SNR}_{J\_dB} = \text{SNR}_{o\_dB} - 10\lg(1 + P_{oJ}/N_o) \tag{9-21}$$

式中:SNR_{J_dB} 为单频干扰条件下的输出信噪比(dB);SNR_{o_dB} 为无扰时的输出信噪

比（dB）。

由上式可知，当 $P_{oJ}/N_o \ll 1$ 时，干扰对输出信噪比的影响不明显，可以忽略；当 $P_{oJ}/N_o = 1$ 时，接收机开始出现敏感，输出信噪比下降；当 $P_{oJ}/N_o \gg 1$ 时，输出信噪比随着干扰功率的增加而线性下降。

4）试验验证

分别对某接收机受到电磁干扰后信噪比随频率间隔和干扰功率变化的情况进行试验验证。接收机工作状态：人工增益控制 MGC（增益低于灵敏度增益 32.5dB）、上边带，有用信号电平 34dBμV（即−67dBm）。

测量接收机受扰信噪比随干扰功率变化时，调节干扰功率，对比结果如图 9-9 所示。结果证明此评估方法是可信的。

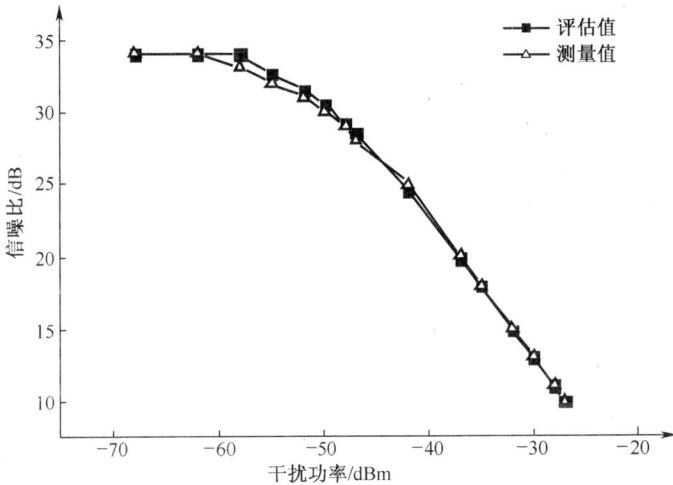

图 9-9　单频弱干扰条件下单边带相干解调信噪比评估结果与测量结果对比

5）信噪比变化对灵敏度的影响

由上可知，当 $P_{oJ}/N_o \ll 1$、干扰对输出信噪比的影响不明显时，灵敏度不受影响；当 $P_{oJ}/N_o = 1$ 时，接收机开始出现敏感，输出信噪比下降，灵敏度变差，变化幅度约 3dB；当 $P_{oJ}/N_o \gg 1$ 时，输出信噪比随着干扰功率的增加而线性下降。为了保持传输质量不变，需要提高有用信号输入电平，即灵敏度也随着干扰功率的增加而线性下降。

9.4　基于效能的评估

9.4.1　评估指标

基于效能的电磁环境效应评估是指预测评估安装于平台的各装备使用效能下

降程度,属于效能层的电磁环境效应评估。装备因电磁环境效应引发技术指标下降,从而影响使用效能。与性能层电磁环境效应评估指标分析类似,确定效能层的评估指标的步骤是:首先分析全平台的电磁环境效应设计方案或技术状态,列出直接受电磁环境效应影响的效能指标以及技术指标,对这些技术指标分析确定它们影响的间接效能指标。这些直接或间接受电磁环境效应影响的效能指标均可作为效能层的评估指标,如图9-10所示。

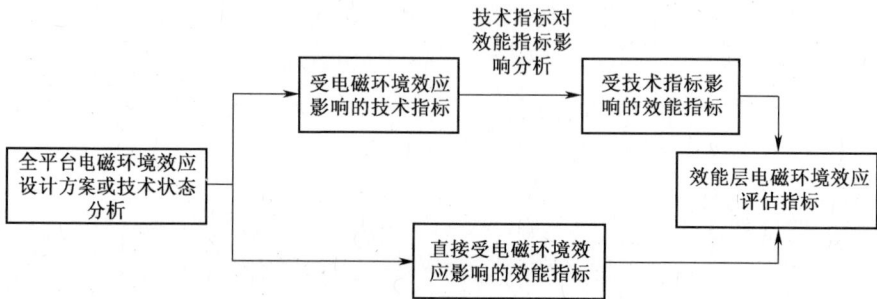

图9-10　效能层电磁环境效应评估指标筛选流程

工程中为了减少评估指标,应有重点地开展分析,并可以结合性能层电磁环境效应评估。通过性能层电磁环境效应评估,掌握受电磁环境效应影响的技术指标的变化情况,选择受影响较大的技术指标,将与技术指标关联的效能指标作为效能层电磁环境效应评估指标。

下面仍以舰船射频环境及其接收设备为例开展分析。根据接收设备受射频环境影响的技术指标对效能指标的作用,结合接收设备直接受天线干扰影响的效能指标,得到基于效能的射频环境评估指标,见表9-11。实际工程中可结合性能层射频环境评估结果,在此基础上进行简化,进一步缩小效能层射频环境评估指标集。

表9-11　舰船效能层射频环境主要评估指标

主要射频接收设备	主要效能评估指标
警戒雷达接收机	最大作用距离、精度、分辨力、空域
敌我识别	最大作用距离、抗干扰能力、分辨力、精度
导航雷达接收机	最大作用距离、分辨力、测量精度
雷达侦察设备	侦察距离、侦察频率范围、空域、分辨力、精度
通信侦察设备	侦察距离、侦察频率范围、各类信号侦察能力、分辨力
短波通信接收设备	通信距离、抗干扰能力
超短波电台	通信距离、抗干扰能力
卫星通信设备	通信距离、跟踪范围、工作频带、抗干扰能力

主要射频接收设备	主要效能评估指标
跟踪雷达接收机	最大作用距离、跟踪距离、跟踪精度
导弹	作用距离、捕获能力、抗干扰能力、精度捕提概率、自导概率
导航接收设备	定位精度、作用距离、抗干扰能力

9.4.2 评估方法

与性能层电磁环境效应评估方法类似,无法用统一的评估方法覆盖所有装备和效应,必须有针对性地研究适合的评估方法。效能层电磁环境效应评估的主要途径也可以采用理论分析、仿真评估、试验及其组合等途径。当技术指标与效能指标有着明确数学关系时,可以采用计算方法评估,例如最大作用距离。对于与技术指标没有明确数学关系的效能指标,可以通过仿真或试验获得它们之间的对应关系。条件许可的情况下,也可在性能层试验的同时开展效能层试验。

这里针对舰船射频环境以及射频接收设备,提供定量分析舰船射频环境对接收设备最大作用距离影响的实例。

例 9-3 射频环境对接收设备最大作用距离影响评估

接收设备主要包括雷达、通信接收设备、侦察设备、敌我识别。通过性能层的评估可以获得射频环境对其灵敏度的定量影响。因此,效能层只需评估灵敏度变化对它们最大作用距离影响。性能层评估和效能层相结合,可以得到射频环境对最大作用距离的定量影响。

1) 灵敏度变化对雷达作用距离影响的评估方法

常用的雷达方程为

$$(R_{\max})^4 = \frac{P_T G_T G_R \sigma \lambda^2}{(4\pi)^3 L k T_e \Delta f S_{\min}} \tag{9-22}$$

式中:$R_{\max}$ 为最大作用距离(m);P_T 为发射机的峰值功率(W);G_T 为发射天线的增益,无量纲;G_R 为接收天线的增益,无量纲;σ 为目标的有效反射面积(m²);λ 为雷达的工作波长(m);L 为损耗因子,包括发射传输线、接收传输线和电波双程传播损耗等,无量纲;k 为玻耳兹曼常数,$k = 1.38 \times 10^{-23}$J/K;T_e 为接收系统的等效噪声温度(K);Δf 为信号带宽(Hz);$S_{\min}$ 为最小可检测信号(W)。

当雷达因受射频电磁环境影响导致正常探测所需的灵敏度性能变差时,检测概率下降、作用距离降低。设雷达接收机射频环境中灵敏度变为 $S'_{\min}$,灵敏度变化后的最大作用距离记为 $R_{\max\_S}$,则

$$(R_{\max\_S})^4 = \frac{P_T G_T G_R \sigma \lambda^2}{(4\pi)^3 L k T_e \Delta f S'_{\min}} \tag{9-23}$$

根据式(9-22)和式(9-23),得

$$R_{\max\_S} = R_{\max} \sqrt[4]{\frac{S_{\min}}{S'_{\min}}} \tag{9-24}$$

若灵敏度单位为 dBm,设经过性能层评估后发现检测灵敏度下降了 $\Delta S(\text{dB})$,则雷达接收机最大作用距离为

$$R_{\max\_S} = R_{\max} 10^{-\Delta S/40} \tag{9-25}$$

雷达接收机灵敏度的变化对雷达作用距离影响的效能 η_S 为

$$\eta_S = (10^{-\Delta S/40} \times 100)\% \tag{9-26}$$

2)灵敏度变化对通信接收设备作用距离影响的评估方法

同样,可以计算通信接收设备灵敏度对最大作用距离的影响。通信接收设备受扰后语音输出信噪比下降导致语音清晰度指数下降,或误码率提高,导致误组率上升。为了保持传输质量,需要提高输入信号的电平,即降低通信接收设备灵敏度。因此,可根据性能层评估获得干扰条件下语音通信输出信噪比或误码率与灵敏度的定量变化规律,从而得到通信接收设备灵敏度的定量变化。

由于电磁波单程传输,在远场电场功率密度与距离的平方成反比,导致通信接收设备输入功率与距离的平方成反比,因此灵敏度变化与距离变化的关系为

$$R_{\max\_S} = R_{\max} \sqrt{\frac{S}{S'}} \tag{9-27}$$

式中:$R_{\max}$ 为最大作用距离(m);S 为灵敏度(W);S' 为受扰后的灵敏度(W);$R_{\max\_S}$ 为灵敏度下降后的最大作用距离(m)。

若灵敏度单位采用 dBm,设性能层评估后发现灵敏度降低了 $\Delta S(\text{dB})$,则有

$$R_{\max\_S} = R_{\max} 10^{-\Delta S/20} \tag{9-28}$$

通信接收设备灵敏度下降 $\Delta S(\text{dB})$ 对作用距离影响的效能 η_S 为

$$\eta_S = (10^{-\Delta S/20} \times 100)\% \tag{9-29}$$

3)灵敏度变化对侦察设备和敌我识别作用距离影响的评估方法

侦察设备、敌我识别与通信接收设备一样,电磁波单程传输,因此其灵敏度变化对最大作用距离影响的评估方法与通信接收设备相同。

9.5 电磁兼容管理控制对效能影响评估

9.5.1 评估参数

对装备实施电磁兼容管理控制通常从辐射源和接收设备的使用资源上采取措施,例如时域管理、空域管理、频域管理、能量域管理,管理对象包括引起电磁兼容

问题的射频发射设备、受到影响的射频接收设备。因此,评估参数应是这些射频设备受到管理控制措施影响的效能指标。见表9-12。

表 9-12　电磁兼容管理控制对射频设备效能影响评估参数

射频设备	电磁管控措施影响的主要技术指标	效能评估参数
发射设备	工作频率　发射功率　重复频率	最大作用距离　空域　抗干扰能力　工作时间
接收设备	瞬时带宽　接收灵敏度	作用距离　空域　工作带宽　工作时间

9.5.2　评估方法

1. 能量域管理措施对射频设备效能影响评估方法

能量域管理措施主要包括发射机的发射功率管理和接收机的接收增益管理。对发射功率和接收增益管理将影响最大作用距离。

1）发射功率管理措施对作用距离影响的评估方法

该方法主要针对雷达、通信发射机、电子战设备,这些设备发射功率较大,雷达、电子战设备峰值功率从几十千瓦至几百千瓦,通信发射机连续波功率达几千瓦。

（1）雷达。对于雷达,根据雷达方程可知,当雷达发射信号功率 P_T 减小时,探测距离变短,与没有实施功率管理措施之前比较,作用距离上有损失。设雷达发射功率降为 $P'_T(W)$,发射功率下降后的最大作用距离记为 $R_{\max\_P}(m)$,则雷达方程变为

$$(R_{\max\_P})^4 = \frac{P'_T G_T G_R \sigma \lambda^2}{(4\pi)^3 LkT_e \Delta f S_{\min}} \tag{9-30}$$

结合式(9-22),得

$$R_{\max\_P} = R_{\max} \sqrt[4]{\frac{P'_T}{P_T}} \tag{9-31}$$

通常采用 dB 来描述功率的下降程度,设功率下降了 $\Delta P(dB)$,最大作用距离降为

$$R_{\max\_P} = R_{\max} 10^{-\Delta P/40} \tag{9-32}$$

相对于发射功率下降前,发射功率下降后雷达作用距离的效能降低为 η_P,有

$$\eta_P = (10^{-\Delta P/40} \times 100)\% \tag{9-33}$$

（2）通信发射设备和干扰机。远场电场功率密度与距离的平方成反比。雷达接收的是发射信号的反射波,由雷达方程可知,发射功率与作用距离的四次方成反比。对于通信接收设备,直接接收友方通信发射机发射信号的直达波,电磁波单程传输,于是可得发射功率与作用距离的平方成反比。因此有

283

$$\left(\frac{R_{\max\_P}}{R_{\max}}\right)^2 = \frac{P'_T}{P_T} \qquad (9-34)$$

式中：P'_T 为通信接收设备下降后的发射功率（W）；$R_{\max\_P}$ 为相应的最大作用距离（m）。

设功率下降了 ΔP(dB)，通信接收设备最大作用距离降为

$$R_{\max\_P} = R_{\max} 10^{-\Delta P/20} \qquad (9-35)$$

设发射功率下降后通信接收设备效能降低为 η_P，有

$$\eta_P = (10^{-\Delta P/20} \times 100)\% \qquad (9-36)$$

与通信发射设备类似，干扰机发射的干扰信号直达波直接作用敌方接收机，而不是反射信号，因此其发射功率下降后的效能评估方法与通信发射设备相同。

2）接收设备射频增益变化对作用距离影响的评估方法

接收机受到干扰后，可以降低射频增益，衰减干扰信号或使较弱的干扰信号得不到足够放大，从而达到抑制干扰的效果。这种方法在通信电台和侦察设备中常用。在降低接收机射频增益的同时，也降低了有用信号的放大倍数，因此该方法实质上降低了接收机灵敏度。射频增益减小的倍数与灵敏度降低程度一致。因此，可按照灵敏度变化对作用距离影响的评估方法进行接收设备射频增益变化对作用距离影响的评估，具体见例9-3。

2. 频域管理措施对射频设备效能影响评估方法

频域管理就是仔细选择和分配使用的频率，避免射频设备在同一平台互相干扰。在进行频率管理之后，用频设备的工作频率就可能会减少，这就造成了用频设备工作频率的损失。

频域管理后的工作带宽为

$$BW' = BW - \Delta f \qquad (9-37)$$

式中：BW' 为频域管理后的工作带宽（Hz）；Δf 为规避频率宽度（Hz），对于跳频体制和多工作频点的设备，Δf 为所有规避频点带宽之和；BW 为原工作带宽（Hz）。

接收频域管理的射频设备在频域上效能 η_f 为

$$\eta_f = (1 - \Delta f/BW) \times 100\% \qquad (9-38)$$

3. 空域管理措施对射频设备效能影响评估方法

采取空域管理措施后，改变了电磁波原来覆盖的区域或限制了侦收区域，造成作用空域的改变。当作用范围减小时，在方位上会造成损失。空域管理措施不影响射频接收设备的目标参数测量的精确度。

空域管理后方位和俯仰上的作用范围分别为

$$\alpha' = \alpha - \Delta\alpha \qquad (9-39)$$

$$\beta' = \beta - \Delta\beta \qquad (9-40)$$

式中：α', β' 分别为空域管理后方位和俯仰上的作用范围(°)；α, β 分别为原方位和俯仰工作范围(°)；$\Delta\alpha, \Delta\beta$ 分别为方位和俯仰上的损失(°)。

接收空域管理的射频设备在空域上的效能 η_a 为

$$\eta_a = (1 - \Delta\alpha/\alpha)(1 - \Delta\beta/\beta) \times 100\% \tag{9-41}$$

4. 时域管理措施对射频设备效能影响评估方法

1）脉冲匿影

匿影是对雷达接收设备和侦察接收机采取的电磁兼容管控措施。根据管理要求，在雷达脉冲等干扰信号发射时间段内雷达接收设备和侦察接收机等受干扰设备停止工作。

对于一部雷达受到另一部雷达干扰而进行匿影的情况，在干扰源雷达发射脉宽内被干扰雷达停止接收，于是在被干扰雷达的一个脉冲周期内，匿影时间 ΔT 的计算公式为

$$\Delta T = T_p \tag{9-42}$$

式中：T_p 为干扰源雷达发射脉宽(s)。

雷达接收设备和侦察接收机在一个周期内的工作时间 T' 为

$$T' = T - T_p \tag{9-43}$$

式中：T 为雷达接收设备和侦察接收机工作周期内的接收时间(s)。

匿影后在时域上雷达接收设备和侦察接收机的效能 η_T 为

$$\eta_T = (1 - T_p/T) \times 100\% \tag{9-44}$$

若一部雷达同时受到几部雷达干扰，根据这些干扰源的发射脉冲对被干扰雷达均采取了匿影，于是在被干扰雷达的一个脉冲周期内，匿影时间 ΔT 的计算公式为

$$\Delta T = \cup_i T_{pi} \tag{9-45}$$

式中：T_{pi} 为第 i 部干扰源雷达的脉冲发射宽度(s)。

即在时域上对所有干扰源雷达脉冲发射信号时间进行合并计算。

雷达接收设备和侦察接收机在一个周期内的工作时间 T' 为

$$T' = T - \cup_i T_{pi} \tag{9-46}$$

匿影后在时域上雷达接收设备和侦察接收机的效能 η_T 为

$$\eta_T = (1 - \cup_i T_{pi}/T) \times 100\% \tag{9-47}$$

2）统一触发

统一触发也是对雷达接收设备和侦察接收机采取的电磁兼容管控措施。同频段雷达选择"统一触发"工作方式，使相关几个雷达在一个大周期内的发射起始点一致，在其最宽的发射脉宽内对雷达接收设备和侦察接收机实施匿影，避免了多个匿影脉宽线性相加，因而可以有效地减少叠加后的"匿影脉冲"或"匿影波门"

宽度。

在一个统一触发周期 T_t 内,总匿影时间 ΔT 的计算公式为

$$\Delta T = T_{max} \tag{9-48}$$

式中:T_{max} 为采取统一触发工作的设备在一个脉冲周期内发射时间最长的时间(s)。

在一个统一触发周期 T_t 内,雷达接收设备和侦察接收机的工作时间为

$$T' = T_t - \Delta T = T_t - T_{max} \tag{9-49}$$

式中:T' 为统一触发周期内雷达接收设备和侦察接收机的工作时间(s)。

统一触发后在时域上雷达接收设备和侦察接收机的效能 η_T 为

$$\eta_T = (1 - T_{max}/T_t) \times 100\% \tag{9-50}$$

3)协同跟踪波门

协同跟踪波门是对雷达干扰机采取的电磁兼容管控措施。在受干扰雷达的距离跟踪波门时间内自动停发有源干扰。

对于一部雷达受到干扰而进行协同跟踪波门的情况,在被干扰雷达距离跟踪波门时间内干扰机停止发射,于是在一个干扰周期内,干扰机损失的工作时间 ΔT 的计算公式为

$$\Delta T = T_r \tag{9-51}$$

式中:T_r 为干扰源雷达的跟踪波门时间(s)。

若干扰机同时干扰了几部雷达,采取协同跟踪波门后,损失工作时间 ΔT 的计算公式为

$$\Delta T = \cup_i T_{ri} \tag{9-52}$$

式中:T_{ri} 为第 i 部干扰源雷达的跟踪波门时间(s)。

在时域上对所有雷达跟踪波门时间进行合并计算,在一个干扰周期内,干扰机工作时间为

$$T'_J = T_J - \Delta T \tag{9-53}$$

式中:T'_J 为接受协同距离波门后,干扰机在一个干扰周期内的工作时间(s);T_J 为干扰机的干扰周期(s)。

接受协同距离波门后干扰机在时域上的效能 η_T 为

$$\eta_T = (1 - \Delta T/T) \times 100\% \tag{9-54}$$

4)大分时

采取大分时工作时,在干扰源工作时间段内停止干扰源或受干扰设备工作,管理时间远超过受管控设备的工作周期,因此,以受管控设备的工作周期作为计算基础,被停止设备的工作能力损失是 100%。例如,某雷达工作时,当电子战干扰机的频率接近时,干扰机停止工作,干扰机效能损失为 100%。

286

若在很长的时间段 T 内,受管控设备被停止部分时间 ΔT,显然受管控设备的工作时间 T' 为

$$T' = T - \Delta T \qquad (9-55)$$

接受大分时管理后受管控设备在时域上的效能 η_T 为

$$\eta_T = (1 - \Delta T/T) \times 100\% \qquad (9-56)$$

9.6 综合评估方法

在装备方案阶段往往需要对各种备选方案进行取舍,因此需要对各方案的电磁环境效应设计防护性能进行综合,比较各方案的优劣。即使是对同一方案,也需要进行风险识别,鉴别出对整体电磁环境防护性能影响最大的因素,以便于研制过程中及时化解技术风险。

通常所构建的电磁环境效应评估指标体系具有典型的多指标特点,如方案阶段射频环境评估指标体系。因多指标综合评价法具有数学模型简单,对多因素、多层次的复杂问题评判效果好的特点,可运用于电磁环境效应评估指标体系中。在评估过程中分别计算权重和单项评估指标的得分,按照评估模型计算被评对象的综合得分,得出综合评估结果,进行分类或排出其优劣次序。同时,评价过程中可以发现影响得分最为明显的指标,从而找出影响整体电磁环境效应防护性能的技术风险和因素。

9.6.1 评估模型

根据多指标综合评估法,其计算评估模型采用线性加权评分法。计算评估模型为

$$E_j = \sum_{i=1}^{n} w_{ij}\mu(x_{ij}) \quad (i = 1,2,\cdots,n;j = 1,2,\cdots) \qquad (9-57)$$

式中:E_j 为第 j 个技术的综合评估值;x_{ij} 表示第 j 个技术下一级的第 i 个指标;w_{ij} 为第 i 个指标 x_{ij} 的权重;$\sum_{i=1}^{n} w_{ij} = 1, 0 \leqslant w_{ij} \leqslant 1$;$\mu(x_{ij})$ 为指标 x_{ij} 的评估值;n 为第 j 个技术中符合加法规则的指标的个数。

当指标体系属于多级体系时,E_j 为某级指标内第 j 个指标的综合评估值,可先从最底层指标按照该模型计算上一级指标的评估值,然后再按照该模型逐级计算各级内每个指标的评估值,最后得到总评估值。

9.6.2 权重计算方法

采用层次分析法的计算权重方法可得到电磁环境效应评估指标体系中各个指

标权重值,参见7.5节。

9.6.3　单项指标的评分

各单项指标的评分可以结合试验数据和标准规范进行,按照超标、不符合标准或不满足使用要求的严重程度制定效用函数,对各单项指标进行评分。例如,对于电磁环境效应定量指标,可根据超出指标要求的程度、或具备安全裕度的程度制定效用函数;对于合理性等定性评估指标可以采用专家咨询法,按照一定规则制定效用函数,从而实现量化评估目的。也可以结合性能层和效能层电磁环境效应评估,按照电磁环境对技术指标、效能指标影响的程度制定效用函数,对各单项指标进行评分。

9.7　应 用 示 例

下面以水面舰船为例,针对方案阶段射频电磁环境评估,通过构建评估指标、选择评估方法、完成综合评价,介绍评估方法的具体应用步骤。

1. 评估指标

在方案阶段射频电磁环境典型评估指标见表9-13,主要围绕电磁辐射危害和天线间电磁干扰展开评估。

表9-13　水面舰船射频电磁环境评估指标示例

一级指标	二级指标	三级指标
总体电磁干扰抑制技术性能符合性	天线间干扰抑制技术符合性	通信干扰天线对通信接收设备的耦合干扰结果符合性
电磁辐射对军械危害控制技术性能符合性	电磁辐射对军械危害控制技术符合性	发射设备发射时,军械部位场强的符合性
人员活动区电磁环境的符合性	发射设备对人员活动区危害的控制技术符合性	发射设备发射时,天线附近人员活动区电磁环境的符合性
总体天线布置合理性	同频段收发天线分层布置合理性	具体波段收发天线分层布置合理性
	短波天线收发隔离度符合性	短波发射天线与短波接收天线隔离度符合性

2. 评估方法

根据方案阶段构建的电磁兼容性评估指标体系,综合运用基于标准规范、技术指标、效能的评估方法为各项评估指标制定具体方法,实施并完成评估。最后采用基于多指标综合评估法进行综合评价,查找技术风险点。

288

1) 天线间耦合干扰结果的符合性评估方法

天线间耦合干扰结果的符合性评估的数据输入通常有 3 个途径:一是采用试验数据,通过模型试验,获得部分天线间耦合干扰值;二是采用仿真数据,通过全舰电磁兼容性仿真获得天线间耦合系数,从而计算出天线间耦合干扰电平(参见第 5 章的电磁干扰仿真);三是基于远场进行理论计算(参见第 7 章的频谱分析法)。

获得接收机输入端干扰电平后,可针对各接收机结构,依据接收机灵敏度、前端饱和电平、限幅电平和抗烧毁电平,评估接收机是否存在饱和、限幅,是否面临烧毁的危险。根据干扰与接收机灵敏度、前端饱和电平、限幅电平和抗烧毁电平的差值制定效用函数,为每项单项指标进行评分。

2) 电磁辐射对军械危害控制技术符合性评估方法

相关标准规定了军械电磁环境限值,并要求军械在预期电磁环境条件下应具有 16.5dB 的安全裕度。军械所处的电磁环境包括发射装置安装位置、运动轨迹等位置的场强。依据该项要求,按照符合标准的不同程度制定效用函数,例如表 9-14 的电磁辐射对军械危害的电磁环境符合性评分方法。为达到评估目的,可采用电引爆武器所处的电磁环境最大值作为评估输入。

表 9-14　电磁辐射对军械危害的电磁环境符合性评分方法示例

评 分 说 明			分数
承受能力>电磁环境限值	承受能力<电磁环境限值	承受能力=电磁环境限值	
场强≤0.15×限值时,满足限值和安全裕度要求	场强≤0.15×承受能力时,满足限值和安全裕度要求	场强≤0.15×限值时,满足限值和安全裕度要求	100 分
0.15×限值<场强≤min(限值,0.15×承受能力)	0.15×承受能力<场强≤min(0.15×限值,承受能力)	0.15×限值<场强<限值	由 100 分到 60 分线性递减
min(限值,0.15×承受能力)<场强≤max(限值,0.15×承受能力),即只能满足限值或 0.15×承受能力之一时,满足顶层要求	min(承受能力,0.15×限值)<场强≤max(承受能力,0.15×限值),即只能满足0.15×限值或承受能力之一	场强=限值,即只能满足限值时,满足顶层要求	60 分
max(限值,0.15×承受能力)<场强≤承受能力	max(承受能力,0.15×限值)<场强≤限值		由 60 分到 0 分线性递减
场强>承受能力时危及安全,必须采取空域管控措施	场强>限值	场强>限值	0 分

3) 人员活动区电磁环境的符合性评估方法

电磁辐射对人员潜在危害的部位一般在露天区域。按照 GJB 5313 对应要求,微波设备发射对人员活动区危害的限值选用脉冲波、作业区暴露限值,短波设备发射对人员活动区危害的限值选用连续波、作业区暴露限值。按照人员活动区短波电磁环境对标准符合的程度制定效用函数，如表9-15短波辐射对人员危害的电磁环境符合性评分方法。评估数据尽量采用试验数据，也可采用仿真数据。

表9-15　水面舰船方案阶段短波辐射对人员活动区危害控制
技术符合性评分方法示例

指标类型	评分说明	分数
人员作业区短波段连续波电磁环境的符合性	电平≤连续暴露限值	100分
	连续暴露限值<电平≤间断暴露最高允许限值	由100到60分线性递减
	间断暴露最高允许限值≤电平×逗留时间<日剂量	由60分到0分线性递减
	电平×逗留时间>日剂量	0分

4）总体天线布置合理性评估方法

（1）同频段收发天线分层布置合理性。同频段收发天线分层布置合理性评估方法，可采用表9-9所列方法。

（2）短波天线收发隔离度符合性评估方法。按照要求通信天线收发隔离度限值取A(dB)。考虑到接收机的实际情况，可在此基础上留出一定裕量。按照天线收发隔离度越大评分越高的原则制定效用函数，并兼顾接收机在不同隔离度下的响应。表9-16提供了短波天线收发隔离度符合性评估方法的一个示例，本例中留出的裕量为20dB。

表9-16　水面舰船通信天线收发隔离度评估方法示例

序号	准则	分数
1	隔离度大于A+20dB	100分
2	隔离度在$A\sim A$+20dB之间	60~100分，随隔离度线性变化
3	隔离度在A-20~AdB之间	0~60分，随隔离度线性变化
4	隔离度小于A-20dB	0分

5）综合评价

基于多指标综合评估法构建方案阶段电磁兼容性综合评估模型。采用层次分析法由评估组专家对各级评估指标的权重进行打分。对各单项评估指标，采用前述方法制定的效应函数，逐项进行量化评分。最后运用综合评估模型完成综合评价。

第 10 章　使用与维修中的电磁环境效应控制

研制阶段电磁环境效应控制工作为装备的性能发挥建立了良好的基础。为保持装备在使用期内电磁兼容及防护性能不下降,满足使命任务要求,在使用与维修中应持续开展电磁环境效应控制。E3 要求中明确提出了全寿命期电磁环境效应加固和控制的要求,在设计规定的寿命期(包括维护、修理、监视和腐蚀控制等),系统应满足其工作性能和电磁环境效应要求。

本章将在分析装备在使用阶段电磁兼容性变化的基础上,提出电磁兼容性维修的概念,阐述使用与维修中保持和改进装备电磁兼容性的技术方法和途径。根据第 1 章叙述,考虑到使用习惯的延续性,本章仍采用电磁兼容性。

10.1　概　　述

10.1.1　使用阶段电磁兼容性变化情况

装置、器件和工艺措施的性能随物理环境变化而变化。装备交付后使用期长达数十年,在这期间温度、湿度、盐雾等物理环境变化剧烈,甚至处于恶劣的环境中,极易导致工艺性能或器件性能发生不希望的变化,从而影响装备电磁兼容性能。

长期处于潮湿、盐雾等海洋环境的装备(如舰船、舰载机),其金属搭接点极易发生腐蚀或锈蚀,复合材料发生氧化,使接地、搭接、屏蔽、滤波等干扰抑制措施功能降低。美国海军航空系统基于 EMI 修正计划(ASEMICAP)的评估表明,随着时间增加飞机的电磁兼容性加固程度将会降低。在一架海军战斗机上历时十多年的电搭接测量结果表明,新飞机有 10%~15% 的搭接不符合指标要求;使用 5 年的飞机存在 40%~60% 的搭接不符合指标要求;使用 10 年的飞机有 70%~80% 的搭接不符合指标要求。搭接性能不符合指标要求将导致屏蔽层和金属外壳的电气连接不充分,并降低了屏蔽效能。

经历多次温度冲击的装备,因热胀冷缩发生应力交变,使得装备结构不可避免地发生微小变形,其缝隙可能增大,影响屏蔽效能;使用的导电衬垫的附着力和导电性能均可能发生变化,也影响屏蔽效能。这将导致大功率发射设备通过壳体或电缆辐射发射增强,敏感设备的辐射敏感阈值下降而易受辐射干扰。

装备的元器件在长时间使用后,其性能将因老化而下降,例如滤波电路的器件老化可引起阻带和通带偏移、通带插入损耗增大、阻带衰减改变等现象,使用性能和电磁兼容性能下降。长期使用的屏蔽电缆的屏蔽层因氧化将导致介电常数发生变化,影响其屏蔽效能。

装备使用过程中由于振动将引起屏蔽结构松动,破坏屏蔽密封性,导致屏蔽效能下降。长时间的振动还将使搭接和接地松动,接地电阻增大,导致接地不良,使装备抗干扰能力下降。电路板的焊接也可能发生松动,引起虚焊。长期受到机械应力还将引起波导等装置的安装质量下降。

因使用期物理环境变化而导致电磁性能下降的典型例子还有天线罩和雷达吸波涂层。

天线罩要求透波性好,不影响天线辐射特性。构成天线罩的大部分增强材料和树脂,在吸潮后介电常数将会发生改变,透波性能将下降。研究发现,随着时间的延长,强太阳辐射、高温、高湿、高盐雾含量、干湿交替将使保护天线罩的涂层出现加速粉化、起泡、裂纹等老化现象,起不到应有的防御雨水侵蚀、抗氧化等防护功能,进而影响天线罩的寿命和电气性能。在强风等外部应力作用下,天线罩结构尤其是螺栓连接结构处可能发生变形等损伤,日积月累,损伤累积演变为微小开裂、裂纹、断裂,最终失效,影响到天线罩的电气性能。发射天线的天线罩透波性能的改变将影响天线辐射方向图,导致安装平台的电磁环境分布发生变化;接收天线的天线罩透波性能改变可能将影响接收信号强度,造成接收机出现干扰或灵敏度受到影响。

雷达吸波涂层在使用中需经受机械力等各种应力,长时间承受机械应力造成各涂层间附着力下降直至丢失,涂层可能开裂、脱落,底板可能弯曲、形变,也可能直接导致吸波涂层龟裂、开裂、脱落;在吸波涂层内应力的长期作用下,涂层厚度发生很大变化,引起电性能显著变化。处于活动部位以及连接部位的涂层,因承受转动等机械应力或热胀冷缩的交变作用,随着时间推移容易开裂和脱落。在紫外线、热、氧气、湿度、温度骤变、外部应力作用下表面防护涂层可能会出现降解、粉化、开裂、脱落,从而引起吸波涂层吸波性能丧失或明显下降。

舰船上因"锈蚀螺栓效应"引发的电磁干扰属于物理环境引起电磁兼容性能下降的另一个典型例子。舰船常年处于潮湿、盐雾环境中,其金属连接点容易锈蚀,在特定条件下发生非线性效应。锈蚀的金属连接点相当于混频器,若同时受到多台舰载发射机的辐射,则将对收到的辐射信号进行非线性混频,产生相互调制信号。后者通过船体辐射出去,成为电磁干扰。大量事实表明,这些金属连接点引发的相互调制是互调干扰的重要来源。船体的金属连接点因腐蚀而产生相互调制的

物理现象被称为"锈蚀螺栓效应",其引发的干扰称为"船壳引起的互调干扰"。船壳互调干扰影响程度取决于:

① 舰船上发射机的数量和发射功率电平;

② 舰船上接收机的数量和灵敏度电平;

③ 舰船上天线的数量和其空间布局;

④ 舰船上可使用频率的数量;

⑤ 舰船上机械结构连接点和非线性元件的数量。

舰船上发射机辐射射频信号 f_1,该信号施加于锈蚀的金属连接点,该连接点因非线性效应将产生原信号 f_1 的谐频,如二次谐频 $2f_1$,三次谐频 $3f_1$,四次谐频 $4f_1$ 等新的频率成分。如同时另一台发射机辐射射频信号 f_2,则两个射频信号同时激励该金属连接点,输出频谱将不仅包括两个射频信号的谐频 $2f_1$、$3f_1$、$4f_1$… 和 $2f_2$、$3f_2$、$4f_2$…,而且还有许多与两个发射频率有关的新的频率分量(基频和谐频的和频、差频的信号)。即:$(f_1\pm f_2)$ 为二阶互调产物;$(2f_1\pm f_2)$ 为三阶互调产物;$(Mf_1\pm Nf_2)$ 为 $(M+N)$ 阶互调产物,其中 $(M+N)$ 为整数。

如果第三部发射机也参与了对该金属连接点的激励,则将引起 $f_1\pm f_2\pm f_3$ 三阶互调产物以及更高阶的互调产物。一般情况下,奇次阶互调分量和谐波要比偶次阶显著得多。表10-1给出了射频发射机数量与奇次阶互调产物数量的对应关系。可见,10台发射机同时发射10个独立的频率,理论上可以产生670个三阶互调产物和2千万个13阶产物。

表10-1 可能存在的奇次阶互调产物数量与同时工作的发射机数量关系

发射机数目	奇次阶产物数目					
	3	5	7	9	11	13
1	1	1	1	1	1	1
2	6	10	14	18	22	26
3	19	51	99	163	243	339
4	44	180	476	996	1804	2964
5	85	501	1765	4645	10165	19605
6	146	1182	5418	17718	46530	104910
7	231	2471	14407	57799	180775	474215
8	344	4712	34232	166344	614680	1866280
9	489	8361	74313	432073	1871845	6539625
10	670	14002	149830	1030490	5188590	20758530

如此巨大数量的互调分量使舰船电磁环境更加恶化。船壳互调干扰可能严重影响舰船通信,应给予重视。由于引发船壳互调干扰的根源在于金属连接点发生锈蚀,因此在使用阶段保持金属连接点的良好搭接非常重要。

10.1.2　电磁兼容性维修概念

使用阶段的电磁兼容性工作通常是与电磁兼容性故障相联系的。电磁兼容性故障是指由于电磁干扰或敏感性原因,使系统或相关的分系统及设备失效。它可导致系统损坏、人员受伤、性能降低或系统有效性发生不允许的永久性降低。根据实践经验,不仅要关注研制阶段的电磁兼容性论证设计,同样要关注使用阶段的电磁兼容性维护与修理。

相关标准对"维修"定义为:为使装备保持、恢复或改善规定技术状态所进行的全部活动。相应地,本章所说的"电磁兼容性维修"是指:为使保持、恢复或改善规定的电磁兼容性能所进行的全部活动。电磁兼容性维修的主要目的:一是通过对电磁兼容性故障的诊断和修理,恢复或改善规定的电磁兼容性能;二是通过维护保养消除电磁兼容性故障隐患,保持规定的电磁兼容性能。根据定义,电磁兼容性维修由电磁兼容性修理、维护保养组成。按不同维修要求,电磁兼容性维修还可分为预防性维修、修复性维修和改进性维修。电磁兼容性维修的实施时机通常结合计划修理、临时修理、预防性检修完成。

10.2　电磁兼容性故障诊断

当出现电磁兼容性故障时,必须进行故障诊断和排除。通过故障诊断,明确电磁干扰源、耦合途径及被干扰的设备或系统,在查明原因的基础上采取措施进行维修,从而抑制干扰或排除故障。同时通过维修,将有助于预防和消除潜在电磁兼容性故障发生,达到防患于未然的目的。

本节对电磁兼容性故障形成的原因进行归纳分析,介绍常用的故障诊断方法,以便在修理及日常维护保养中及时发现问题、采取措施,以避免或排除电磁兼容性故障。

10.2.1　故障原因分析

根据经验和测试调查的结果分析,故障产生的原因一般可分为以下几种,如图10-1所示。

1. 设计制造缺陷

电磁兼容性设计是实现装备电磁兼容的前提和基础。由于平台上设备的高密

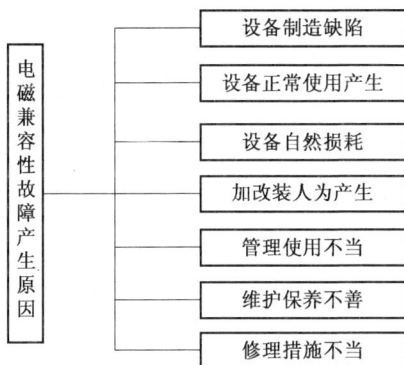

图 10-1　电磁兼容性故障产生原因

集度布置、电磁环境复杂等客观因素,设计可以解决大部分干扰问题,但也会有些遗留问题。例如在有限的空间中,短波天线的隔离度无法满足使用要求,当收发频率间隔过小时,会引起接收机阻塞或过载。

2. 设备正常使用产生

发射设备在使用过程中,其对外辐射的电磁波必然会对平台上其他电子设备产生影响。同一舱室的电子设备也存在着互相影响。由同一配电箱供电中的设备启、停会对电网产生一定的波动,尤其当功率较大时,更易产生电磁干扰。

3. 设备自然损耗

发射设备中的放大部件,随着使用时间的增加,其特性会有一些变化,杂波成分增加,谐波抑制性能下降,这样就可能干扰其他一些用频设备。

如装备常年处于潮湿、盐雾环境中,随着时间的推移,设备被腐蚀,导致抗干扰能力下降。例如设备的接地装置,在安装初期是紧固的,性能完好,但由于平台运动时的振动及环境潮湿、盐雾的影响,经过一定时间后接地装置的性能往往会逐渐下降,导致接地不良,使设备抗干扰能力下降。

4. 加改装人为产生

人为产生的电磁干扰往往发生在平台的加改装过程中。一些平台为了执行任务不得不进行一些设备的加改装,而往往这些加改装工作未对平台及设备的电磁兼容性做过深入的分析研究,因而容易形成人为的电磁干扰。

5. 管理使用不当

电磁兼容性使用管理手段是实现兼容性的有效手段之一。根据装备的特点,应在总结使用经验的基础上,建立使用管理要求。但是由于没有适时制定和执行电磁兼容性使用管理程序,造成同一平台上设备使用不当而造成相互影响。

6. 维护保养不善

在恶劣环境下,露天区域很容易出现金属的腐蚀现象,如处理不及时,会产生非线性效应,影响到接收机的正常接收。在使用过程中,平台运动振动会引起接地螺栓松动,将造成接地不良,如果缺乏保养维护,导致接地电阻偏大而失去作用。

对于屏蔽舱室,其屏蔽门、窗在使用中受到环境的影响,金属屏蔽条出现氧化,屏蔽效能就会明显下降,为持续性地保持屏蔽性能,必须定期对屏蔽材料和构件进行维护保养。

7. 修理措施不当

在实际使用中,由于疏忽或意外常常造成装备产生电磁兼容性问题。这类问题主要发生在维护修理中,例如维修雷达的过程中,由于疏忽,波导管没有拧紧,导致波导管的电磁泄漏,可能对其他设备造成干扰。

10.2.2 电磁兼容性故障诊断方法及应用

电磁兼容性故障一般发生于某个设备或系统;电磁干扰源可能是单一的,也可能是综合的;电磁干扰传输耦合途径可能是传导耦合,也可能是感应和辐射耦合,或两者兼而有之。电磁兼容性故障诊断离不开对电磁干扰现象的综合分析与调查研究。由于电磁兼容性与电磁环境密切相关,电磁环境分布的复杂性,使得电磁兼容性故障诊断同样具有复杂性。而试验直观准确,是电磁兼容性故障诊断的基本手段。

常用的故障诊断方法主要有以下几种。

1. 干扰三要素假设诊断法

根据对电磁干扰现象的研究分析和判断,提出电磁干扰源、耦合途径、电磁干扰接收器(简称电磁干扰三要素)假设,对其进行诊断。

例如,某船在一次恶劣气象夜航中,发现6部高频气象接收机电传机乱打、气象报文被完全破坏。分析认为只有宽频带干扰才有可能使工作在6个不同频率上的高频气象接收机同时受到阻塞干扰,提出甲板上可能有宽频带强辐射干扰源的假设。

根据假设到甲板上进行检查,很快发现摇摆中的船体左倾时,烟囱根部左侧有闪光,并发现该闪光是未关闭的水密门在船体左倾时,水密门向左晃动过程中同旁边的金属通气管碰撞瞬间产生的。用场强仪测量,闪光瞬间电场强度在160V/m以上,干扰频谱分布在整个高频频段。

经查得知,在此期间本船正在调试大功率高频发射机,未关闭的水密门也未接地,因而接收强感应电压,在与通气管(接舰体)碰撞瞬间,对地放电产生明亮的电火花闪光。该电火花产生的宽频带强辐射干扰,被高频气象接收机的接收天线接收,造成接收机阻塞,从而使气象报文抄收完全被破坏。

将水密门用满足电磁兼容性要求的接地装置接地,大功率高频发射机再次发射时,水密门碰撞通气管瞬间不再产生电火花,6部电传机恢复正常,气象报文抄收无误。

2. 相关普查诊断法

利用电磁干扰源与接收器之间的相关性,对电磁干扰源进行普遍检查和诊断。

例如,某平台为提高超短波电台对空、对岸通信距离,在盘锥天线根部新加装一个宽带放大器,其最大能承受的输入射频功率为100mW。出航后不久发现该放大器失去工作能力。

通过检查各部门工作记录,发现该平台导航雷达开机工作的时恰好是宽带放大器失去工作能力的时间,因而怀疑是被雷达烧坏。返航后打开导航雷达检查,用微波功率计测量盘锥天线根部耦合的雷达信号为240mW,远大于宽带放大器允许的输入范围,证实该放大器被雷达信号烧毁。

将宽带放大器的输入承受功率提高至大于雷达信号功率,避免了上述现象发生。如果增大盘锥天线与雷达天线之间距离,增大天线隔离度,减小盘锥天线上的感应功率,也能解决上述问题。

3. 替代诊断法

用相类似的系统、设备、电缆、组件插件、元器件等替代被怀疑的诊断对象,以确定电磁干扰源、传输耦合途径和接受器;或者用相类似的电磁干扰源、传输耦合途径、接受器和电磁环境替代,使电磁干扰现象再现、变化或消失,以获得诊断结论。例如,用工作稳定可靠的老设备老产品代替新设备新产品,用敏感度低的代替敏感度高的,用不产生辐射的假天线或吸收负载代替天线等。

例如,某平台在一次训练中,100W短波电台出现严重的杂声干扰,影响了正常的通信联络。采取用同型号的另一台100W短波电台替换,发现仍出现严重的杂声干扰。通过试验初步判断干扰是外界干扰源造成。后经确认是训练过程中,友部的一部短波电台工作对其造成的影响。

4. 依次排除(确认)诊断法

采用分区停(通)电法,依次排除(确认)电磁干扰现象,从而作出诊断结论。

例如,某电子计算机系统尽管对其中所有设备均进行了加固处理,但辐射干扰仍严重超标。采用依次排除法进行诊断,通过依次通断显示器、打印机、软盘驱动器、键盘、通信控制模块、图像显示模块等,找到了干扰源。低频干扰主要是由显示器行频及其谐波产生,中频干扰主要是由计算机主机与打印机的连接电缆和计算机主机与图像显示模拟连接电缆产生。随后用频谱分析仪和近场探头做进一步诊断。确认显示器导电玻璃与机壳之间、计算机主机与打印机连接电缆、计算机主机与图像显示模块连接电缆、图像显示模块后面板与机壳之间电磁波泄漏较大,是造成系统辐射超标的主要原因。经更换导电玻璃,改善其与机壳间的搭接,连接电缆增加屏蔽和滤波措施后,辐射干扰问题得到圆满解决。

5. 仪器仪表诊断法

借助仪器仪表对电磁干扰进行诊断。电磁干扰诊断既可采用频谱分析仪,也可采用测量接收机、场强计、电压表、功率计、示波器等测量仪器。

频谱分析仪的特点是能对信号进行频谱分析,在很宽的频率范围内显示出信号幅度-频率分布。同时它是宽带测量设备,能对分布在很宽频率范围内的许多干扰信号同时进行测量。这一特点非常适用于电磁干扰诊断,因为电磁干扰的频谱很宽,且经常具有瞬变特性和随机性。现代频谱分析仪具有可编程序测量功能和记忆功能,很大程度上方便了复杂系统的电磁干扰诊断。下面介绍采用频谱分析仪分析查寻干扰源的方法。

1) 根据干扰信号的频率确定干扰源

在解决电磁干扰问题时,最重要的是判断干扰的来源,只有准确将干扰源定位后,才能够提出解决干扰的措施。根据信号的频率来确定干扰源是最简单的方法,因为在信号的所有特征中,频率特征是最稳定的。因此,只要知道了干扰信号的频率,就能够推测出产生干扰的设备。

对于电磁干扰信号,由于其幅度往往远小于正常工作信号,因此用示波器很难测量到干扰信号的频率。特别是当较小的干扰信号叠加在较大的工作信号上时,示波器无法与干扰信号同步,因此不可能得到准确的干扰信号频率,因此用频谱分析仪进行干扰信号测量。由于频谱分析仪的中频带宽较窄,能够将与干扰信号频率不同的信号滤除掉,精确地测量出干扰信号频率,从而判断产生干扰信号的电路。

2) 根据干扰信号的带宽确定干扰源

判断干扰信号的带宽也是判断干扰源的有效方法。例如,在一个宽带源的发射中存在一个单个高强度信号,如果能够判断这个高强度信号是窄带信号,则它不可能是从宽带发射源产生的。干扰源可能是电源中的振荡器,或工作不稳定的电路,或谐振电路。当用频谱仪测量时,如在频带中只有一根谱线,就可以断定这个信号是窄带信号。根据傅里叶变换,单根的谱线所对应的信号是周期信号。因此,当遇到单根谱线时,可将注意力集中到电路中的周期信号电路上以便查寻。

3) 利用近场探头查寻辐射干扰源

近场探头是一种简便且实用的辐射干扰接收天线,通过和频谱分析仪或测量接收机配合使用,对干扰源进行搜寻,从而查找出干扰源的部位。

10.3 电磁兼容性维修技术

10.3.1 电磁兼容性维修内容

从与电磁兼容性关联程度划分,维修中与电磁兼容性有关的对象主要有3类:一是采取滤波、搭接接地、屏蔽等电磁兼容性技术措施的设施、设备,如露天区设施、电子设备等;二是对平台电磁兼容性有直接影响的设备,如接地系统、天线系统等;三是滤波器、金属挡板、吸波材料等电磁兼容性专用装置。

从工程角度,电磁兼容性维修包括平台总体电磁兼容性修理、装载设备修理、维护保养。电磁兼容性维修对象、具体内容及维修要求见表10-2,表中"A"表示适用。

表 10-2   电磁兼容性维修对象、内容及维修要求

项目	对　　　象	内　　容	维修要求		
			预防性维修	修复性维修	改进性维修
总体电磁兼容性修理	露天区或外部设施、接地系统、屏蔽舱室等	电磁兼容性故障诊断及措施实施;电磁兼容性技术措施修复	A	A	
装载设备电磁兼容性修理	天线、电气设备、电子设备等	电磁兼容性技术措施修复	A	A	
		电磁兼容性故障诊断,采取措施		A	
		电磁兼容性技术改造			A
电磁兼容性维护保养	露天区或外部设施、天线、接地系统、电气设备、屏蔽舱室、电子设备等	日常维护及修理中进行电磁兼容性维护保养	A		

预防性维修是为降低装备发生电磁兼容性故障的概率或延缓功能退化,按预定的时间间隔或规定的准则进行的维修活动。主要有使用检查、功能检测、状态监控、维护和定时拆修等。

修复性维修是指电磁兼容性故障发生后,使装备恢复规定技术状态所进行的维修活动。其主要内容有故障的诊断、定位、隔离以及分解、更换、修复加工、再装、调准和验证等。

改进性维修是指在维修过程中,经核准对装备做局部技术改进,提高装备电磁兼容性能的维修活动,主要有采用新技术、局部改变构造、更新材料和改进工艺等。

10.3.2 电磁兼容性维修程序

修理时,先判断是否存在电磁兼容性故障。若存在故障,进行电磁兼容性故障诊断和原因分析,根据分析结果,确定电磁兼容性维修对象,采取相应措施,解决电磁兼容性问题。实施修理时,可结合修理类别,进行电磁兼容性维护保养,保持电磁兼容性技术状态。具体方法和步骤见图 10-2。

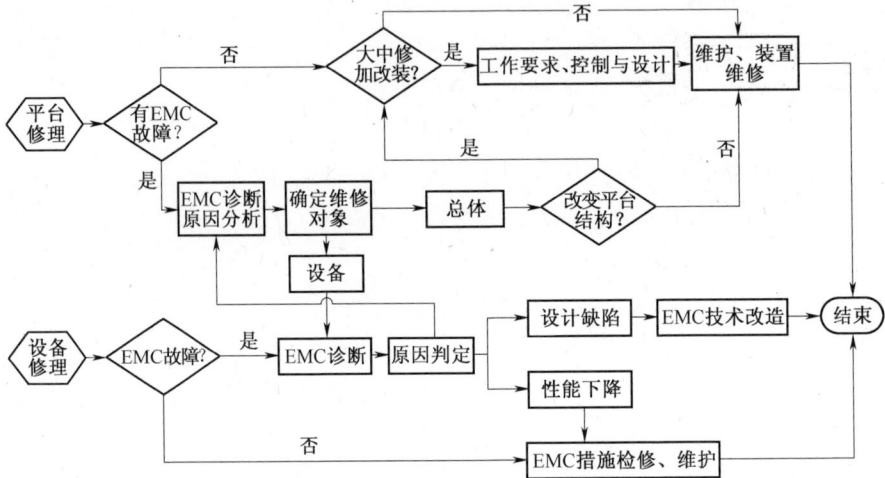

图 10-2　电磁兼容性维修流程图

（1）设备发生故障后,首先判断是否属于电磁兼容性故障。例如,在设备进行调试或测试时,各项性能技术指标均达标,但是在实际工作电磁环境中,则发生故障或功能失常。如果出现上述现象,就必须考虑可能属于电磁兼容性故障。

（2）若属于电磁兼容性故障,则选用前面阐述的电磁兼容性故障诊断方法进行故障诊断,确定故障的位置。

（3）明确了故障发生的位置后,需要对故障产生的原因进行分析,查找设备电磁兼容性的薄弱环节,以便有针对性地进行维修,使设备恢复正常功能。首先应了解原设计中采用的电磁兼容性技术措施,然后检查其是否受到损伤或发生自然磨损或老化、设计是否存在缺陷等。常用电磁兼容性技术措施有正确选择元器件、屏蔽设计和应用,滤波器应用、接地和搭接等。因此,检查时也要注意上述几个方面。

（4）如果是由于电磁兼容性能下降引起的故障,则应对电磁兼容性技术措施进行检修和维护。消除影响电磁兼容性技术措施有效性的因素,例如污迹、腐蚀、氧化等。如果电磁兼容性故障是由于设计存在缺陷造成的,在条件允许的情况下,也可采取上述措施对装载设备进行电磁兼容性技术改造,改进和提高电磁兼容性。

（5）如不属于电磁兼容性故障,则在功能维修中,应注意保护原设计中采用的

300

电磁兼容性技术措施,以避免由于维修产生的电磁兼容性故障。

大中修或改装时,对于平台结构及布置还应提出工作要求,开展电磁兼容性设计,进行可行性论证、方案论证、改装设计、工程实施、改装试验。电磁兼容性设计包括设备、天线选型与布置,电缆布置设计,接地设计,电网防干扰设计,施工工艺设计等内容,可参考第6章有关内容。

10.3.3 电磁兼容性维修方法及实施

搭接接地、滤波、屏蔽通常是平台及其装载设备普遍采用的电磁干扰抑制措施,是电磁兼容性维修的重要内容。此外,平台有些设施(如天线、吸波材料)与电磁兼容性密切相关,也是维修的重要内容。设备维修过程中,经常碰到模块的分解及安装、元件的更换和替代等行为,有可能改变设备原有电磁兼容性技术状态,也是电磁兼容性维修需要关注的对象。

1. 接地及搭接

1) 接地系统

接地技术是解决电磁干扰的有效途径。根据接地的目的和作用,设备接地一般分为安全地和信号地。

信号地为设备稳定可靠地工作而建立的一个参考电平(接地参考平面,也称为工作接地),通常需要设置信号地系统。接地系统由被视为"大地"的金属结构、主接地缆、分支接地缆组成。与平台焊接在一起的金属结构可视为大地。通过点焊、铆接或跨接线与这些金属结构或平台连接,且点焊接点、铆接点或跨接点间隔足够大的金属体也可视为大地。主接地缆在电气上只有一点与被视为"大地"的金属结构连接,其余部分与平台金属结构体在电气上均绝缘。分支接地缆一端与主接地缆连接,另一端延伸至相关舱室或相关部位与设备信号地或信号地与机壳安全地公共点连接,其余部分与平台金属结构体在电气上均绝缘。

安全接地将设备外壳金属件与船体相连,为故障电流进入船体提供一个低阻抗的泄漏通道。机壳安全地可以与信号地分开,也可以与信号地共用。如果机壳安全地与信号地分开,机壳地常常就近接到"大地"上,信号地接到分支接地缆上。

根据信号地与安全地直接搭接与否,接地一般有两种形式(图10-3):一是信号地引至机壳外表面的连接点,并与机壳安全地单点相连;二是信号地引至壳体外表面的连接点,在电气上与机壳安全地绝缘。相同地电位的两个以上的且又相邻的设备,其信号地仅通过一个公共点与分支接地缆连接。图10-4所示为多个相邻设备壳体的接地系统。

对接地系统进行清洁维护,清除接触面的污渍和腐蚀、锈蚀。用毫欧计对接地系统进行接地电阻测量,若不满足要求,则应重新焊接或更换。应注意尽量采用原

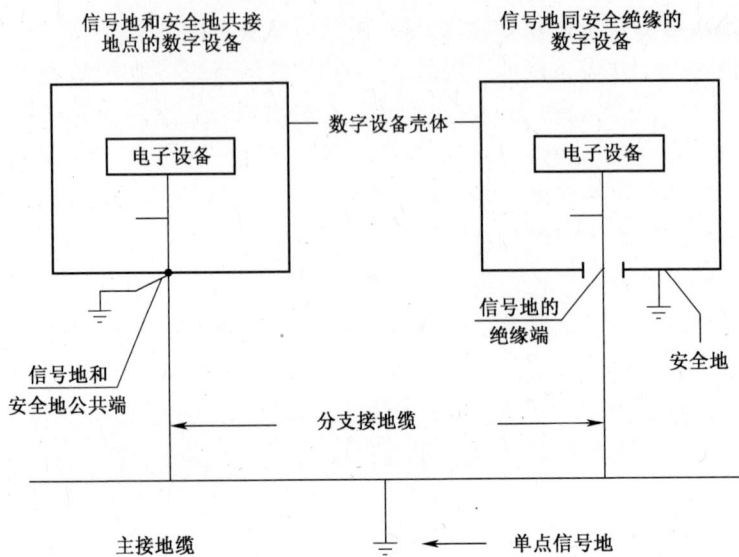

图 10-3 含数字计算机系统的接地系统的基本形式

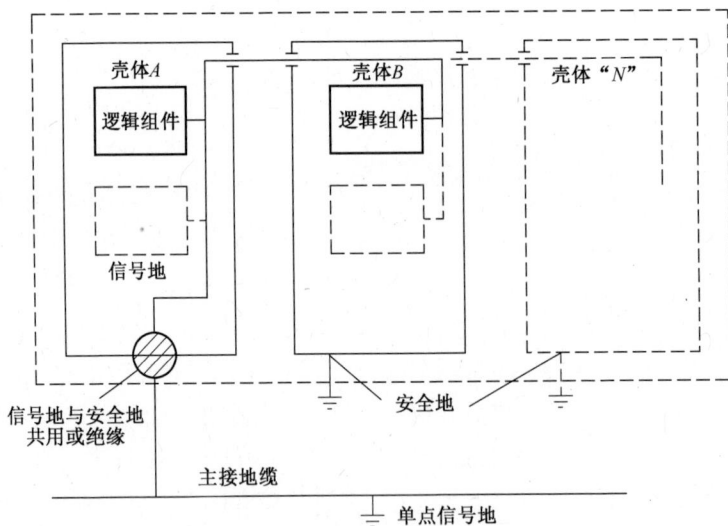

图 10-4 多个相邻设备的接地系统

使用工艺和材料、位置,主接地缆、分支接地缆、短缆等连接要确保电气连接良好。大面积金属体在挖补、割换、焊补时,注意一定要保证连续接触,搭接良好可靠,尽量使用整体,少采用多块分体焊接组合,以使地具有较低的阻抗。维修时尽量不要改变设备的接地位置,汇流排要保持原物理特性,必要时可增加汇流排宽度、厚度,加粗接地线,使用电导率更高的材料。

设备地对设备抗干扰起着非常重要的作用。维修时,需检查设备接地情况,消除锈蚀或油污。了解设备接地采用的方式,并注意保持原接地方式,尽量不要改变接地方式、工艺和材料。对于采用螺栓、螺钉固定的接地,以及采用接触弹簧和其他紧压接触的活动接地,应清除接触面的污渍和腐蚀,保证接触面光滑紧密接触可靠。更换严重锈蚀或损坏的接地线和跨接线。对出现断裂、变形、虚焊等现象的接地线和跨接线进行更换或者焊接。

2)搭接

接地的工艺主要依靠搭接。搭接接地性能直接影响电磁兼容性,如前面所述船体金属连接点腐蚀将产生"锈蚀螺栓效应",引发新的干扰,因此保持良好搭接非常重要。

(1)搭接方式。搭接有直接搭接和间接搭接两种。

直接搭接是在互连的元件之间不用辅助导体而直接建立一条有效的电气通路,实现方法有熔焊、硬钎焊、软钎焊,也可用螺栓、铆钉或夹箍在配接表面间保持高压力来获得电气上的连续性。两金属表面通过熔焊或铜焊的方法实现的刚性搭接也称 A 类搭接。

间接搭接一般通过辅助导体实现,又分为 B、C 类搭接。B 类搭接是设备壳体、基座或机柜和地电位面之间的螺接。C 类搭接指两金属表面使用金属搭接条进行跨接的连接。B、C 类搭接时,如两连接面之一或两连接面为可拆式,一般采用可拆式连接。一般情况下,优先采用直接搭接。但在某些情况下,由于操作要求或者设备的位置关系,往往不能进行直接搭接,必须引入辅助导体作为搭接条或搭接片,如设备机壳、金属体与平台之间通过搭接实现接地。

(2)搭接条。对不能使用 A 类、B 类搭接的设备或场合应使用Ⅰ型搭接条,由端部搭接片和跨接线组成,长度应根据搭接要求选择,通常使搭接条的长度尽可能短。在特定的条件下,搭接条可以稍为加长,如救生网搭接条,攀登安全轨道上的搭接条等。每根搭接条装配完后,跨接线护套与搭接片之间使用热收缩套管密封。

对构件或不能使用Ⅰ型搭接条进行永久性安装的设备应使用Ⅱ型搭接条。Ⅱ型搭接条与Ⅰ型搭接条的制造要求相同,不同的是搭接条一端为安装孔的搭接片,其孔径应满足安装要求。对产生电磁干扰的设备和构件,如天线调谐器或耦合器、设备、机壳、机柜等都使用Ⅲ型搭接条。Ⅲ型搭接条用镀锡的平铜片制成,长宽比不大于 5,加工成标准长度。Ⅲ型搭接条两端都应提供安装孔,其孔径应据安装螺栓直径确定。对需隔声减震的设备的搭接,一般采用Ⅳ型搭接条。Ⅳ型搭接条由铜丝编织带和端头铜片组成。

连接处、跨接线应经常进行清洁保养,检查有无出现锈蚀现象,严重腐蚀时清除污物。采用同型原材料搭接条更换严重锈蚀或损坏的接地线和跨接线。根据材料结构按照有关工艺要求补焊或重新焊接。为了防止不同金属构件在潮湿环境中直接接触引起的腐蚀,应注意防腐蚀措施,遵照原材料和原工艺,进行防腐、防锈等处理,必须替换材料时采用电化序相近的材料。

对于活动接地装置,检查接触弹簧、接触电刷和其他紧压、接触件,确保接触面光滑有金属光泽,接触面无锈蚀、无油污并接触可靠,接触电阻满足技术要求;检查导电刷应完整无损,导电构件无锈蚀;确保压紧弹簧片与滑环间活动连接,使接触紧密可靠。避免因平台摇摆振动使接触面时紧时松,导致搭接通路时通时断现象出现;清除活动接触面上灰尘、油污、盐分等,保持导电性能良好。

对于波导管和金属管道,检查接地和搭接的接触情况,清除接触面的污渍和腐蚀,保证面光滑紧密接触可靠,确保与大地紧密良好接触,必要时检查搭接电阻的阻值变化情况。确保油孔附近的喷嘴接地点具有良好的电气连接,检查并保证密封加油装置良好;检查装卸口附近设置为装卸易燃挥发性油类的设备接地装置,并保证其接地性能满足要求。对于断裂、变形、虚焊等情况,重新进行更换或者焊接,确保接地和搭接的完整。对有故障的零部件进行修理时,对喷嘴外面的绝缘涂层进行检修或重新喷涂,避免在加注管和漏斗管之间的金属之间的电气接触,更换失效附件如法兰。施工过程中,除了对管子搭接与接地进行维护保养,还应注意不破坏其接地状态。更换管路时,应按照原工艺方法进行搭接与接地的处理。更换螺纹及法兰等附件时,附件材质、施工工艺尽量与原设计方法一致。露天区域电缆槽的安装方法见图 10-5。

维护敷设在刚性管内贯穿甲板或舱壁的露天电缆时,一般采用原工艺,例如在刚性管内壁与电缆屏蔽层之间用填充铅砂、用接地螺母压紧,然后将端头密封。屏蔽电缆穿出电缆槽盖,其屏蔽层在端部,使用原型接地器实施周边连续接地;非屏蔽电缆的引出端采用原工艺原材料。连续屏蔽电缆的屏蔽层一般在接收端实现屏蔽层 360°接地,维护时注意采用原工艺原材料,见图 10-6。对于屏蔽要求不高、按照图 10-7 所示方法处理的情况,也要保持原工艺原材料。

2. 屏蔽

屏蔽通常是抑制辐射干扰的有效措施。对于舰船,甲板和舱壁提供了一定的屏蔽。对于露天区域,短波发射天线与发信机之间的馈线和所有接收天线馈线采用有效的屏蔽措施,以防馈线拾取辐射干扰。敷设在金属桅杆上的电缆一般穿入桅杆内或采用电缆罩,也可背向辐射源安装。对需要进行电磁脉冲防护的装备,露天区域内敷设的所有电缆可采用屏蔽管或电缆槽将电缆封装在内以提高屏蔽效果,电缆尽可能敷设在舰船结构内部或桅杆内部,图 10-5 给出了其安装的方法。对有屏蔽连续要求的电缆,保证其在接线盒(插座)、开关等处屏蔽连续。

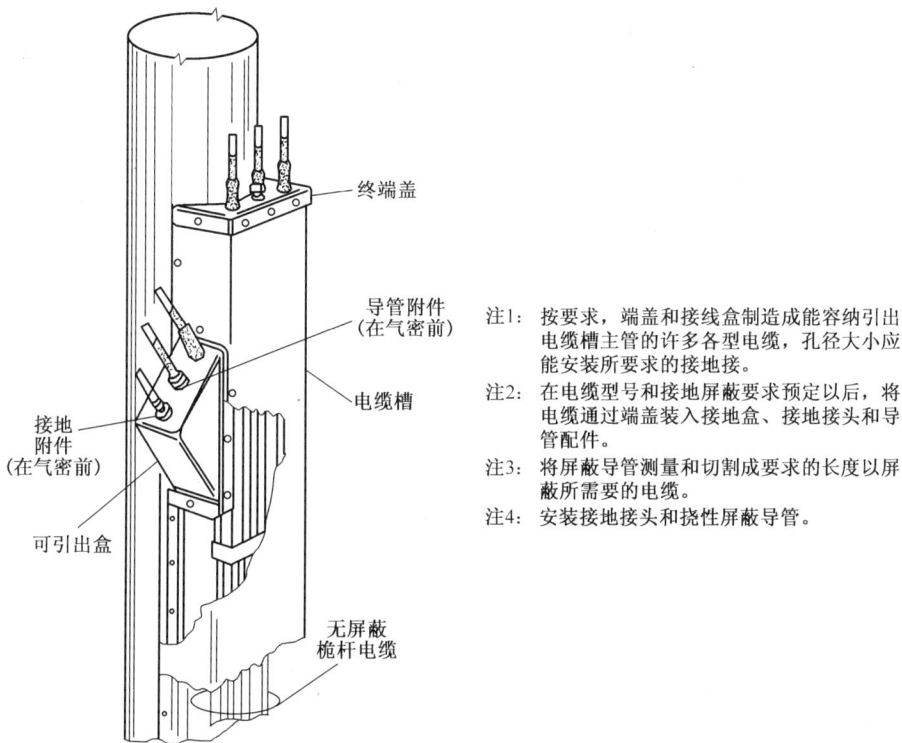

图 10-5　露天区域电缆槽的安装方法

标注：
终端盖

导管附件
(在气密前)

电缆槽

接地
附件
(在气密前)

可引出盒

无屏蔽
桅杆电缆

注1：按要求，端盖和接线盒制造成能容纳引出电缆槽主管的许多各型电缆，孔径大小应能安装所要求的接地接。
注2：在电缆型号和接地屏蔽要求预定以后，将电缆通过端盖装入接地盒、接地接头和导管配件。
注3：将屏蔽导管测量和切割成要求的长度以屏蔽所需要的电缆。
注4：安装接地接头和挠性屏蔽导管。

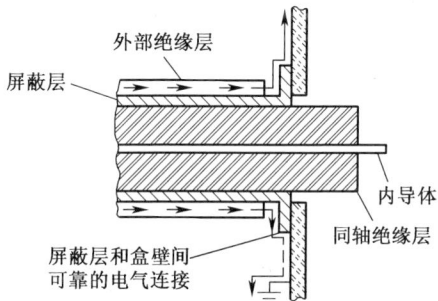

外部绝缘层

屏蔽层

屏蔽层和盒壁间
可靠的电气连接

内导体

同轴绝缘层

图 10-6　屏蔽电缆引入屏蔽盒的接地方法

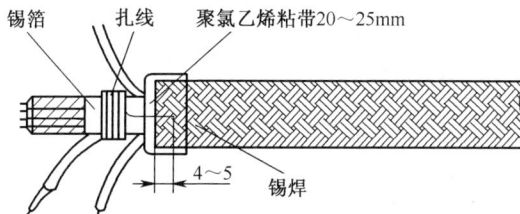

锡箔　扎线　聚氯乙烯粘带20～25mm

4～5　锡焊

图 10-7　电缆芯线屏蔽锡箔的接地

305

对于重要及敏感设备可安装在屏蔽舱室。屏蔽舱室应尽量避免无关金属管道、波导管及电缆进出。所有贯穿屏蔽舱室的电缆使用具有外屏蔽层的电缆或将具有绝缘外护套的电缆穿入金属电缆管中,在电缆贯穿处接地,接地点距舱壁一般小于150mm。所有金属舱壁、甲板和门应形成一个连续的导电面,在导电面上任何两点间的直流电阻不大于10mΩ。

衡量屏蔽效果的重要指标是屏蔽效能。因此,修理时应了解影响屏蔽效能的因素及其结构,严格按要求、程度、方法进行处理,主要有:屏蔽门、缝隙、通风口等。

1) 屏蔽门

屏蔽门的活动性强,缝隙多,对屏蔽性能影响最大,是影响屏蔽效能的关键因素,也是电磁屏蔽最薄弱的环节。

为了防止和减轻氧化,应清除插刀、簧片等接触面上的氧化物,保持清洁。将干净纱布蘸高效复活剂包在厚度适中的板件上轻轻来回擦拭簧片表面,不断更换纱布直至纱布上无黑色污渍为止;应保持插刀干净,不受破坏,排列整齐,角度对准;一般指形簧片是可拆卸的,若发现指形簧片变形或角度有偏差时,可取下加以调整,但应保持簧片层数不降低。对屏蔽连接处更换或加装密封垫圈(片),保证无空隙;面接触要进行清洁处理确保有金属光泽,不松动,无锈蚀,无油污;接地良好,搭接满足技术要求。屏蔽刀口用蘸高效复活剂的纱布反复擦拭,直至纱布上无黑色污渍为止。门框和门以及插刀之间有良好接触,如果严重变形或断裂,则应更换。修理屏蔽门时要满足工艺、结构等要求,零件尽量用备品。

2) 缝隙

维护保养时应进行清洁,查看焊缝有无出现锈蚀现象,出现腐蚀时清除污物,并做防锈处理。如焊接部位出现严重锈蚀,应重新焊接。接缝处出现锈蚀应予清理,出现缝隙要重新焊接。在螺栓连接处,应使用无锈蚀螺栓和螺母并拧紧,按有关要求进行良好搭接处理。检查其紧固件是否完好,锈蚀时予以更换并拧紧,数量不足要补足。

对于有屏蔽要求的设备机柜,门、面板与机柜的结合处,接头和缝隙处,经常使用导电衬垫。如雷达发射机柜,机柜门周边均采用了导电衬垫。导电衬垫是保持屏蔽连续性的方法之一,这是为减少电磁干扰而采取的一种非永久性措施。修理时要注意选择与原装备使用的电磁密封衬垫相同的产品进行更换。

3) 通风口

屏蔽舱室的通风口、窗,一方面必须满足通风量的要求,另一方面还必须满足屏蔽效能的要求。通风口常见结构有金属屏蔽网、金属穿孔板和截止波导等形式。

维护保养时,应进行清洁,清除污物。检查通风口结构四周有无松动,如松动应紧固,例如重新焊接或螺接。查看通风口结构是否完好无缺损,如金属发生大面

306

积腐蚀、金属穿孔板的孔形状出现变形、金属屏蔽网出现断裂、截止波导变形或蜂窝扭曲,应进行更换。对于截止波导,应注意使用与原截止波导形状、结构、材料等特点一致的波导进行更换。

修换安装前应对金属网、金属穿孔板与舱室或压环的接触表面进行清洗,将绝缘涂层、安装工艺中不需要的氧化层、油垢等除去直到看见金属光泽。安装好后,还应涂防腐剂。

所有通风口的屏蔽连接处查看是否需要更换或加装密封垫圈(片),以保证连接处无空隙;面接触要进行清洁处理确保有金属光泽,无锈蚀,无油污;接地良好,搭接满足技术要求。

3. 滤波

滤波技术是抑制传导干扰的主要手段。滤波的实质是滤除和抑制干扰频率分量,能够实现滤波功能的电路和器件称为滤波器。滤波器能够对某一个或几个频带内的电信号给以很小衰减,使这部分信号能顺利通过,对其他频带内的电信号则给以很大的衰减,从而尽可能阻止这部分信号通过。EMI 滤波器的原理是基于对 EMI 的反射和吸收耗散,主要侧重于对电磁干扰有效抑制,分为反射式滤波器和吸收式滤波器两种。从型式上电源 EMI 滤波器也可分为 T 型、π 型、L 型、C 型。

平台的供电电网常用 EMI 滤波器控制传导发射,同时也控制传导干扰耦合,进入屏蔽室的电源电缆也通常采用滤波器对电源进行滤波。滤波器通常安装在舱壁上。为了对露天区域的舷灯、航行灯、信号灯及照明灯等用电设备的电缆所引入电网的传导发射加以限制,可以在进入甲板处采用滤波器使其引入分配电箱处的传导发射符合要求。

滤波器检修方法主要有目视检查和测量检查。

目视检查时应不加电,观察滤波器外观、滤波器与电缆连接部位。一般查看外壳的锈蚀程度,检查滤波器连接线焊接处是否良好、有无松动、接线是否牢固,必要时进行固定接线或焊接。外壳可拆时可进行内部检查,并清洁内部电路。内部元器件存在损伤应更换,焊点脱落或虚焊应重新焊接。对于已到使用期限的滤波器,应给予更换。

测量检查指测量滤波器的性能,主要测量绝缘电阻、线间电容、插入损耗、漏电流等指标。如果性能低于规定的指标要求或降低较大,则需要更换滤波器。直流电网穿心电容滤波器测量其输入端子、输出端子与滤波器外壳之间的绝缘电阻,以及输入输出端子正负极之间的绝缘电阻;也可采用数字电容表,利用数字电桥串联滤波器测量滤波器输出端的线间电容。若是交流电源滤波器,则测量输入端子相线之间、输出端子相线之间、输入端子与滤波器外壳之间、输出端子与滤波器外壳之间的绝缘电阻;也可采用标准法测量插入损耗。历次测量数据应进行记录对比,判断指标下降程度和速度,以便于评估。

滤波器更换时,一般选择原型号或类型,在原安装位置,按要求进行安装,输入输出导线尽量远离。

4. 去耦

1)电缆修复

应按原类别和走向等要求敷设、修换电缆,安装新电缆时应按要求分类敷设,废弃电缆无法拆除时应用金属盖密封端口并将两端接地。

电缆敷设时,根据电缆传输信号的性质进行分类。通常电缆分类的方法和原则如下:

一类电缆包括电力电缆、照明电缆以及与电网有相关联系的控制电缆。该类电缆可成束敷设。400Hz 和电流大于 10A 的高频电源电缆宜使用多绞线敷设。

二类电缆为敏感电缆,包括数字信号电缆、各种传输与相位有关的信号电缆以及特殊专用电缆(电引爆武器控制电缆、线导鱼雷控制电缆等)。二类电缆可成束敷设,与一类电缆的间隔大于 50mm。如果二类电缆的芯线是对绞屏蔽线或三绞屏蔽线,可与第一类电缆紧靠敷设。特殊专用电缆(电引爆武器点火电缆、线导鱼雷控制电缆等)尽可能单独敷设,与其他电缆的间隔大于 150mm。

三类电缆为干扰电缆,包括视频电缆、同步信号电缆、标志电缆、放大器控制电缆和脉冲信号电缆(低功率)。三类电缆与第四、第五类电缆间隔 300mm 以上,与第一、第二类电缆间隔 150mm 以上。不同的视频信号和同步信号电缆不成束敷设,并与同类中的其他电缆保持 50mm 以上的间隔。

四类电缆为极敏感电缆,包括各类高灵敏接收信号电缆和非对称伺服放大器电缆。四类电缆可成束敷设,并应与其他各类电缆间隔 300mm 以上。低频低电平电缆一般穿金属管敷设。

五类电缆为强干扰电缆,包括各类大功率发射信号电缆(含通信、水声发射或收发合一的电缆)、调制脉冲电缆、脉冲发射信号电缆(大功率)和消磁电缆等。五类电缆与其他各类电缆至少间隔 300mm,各种无线电高功率射频电缆不能彼此成束,它们之间的间隔至少 300mm;相同高功率射频电缆也不能成束,它们之间的间隔至少 150mm。消磁电缆应尽可能靠近金属船体或舱壁,特别要注意尽量远离罗经设备及带有阴极射线管的显示设备。

2)隔离变压器

对于产生较大脉冲干扰和瞬间干扰的共电网设备,如雷达、声纳、转换接触装置、自动舵、自动加热器等,通常采用隔离变压器,利用其良好共模噪声抑制比隔离初级线圈到次级线圈的噪声,阻隔共电网电源传导干扰耦合到其他装备,消除电源电网波动对电路的干扰。

维护保养时,更换寿命期到期或性能不满足要求的隔离变压器,以消除故障隐患。用酒精对绕组的周围特别是线头以及易积灰、积污的两端进行清洁。对隔离变压器的搭接条进行维护清洁,消除断裂、虚焊等现象,更换锈蚀严重的搭接条。结合使用状态检测记录,根据铁芯声音的异常判断故障。接上电源后正常声音为均匀的"嗡嗡"声,当有其他的杂音就应查找故障原因。如声音较大且有"嗡嗡"声,但无杂音,负荷巨变时呈"咯咯"的声音,可考虑是过电压或过电流引起的。"叮叮哨哨"的声音一般由夹紧铁芯的螺栓松动引起。如果铁芯出现局部过热,应检查铁芯硅钢片的绝缘性能。

拆修时,隔离变压器就地拆检,并进行清洁。接线柱、保护外壳、接地装置损坏时,应予修换。检测变压器的冷态绝缘电阻和热态绝缘电阻,低于规定值时,应提高绝缘性能。必要时全面拆检,壳体除锈烤漆。如果隔离变压器的绕组与绕组间、绕组与机壳间的冷态绝缘电阻低于规定值,且无法提高,或绕组断路、短路、接地、击穿无法修复时,应进行更换。对于结构上不可拆修的隔离变压器,如损坏严重、影响使用时也应予换新。换新时应真空浸漆。换新后,隔离变压器的绕组与绕组间、绕组与机壳间应进行绝缘介质强度试验,应无击穿或闪络现象。检查隔离变压器在持续额定工况运行中的铁芯及结构零部件表面的温升,若超过规定时,予以修换。

5. 设备维修的其他要求

1）元器件选择

由于器件更新较快,设备修理中可能已无法采购到原有型号及批次的元器件,通常只能采用替代的方法。采用替代时,不但要考虑元器件物理尺寸和功能参数,还必须根据长期使用要求、工作环境,以及其他因素来选用合适的类型。在考虑元器件所要求的工作环境、额定功率范围和允许偏差范围等基础上,选择稳定性较好、频率范围合适、参数范围合适的元器件进行替代,并在电路上、结构上进行综合考虑。

由于干扰抑制电路与电路承担的功能大多无关,修理时往往注重功能电路的修复,而忽视干扰抑制电路的保持或修复,甚至任由其元器件缺失,这是应当避免的。

2）工艺要求

（1）焊接工艺。修理时,焊接工艺可参照设备的原样进行。对更换的元件引脚应尽量短,去耦电容引脚尽量短。电缆头的制作焊点要光滑,防止虚焊及毛刺的产生。

（2）飞线要求。在设备修理中,由于产生故障的模式不同,有的故障可能会烧断印制线路板的铜箔线条,必须通过飞线来完成信号或电源线路的畅通。

在高频电路中应避免用外接跨线连接。如果应急修理需采用的话，其外跨接线应按原铜箔线走向，并将跨线固定。跨线最好与信号线垂直或斜交，避免相互平行走线，以减少导线的寄生耦合。不允许随意变动设备内部引线的位置，尤其是高频电路部分引线的位置，它直接影响到其高频部分的分布参数和性能参数，从而影响设备的性能。

军械电爆管发火电路导线更换时应用尽量短的导线，并做成扭绞屏蔽形式，同其他导线互相垂直，且良好隔离。

（3）波导。高频微波信号传输为减少损耗均采用波导进行传输，在装备安装时要对波导的信号传输特性进行驻波系数和反射系数的检测。只有满足装备要求，波导的安装和波导的质量才是合格的。

修理时，检查波导管法兰，发现有锈蚀的部位用砂纸打磨处理，进行维护。拆卸重新安装波导时需注意：波导的平面要光滑，加上密封圈，波导的一个平面与另一波导的扼流圈共面。在固定时要使用力矩扳手。螺钉插入波导的深度影响并接导纳的大小和性质，应间隔一个依次拧紧，且不应随意减少螺钉数量。波导的连接处不应留有空隙，以防止微波信号向外泄漏，干扰其他装备的正常使用。波导管接地也应满足接地要求。

6. 重要设施

1）天线

维护保养时，清除天线周围表面和天线座接地线的油污，保持表面清洁；用砂纸将锈蚀的部位清理干净，重新刷漆；拧下天线头，用清洁剂将天线头清洗干净，保证天线接触点良好可靠；检查并消除天线和天线的馈线系统有无连接故障或者老化情况；清洁天线座，天线瓷葫上不能刷油漆，以免影响天线座的绝缘度。检查发射机工作时天线系统是否出现放电现象，若有放电现象应查明原因，例如是否因受潮引起等，并予以消除。对天线根部的屏蔽网或防护墙也应进行检修，消除腐蚀和锈蚀，必要时换新。

修理时，用兆欧表直接检测在射频电缆插座内外导体之间的绝缘电阻；用毫欧计测量天线座接地线与接地端子之间的直流电阻；用交流电压表和交流电流表测量天线的额定输入电压和输入电流值，计算整机功耗；将测试电缆的一端接天线，另一端接矢量网络分析仪，在工作频段内测量电压驻波比，也可用驻波比电桥配合标量网络分析仪进行测量。按照有关标准要求修换天线零部件。

天线修理时应满足原材质、施工工艺、电缆与天线的端接方式等要求。修理时严禁随意改变天线位置、安装方向、形状等，应保持原状。必要时，在经过评估确认不影响使用性能的前提下，可考虑采取滤波器、限幅器等措施抑制干扰，或在天线端天线馈点或高压绝缘子处设置安装端子防护装置对电磁脉冲进行防护。

对大功率发射天线进行检修,或在危害区域内进行修理时,特别要确保发射机不开高压,不发射,并处于严密控制之下,严防出现误发射的情况发生。

完成修理后,避免在天线周围放置电缆、堆积物和其他临时性金属物品。

2）天线罩

天线罩表面要经常清理,首先把天线罩外表面的浮尘擦掉,然后用指定清洁剂擦洗干净,并用无纺布擦去表面残留的清洁剂,自然晾干,防止渗入结构内部造成二次损伤。根据其性能下降程度决定是否继续延用。若达到或超过寿命期,应予以更换。

定期采用天线罩插入相移自动测量法对天线罩修补处电厚度进行检测。通过天线罩插入相移变化值评估罩壁电厚度,实施电厚度的修补。修补后重新检测天线罩电厚度,若过厚可采用砂纸打磨的办法进行矫正,以保证其与给定值保持在设定范围内。

外表面小面积掉漆时,首先要确定涂层破损的层数,根据破损的涂层的不同,分别选择维修材料,一般为相应的漆加入适当的固化剂和有机溶剂,如酒精。如果存在多层破损,要采取由内而外逐层修补的方法。进行外面涂层修理前,要将里面的涂层表面清理干净。在去除表面保护层特别是漆层时,只能打磨或者使用刮刀。修复天线罩喷涂防雨蚀抗静电涂层时,应首先检测涂层状态并测试涂层的表面电阻值。在防雨蚀涂层状态良好时,应根据工艺技术文件要求和实测的表面电阻值的差异,计算出所需喷涂漆层的道数,再进行精确施工,确保重新喷涂后的雷达罩涂层电性能达到要求。若防雨蚀涂层已大面积损伤,应严格按要求对其进行修补后再重新喷涂抗静电漆或返厂维修。修理过程中产生的粉尘和碎屑,可以先用真空吸尘器去除,再用无纺布沾少量清洁剂清洁。

密封圈老化、达到其规定寿命或因外力原因断裂时,要进行更换。如出现脱落,需进行粘贴。用白布或脱脂棉蘸酒精对密封圈进行清洗,然后在密封圈上均匀地涂抹防老化胶。用砂纸打磨、清洁密封槽,直至露出玻璃纤维,并将胶液均匀地涂在密封槽内。将密封圈压入密封槽内,室温固化一段时间后即可正常使用。

3）吸波材料

经常采用吸波材料抑制电磁波的反射,以消减二次辐射,控制非线性效应,减少电磁干扰和电磁辐射的危害。一般吸波材料涂覆于天线附近的金属体以及较高的金属设施上,例如桅杆、雷达干扰球形天线罩顶部的电磁波防护吸收屏。

维护保养时,用轻软的刷子或棉布轻轻擦去吸收电磁波材料上的污物;涂层表面不能用腐蚀性溶剂进行擦拭;避免油污,尽量避免阳光照射表面;不能用硬物直接接触表面涂层。经常检查涂层是否出现粉化、翘曲、起泡、龟裂、裂缝、损伤、划伤,被刮擦、脱落等。具备条件时可采用超声波测厚仪、雷达波反射率测试仪判断吸波涂料性能是否满足设计技术要求。定期喷涂面漆,保持防护层良好,避免介质腐蚀。

修理时,根据失效面积采取不同级别的维修。对失效吸波涂层总面积较小(如小于 $0.1m^2$),采用铲子等工具将失效部位清理干净,刮涂吸波腻子、刷涂快速固化吸波材料和粘吸波贴片材料等方法快速恢复部分吸波性能。对于失效吸波涂层总面积较大(如 $0.1\sim5m^2$),采用气动打磨机、抛光机等专用的涂层清除工具清除受损涂层,并对受损吸波涂层进行扩大边沿处理,采用喷涂和刷涂吸波涂料相结合的方式修复失效部位;对局部留挂等不平整部位用吸波腻子修补。采用便携式附着力仪、便携式雷达波反射率测试仪等现场检验修复涂层的附着力和雷达波反射率。若失效吸波涂层总面积很大(如大于 $5m^2$),一般返厂维修,采用脱漆剂、喷砂、打磨、抛丸等方法清除吸波涂层,并按吸波涂层的施工工艺重新涂装,采用室内紧缩场或外场等进行吸波性能测试验收。修理采用的吸波材料和粘吸波贴片材料,其电气性能应满足原吸波涂层的指标要求。

4) 标志

修理时,所有标志根据其性能下降程度决定是否继续延用。若出现损伤、断裂、达到或超过寿命期等应进行修补或更换。对于涂漆的标志,如警示标志、区域标志(如射频辐射危害警示标志、警戒线)等,检查标志与背景油漆是否清晰醒目,如出现断续处或存在污迹,则进行清理后进行修补或重新上漆。对于移动式标志(例如警示标志、人员屏障等),检查摆放位置是否正确,并安装在正确合适位置,数量不够时予以补充。固定式标志(如天线周围的永久栅栏)如果安装出现松动,应重新进行固定。

要注意材质与原来一致,坚固耐用、遇水不变形、不宜变质或易燃;有触电危险处应注意是否为绝缘材料;是否为发光材料,等等。应保证标志清楚明显、无毛刺、孔洞和影响使用的任何疵病,具有高对比度,便于在预期操作的观测距离、振动、运动环境和照明条件下精确而迅速阅读。更换的固定标志牌保持尺寸不变,临时的标志牌尺寸可放大一倍。放置方式保持原方向、原位置,避免与其他标志混淆,也不能被其他物体覆盖或遮挡。如必须安装两块(含两块以上)标志的地方,应注意是否需要对称布置。标志避免安装在可移动的物体上,以免这些物体移动后,影响标志的指向和显示。

5) 金属挡板

工程上常用金属挡板阻挡电磁波,以保护重要区域免受电磁辐射的危害。因此,金属挡板的位置、形状对于防护效果有着重要影响。修理时,检查挡板是否在规定位置,数量不足应补充。检查挡板是否变形、断裂及其金属表面腐蚀程度等,根据实际情况进行更换或修补。如果固定式挡板出现接地不良,应按要求重新接地,清除焊接处出现的锈蚀、污迹等影响接地效果的因素。

10.3.4 电磁兼容性维修资源

为了开展电磁兼容性维修,需要相应资源提供保障,主要包括各类保障设施及电磁兼容性技术档案、电磁兼容性维修信息系统。

1. 保障设施

1）隔离变压器

设备修理中,许多设备共电网时,可采用隔离变压器,阻隔共电网其他装备电源传导干扰耦合到被修设备。

2）假负载

在微波通信、雷达、电子对抗等设备的修理中,对于发射部分的修理,应尽量使用假负载,以防止发射信号干扰其他设备,使其他设备修理处于一个良好的工作环境,不至于每一设备修理均要屏蔽室,同时防止信息泄漏。假负载视装备的发射功率而定。

3）屏蔽室

在通信、雷达等设备修理中,对于中高放的调整以及灵敏度测量,均要在屏蔽室内进行。屏蔽室由金属板组成,对电磁波起隔离作用,使测量不受外来噪声干扰。根据不同的频段需求,屏蔽室选用不同的屏蔽材料及结构。

4）微波暗室

天线性能测量及雷达通信装备的功能测量,包括通信、雷达、电子对抗装备的微波端修理及测量,需要在微波暗室内进行,以防止内、外界对装备微波前端的电磁干扰而引起的电路失真。微波暗室内部贴有吸波材料,其主要功能除了控制外来噪声干扰满足测量修理调试要求外,还能控制室内测量中所造成的反射问题。

5）防静电制品

在电子设备修理及备件生产中为实现静电危害的防护,达到静电敏感元件不受损伤,必须使用防静电制品,也称为 ESD 防护用品。主要有:①人体静电防护用品,主要有防静电的腕带、工作服、鞋袜等;必要时还需辅以防静电的帽、手套或指套、围裙、脚套等;②防静电地坪;③抗静电剂;④静电消除器;⑤防静电台垫;⑥电装材料等。

2. 电磁兼容性技术档案

建立电磁兼容性技术档案,对装备电磁兼容性信息收集整理,可以更详细地反映电磁兼容性状态,使维修人员在维修时能参考历史信息,通过对干扰现象的记录、统计分析,得出电磁兼容性问题的规律,便于采取相应措施,积累电磁干扰判定和排除的经验,缩短维修周期,提高装备的可使用性。

电磁兼容性技术档案的资料主要来源于使用过程中发生的电磁兼容性问题和解决方法,以及装备投入使用时,厂家提供的电磁兼容性原始数据。在使用过程中,对出现的电磁兼容性故障信息应进行记录与统计分析,包括电磁干扰故障性质、干扰对象、程度、诊断方法、处理结果和经验。

3. 电磁兼容性维修信息系统

电磁兼容性维修信息系统是保障和提高电磁兼容性维修能力和水平的重要手段和工具。它可以为开展电磁兼容性故障分析和评估提供历史数据;可以与维修现场建立数据联络,实现信息交流,实时了解相关信息。

1) 信息内容

开发电磁兼容性维修信息系统,首先必须分析电磁兼容性维修信息,根据各种类型的电磁兼容性维修,结合维修过程,提出对原始信息的需求。电磁兼容性维修信息内容包括以下方面:

(1) 平台总体电磁兼容性维修信息。包括总体维修过程中电磁兼容性方案论证、维修方案;维修设计要求、设计方法;维修施工工艺要求、方法;总体维修后试验信息,如接地和绝缘电阻、露天区域场强、天线端感应电压等。

(2) 装载设备电磁兼容性维修信息。包括设备维修过程中出现问题的时间、现象及状态;干扰源设备状态、位置、监测设备、监测设备位置;受扰设备信息:舱室位置、受干扰情况、干扰信号电平、干扰频率、干扰前后监测数据;解决的方法与实施内容;解决的效果;干扰问题的统计与归类;合理的建议与要求等。

(3) 电磁兼容性维护保养信息。包括保养的时间、对象、方法、工具、效果、检测仪器、时间间隔等。

(4) 电磁兼容性维修相关知识信息。包括电磁兼容性原理、电磁兼容性标准、干扰判断的方法、维修的基本措施、检测仪器的使用、测试方法等。

2) 系统设计

根据需求来决定电磁兼容性维修信息系统的功能、设计电磁兼容性维修信息系统的架构和运行模式。不同的需求,其功能和架构也不同。这里以一种系统架构为例介绍电磁兼容性维修信息系统设计方法。

(1) 系统模式。电磁兼容性维修的使用需求如下:在平台或现场,允许收集初始信息并对现场保障人员的电磁兼容性维修工作予以支持;在异地的管理部门和技术支持部门,允许汇总现场提交的信息,为各管理部门提供决策依据。

为此电磁兼容性维修信息系统可以采用浏览器/服务器模式。用户的请求先送到 Web 服务器,再由 Web 服务器送到数据库服务器,而 Web 服务器负责将处理结果格式化输出,反馈给客户。该结构模式用户界面是客户端的浏览器。

(2) 拓扑结构。根据系统模式,采用分布式的网络结构方式,包括局域网、基地局域网以及各种有关的通信设备。通过网络实现现场局域网与基地局域网互联。现场局域网由服务器和各部门的若干客户机通过交换机按星型或其他类型的以太网方式构建。平台断开与网络的连接后,可以独立运行电磁兼容维修信息系统。

平台内部各部门通过局域网进行信息交流,上级单位通过远程查询系统进行数据查询。

(3)功能模块。根据电磁兼容性维修的需求,信息系统的功能设计包括用户管理模块、信息录入模块、信息修改模块、流程指导模块、信息查询模块等,见图10-8。

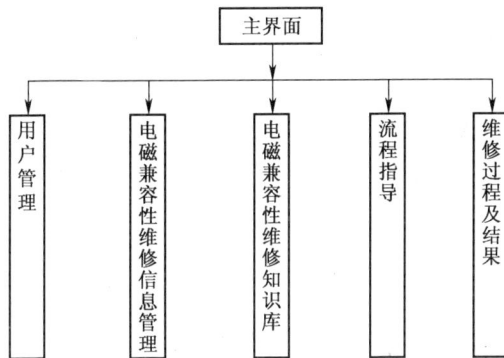

图 10-8 系统功能模块组成

电磁兼容性维修信息管理、流程指导是最主要的功能模块,实现信息添加、修改、查询等功能。流程指导提供维修指导、信息帮助、显示等功能。

3)信息数据库

电磁兼容性维修信息数据库作为电磁兼容性维修信息系统的重要组成部分,有着举足轻重的地位。

(1)数据库系统模式。若各平台维修时需要获取其他平台的维修经验和实例,建议数据库系统可采用分布式数据库系统模式,即数据库由综合数据库和各平台数据库组成。综合数据库包含所有平台数据库的内容。平台对本地数据库进行更新操作(包括插入、删除、修改),并根据授权查询其他平台的数据内容。如维修现场不具备连接网络条件,可以在维修前下载其他平台的维修数据,通过接口分发到维修现场计算机数据库,维修后将现场计算机数据库内的信息上传到平台数据库。

(2)数据库分类。根据电磁兼容性维修信息内容,数据库包括用户信息库、总体电磁兼容性维修信息库、装载设备电磁兼容性维修信息库、维护保养信息库和电磁兼容性维修知识信息库等几大类。表10-3给出了装载设备电磁兼容性维修信息库中表的结构。

表 10-3 设备电磁兼容性维修信息表

字段	字 段 说 明
平台代码	平台的唯一标识号,用于区分不同的平台
设备代码 ID	平台上设备的唯一标识号,用于区分平台上的装备,一个装备一个代码
设备名称	平台的设备名称,用于标识装备
设备编码	设备的通用编码,例如统一编码,用于标识该设备是何种设备
部门代码	标识该设备是平台哪个单位管理
安装部位	标识该设备安装位置
干扰源	产生干扰(敏感)现象的发射源
干扰(敏感)现象	说明出现电磁兼容问题的现象
解决措施	解决问题的具体方法、技术、措施等
解决效果	不同措施的解决效果
建议	对以后工作的建议

（3）信息数据来源。平台数据库的电磁兼容性维修信息来源于本平台各类装备的电磁兼容性定期监测、维修过程和总结;综合数据库的电磁兼容性维修信息来源于各平台数据库,并对其进行汇总和管理,供信息使用单位查询和使用。

4）运行机制

维修人员进入本地平台的电磁兼容性维修信息系统,通过问题的描述和关键字查询以往相关事例、方法、经验,对现有问题进行指导、提示。其使用的一般流程见图 10-9。

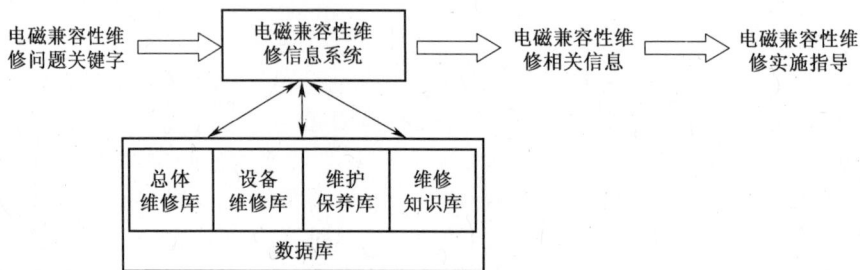

图 10-9 电磁兼容性维修信息使用一般流程

10.4 电磁兼容性使用管理

电磁兼容性使用管理是控制电磁干扰和电磁辐射危害的重要环节之一。主要

316

途径有技术和管理两方面,技术上可利用装备的抗干扰功能、管理上可采用控制程序。

针对不同的电磁环境,对装备的工作方式进行管理,如雷达统一触发技术,可以使装备免受电磁干扰危害。平台上雷达采用统一触发工作方式,各相关雷达均按统一触发系统的指令发射电磁波,可以有效抑制本舰雷达之间的同频异步干扰。脉冲式雷达发射时,由统一触发系统指示电子对抗系统侦察设备进行匿影,可增加电子对抗系统侦察机的接收时间,提高雷达系统的反侦察能力。

10.4.1 电磁兼容性管理控制

实施电磁兼容管理控制是避免电磁干扰的有效措施。常用的电磁兼容性管理方式包括空间、频率、功率和时间管理。

1. 空间管理

当两种相互照射会产生干扰或烧毁的电磁收/发设备,可分别工作于不同的空间区域时,尤其当其中一部天线为定向窄波束天线,且其旁瓣足够小时,应进行空间管理。在编队执行任务时,装备之间的大功率雷达要避免相互直接照射,并满足距离要求。

2. 频率管理

若已确定电磁收/发设备之间的干扰仅存在于某些频段或频点,或工作于宽频段的发射设备对电引爆武器的威胁突出表现在某些频段,则根据电磁收/发设备的特点进行频率管理。多网络通信的平台,可建立频率使用管理制度,并严格遵照执行,以免发生有害的组合干扰、谐波干扰和互调干扰。

3. 功率管理

功率管理主要应用于武器安全性管理方面。针对军械处于存储、组装、加载、准备发射等状态,限制对其构成威胁的电磁发射设备的发射功率分别处于不同限值。

4. 时间管理

使产生相互干扰的电磁收/发设备分时工作,是最简单的电磁管理方式,但也是使被管理设备使用效能损失最大的管理方式。对于同时工作难以满足电磁兼容性要求而在时间上错开使用又不影响完成任务的设备和分系统,可采用时间分割工作方式。

10.4.2 电磁辐射危害防护使用管理

1. 电磁辐射对人员危害防护

为了防止射频对人员的辐射危害,装备投入使用时,对场强超过标准规定要求

的发射机或天线周围,设置射频危害标志或警戒线,避免人员进入射频辐射危害区。为确保人员安全,从以下方面进行防护管理:

(1) 保持标志或警戒线清洁完好,制定相关指导手册,帮助使用人员减小受到的射频危害。如果有人员需要在警戒线以内区域工作,应停止大功率天线发射信号,或按相应的工作程序操作,采取相应的防护措施,保证电磁辐射不超过规定的允许值。

(2) 在短波大功率发射天线区域内的金属物体可能会发生射频燃烧,一方面通过警示标志提醒人员不要接触金属物体;必须接触金属物体时,应采取绝缘安全措施;另一方面遵照操作程序规定要求,或采取其他措施使危害不超过规定的限值。

(3) 旋转波束或旋转天线不得在有关部位超量辐射。操作人员应接受适当训练,了解旋转天线使用限制,避免对人员活动区的直接辐射。

2. 电磁辐射对燃油危害防护

燃油区与发射天线之间必须有足够的安全距离,射频功率密度必须满足安全电平要求。为确保燃油或燃油操作安全,从以下方面进行防护管理:

(1) 当燃油加注或传输操作时,应对平台上的大功率源发射进行管理控制。发射机必须工作时,可以对发射作一些限制,形成正规的操作程序。

(2) 确保射频开关的安全,应防止在加油过程中误使用微波发射机。

(3) 航空器或车辆加注油时,其装载的雷达和通信发射机应切断电源。

(4) 航空器或车辆加注油前,应采用电气和静电接地线、下垂连接线等完成航空器或车辆与安装平台的金属连接。加油过程中保持电气连接良好,加油后方允许拆除。

3. 电磁辐射对电引爆武器危害防护

在电引爆武器的全寿命期,包括运输、储存、装卸、装料、卸料、弹药补给、在平台上安装、发射后瞬间等,对所处电磁环境有严格的要求。为确保电引爆武器安全,从以下方面进行防护管理:

(1) 必须了解掌握电引爆武器的电磁辐射抗扰能力,确定电引爆武器符合电磁环境效应指标要求的情况下对其操作。

(2) 人员对电引爆武器的操作,如装配、卸装等可能会引发电引爆武器对电磁场的感应。操作人员应尽量在安全低电平下进行操作,在电引爆武器、电点火装置和电磁辐射源之间保持足够的间距。电引爆武器所处环境或位置不同,对电磁环境的要求也不同。有些平台上(如水面舰船),电引爆武器往往暴露在近场电磁环境中,尤其是短波频段,在实际使用中必须注意,需要时实行工作限制。

(3) 使用人员应注意对电引爆武器及其电点火装置的搭接、接地、屏蔽的维护。

10.5 定期监测与评估

使用阶段开展必要的监测可以及时掌握武器平台的电磁环境效应并对存在的问题采取解决措施。

电磁环境效应监测主要有两类:第一类是由装备使用人员(如舰员)进行的一些简单监测,通常结合日常维护保养实施;第二类监测是比较复杂、专业的测量,通常结合规定的修理周期定期开展。

对于第一类监测,如关键部件的电搭接和电磁屏蔽效能,只通过目视检查还不够充分,可以通过测量搭接电阻来评估。机内测试技术、端口测试、电阻测量、连续性检查、传输阻抗测量和传输函数测量等都是定期检查中可以使用的监测方法。测量结果与系统设计者提供的最低可接受程度相比较,若防护性能低于最低可接受的指标,必须采取措施予以提高。

大多数屏蔽电缆失效发生在连接器处,毫欧级电阻测量仪通常足以定位这些故障。飞机测试表明,屏蔽结构上的孔或小缺陷将降低屏蔽效能。可用时域反射计定位搭接不连续处或防护性能变化处。

电缆屏蔽测量仪可以更充分地评估屏蔽电缆或电缆导管的屏蔽性能,其方法是在电缆露出外部的一端安装电流激励器,在电缆另一端的内导体与屏蔽层外导体测量电压。通常在电缆外部端口安装电流激励器比较容易,但位于结构内部电缆端口的电压测量则受限于其可达性。可行的解决方法是在可接近连接器的导线束中选择一根导线,为其连接延长线。

孔隙测试仪可以用来监测孔隙的射频衬垫和丝网的屏蔽完整性。它在系统结构外部使用微带线产生穿过孔隙的电流,然后在孔隙两端测量电压。如果结构内侧的油漆和非导电材料妨碍了感应电压测量,可以采用测试接头或插座来解决这一问题。

监测的时间间隔根据需要而定。通常,在装备投入使用以后,经常开展性能监测检查能够确定性能降低的机理、掌握性能迅速下降的原因。用户可以根据这些信息来修改和调整维护间隔。

第二类监测是结合修理进行的。平台总体修理时将会涉及施工工艺、装备增装、上层建筑改变等与电磁兼容性密切相关的工作;装载设备如进行大、中修常常经历分解再组装,可能会改变其电磁兼容及防护性能。因此,装备维修后需要重新进行试验评估。试验可以分为设备级和总体级,具体方法参见第8章。

对于设备修理,如涉及屏蔽材料和工艺,则需要进行辐射发射和辐射敏感度项目测试;如涉及发射模块,则需要测试天线发射项目;如涉及接收模块,则需要测试天线端子敏感度项目;如更换电缆,则与电缆有关的项目均应测试。

总体级的监测参数主要包括:人员活动区电磁环境、军械安装位置处电磁环境、燃油作业区电磁环境、天线方向图、舱室电磁环境、天线端感应电压、接地电阻、绝缘电阻、电网传导发射、电网尖峰等内容。

总之,电磁环境效应控制工作应贯穿于装备全寿命期。在使用阶段,开展电磁兼容性监测和维修工作,可以有效解决装备出现的电磁兼容性问题,消除电磁兼容性故障隐患,减小电磁兼容性故障的发生概率,避免使用过程中的电磁干扰,实现对装备电磁环境效应的有效控制,持续保持和改进装备使用性能,提高装备适应复杂电磁环境的能力。

缩　略　语

英文缩略语	英文全名	中文译名
AEM/S	Advanced Enclosed Mast/Sensor	先进封闭式桅杆/传感器
AM	amplitude modulation	调幅
ANSI	American National Standards Institute	美国国家标准协会
APF	active power filter	有源电力滤波器
ASEMICAP	air systems EMI corrective action program	航空系统 EMI 修正计划
ATM	Advanced Technology Mast	先进技术桅杆
C⁴ISR	command, control, communications, computers, intelligence, surveillance, and reconnaissance	指挥、控制、通信、计算机以及情报、监视和侦察
CE	conducted emission	传导发射
CEM	compromising emanations	泄密发射
CISPR	International Special Committee on Radio Interference	国际无线电干扰特别委员会
CRT	cathode ray tube	阴极射线管
CS	conducted susceptibility	传导敏感度
CW	continuous wave	连续波
DoD	Department of Defense	国防部
DoDD	Department of Defense Directive	国防部指令
DoDI	Department of Defense Instruction	国防部指示
E3	electromagnetic environmental effects	电磁环境效应
EID	electrically initiated device	电起爆装置
EMC	electromagnetic compatibility	电磁兼容性
EMCON	emission control	发射控制
EME	electromagnetic environment	电磁环境
EMI	electromagnetic interference	电磁干扰
EMP	electromagnetic pulse	电磁脉冲
EMR	electromagnetic radiation	电磁辐射
EMRADHAZ	electromagnetic radiation hazard	电磁辐射危害
EMS	electromagnetic susceptibility	电磁敏感性
EMV	electromagnetic vulnerability	电磁易损性
EP	electronic protection	电子防护
ESC	equipment spectrum certification	设备频谱认证

英文缩略语	英文全名	中文译名
ESD	electrostatic discharge	静电放电
ESDA	Electrostatic Discharge Association	静电放电协会
EUT	equipment under test	受试设备
EW	electronic warfare	电子战
FAA	Federal Aviation Administration	联邦航空管理局
FDM	finite difference method	有限差分法
FDTD	finite difference time domain	时域有限差分
FEM	finite element method	有限元法
FM	frequency modulation	调频
FMM	fast multipole method	快速多极子法
GO	geometrical optics	几何光学
GTD	geometrical theory of diffraction	几何绕射理论
GTEM	gigahertz transverse electromagnetic	吉赫兹横电磁波
HEMP	high altitude electromagnetic pulse	高空电磁脉冲
HERF	hazards of electromagnetic radiation to fuel	电磁辐射对燃油的危害
HERO	hazards of electromagnetic radiation to ordnance	电磁辐射对军械的危害
HERP	hazards of electromagnetic radiation to personnel	电磁辐射对人体的危害
HIRF	high intensity radiated fields	高强度辐射场
HPEM	high power electromagnetic	高功率电磁
HPM	high power microwave	高功率微波
ICNIRP	International Committee on Non-inozing Radiation Protection	国际非电离辐射防护委员会
IEC	International Electrotechnical Commission	国际电工委员会
IEEE	Institute of Electrical and Electronics Engineers	电气与电子工程师协会
IEMI	intentional electromagnetic interference	有意电磁干扰
IFF	identification friend or foe	敌我识别
IGBT	insulated gate bipolar transistor	绝缘栅双极晶体管
IMI	intermodulation interference	互调干扰
ISO	International Organization for Standardization	国际标准化组织
JSC	Joint Spectrum Center	联合频谱中心
JTIDS	jiont tactical information distribution system	联合战术信息分发系统
LEMP	lightning electromagnetic pulse	雷电电磁脉冲

英文缩略语	英文全名	中文译名
MHD	magnetohydrodynamic	磁流体
MLFMA	multi-layer fast multipole algorithm	多层快速多极子算法
MNFS	maximum no-fire stimulus	最大不发火激励
MoM	method of moments	矩量法
MPE	maximum permissible exposure	最大允许暴露
NASA	National Aeronautics and Space Administration	国家航空和航天管理局
NATO	North Atlantic Treaty Organisation	北大西洋公约组织
NEMP	nuclear electromagnetic pulse	核电磁脉冲
NSA	normalized site attenuation	归一化场地衰减
OATS	open-area test site	开阔测试场地
PCI	pulsed current injection	脉冲电流注入
PDF	pulse desensitization factor	脉冲减感因子
PEC	perfectly electrical conductor	理想电导体
PEL	permissible exposure limits	允许暴露限值
PML	perfectly matched layer	完全匹配层
PO	physical optics	物理光学
POE	point ofentry(or exit)	引入(或引出)点
P-static	precipitation static	沉积静电
PTD	physical theory of diffraction	物理绕射理论
RAM	radar absorbing material	雷达吸收材料
RBW	resolution bandwidth	分辨率带宽
RCS	radar cross section	雷达截面
RE	radiated emission	辐射发射
RF	radio frequency	射频
RFI	radio frequency interference	射频干扰
RFID	radio frequency identification	射频识别
RS	radiated susceptibility	辐射敏感度
RTCA	Radio Technical Commission for Aeronautics	航空无线电技术委员会
SAE	Society of Automotive Engineers	汽车工程师学会
SAR	specific absorption rate	比吸收率
SEMCIP	shipboard EMC improvement program	舰船 EMC 改进计划
SGEMP	system generated electromagnetic pulse	系统产生电磁脉冲

英文缩略语	英文全名	中文译名
SM	spectrum management	频谱管理
SREMP	source region electromagnetic pulse	源区电磁脉冲
SS	spectrum supportability	频谱可支持性
SUT	system under test	受试系统
TEM	transverse electromagnetic	横电磁波
TLM	transmission line matrix	传输线矩阵
TPD	terminal protection device	终端防护装置
UAT	uniform asymptotic theory of diffraction	一致性渐近理论
UHF	ultra high frequency	特高频
UTD	uniform theory of diffraction	一致性绕射理论
UWB	ultra wide band	超宽带
VHF	very high frequency	甚高频
VSR	volume search radar	立体搜索雷达
WHO	World Health Organization	世界卫生组织
WLAN	wireless local area network	无线局域网

参 考 文 献

［1］LAW P E,Jr.Shipboard electromagnetics［M］.Boston:Artech House,Inc.1987.

［2］MAZZOLA S.MIL-STD-461:the basic military EMC specification and it's evolution over the years:Proceeding of 2009 IEEE long island systems,applications and technology conference［C］.IEEE press,2009:1-5.

［3］刘尚合,武占成,张希军.电磁环境效应及其发展趋势［J］.国防科技,2008,29(1):1-6.

［4］孙国至,刘尚合.电磁环境效应内涵研究［J］.中国电子科学研究院学报,2010,5(3):260-263.

［5］U.S.Department of Defense.Electromagnetic environmental effects requirements for systems:MIL-STD-464C: 2010［S］.

［6］U.S.Department of Defense.Electromagnetic environmental effects and spectrum supportability guidance for the acquisition process:MIL-HDBK-237D:2005［S］.

［7］王明皓.飞机设计中的电磁环境效应［M］.北京:航空工业出版社,2015.

［8］周璧华,陈彬,高成.现代战争面临的高功率电磁环境分析［J］.微波学报,2002,18(1):88-92.

［9］International Electrotechnical Commission.Electromagnetic compatibility(EMC)-Part 2-13:environment-high power electromagnetic(HPEM)environments-radiated and conducted:IEC61000-2-13:2005［S］.

［10］ANNATI M.EMC and EMI hazards in naval operations［J］.Military technology,1995(5):16-18.

［11］LI S T,LOGAN J C,ROCKWAY J W.Ship EM design technology［J］.Naval engineer's journal,1988,100 (3):154-165.

［12］ROCKWAY J W,LI S T,RUSSELL L C,et al.EM design technology for topside antenna system integration［J］. Naval engineer's journal,2001,113(1):33-43.

［13］MICHELI D,APOLLO C,PASTORE R,et al.Nanostructured composite materials for electromagnetic interference shielding applications［J］.Actaastronautica,2011,69(9/10):747-757.

［14］BAUM C E.Reminiscences of high-power electromagnetics［J］.IEEE transactions on electromagnetic compatibility,2007,49(2):211-218.

［15］Brüns H.-D.,SCHUSTER C ,SINGER H.Numerical electromagnetic field analysis for EMC problems［J］.IEEE transactions on electromagnetic compatibility,2007,49(2):253-262.

［16］苏东林,谢树果,戴飞,等.系统级电磁兼容性量化设计理论与方法［M］.北京:国防工业出版社,2015.

［17］刘培国,刘晨曦,谭剑锋,等.强电磁防护技术研究进展［J］.中国舰船研究,2015,10(2):2-6.

［18］范国平,等.世界航母雷达与电子战系统手册［M］.北京:电子工业出版社,2011.

［19］U.S.Department of Defense.Militaryoperational electromagnetic environment profiles,part 1C,general guidance: MIL-HDBK-235-1C:2010［S］.

［20］LAW P E,Jr.Shipboard antennas［M］.Boston:Artech House,Inc.1987.

［21］梁军.从美军标调整看美国"福特"级航母飞行甲板的外部电磁环境变化［J］.舰船科学技术,2013,35 (9):149-151.

［22］吕仁清,蒋全兴.电磁兼容性结构设计［M］.南京:东南大学出版社,1990.

［23］周忠元,陈贝贝.脉冲调制辐射场的场强测量［J］.东南大学学报(自然科学版),2016,46(6): 1186-1191.

［24］孟凡宝,等.高功率超宽带电磁脉冲技术［M］.北京:国防工业出版社,2011.

［25］陈穷,等.电磁兼容性工程设计手册［M］.北京:国防工业出版社,1993.

[26] 张勇,汤仕平,龚亚樵.舰船电磁兼容性标准体系的构建[J].舰船科学技术,2011,33(3):95-99.

[27] VELAMPARAMBIL S,CHEW W C.Analysis and performance of a distributed memory multilevel fast multipole algorithm[J].IEEE transactions on antennas and propagation,2005,53(8):2719-2727.

[28] 谢德馨,唐任远.计算电磁学近年来的若干重要成果[J].电工技术学报,2005,20(9):1-6.

[29] BERNDT O,FICKENSCHER T.Fourier series analysis of damped broadband monopole antenna:Proceeding of 2007 IEEE international symposium on antennas and propagation[C]. IEEE antennas and Propagation society, 2007:3872-3875.

[30] GARCIA S G,RUBIO R G,BRETONES A R,et al.Revisiting the stability of crank – nicolson and ADI-FDTD [J].IEEE transactions on antennas propagation,2007,55(11):3199-3203.

[31] MATTIONI L,MARROCCO G.Design of a broadband HF antenna for multimode naval communications[J]. IEEE antennas and wireless propagation letters,2005,4(1):179-182.

[32] CHEW W C,JIN J M,MICHIELSSEN E,et al.Fast and efficient algorithms in computational electromagnetics [M].Boston:Artech House,Inc.,2001.

[33] CICCHETTI R,FARAONE A.Analysis of open-ended circular waveguides using physical optics and incomplete hankel functions formulation[J].IEEE transactions on antennas and propagation,2007,55(6):1887-1892.

[34] MAKAROV S.MoM Antenna simulations with Matlab:RWG basis functions[J].IEEE transactions on antennas and propagation,2001,43(5):100-107.

[35] 汪鹏,张炜.舰船短波天线隔离度的预测与分析[J].舰船电子工程,2007,27(2):194-197.

[36] 赵勋旺,张玉,梁昌洪.舰载多天线系统电磁兼容性分析[J].电波科学学报,2008,23(2):252-256.

[37] 吴楠,宋东安,郑生全.舰船射频综合系统的电磁兼容分析[J].舰船科学技术,2007,29(6):101-103.

[38] 袁杰.射频干扰对消技术在通信系统集成中的应用[J].电讯技术,2012,52(12):1870-1875.

[39] 蒋云昊,赵治华.参考信号耦合有用信号对干扰对消系统的影响及其抑制[J].通信学报,2015,36(9): 98-108.

[40] 汤仕平,王征,成伟兰.舰船电磁辐射危害及防护[J].船舶工程,2006,28(2):55-58.

[41] 赵炳秋,汤仕平,万海军.电磁辐射对舰载导弹危害及防护技术研究[J].舰船电子工程,2009,29(8): 199-202.

[42] 李明.武器装备发展系统论证方法与应用[M].北京:国防工业出版社,2004.

[43] 吴晓平.舰船装备系统综合评估的理论与方法[M].北京:科学出版社,2007.

[44] 曲长云,蒋全兴.电磁发射和敏感度测量[M].南京:东南大学出版社,1988.

[45] 汤仕平,蒋全兴,周忠元,等.异形吉赫横电磁波室场强装置[J].计量学报,2005,26(2):171-175.

[46] 汤仕平,陈黎平,张勇,等.基于电波暗室的舰船电磁兼容性模型预测[J].上海交通大学学报,2007,41 (3):501-504,508.

[47] 成伟兰,汤仕平,曹兵.军械电磁辐射危害试验方法[J].船舶工程,2007,29(6):92-95.

[48] TANG S P,CAI M J,LI J X.Research on strong pulsed field test method by time-frequency combination [J]. High voltage engineering,2013,39(10):2471-2476.

[49] 李建轩,汤仕平,张勇,等.船用大电流设备电源线传导发射测试方法研究[J].船电技术,2009,29(8): 5-9.

[50] 刘培国,覃宇建,卢中昊,等.电磁兼容现场测量与分析技术[M].北京:国防工业出版社,2013.

[51] 成伟兰,汤仕平,陆东升.基于数据模型的舰船电磁兼容性安全裕度评估技术[J].舰船科学技术,2011, 33(2):94-97.

[52] LESSARD B,RODRIGUEZ M.Extreme EMC:the electromagnetic environmental effects program for an

advanced tactical fighter:Proceedings of 2006 IEEE international symposium on electromagnetic compatibility [C].IEEE EMC society,2006:208-212.

[53] ZHANG B W,JIANG U X.Research progress of direct current injection technique in aircraft EMC test:Proceeding of the 3rd IEEE international symposium on microwave,antenna,propagation and EMC technologies for wireless communications[C].IEEE press,2009:843-849.

[54] STEFANOVIC M,MILOSEVIC M.Bit error probability of QPSK system in the presence of noise and multiple sine interferences:Proceeding of the 13th international conference on microwaves,radar and wireless communications[C].IEEE press,2002:189-192.

[55] 谢红,林海英.混沌混合 DS/SFH 扩频系统的抗干扰性能分析[J].哈尔滨工程大学学报,2002,23(6):62-66.

[56] 曹志刚,钱亚生.现代通信原理[M].北京:清华大学出版社,2000.

[57] 黄清云,夏惠城,徐亚光.舰艇电磁兼容管控效果分析[J].指挥控制与仿真,2010,32(6):20-23.

[58] 黄暄.统一触发与舰船电磁兼容[J].舰船电子对抗,2006,29(2):51-53.

[59] 刘丽红,闫杰.天线罩涂层海洋环境下老化行为研究[J].装备环境工程,2010,7(6):175-179.

[60] 赫丽华,刘平桂,王晓红.雷达吸波涂层的失效行为[J].失效分析与预防,2009,4(3):182-187.

[61] 成伟兰,王永德,汤仕平.舰船电磁兼容性维修[J].中国修船,2007,20(4):44-46.

[62] 韦高,许家栋,温浩,等.一种测量天线罩微波电厚度的简便方法[J].微波学报,2005,21(4):51-53.

内 容 简 介

本书总结了作者多年来从事装备电磁兼容和电磁环境效应工作的研究成果，以大型复杂系统为对象，围绕论证、试验、评估和使用，结合工程实际，从全寿命期角度系统地论述了电磁环境效应工程理论、技术和方法。重点阐述了电磁环境效应的概念、内涵及其特点，装备面临的电磁环境及其描述，电磁环境效应工程管理内容和要求，电磁环境效应标准体系及建模仿真方法；详细论述了工程电磁环境效应控制、论证、试验、评估、使用维护等技术和方法。本书理论联系实际，以标准指标为核心，注重试验验证，突出系统性和实用性，给出了典型应用示例，是系统研究电磁环境效应工程的一部专著。

本书适合于从事电磁环境效应、电磁兼容及电磁防护相关领域工作的科研、工程技术和管理人员使用，也可作为相关专业教学参考书。

This book summarizes the author's research works on electromagnetic compatibility (EMC) and electromagnetic environmental effects (E3) for years. Based on the demonstration, trial, evaluation and use of large-scale complex system, it systematically discusses the E3 engineering theory, technology and method from the perspective of life cycle. It focuses on the concept, connotation and characteristics of E3, the electromagnetic environment of armament and its description, the contents and methods of E3 engineering management, E3 standard system and the methods of modeling & simulation. It discusses in detail the technologies and methods of E3 control, demonstration, test, evaluation, use and maintenance. This book integrates theory with practice, take standards and indexes as the core, focuses on experimental verification, highlights systematicness and practicability, and gives examples of typical applications. It is a monograph devoted to the systematic study of the E3 engineering.

This book is suitable for researchers, engineers and managers who are engaged in the fields of electromagnetic environmental effects, electromagnetic compatibility and electromagnetic protection. It can also be used as a reference book for related fields.